高等医学教育课程“十四五”规划基础医学类系列教材
供临床、预防、基础、急救、全科医学、口腔、麻醉、影像、药学、检验、护理、法医、生物工程等专业使用

BASIC CHEMISTRY

基础化学

（第2版）

主　编　余燕敏

副主编　高先娟　额尔敦　李向华

编　者　（以姓氏笔画为序）

王小波　湖北科技学院
刘秀芳　齐鲁医药学院
李向华　湖北科技学院
李玖零　平顶山学院
余燕敏　湖北文理学院
赵岩岩　黄河科技学院
高先娟　齐鲁医药学院
彭玉龙　首都医科大学
额尔敦　内蒙古医科大学

華中科技大學出版社
http://press.hust.edu.cn
中国·武汉

内 容 简 介

本书是高等医学教育课程"十四五"规划基础医学类系列教材。

本书共十五章，内容包括绪论、稀溶液的依数性、电解质溶液、沉淀溶解平衡、缓冲溶液、胶体、化学热力学基础、化学反应速率与化学平衡、氧化还原反应与电极电势、原子结构和元素周期律、共价键与分子间力、配位化合物、滴定分析、紫外-可见分光光度法、核化学及其应用简介。

本书可供临床、预防、基础、急救、全科医学、口腔、麻醉、影像、药学、检验、护理、法医、生物工程等专业学生使用，也可作为检验医师等人员的参考用书。

图书在版编目(CIP)数据

基础化学 / 余燕敏主编. -- 2 版. -- 武汉 ：华中科技大学出版社，2024. 8. -- ISBN 978-7-5772-1219-7

Ⅰ. O6

中国国家版本馆 CIP 数据核字第 2024UY0099 号

基础化学(第 2 版) 余燕敏 主编

Jichu Huaxue(Di 2 Ban)

策划编辑：黄晓宇
责任编辑：李 佩 丁 平
封面设计：原色设计
责任校对：刘 竣
责任监印：周治超
出版发行：华中科技大学出版社(中国·武汉) 电话：(027)81321913
武汉市东湖新技术开发区华工科技园 邮编：430223
录 排：华中科技大学惠友文印中心
印 刷：武汉市洪林印务有限公司
开 本：889mm×1194mm 1/16
印 张：18 插页：1
字 数：513 千字
版 次：2024 年 8 月第 2 版第 1 次印刷
定 价：62.80 元

华中出版

高等医学教育课程“十四五”规划基础医学类系列教材

编写委员会

Introduction 总 序

基础医学是现代医学体系的基础，其包括基础医学基本理论、基本技能和科学研究手段等。国务院办公厅印发的《关于加快医学教育创新发展的指导意见》及《关于深化医教协同进一步推进医学教育改革与发展的意见》指出，要始终坚持把医学教育和人才培养摆在卫生与健康事业优先发展的战略地位。

随着健康中国战略的不断推进，我国加大了对医学人才培养的支持力度。在遵循医学人才成长规律的基础上，还需要不断提高医学青年人才的实践能力和创新能力。教材是人才培养首要的、基本的文化资源和精神食粮，加强教材建设，提高教材质量，是党和国家从事业发展需求和未来人才培养的战略高度所构筑的基础工程和战略工程。

本科基础医学教材（第 1 版）经过了一线教学实践的数年打磨，亟待修订更新，以使其做到与时俱进，更加完善。故此，华中科技大学出版社对现有高等教育实际需求进行了认真细致调研，吸取了广大师生意见和建议，组织了全国 50 多所高等医药院校的 300 余位老师共同修订编写了本套高等医学教育课程“十四五”规划基础医学类系列教材（第 2 版）。相较于第 1 版，这次修订改版，主要突出以下特点。

（1）紧跟“十四五”教材建设工作要求，以岗位胜任力为导向，注重“三基”培养，突出专业性和实用性。

（2）融入思政内容，将专业知识和课程思政有机统一，注重培养学生工匠精神与家国情怀，以及对生命和科学的敬畏之心。

（3）做到纸质教材与数字资源相结合。在每个章节后设置了相关知识点的拓展链接，重点阐述学科新进展以及与知识点有关的前沿理论和实践，便于学生更加深入地理解知识点和课堂重点内容。

（4）设置课后小结、思考题、推荐文献阅读，引导和促进学生自学。

本套教材得到了教育部高等学校教学指导委员会相关专家及全国高校老师的大力支持，我们衷心希望这套教材能在相关课程的一线教学中发挥积极作用，得到广大师生的青睐与好评。我们也相信这套教材在使用过程中，通过教学实践的检验和实际问题的解决，能不断改进、完善和提高,最终成为符合教学实际的精品系列教材,为推进我国高质量医学人才培养贡献一份力量。

由于时间紧、任务重,书中不妥之处在所难免,恳请使用本套教材的师生不吝赐教,提出宝贵意见和建议,以便后续继续完善。

高等医学教育课程“十四五”规划基础医学类系列教材

编写委员会

Preface 第2版前言

根据华中科技大学出版社召开的高等医学教育课程“十四五”规划基础医学类系列教材（第2版）编写研讨会会议精神，《基础化学（第2版）》在第1版的基础上进行编写修订。本版教材采取线上-线下混合式教学的形式，注重课程思政和学生创新思维能力、实践能力的培养，编写过程紧密结合教育部高等学校基础医学最新专业教学标准。为充分体现先进性、适用性、启发性、科学性和思想性，本书在第1版基础上对章节结构和内容安排进行了调整和重新整合，力求将化学理论及方法融入医学和生物学，以激发学生的学习热情。本书具有如下特点。

1. 注重数字化教材建设，创建数字资源（PPT、能力检测答案、知识链接等），以纸质版教材为基本载体，教材中的二维码链接线上数字资源，为线上-线下混合式教学提供参考。

2. 优化教材、适当降低难度，贴近医学、突出化学知识的临床应用。本书增加学科发展与医学应用综述题和阅读资料，围绕基础化学与生物学，提高医学生学习化学的兴趣。

3. 本书章节编排遵循知识内容的内在联系和与中学化学知识点的衔接。将相对容易理解的溶液理论编排在前六章，化学热力学和动力学知识排在第七、八章，增加化学分析内容，内容整合编排合理，知识衔接搭配科学。

4. 课程思政涵养医者仁心，每章增加课程思政内容，将思政教育和医学人文教育融合，激励医学生将个人发展目标与健康中国战略、中华民族伟大复兴梦想有机结合。除此之外，本书中增加了化学史话，化学人物的故事教学是基础化学课程思政教学过程中的重要组成部分，学生可充分领略化学大师的创造性思维，以润物无声的方式达到价值引领和知识传授的双重目的。

5. 为了便于教学和提高学生自主学习能力、创新思维能力、实践能力，本书增加了学习目标（素质目标、能力目标、知识目标）、本章小结（思维导图式）、问题与思考，章末有学科发展与医学应用综述题和能力检测，引导学生思考，培养学生自主学习能力，以及运用所学知识和技能解决实际问题的能力。

本书从编写修订原则的确定、章节结构和内容的安排到初稿的完成，从编者的互审到主编和副主编的全面审阅和修订，都凝结了集体的智慧。

全书共十五章，内容包括绪论、稀溶液的依数性、电解质溶液、沉淀溶解平衡、缓冲溶液、胶体、化学热力学基础、化学反应速率与化学平衡、氧化还原反应与电极电势、原子结构和元素周期律、共价键与分子间力、配位化合物、滴定分析、紫外-可见分光光度法、核化学及其应用简介。

本书沿用了第 1 版中的部分图、表和资料，对未参加本次编写工作的原著者致以谢意。本次编写得到华中科技大学出版社和各编者所在院校的大力支持，在此一并表示感谢！限于编者学识水平和经验，书中错漏和不足之处在所难免，恳请广大读者批评指正。

余燕敏

第1版前言

Preface

随着高等教育教学改革的不断深入，根据第一届"华中出版杯"全国高等医药院校高峰论坛暨全国高等医学教育课程创新"十三五"规划教材编写会议的精神，鉴于目前国内医学生的课业负担重，同时考虑到医学生的就业及今后工作的需要，为适应国家执业医师资格考试的要求，让医学生实习后有较多的时间找工作或考研，我们考虑适当压缩化学课程的学时数，使专业课程前移讲授。如何在有限且较少课时情况下最大限度地将临床医学专业等应该掌握的化学知识传授给学生是一个值得研究的问题，为此，我们编写了本书。

本书编写的指导思想是面向21世纪医学教育的发展，根据临床医学专业等的培养目标，体现"思想性、科学性、先进性、启发性和适用性"的要求，反映基础理论、基本知识和基本技能的内容，与教学改革和人才素养相呼应。

根据医药院校医学专业的特点，本书以"先进""有用""够用"和"有效"为基本要求，以课程清理、课程重构、课程引进、课程评价、课程研究为主体内容，对原有课程体系和教学内容进行革新性的清理与重建，编写富有创意和特点的、适合当今医学生实际的、具有鲜明特色的《基础化学》教材。为正确把握新世纪教学内容和课程体系的改革方向，我们力求在教材内容和编写体系上注重体现素质教育和创新能力的培养，做到知识、能力、素质的协调发展。

本书由多所院校的老师共同编写，突出以案例为引导，采用探索提问式、启发式的教材编写模式，同时，符合执业医师资格考试的要求。期望本书出版，可以有助于推动我国高等医药院校基础化学学科建设、课程建设、教材建设向前发展以及提高高等院校《基础化学》教材质量。同现有国内外教材相比，本书融入了学科发展最新研究成果和最新技术，具有可操作性。

本书的编写得到了华中科技大学出版社的大力支持以及编委所在各高校的大力支持，在此一并表示衷心的感谢和崇高的敬意！

本书为新时期教改教材，书中疏漏和不当之处在所难免，恳请赐教，以求更正和提高。

黄锁义

目　录

MULU

第五章 缓冲溶液

第六章 胶体

第七章 化学热力学基础

第八章 化学反应速率与化学平衡

第九章 氧化还原反应与电极电势

第十章 原子结构和元素周期律

第十一章 共价键与分子间力

第十二章 配位化合物

第十三章 滴定分析

第十四章 紫外-可见分光光度法

第一章 绪 论

学习目标

扫码看 PPT

素质目标：介绍化学家拉瓦锡的科学研究对人类文明和社会进步的重大贡献，感受其坚持理想、强烈求知、意志坚定、迎接挑战与勇于创新的人生品质，通过学习榜样精神，凝聚奋进力量，培养和提高学生推理、比较、辨析和深入思考的科学素养与创新能力。

能力目标：课堂讨论式学习化学的发展史，化学作为一门中心学科渗透医学的发展史，激发学生的学习兴趣，提高学生语言组织能力和分析问题、解决问题的能力。

知识目标：掌握化学的定义及基本特征，化学与医学的关系，基础化学课程的内容及任务，如何学好基础化学，溶液组成的表示方法。

第一节 化学是一门中心学科

化学(chemistry)是在原子、离子、分子水平上研究物质组成、结构、性质及变化规律的基础自然科学。化学研究所在的尺度是微观世界中最接近人类生存的宏观世界，作为沟通微观、介观与宏观物质世界的重要桥梁，化学是人类认识和改造物质世界的主要手段和方法之一。

一、化学及其主要特征

化学是一门历史悠久而又充满活力的学科，它在人类社会文明的进程中发挥着重要作用，不断推动着物质世界的发展。化学学科的本质特征是从微观层次认识物质，以符号描述物质，在不同层面创造物质，其具有三大主要特征。

（一）实验性——化学实验为化学研究的重要工具之一

化学是一门实验性非常强的学科。可以说，实验是化学研究最基本、最常用的方法。17 世纪中叶以前的古代和中古时期的古化学时代，主要是实用化学和实践化学时期，如冶金、酿酒、染料、陶瓷、玻璃、青铜和一些药物等。17 世纪后半叶到 19 世纪末的近代实验化学时期，随着化学元素论和原子-分子论的提出，元素周期律的发现，饱和碳的四面体结构和苯六元环结构的建立等，逐渐形成了比较完整的无机化学、有机化学、物理化学、分析化学等化学理论体系，化学实现了从经验到理论的重大飞跃。20 世纪以来的现代化学时期，是化学飞速发展的阶段，随着计算机科学与技术的发展，数学家约翰·安东尼·波普(John Anthony Pople)教授将计算化学理论方法工具化，运用量子力学和计算机开发出了现今应用最广泛的量子化学计算程序包 GAUSSIAN，这标志着古老的化学已发展成为理论和实验紧密结合的科学。约翰·安东尼·波普教授发展了量子化学的计算方法，获得了 1998 年的诺贝尔化学奖。

Note

现代化学可以分为理论化学和实验化学两个主要方面。理论化学是研究化学原理、化学定律和化学理论的分支,它涉及数学模型、计算化学、量子化学等,用来解释和预测化学现象。实验化学则侧重于在实验室中进行实验,验证和应用化学理论。化学实验包括混合化学物质、观察反应、测量物质性质、合成新化合物等。化学科学的未来仍将是实验研究、高层次量化理论研究和计算机化学的“三足鼎立”体系。化学仍将保持其鲜明的实验性特征,它是将理论化学应用于实际问题的手段,有助于验证理论,并产生新的数据和发现,通过实验可以进一步验证理论,并通过实验化学发现和创造新的物质。

化学史话:近代化学之父拉瓦锡

(二)创造性——创造新物质为化学的主要任务

创造新物质是化学学科的独有特征,化学是人类创造新物质的工具,为了寻找有用的化学物质,化学家不断地从动物、植物和矿物中发现新物质,以及运用创造性的方法人工合成或改造天然化合物而创造新物质。迄今为止,已知的化学元素有118种,元素的发现和合成仍然是化学和物理科学领域的重要研究内容之一,科学家不断努力扩展元素周期表,寻找更多的新元素或稳定的超重元素。由统计数据可知,1900年从天然产物中分离与人工合成的化合物种类约55万种,1945年约110万种,1999年约2340万种,2003年约4500万种。据统计,现在平均每天发现4000多种新化合物。化学创造的新分子、新物质都是当今人类社会赖以生存和发展的物质宝库,也是我们日常生活中不可或缺的。

从古代四大发明中的造纸和火药,到现代社会中的通信、交通、食品、航空以及航天技术,无不依赖于化学强大的创造新物质的能力。1918年,诺贝尔化学奖获得者德国物理化学家弗里茨·哈伯(Fritz Haber)合成了氨,使大气中的氮变成生产氮肥永不枯竭的廉价来源,这一发明将无数人从饿死的边缘拯救出来。1920年,侯氏制碱法的创始人侯德榜发现氨碱法制碱技术的奥秘,主持建成了亚洲第一座纯碱厂,领导建成了中国第一座合成氨、硝酸、硫酸和硫酸铵的联合企业,又发明了连续生产纯碱与氯化铵的联合制碱新工艺,以及碳化法合成氨流程制碳酸氢铵化肥新工艺,并实现了工业化和大面积推广。2015年诺贝尔生理学或医学奖获得者、华人科学家屠呦呦发现青蒿素($C_{15}H_{22}O_5$,结构式如图1-1所示)——一种用于治疗疟疾的药物,挽救了全球特别是发展中国家数百万人的生命。除此之外,合成农药、合成气体、合成油以及合成橡胶、塑料、纤维、陶瓷、分子筛、超导材料等均为合成化学创造的产物,这些为创造更多的物质提供了更多的可能。化学担负着创造新物质、新结构和新功能的首要任务,是化学科学的核心和基础,始终处于科学发展的前沿。

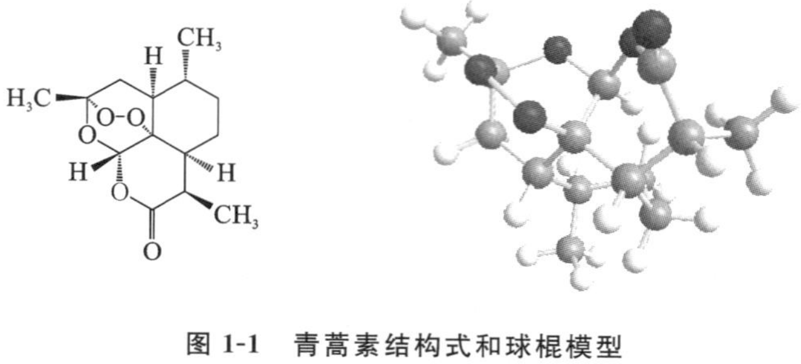

图1-1 青蒿素结构式和球棍模型

(三)中心性——化学是一门中心学科

“化学是中心科学”,由英国科学家、诺贝尔奖获得者罗宾逊(Robinson)提出,科学技术发展的历史已证明了这一说法的正确性和科学性。美国化学家布朗(Brown)编著的教科书*Chemistry:the Central Science*,于1977年第一次出版,2017年出版第14版。这本书这样描述“化学是中心科学”:化学与人类的生存、生活和发展休戚相关,无处不在。我们使用的日常洗涤用品、每天必须穿戴的由合成纤维和合成染料制成的衣物,农作物生长需要的肥料和农药,对抗

Note

各种疾病的各类药物，用于出行的各类交通工具——自行车、电动车、摩托车、火车、汽车、飞机等均依赖于化学加工业；读写用的纸张、笔墨、书本以及国防安全需要的武器均由化学方法制造；食品、药品的安全检测需要化学方法，化学工艺用于矿石中金属和合金的冶炼等。生活中随处可见的化学现象，如我们在秋季观察到树叶中鲜艳的色彩是化学过程的结果，叶绿素是叶子中的绿色色素，随着白天变短和气温下降，叶绿素逐渐分解，暴露出隐藏在叶子中的其他色素，如橙黄色色素和红紫色色素。我们摄入的食物，在新陈代谢过程中涉及各种化学反应，消化系统酶、酸和其他化学物质将食物中的复杂分子分解成更简单的形式，这些形式可以被身体吸收并用于释放能量和促进生长。我们使用的手机等电子产品电池中电能的产生、存储以及电能的转换，都依赖于电化学原理，电池内发生化学反应以产生电能。

21 世纪，化学研究的对象跨越了微观-介观-宏观的所有层面，与众多学科领域紧密联系，相互渗透，如材料、能源、环境、生物、医药、农业、食品、航空、航宇、军事等，产生了许多重要的交叉学科（图 1-2），推动了科学技术的不断发展。化学是材料科学、生命科学、环境科学、能源科学和信息科学等现代科学技术的重要基础（学科价值），是学生终身学习和发展的重要基础（教育价值），在促进人类文明可持续发展中发挥重要的作用（社会价值）。

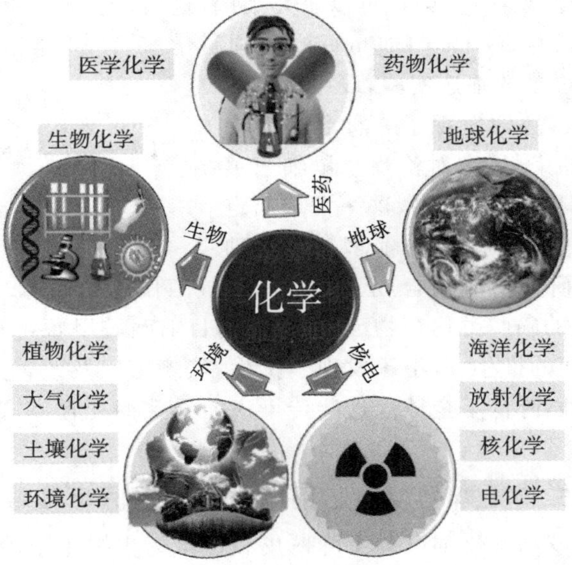

图 1-2 化学是一门中心学科

二、化学与医学的关系

知识链接：基础化学在临床实验室中的应用

化学与医学息息相关、密不可分。早在 16 世纪，欧洲化学家就提出化学要为医治疾病制造药物。从 19 世纪初至今，化学家通过化学合成以及动植物、微生物提取等方式获得并用于临床治疗的药物达上万种。

（一）化学合成药物在医学发展中起着重要的作用

1800 年，英国化学家汉弗莱·戴维（Hum phry Davy）发现一氧化二氮（N_2O）具有轻微的麻醉作用后，N_2O 被应用于医学手术中。1842 年，美国外科医生克劳福德·威廉森·朗（Crawford Williamson Long）首次尝试使用乙醚为麻醉剂为患者拔牙。1846 年，美国外科医生莫顿（Morton）利用乙醚对患者进行全身麻醉，并取得成功，这是现代外科手术和麻醉学的一个重要里程碑。此后，外科医生开始寻找各种麻醉剂；1847 年，英国外科兼妇产科医生 Sinposon 第一次使用氯仿进行分娩镇痛并获得成功；1848 年，Heyfelder 首先在人体使用氯乙烷，同年发生使用氯仿

Note

死亡的病例。1860 年，Nieman 发现了可卡因，1884 年 Koller 根据 Freund 的建议，证明可卡因滴入眼内可产生麻醉作用，可用于眼局部手术。1909 年，Bier 用普鲁卡因(图 1-3)静脉注射，产生镇痛作用，迄今为止，普鲁卡因仍为临床常用局部麻醉剂。1928 年，Lucuo 和 Hendersen 发现环己烷有麻醉作用，Waters 于 1930 年将其应用于临床。麻醉剂的使用在手术和疼痛管理中发挥着关键作用，使患者能够接受必要的治疗而不感到痛苦，对拯救生命和提高患者的生活质量起到了至关重要的作用。但是，许多手术成功的患者会遭遇术后伤口感染化脓而死亡，故手术成功率和患者生存率不高。英国著名医生约瑟夫·利斯特(Joseph Lister)引入了一种被称为“利斯特消毒法”的方法，要求外科医生在手术前和手术中使用酚(也称为苯酚、石炭酸)进行手术器械、手术场所和自己的手部消毒，这一方法显著降低了手术感染的风险，提高了手术成功率，Joseph Lister 被誉为“外科手术消毒之父”。

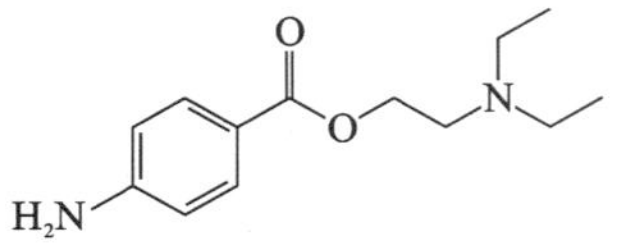

图 1-3　普鲁卡因结构式

20 世纪初，抗生素尚未被发现，肺炎、结核、肠炎和传染性腹泻 4 种传染病的治疗非常有限，造成全世界约 1/3 的人口死亡。1903 年，德国科学家保罗·埃尔利希(Paul Ehrlich，1908 年诺贝尔生理学或医学奖得主)发现，一些染料可以杀死细菌，这启发了他寻找可用于治疗感染症的物质的研究。格哈德·杜马克(Gerhard Domagk，德国科学家，1939 年诺贝尔生理学或医学奖得主)在 1930 年进行了大规模的筛选实验，以寻找可以治疗细菌感染的物质，最终，他发现了一种名为百浪多息(prontosil，图 1-4)的染料，它对治疗小鼠细菌感染(特别是链球菌感染)具有显著效果，这一发现奠定了百浪多息用作抗生素的基础。在百浪多息的基础上，1935 年，法国巴斯特研究所成功合成了具有广谱抗菌作用的药物——对氨基苯磺胺(SA)。药物化学家合成、筛选过的磺胺类化合物已达数千种，目前磺胺甲噁唑(SMT)和磺胺嘧啶(SD)为临床常用药。随着时间的推移，科学家发现了抗生素、疫苗以及改善卫生条件的方法，大大降低了这些传染病的致命性，降低了全球因这些传染病而导致的死亡率，改善了公共卫生状况，挽救了无数人的生命。

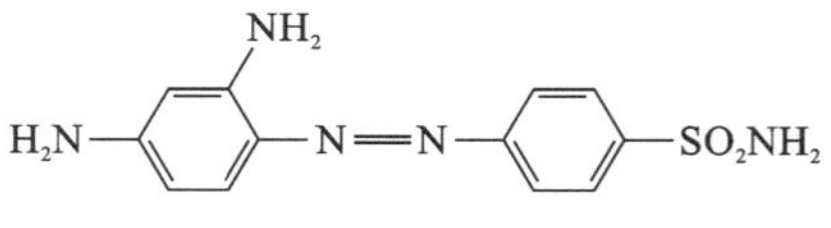

图 1-4　百浪多息结构式

(二) 动植物和微生物提取物以及它们的衍生物在医疗领域中发挥了关键作用

古埃及、古希腊和古罗马文化都有关于柳树皮和白蜡树皮被用于治疗疼痛和发热症状的记录。1763 年，法国化学家首次从白蜡树(*Fraxinus chinensis* Roxb.)中分离出一种白色晶体，后来该晶体被确认为水杨酸(图 1-5)。然而，直到 1828 年，水杨酸的化学结构才由法国化学家亨利(Henri)和德国化学家约翰(Johann)进行了详细的分析。水杨酸在治疗发热、风湿病和其他一些炎症方面很有效，但水杨酸结构中含有羟基和羧基，酸性较强，高浓度会引起胃部不适和溃疡等胃部副作用。19 世纪末，德国化学家菲利克斯·霍夫曼(Felix Hoffmann)将水杨酸与醋酸(乙酸)酐一起反应，合成出了酸性较弱的乙酰水杨酸，后来临床试验证实了乙酰水杨酸在镇痛和治疗风湿病方面的效果。1899 年，拜尔公司正式以阿司匹林(图 1-5)的药名给乙酰水杨酸注册。至今为止，阿司匹林成为全球较有潜力的药物之一。水杨酸作为天然产物的应用历史悠久，而阿司匹林则代表了对水杨酸的进一步研究和改进，使其成为一种广泛应用于现代医疗和药物治疗的药物。

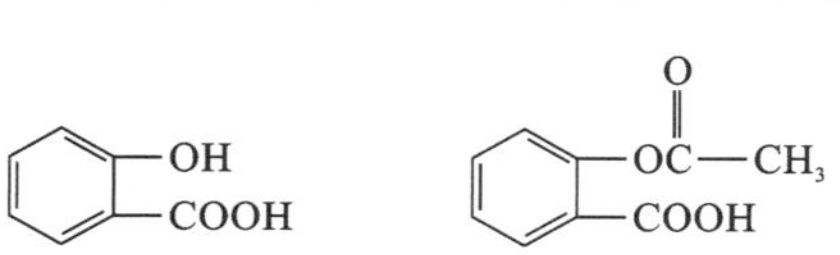

图 1-5　水杨酸和阿司匹林结构式

思政课堂：
屠呦呦与
青蒿素

Note

紫杉醇(taxol)是一种天然的抗癌药物，20 世纪 70 年代从美国红豆杉(*Taxus brevifolia*)的树皮中被提取出来。它具有复杂的分子结构，具有抑制多种类型癌症的活性，并且在临床上已被广泛应用。由于红豆杉的采伐会对环境造成不利影响，化学家已经开发出半合成紫杉醇，通过化学合成的方式生产，以减少对天然红豆杉的依赖，目前已进入实用阶段。1971 年，中国科学家屠呦呦（药学家，2015 年诺贝尔生理学或医学奖得主）从中国传统草药黄花蒿（*Artemisia annua*）中利用化学的方法和技术分离提取出了青蒿素（artemisinin，也称黄花蒿素；图 1-6）。她从东晋葛洪的《肘后备急方·治寒热诸疟方》中“青蒿一握，以水二升渍，绞取汁，尽服之”的记载受到启发，采用乙醚提取青蒿素，以减少高温对青蒿素活性结构的破坏。青蒿素及其衍生物在治疗疟疾时起效快、效果好，通常能够在短时间内迅速减轻症状和清除疟原虫。这使得它成为治疗恶性疟疾的首选药物之一。

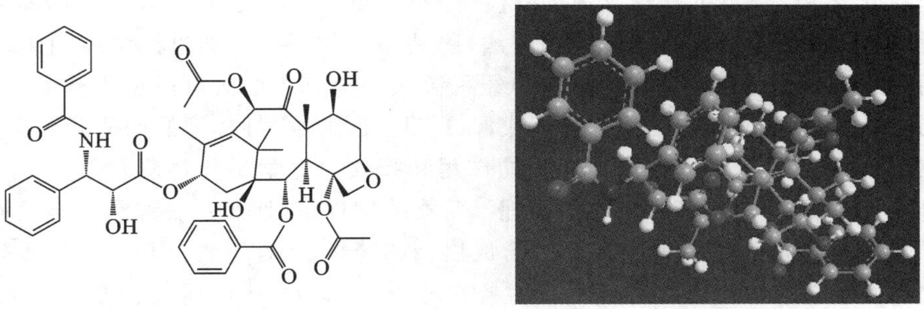

图 1-6　紫杉醇结构式和球棍模型

（三）化学家与生物、医学、材料等多学科领域的科学家通力合作促进医用高分子材料快速发展

通过生物材料的模拟设计来开发人工材料，做成生物部件的人工代替物。如：可生物降解材料聚乳酸（polylactic acid，PLA），是一种常用的可生物降解高分子材料，用于制造骨修复植入物、缝合线、药物输送系统等。这些材料在人体内逐渐降解，不需要二次手术来去除植入物，减轻了患者的痛苦和降低了风险。含氟人造血浆和其他特殊聚合物被设计用于替代或辅助真实的血浆，用于输血或处理特定血液疾病，如溶血病。含有有机硅成分的硅水凝胶，用于制造隐形眼镜。这些材料可以提供舒适的佩戴体验，并允许氧气通过角膜，以维持眼睛的健康。聚氨酯等高分子材料被用于制造人工皮肤、人工血管和人工心脏瓣膜。它们在重建受伤皮肤、进行血管重建手术以及治疗心血管疾病方面具有重要作用。医用高分子材料在人工心脏瓣膜（图 1-7）、人工关节（如人工髋关节和人工膝关节）以及其他人工脏器的制造中正在逐步得到应用。这些材料需要具备生物相容性高、耐磨和长期稳定等特性。医用高分子材料的研究和应用有望不断扩展，为医学领域带来更多创新解决方案，提高患者的生活质量并推动医学科学的进步。

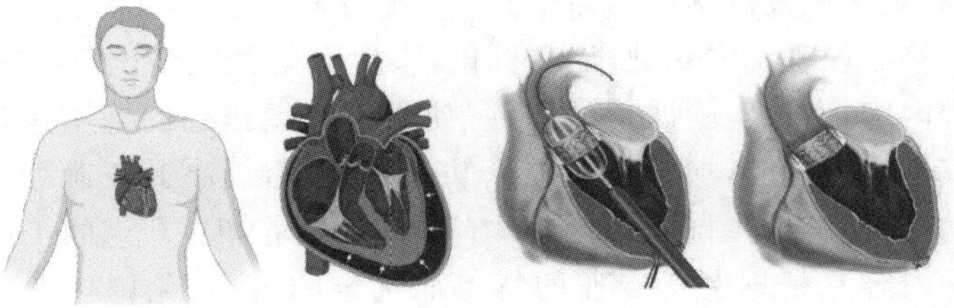

图 1-7　人工心脏瓣膜

（四）现代化学和医学之间的联系更加密切

1. 体内许多生理变化和物质变化以化学为基础，如消化、呼吸和排泄等　化学是在研究物质结构的基础上建立的，而医学则是在物质结构的基础上对人体疾病进行治疗，因此，化学是揭示元素到生命奥秘的核心力量。人体的基本营养物质糖、脂肪、蛋白质、无机盐等的代谢，均遵循化

学的基本原理和规律。食物在胃和小肠中经历了一系列化学反应，以将复杂的有机物（如糖、脂肪和蛋白质）分解成更简单的分子，以便身体能够吸收、利用和排泄。氧气的吸入和二氧化碳的排出是生命维持的关键过程，涉及气体的氧化还原反应。生物体内的酶是蛋白质，它们在许多生化反应中起到催化剂的作用，使反应更快速和高效。遗传信息的传递和复制涉及一系列复杂的化学反应。内分泌系统通过分泌激素来调控生理过程，这些激素是化学信使。免疫系统通过化学信号和分子相互作用来检测和抵御病原体，如白细胞的化学吸引等。

2. 运用化学的原理和方法诊断疾病 医学实验室中的许多测试和分析都依赖于化学技术。血液化验、尿液分析、病原体检测等都需要化学方法来测量和分析生物标志物，以帮助诊断疾病。分子生物学和分子医学领域的化学方法可以检测 DNA、RNA 和蛋白质，以帮助诊断疾病。化学技术的不断进步为医学提供了新的工具和方法，磁共振成像（MRI）通过测量体内组织中氢原子的信号来创建图像，它广泛用于诊断肿瘤、神经系统疾病等。质谱法可以用于检测代谢产物、药物、激素和其他生物分子。正电子发射体层成像（PET）使用放射性标记的葡萄糖来检测肿瘤。

3. 药物的化学性质和结构决定了药物的作用和疗效 化学是药物研发的基础。药物的合成、结构分析和药理学研究都依赖于化学原理。药物的发现、设计和制备都是化学领域的关键工作。通过了解化学结构和反应，科学家可以合成出新的药物，治疗各种疾病。医学研究者需要了解药物的化学性质，以确定其如何与目标生物分子相互作用，从而研发出更有效和更安全的药物。

化学在医学中扮演着关键的角色，帮助医学界理解生物化学过程、研发新药、改进临床诊断和治疗方法，以及确保患者的生命安全。化学和医学的交叉领域也在不断发展，为改善人类健康水平提供了许多机会。因此，化学在生物体内发挥着至关重要的作用，研究生物体内的化学过程，以及这些过程与疾病发展之间的关系，有助于解释生物体内的生理现象，开发新的药物和治疗方法，并推动医学和生命科学的不断进步。

第二节　基础化学课程简介及学习要求

一、基础化学课程的任务、作用和内容

基础化学是我国高等医学院校为医学相关专业一年级学生开设的第一门化学课。基础化学课程的任务是给学生介绍化学学科的全貌和分支，现代化学基本概念，化学的基本知识与理论，化学反应的基本原理、规律性及医学应用知识等。基础化学课程的目的：①为医学生进一步学习专业基础课程和专业核心课程奠定基础，如有机化学、生物化学、生理学、病理学、药理学、免疫学等。②结合理论课程内容，通过实验课程的训练，使学生掌握正确的基本操作方法和技能，培养学生的动手能力和综合实践技能，加深其对理论知识的理解，提高其正确处理实验结果的能力，提高其创新思维能动性，使学生在自然科学上具有更高的素养和更严谨的工作作风。

基础化学课程的内容是根据医学专业的特点而选定的，涉及无机化学、分析化学和物理化学，主要包括溶液的性质、理论和应用；化学键与化学反应，化学反应动力学和化学平衡；元素和元素周期律；定性和定量分析方法；核化学；基本实验室安全和操作技巧。这些是基础化学课程的一般内容，是医学生的必修课程，它为进一步深入学习更高级别的化学内容打下坚实的基础。这些内容的目标是为医学生提供化学基础，使他们能够理解生物化学、药物化学、临床化学等与医学相关的课程，并能在实际临床实践中运用化学知识，例如药物治疗、实验室检测和病理学研究。医学生通常会在这些基础化学概念的基础上深入学习与医学和生物医学领域相关的特定化

Note

学知识。

本教材穿插有众多基于化学原理的与医学相关的案例，每章均有化学理论在医学领域应用的拓展知识，让医学生进一步认识到利用化学理论渗透并研究医学学科的重要意义。本教材每章安排了学科发展与医学应用综述题，督促学生查阅相关文献资料，在课堂上汇报交流，激发学生自主学习能动性，积累科学研究方法。除此之外，每章还设置了化学史话的内容，结合化学历史和思政教育的元素，探讨化学历史中的重要事件、发现和人物，结合思政和社会问题，培养学生的综合素养，培养其历史意识、伦理和价值观、社会责任感、批判性思维，使其学会分析历史事件、科学理论和政治决策，以便更好地理解和评估相关问题。

二、如何学好基础化学

大学阶段的学习与高中阶段有很大的不同，在学科深度、自主学习、研究与实验、课程灵活性、学科交叉等方面以及研究和创新方面，均提出了更高的要求。学生也应重点培养自主学习能动性，独立自主发现问题、分析问题以及解决问题的能力，提高研究创新能力。

如何学好基础化学，可以从以下几个方面着手。

（一）查阅研读参考资料、理解基本概念

查阅并研读参考资料，理解基础的化学概念，如原子结构、元素周期表、化学键、分子结构、溶液依数性、溶解度、溶度积、酸碱度、化学反应等。这些概念是化学学习的基础，因此打下坚实的基础非常重要。

（二）根据教学大纲和课程安排，制订学习计划

制订学习计划，分配时间给不同的主题和章节。这有助于全面掌握化学的基本理论。

（三）充分利用电子教学资源平台

参考大学生 MOOC 以及学习通平台中的微课解决学习中的难点问题，平台中的练习题对于巩固知识和提高问题解决能力非常重要。

（四）研究与讨论

结合所学知识在学科发展中的应用，研究并讨论每章的学科发展与医学应用综述题，以小组为单位，汇报交流讨论，积累科学方法，锻炼创新思维能力，培养团队协作能力以及分析问题、解决问题的能力。

（五）实验和实践

充分利用好化学实验课堂，结合指导教师的实验方案，制订小组实验方案并开展实验，这将帮助你将理论知识与实际应用联系起来。实验也有助于加深对化学原理的理解。确保你具备必要的数学技能（如物质的量的计算、质量-物质的量-体积关系等），以解决化学问题。

（六）持之以恒

学习化学需要时间和耐心。不要灰心，坚持学习，随着时间的推移，你会发现自己的化学知识和技能不断增强。学好基础化学需要坚持不懈的努力和积极的学习态度。记住，化学是一门有趣而有用的学科，它有助于解释我们周围的世界，学好化学将使你受益匪浅。

第三节　混合物的组成标度

组成标度指的是混合物中各组分的相对含量。溶液的组成标度是指一定量的溶液或溶剂中所含溶质的量。

Note

一、质量分数和体积分数

(一) 质量分数

溶液中溶质 B 的质量(m_B)除以溶液的质量(m),称为溶质 B 的质量分数(mass fraction),用符号 ω_B 或 $\omega(B)$表示,即

$$\omega_B = \frac{m_B}{m}$$

(二) 体积分数

溶液中溶质 B 的体积(V_B)除以(同温同压下)溶液的体积(V),称为溶质 B 的体积分数(volume fraction),用符号 ϕ_B 或 $\phi(B)$表示,即

$$\phi_B = \frac{V_B}{V}$$

【例 1-1】 100 mL 酒精溶液中含乙醇 75 mL,计算酒精溶液中乙醇的体积分数。

解:

$$\phi_B = \frac{V_B}{V} = \frac{75}{100} = 75\%$$

二、物质的量浓度和质量浓度

(一) 物质的量浓度

溶液中溶质 B 的物质的量(n_B)除以溶液的体积(V),称为溶质 B 的物质的量浓度(amount-of-substance concentration),简称浓度(concentration),用符号 c_B 或 $c(B)$表示,即

$$c_B = \frac{n_B}{V}$$

化学和医学上常用 $mol \cdot L^{-1}$、$mmol \cdot L^{-1}$或 $\mu mol \cdot L^{-1}$等作为物质的量浓度的单位。

(二) 质量浓度

溶液中溶质 B 的质量(m_B)除以溶液的体积(V),称为溶质 B 的质量浓度(mass concentration),用符号 ρ_B 或 $\rho(B)$表示,即

$$\rho_B = \frac{m_B}{V}$$

化学和医学上常用 $g \cdot L^{-1}$、$mg \cdot L^{-1}$或 $\mu g \cdot L^{-1}$等作为质量浓度的单位。

物质的量 n_B 与物质的质量 m_B、物质的摩尔质量 M_B 之间的关系:

$$n_B = \frac{m_B}{M_B}$$

【例 1-2】 100 mL 葡萄糖注射液中含 5 g 葡萄糖,计算溶液的质量浓度和物质的量浓度。

解:

$$\rho_{C_6H_{12}O_6} = m_{C_6H_{12}O_6}/V = 5/100$$
$$= 0.05(g \cdot mL^{-1}) = 50(g \cdot L^{-1})$$
$$M_{C_6H_{12}O_6} = 180.0\ g \cdot mol^{-1}$$
$$c_{C_6H_{12}O_6} = \rho_{C_6H_{12}O_6}/M_{C_6H_{12}O_6} = 50/180.0 = 0.28(mol \cdot L^{-1})$$

【例 1-3】 质量浓度为 $50.0\ g \cdot L^{-1}$的 $C_6H_{12}O_6$ 溶液和 $12.5\ g \cdot L^{-1}$的 $NaHCO_3$ 溶液,它们的物质的量浓度分别是多少?

解:$C_6H_{12}O_6$ 的摩尔质量为 $180.0\ g \cdot mol^{-1}$,$NaHCO_3$ 的摩尔质量为 $84.0\ g \cdot mol^{-1}$。

$$c_{C_6H_{12}O_6} = 50.0/180.0 = 0.28(mol \cdot L^{-1})$$
$$c_{NaHCO_3} = 12.5/84.0 = 0.15(mol \cdot L^{-1})$$

Note

三、分子浓度

分子浓度是指单位体积或单位质量内包含的分子数，即溶质 B 的分子数（N_B）与溶液体积（V）的比值。

$$c_B = \frac{N_B}{V}$$

其中，分子数以摩尔（mol）为单位，体积的单位可以是升（L）。分子浓度的单位是 $mol \cdot L^{-1}$（摩尔 · 升$^{-1}$）。

在化学和生物学中，分子浓度经常用于描述溶液中化学物质的浓度，例如溶液中溶解的溶质的物质的量浓度。在细胞生物学中，也会用分子浓度来描述细胞内各种分子（如蛋白质等）的浓度。

四、质量摩尔浓度

溶液中溶质 B 的物质的量（n_B）除以溶剂的质量（m_A），称为溶质 B 的质量摩尔浓度（molality），用符号 b_B 或 $b(B)$表示，单位为 $mol \cdot kg^{-1}$。即

$$b_B = \frac{n_B}{m_A}$$

【例 1-4】 将 1.38 g 甘油溶于 100 mL 水中，已知 $M_{C_3H_8O_3} = 92.0\ g \cdot mol^{-1}$，计算该溶液的质量摩尔浓度。

解：

$$b_B = \frac{n_{C_3H_8O_3}}{m_A} = \frac{1.38}{92.0 \times 0.100} = 0.150(mol \cdot kg^{-1})$$

本章小结

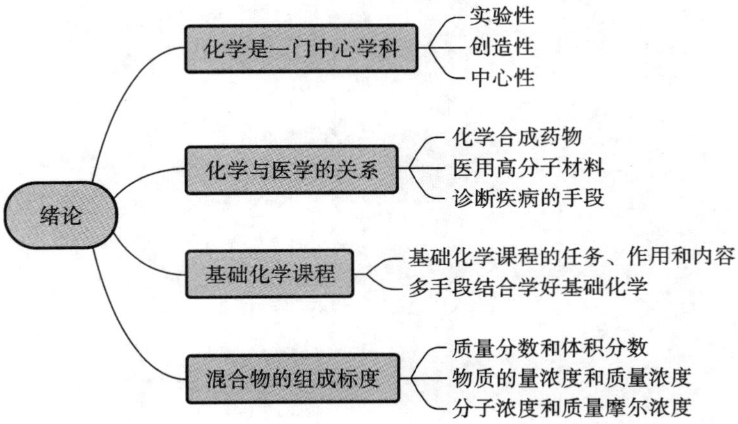

学科发展与医学应用综述题

人工心脏是一种使用机械或生物机械手段部分或完全替代自然心脏给人体供血的辅助装置。它能够帮助患者恢复心脏功能或者过渡到心脏移植阶段，甚至作为永久性治疗，是延续终末期心力衰竭患者生命和提高其生活质量的重要措施与有效手段。2024 年 4 月，一颗由我国自主研发、全球最轻的全磁悬浮人工心脏在无锡市人民医院顺利植入，成功跳动。同年 7 月，集成化双心室辅助装置在华中科技大学附属协和医院成功应用。

Note

请结合材料分析，要想制成像自然心脏那样精确的组织结构、完全模拟其功能的人工心脏是极不容易的，科学家是如何做到的？

能力检测

扫码看答案

1. 物质的量浓度的 SI 单位是（　　）。

A. $mol \cdot L^{-1}$　B. $kg \cdot L^{-1}$　C. $mol \cdot kg^{-1}$　D. $mOsm \cdot L^{-1}$

2. 质量浓度的 SI 单位是（　　）。

A. $mol \cdot L^{-1}$　B. $kg \cdot L^{-1}$　C. $mol \cdot kg^{-1}$　D. $mOsm \cdot L^{-1}$

3. 100 mL 血浆中含 Na^{+} 326 mg，则它的质量浓度是（　　）。

A. $3.26\ g \cdot L^{-1}$　B. $32.6\ g \cdot L^{-1}$　C. $326\ g \cdot L^{-1}$　D. $0.326\ g \cdot L^{-1}$

4. 生理盐水的规格为 500 mL 溶液中含 4.5 g NaCl，则它的质量浓度是（　　）。

A. $0.9\ g \cdot L^{-1}$　B. $9\ g \cdot L^{-1}$　C. $4.5\ g \cdot L^{-1}$　D. $0.45\ g \cdot L^{-1}$

5. 100 mL 血清中含 Ca^{2+} 10 mg，则它的质量浓度是（　　）。

A. $0.1\ g \cdot L^{-1}$　B. $10\ g \cdot L^{-1}$　C. $1\ g \cdot L^{-1}$　D. $100\ g \cdot L^{-1}$

6. 某患者需补充 Na^{+} 5.0 g，如用 0.9%生理盐水补充，则需多少升？

7. 正常成人胃液的 pH 为 1.4，婴儿胃液 pH 为 5.0，成人胃液中的 H^{+} 浓度是婴儿胃液的多少倍？

8. 正常人血液中 Ca^{2+} 和 HCO_3^- 的浓度分别为 $2.5\ mmol \cdot L^{-1}$ 和 $27\ mmol \cdot L^{-1}$，化验测得某患者血液中 Ca^{2+} 和 HCO_3^- 的质量浓度分别为 $300\ mg \cdot L^{-1}$ 和 $1\ mg \cdot L^{-1}$。通过计算判断该患者血液中这两种离子含量是否正常。

（余燕敏）

Note

第二章　稀溶液的依数性

学习目标

素质目标：通过介绍著名物理化学家拉乌尔的成长之路，激发学生学习的兴趣，在获得科学知识的同时，培养学生的科学思维和发散思维，血液净化技术将化学与医学等联系起来，医工、医理学科之间的融合为医学事业的发展提供无限前景。

能力目标：通过学习稀溶液的依数性，把化学与医学联系起来，能够利用基本知识解释医学现象，激发学生独立思考及自主学习的能力。

知识目标：理解稀溶液依数性的概念；掌握溶液蒸气压下降的原因、拉乌尔定律及相关计算；掌握溶液沸点升高、凝固点降低的原因及相关计算；掌握渗透现象及产生的条件、van't Hoff 公式及相关计算，渗透压在医学上的意义。

扫码看 PPT

溶液是由两种或两种以上物质组成的均匀而稳定的体系。溶液可以以气态、液态或者固态三种状态存在，通常所说的溶液指液态溶液，水是最常用的溶剂，一般不特别指明溶剂的溶液都是指水溶液。

溶液的性质可分为两类：一类与溶质的本性有关，如溶液的酸碱性、导电性及表面张力等；另一类与溶质的本性无关，仅取决于溶液中溶质的粒子数，如溶液的蒸气压下降、沸点升高、凝固点降低和渗透压。在稀溶液中，这些只与溶质的数目有关而与溶质本性无关的性质称为稀溶液的依数性(colligative property of dilute solution)。

稀溶液的依数性与生命科学有着极为密切的关系，例如：对细胞内外物质的交换与运输、临床输液、水及电解质代谢等问题。

本章主要介绍难挥发性非电解质稀溶液的依数性。

第一节　溶液的蒸气压下降

一、液体的蒸气压

一定温度下，将纯溶剂放入一密闭容器中，由于溶剂分子的热运动，一部分动能较高的溶剂分子将溢出液面，形成气相分子，这一过程称为蒸发(evaporation)。同时，随着液面上方气相分子数目的增多，气相中的蒸气分子碰撞到液面也会被吸引到液相中，这一过程称为凝结(condensation)。当蒸发速率和凝结速率相等时，该液体和它的蒸气达到平衡状态，此时，蒸气所具有的压力称为该温度下的饱和蒸气压，简称蒸气压(vapor pressure)，用符号 p 表示，单位为 Pa 或 kPa。

Note

一定温度下,蒸气压与液体的本性有关,不同的液体具有不同的蒸气压。如在 20 ℃时,水的蒸气压为 2.34 kPa,而乙醚的蒸气压为 57.6 kPa。表 2-1 列出了不同温度下冰和水的蒸气压。

表 2-1 不同温度下冰和水的蒸气压

温度 t/℃	蒸气压 p/kPa		温度 t/℃	蒸气压 p/kPa
	冰	水		水
−10	0.26	0.29	5	0.87
−5	0.40	0.42	10	1.23
−4	0.44	0.45	15	1.70
−3	0.48	0.49	20	2.34
−2	0.52	0.53	50	12.34
−1	0.56	0.57	80	47.37
0	0.61	0.61	100	101.32

由于液体的汽化是吸热过程,因此,液体的蒸气压随温度的升高而增大,图 2-1 反映了乙醚、乙醇等几种不同液体的蒸气压随温度升高而增大的情况。

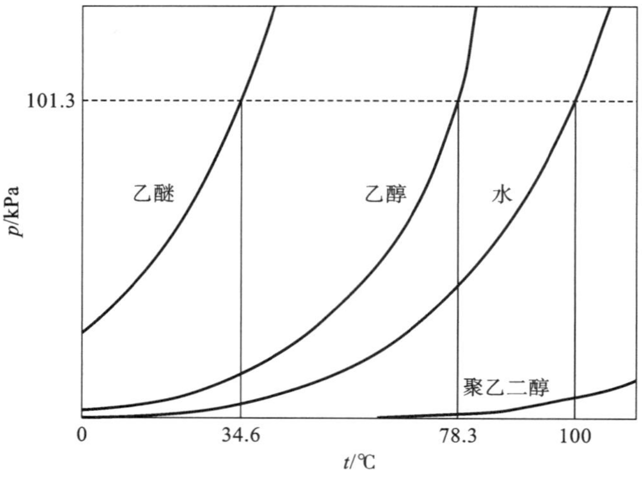

图 2-1 蒸气压与温度的关系图

固体也有一定的蒸气压,物质由固态直接蒸发为气态的过程称为升华(sublimation),如冰、碘、樟脑、萘等易挥发性物质,具有较显著的蒸气压。但大部分固态物质常温下的蒸气压较其液相蒸气压小得多,因而可以忽略。

无论固体还是液体,蒸气压大者称为易挥发性物质,蒸气压小者称为难挥发性物质。本章讨论稀溶液的依数性时,忽略难挥发性溶质自身的蒸气压,只考虑溶剂的蒸气压。

二、溶液的蒸气压下降——拉乌尔定律

实验证明,当在纯溶剂中加入少量难挥发的溶质时,溶液的蒸气压就会下降。这是因为难挥发性的溶质分子会或多或少地占据部分溶液表面,导致单位时间内溢出溶液的溶剂分子数较纯溶剂时有所减少,其结果是当蒸发与凝结重新达到平衡时,溶液的蒸气压将低于同温度下纯溶剂的蒸气压,该现象称为溶液的蒸气压下降(vapor pressure lowering)。

Note

图 2-2 是纯水和蔗糖溶液的蒸气压曲线,图中 A 点和 B 点分别是纯水和蔗糖溶液在温度 T_b 时的蒸气压。显然,在同一温度下溶液的蒸气压总是低于纯溶剂的蒸气压。

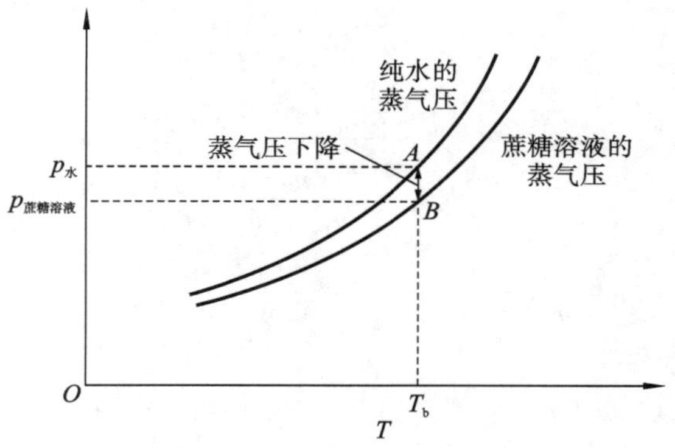

图 2-2 纯水与蔗糖溶液蒸气压曲线

1887 年，法国物理学家 F. M. Raoult 根据实验结果得出以下规律：在一定温度下，难挥发性非电解质稀溶液的蒸气压等于其纯溶剂的蒸气压与溶液中溶剂的物质的量分数的乘积，其数学表达式为

$$p = p^0 x_A \tag{2-1}$$

式中，p 为溶液的蒸气压；p^0 为纯溶剂的蒸气压；x_A 为溶液中溶剂的物质的量分数。

对于只含有一种溶质的稀溶液，设 x_B 为溶质的物质的量分数，因为 $x_A + x_B = 1$，所以

$$p = p^0(1 - x_B)$$

$$p = p^0 - p^0 x_B$$

$$\Delta p = p^0 x_B \tag{2-2}$$

式中，Δp 表示溶液的蒸气压下降。由式(2-2)可知，在一定温度下，难挥发性非电解质稀溶液的蒸气压下降与溶质的物质的量分数成正比，而与溶质的本性无关，该式是拉乌尔定律的另外一种表达形式。

拉乌尔定律适用于难挥发性非电解质稀溶液，在稀溶液中，$n_A \gg n_B$

$$x_B = \frac{n_B}{n_A + n_B} \approx \frac{n_B}{n_A} = \frac{n_B}{m/M_A} = \frac{n_B}{m}M_A \tag{2-3}$$

式中，n_A 和 n_B 分别表示溶剂和溶质的物质的量；M_A 表示溶剂的摩尔质量；m 表示溶剂的质量(g)。若 m 以 kg 为单位，并保持 x_B 的值不变，则有

$$x_B = \frac{n_B}{m}\frac{1000\ \text{g}}{1\ \text{kg}}\frac{M_A}{1000} = b_B\frac{M_A}{1000}$$

因此

$$\Delta p = p^0 x_B = p^0 \frac{M_A}{1000} b_B$$

$$\Delta p = K b_B \tag{2-4}$$

式中，K 为比例系数，它取决于 p^0 和溶剂的摩尔质量 M_A；b_B 为溶液的质量摩尔浓度。

因此，拉乌尔定律又可表述为在一定温度下，难挥发性非电解质稀溶液的蒸气压下降与溶液的质量摩尔浓度成正比，而与溶质的种类和性质无关。

扫码看答案

问题与思考 2-1

为什么难挥发性物质稀溶液的蒸气压低于纯溶剂的蒸气压？

【例 2-1】 293.15 K(t(K)$=t$(℃)$+273.15$)时水的饱和蒸气压为 2.34 kPa。若 100.0 g 水中溶有 10.0 g 蔗糖(化学式为 $C_{12}H_{22}O_{11}$)，计算此溶液的蒸气压。(已知蔗糖 $M_A = 342.0\ \text{g} \cdot \text{mol}^{-1}$)

Note

化学史话：拉乌尔

解：

$$n_{H_2O}=\frac{100.0}{18.0}=5.56(\text{mol})$$

$$n_{C_{12}H_{22}O_{11}}=\frac{10.0}{342.0}=0.0292(\text{mol})$$

根据

$$x_B=\frac{n_B}{n_A+n_B}$$

$$x_{H_2O}=\frac{n_{H_2O}}{n_{H_2O}+n_{C_{12}H_{22}O_{11}}}=\frac{5.56}{5.56+0.0292}=0.995$$

蔗糖溶液的蒸气压为

$$p=p^0x_{H_2O}=2.34\times0.995=2.33(\text{kPa})$$

第二节　溶液的沸点升高和凝固点降低

一、溶液的沸点升高

(一) 纯液体的沸点

当纯液体的蒸气压与外界大气压相等，液体开始沸腾时的温度称为纯液体的沸点(boiling point)，用 T_b 表示。标准态下，外界压力为 101.3 kPa，液体沸腾时的温度称为纯液体的正常沸点，用 T_b^0 表示，例如水的正常沸点是 373.15 K。常见溶剂的正常沸点列在表 2-2 中。

表 2-2　常见溶剂的 T_b^0、K_b 和 T_f^0、K_f 值

溶　剂	T_b^0/℃	K_b/(K·kg·mol^{-1})	T_f^0/℃	K_f/(K·kg·mol^{-1})
水	100	0.512	0.0	1.86
乙酸	118	2.93	17.0	3.90
苯	80	2.53	5.5	5.10
乙醇	78.4	1.22	−117.3	1.99
四氯化碳	76.7	5.03	−22.9	32.0
乙醚	34.7	2.02	−116.2	1.8

液体的沸点与外界压力有关，外界压力越大，沸点越高，这种性质常被应用于实际工作中，例如，对热稳定性差的物质进行提取或精制时，常采用减压蒸馏或减压浓缩的方法，以降低蒸发温度，防止高温加热对这些物质的破坏。但是，对热稳定性强的注射液和某些医疗器械、敷料进行消毒灭菌时，则常采用高压灭菌法，即在封闭的高压消毒器内加热，提高水蒸气的温度，缩短灭菌时间并提高灭菌效果。

纯液体在加热过程中，温度已经达到或超过液体沸点时，液体并没有沸腾的现象，称为过热现象(super heating)。这是因为久经煮沸的液体，溶于其中的空气全部逸出后，液体中缺乏气泡，即缺乏"汽化核"，过热现象常使液体产生暴沸而发生危险。

扫码看答案

问题与思考 2-2

为什么实验室在进行蒸发或蒸馏时，蒸馏瓶中需要加入少量沸石？

Note

（二）溶液的沸点升高

实验表明，难挥发性非电解质稀溶液的沸点总是高于纯溶剂的沸点，这一现象称为溶液的沸点升高(boiling point elevation)。溶液沸点升高的原因是稀溶液的蒸气压低于纯溶剂的蒸气压。

如图 2-3 所示，横坐标表示温度，纵坐标表示蒸气压。AA' 为纯溶剂的蒸气压曲线，BB' 为稀溶液的蒸气压曲线。纯溶剂的沸点 $T_b^0=373.15$ K，$p^0=101.3$ kPa。在温度为 T_b^0 时，难挥发性溶质的加入导致溶液的蒸气压下降，因而溶液的蒸气压低于 101.3 kPa，若要使溶液的蒸气压等于 101.3 kPa，只有将温度升高到 T_b，溶液才会沸腾。

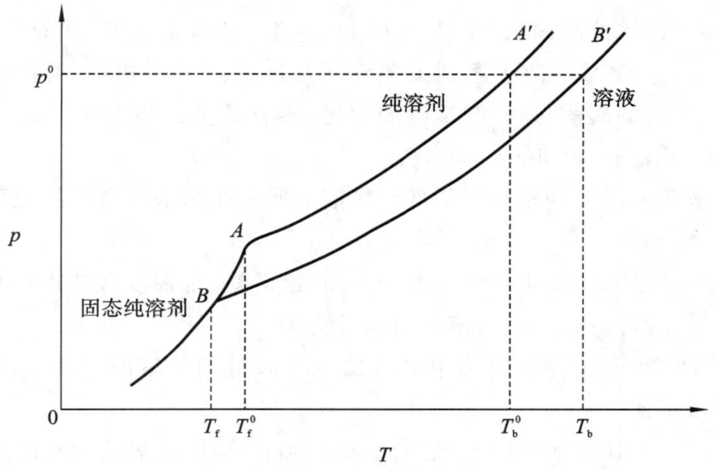

图 2-3 溶液的沸点升高和凝固点降低

难挥发性非电解质稀溶液的沸点升高与溶液的质量摩尔浓度之间的关系为

$$\Delta T_b = T_b - T_b^0 = K_b b_B \tag{2-5}$$

式中，ΔT_b 表示溶液的沸点升高；K_b 为溶剂的摩尔沸点升高常数。式(2-5)的意义是，难挥发性非电解质稀溶液的沸点升高与溶液的质量摩尔浓度成正比，与溶质的本性无关。

纯溶剂的沸点是恒定的，但溶液的沸点却在不断地变化。原因是伴随着溶液的沸腾，溶剂不断蒸发，溶液浓度不断增大，沸点也不断升高，直至形成饱和溶液。通常，溶液的沸点是指溶液刚开始沸腾时的温度。

在饱和状态时溶液的沸点是恒定的，原因是随着溶剂的蒸发，溶质不断析出，直至溶液浓度不再改变，此时溶液的蒸气压也不再改变，沸点保持恒定，此溶液称为恒沸溶液。

二、溶液的凝固点降低

（一）纯液体的凝固点

在一定的外界压力下，当物质的液相和固相蒸气压相等，两相平衡共存时的温度为该纯液体的凝固点(freezing point)，用 T_f 表示。当外界压力为 101.3 kPa 时，物质的凝固点称为正常凝固点，用 T_f^0 表示。例如，水的正常凝固点是 273.15 K，又称冰点。

纯液体的凝固点与外界压力有关，一些液体的凝固点随外界压力的增大而升高，另一些液体的趋势则相反。常见溶剂的正常凝固点见表 2-2。

纯液体在凝固过程中，温度已经低于该压力下液体的凝固点，液体并没有凝固的现象，称为过冷(supercooling)现象。液体越纯，过冷现象越明显。这是因为液体非常纯净时，缺乏凝固所需的“结晶核”。过冷现象在生活中广泛存在，例如，人工降雨就是向天空中的过冷水汽投洒具有凝

Note

结核作用的碘化银或干冰,使水汽在凝结核上凝结,最终成雨而落下。

扫码看答案

问题与思考 2-3

试列举过冷现象在医学研究领域的应用实例。

(二) 溶液的凝固点降低

溶液的凝固点通常是指溶液中纯固态溶剂开始析出时的温度,如图 2-3 所示,AB 为固相纯溶剂的蒸气压曲线。AA' 与 AB 相交到 A 点,此时水和冰的蒸气压均为 0.6106 kPa,冰和水两相共存,A 点对应的温度即水的凝固点 T_f^0(273.15 K)。进一步降低温度,冰的蒸气压曲线与溶液的蒸气压曲线相交到 B 点,此时溶液中溶剂的蒸气压与冰的蒸气压相等,溶液中的水和冰能够共存,这一温度就是该溶液的凝固点,它与纯溶剂相比,溶液凝固点降低值用 ΔT_f 表示,ΔT_f 称为溶液的凝固点降低(freezing point depression)。

难挥发性非电解质稀溶液的凝固点降低与溶液的质量摩尔浓度之间的关系如下:

$$\Delta T_f = T_f^0 - T_f = K_f b_B \tag{2-6}$$

式中,K_f 为溶剂的摩尔凝固点降低常数。式(2-6)的意义是,难挥发性非电解质稀溶液的凝固点降低与溶液的质量摩尔浓度成正比,与溶质的本性无关。

由式(2-5)和式(2-6)可知,溶液沸点升高和凝固点降低均与溶液的蒸气压下降有关,都与溶液的质量摩尔浓度成正比。

【例 2-2】 将 1.38 g 甘油($C_3H_8O_3$)溶于 100 g 水中,测得此溶液的凝固点为 272.871 K,求甘油的相对分子质量。

解:已知水的凝固点为 273.15 K,凝固点降低常数 K_f=1.86 K·kg·mol^{-1},则有

$$\Delta T_f = 273.15 - 272.871 = 0.279(\text{K})$$

由

$$\Delta T_f = K_f b_B = K_f \frac{m_B}{m_A M_B}$$

得

$$M_B = \frac{K_f m_B}{m_A \Delta T_f}$$

式中,m_A 和 m_B 分别为溶剂和溶质的质量;M_B 为溶质的摩尔质量,代入相应数值得

$$M_{C_3H_8O_3} = \frac{1.86 \times 1.38}{100 \times 0.279} = 0.092(\text{kg}\cdot\text{mol}^{-1}) = 92.0(\text{g}\cdot\text{mol}^{-1})$$

所以甘油的相对分子质量为 92.0。

扫码看答案

溶质的相对分子质量常用沸点升高法和凝固点降低法测定,但是在医学和生物学实验中应用较多的是凝固点降低法。这是因为:第一,大多数溶剂的 K_f 值大于 K_b 值,因此,同一溶液的凝固点降低值比沸点升高值大,实验测量误差相对小;第二,达到凝固点时溶液中有溶剂的固体析出,现象更明显,易于观察;第三,溶液的凝固点测定常在低温下进行,一般不会引起待测样品的变性或破坏。

问题与思考 2-4

科学研究表明,植物的抗旱性和抗寒性与溶液的蒸气压下降和凝固点下降规律有关,如何解释?

Note

第三节　溶液的渗透压

一、渗透现象和渗透压

渗透现象在自然界和日常生活中普遍存在。例如：动物组织间水分的转移及运送，植物所需水分的获得等。要认识渗透现象首先需要认识半透膜(semipermeable membrane)。半透膜是一种只允许溶液中一种或几种物质透过，而截留其他物质的选择性通透膜。理想半透膜是只允许水分子自由通过，而不允许溶质分子通过的薄膜。常见的半透膜有鸡蛋壳膜、膀胱膜、动物的肠衣、细胞膜、植物根膜等。

知识链接：脑卒中后的常见并发症

图 2-4 是将一定浓度的稀溶液与纯溶剂用半透膜隔开的一种装置。从图 2-4(a)可以看到，刚开始，纯溶剂和溶液二者的液面高度是相等的；一段时间后，溶液一侧的液面上升，说明溶剂分子通过半透膜进入溶液中，如图 2-4(b)所示。同样，不同浓度的两种溶液用半透膜隔开，溶剂分子也会由稀溶液通过半透膜进入浓溶液中。这种溶剂分子通过半透膜由纯溶剂进入溶液或由稀溶液进入浓溶液的自发过程称为渗透(osmosis)。

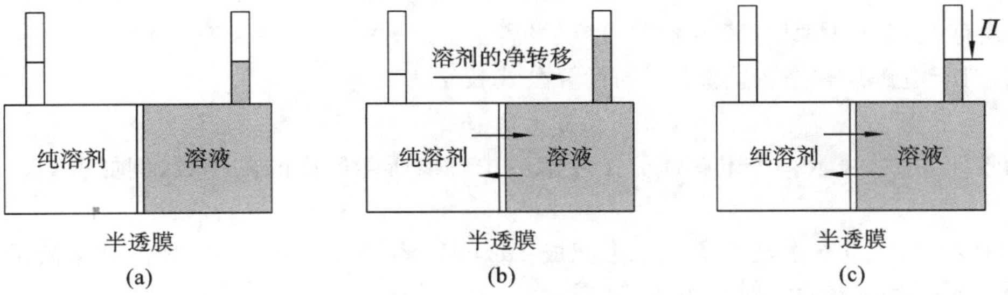

图 2-4　渗透现象

可见，渗透现象的产生必须具备两个条件：一是有半透膜的存在；二是半透膜两侧单位体积内溶剂分子数不相等。

由于渗透作用，溶液的液面逐渐上升，溶液侧水柱的静压力也会随之增加，这样会使水分子从溶液进入纯溶剂的速度加快。当单位时间内进出溶液和纯溶剂的分子数目相等时达到了渗透平衡。如图 2-4(c)所示，为了阻止渗透现象继续发生从而保持渗透平衡，在液面上施加的最小压力称为该溶液的渗透压(osmotic pressure)。渗透压用符号 Π 表示，单位为 Pa 或 kPa。

问题与思考 2-5

若将溶液和纯溶剂用半透膜隔开，并在溶液一侧施加一个大于其渗透压的外压时，会出现什么现象？

扫码看答案

如果在图 2-4(c)中溶液上方施加的压力大于其渗透压，溶剂将会从溶液一侧向纯溶剂一侧流动，这一过程称为反渗透(reverse osmosis)。同样，将稀溶液和浓溶液用半透膜隔开，并在浓溶液一侧施加大于两种溶液渗透压差的外力时，也会发生反渗透现象。根据反渗透原理，在压力驱动下借助于半透膜的选择通透作用可实现溶液中溶质和溶剂的分离。例如，在水处理工艺中，通过反渗透可将水中的离子、细菌、病毒、有机物及胶体等杂质去除，以获得高质量的纯净水，这是目前制取医用纯水的主要方法之一。此外，反渗透也常用于海水的淡化处理，以及高温下对药物溶液的浓缩。

Note

二、溶液的渗透压与浓度及温度的关系

1886 年,荷兰物理化学家 van't Hoff 根据实验数据,总结出了稀溶液的渗透压与该溶液的浓度、绝对温度之间的关系,即

$$\Pi V = n_B RT \tag{2-7}$$

$$\Pi = c_B RT \tag{2-8}$$

式(2-7)和式(2-8)中,R 为理想气体常数($8.314\ J \cdot mol^{-1} \cdot K^{-1}$);$T$ 为绝对温度。对于稀溶液,$c_B \approx b_B$,所以

$$\Pi = b_B RT \tag{2-9}$$

van't Hoff 公式的意义是,一定温度下,溶液的渗透压与溶液的浓度成正比。也就是说,渗透压与单位体积溶液中的溶质粒子数成正比,而与溶质的本性无关。由此可见,渗透压也是稀溶液的依数性。

对于浓度相同的两种非电解质稀溶液,例如,$0.1\ mol \cdot L^{-1}$ 葡萄糖溶液与 $0.1\ mol \cdot L^{-1}$ 蔗糖溶液,相同温度下,二者的渗透压相等。这是因为单位体积溶液中,二者所含溶质的粒子(分子)数相等。

但对于电解质稀溶液,渗透压就会发生变化。例如,$0.1\ mol \cdot L^{-1}$ NaCl 溶液,同等条件下,其渗透压约为 $0.1\ mol \cdot L^{-1}$ 葡萄糖溶液渗透压的 2 倍。这是因为在 NaCl 溶液中,NaCl 以 Na^+ 和 Cl^- 形式存在,单位体积溶液中溶质的粒子(离子)数增多。

因此,对于电解质稀溶液,渗透压的计算公式校正为

$$\Pi = ic_B RT \tag{2-10}$$

式中,i 为校正系数,表示一个电解质分子在溶液中解离所能形成的离子数,例如 $MgCl_2$,i 的近似值为 3。

【例 2-3】 将 1.0 g 血红素溶于水中配成 100 mL 溶液,在 20 ℃时,测得该溶液的渗透压为 0.366 kPa,计算血红素的相对分子质量。

解:根据 van't Hoff 公式,$\Pi V = n_B RT = \dfrac{m_B}{M_B}RT$,有

$$M_B = \frac{m_B RT}{\Pi V}$$

式中,M_B 为血红素的摩尔质量;m_B 为血红素的质量;V 为溶液体积;R 为理想气体常数($8.314\ J \cdot mol^{-1} \cdot K^{-1}$)。

代入相应数值得

$$M_{血红素} = \frac{1.0 \times 8.314 \times 293.15}{0.366 \times 0.1} = 6.66 \times 10^4 (g \cdot mol^{-1})$$

所以血红素的相对分子质量为 6.66×10^4。

【例 2-4】 求临床上常用的 $50\ g \cdot L^{-1}$ 葡萄糖注射液和 $9\ g \cdot L^{-1}$ 生理盐水在 37 ℃时的渗透压。

解:葡萄糖为非电解质,摩尔质量为 $180.0\ g \cdot mol^{-1}$,葡萄糖的渗透压为

$$\begin{aligned}\Pi &= c_B RT \\ &= \frac{50 \times 8.314 \times 310.15}{180.0} \\ &= 7.2 \times 10^2 (kPa)\end{aligned}$$

NaCl 为电解质,摩尔质量为 $58.5\ g \cdot mol^{-1}$,在稀溶液中完全电离,$i \approx 2$,因此,生理盐水的渗透压为

Note

$$\Pi = ic_B RT$$
$$= \frac{2 \times 9 \times 8.314 \times 310.15}{58.5}$$
$$= 7.9 \times 10^2 (\text{kPa})$$

三、渗透压在医学上的意义

(一) 渗透浓度

由 van't Hoff 公式可知,渗透压的大小与溶液中那些不能透过半透膜的粒子(分子、离子等)的总浓度有关。我们把溶液中那些不能透过半透膜的粒子统称为渗透活性物质(osmoticactive substance)。根据国际纯粹与应用化学联合会(IUPAC)临床化学部和国际临床化学联合会(IFCC)推荐,渗透活性物质的浓度表达可以使用渗透浓度(osmotic concentration),用符号 c_{os} 表示,单位为 mol·L^{-1},它表示单位体积内所含渗透活性物质的总质点数。

医学上常用渗透浓度来衡量溶液渗透压的大小。由于体液中渗透活性物质的物质的量较小,因此,渗透浓度单位又常用 mmol·L^{-1}表示。

【例 2-5】 计算医院补液用的 50 g·L^{-1}葡萄糖注射液和 9 g·L^{-1}生理盐水的渗透浓度(以 mmol·L^{-1}表示)。

解:葡萄糖渗透浓度为

$$c_{os} = \frac{50}{180.0} = 278(\text{mmol}\cdot\text{L}^{-1})$$

生理盐水的渗透浓度为

$$c_{os} = \frac{9}{58.5} \times 2 = 308(\text{mmol}\cdot\text{L}^{-1})$$

(二) 等渗、高渗和低渗溶液

渗透压的高低是相对的,必须有比较参照物。对于两种溶液而言,渗透压相对高者称为高渗溶液,渗透压相对低者称为低渗溶液。若两种溶液的渗透压相等,则称其为等渗溶液。

医学上定义溶液的低渗、等渗和高渗是以血浆的总渗透浓度为比较标准的。人体血浆渗透浓度的正常范围为 280~320 mmol·L^{-1},临床上规定,渗透浓度在此范围内的溶液为等渗溶液;渗透浓度高于此范围的溶液为高渗溶液;渗透浓度低于此范围的溶液为低渗溶液。略超出此范围的溶液,在临床上也看作等渗溶液,如 50 g·L^{-1}的葡萄糖溶液(渗透浓度为 278 mmol·L^{-1})、18.7 g·L^{-1}的乳酸钠溶液(渗透浓度为 334 mmol·L^{-1})。

图 2-5 显示了将红细胞置于不同浓度 NaCl 溶液中发生的形态变化。

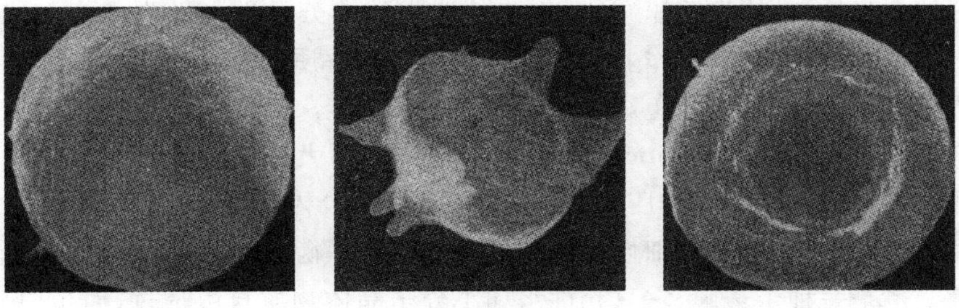

(a) (b) (c)

图 2-5 红细胞在不同浓度 NaCl 溶液中的形态变化

(1) 如图 2-5(a)所示,将红细胞置于稀盐水(如 0.4% NaCl 溶液)中,可看到红细胞逐渐膨胀,甚至破裂,医学上把这种现象称为细胞溶血。这是因为细胞膜是半透膜,细胞外液的渗透压小,水分子将由低浓度溶液大量渗入细胞内,导致细胞膨胀以至破裂。

Note

(2) 如图 2-5(b)所示，将红细胞置于浓盐水(如 1.5% NaCl 溶液)中，可看到红细胞逐渐皱缩，医学上把这种现象称为胞浆分离。这是因为细胞内液的渗透压比浓盐水小，致使细胞内水分子大量渗出到浓盐水中，导致细胞容量减小，细胞膜发生皱缩。

(3) 如图 2-5(c)所示，将红细胞置于生理盐水(0.9% NaCl 溶液)中，红细胞形态基本保持不变，既不膨胀也不皱缩。这是因为细胞内液与生理盐水的渗透压相等，渗透处于平衡状态。

临床上掌握低渗、等渗、高渗的概念非常重要。通常给患者大量补液时，必须补入与血浆等渗的溶液，否则将引起红细胞变形或破坏，失去正常的生理功能。临床上常用的等渗溶液有生理盐水(9 g · L^{-1} NaCl 溶液)和 50 g · L^{-1} 葡萄糖溶液。

但是，实际临床上的输液原则远比理论上的渗透原理复杂得多，并不是"凡输液就要用等渗溶液"。而是要根据病情确定输液方式、输液浓度、滴注速度等，同时还应考虑人体自身的调节及承受能力。例如，对于心、肾功能差的老年、幼儿患者，输入大量等渗溶液易造成电解质潴留而出现水肿等并发症，故在临床上，常根据患者的情况给予低渗溶液。再如，对脑血管障碍伴脑水肿的患者常给予高渗溶液以辅助吸收病灶部位的水肿。

思政课堂：
腌制食品
防腐原理

(三) 晶体渗透压和胶体渗透压

人体的体液中包含大量的水和溶质，根据体液存在的部位分为细胞内液和细胞外液两部分。细胞外液又分为组织液和血浆两类。其中组织液指的是存在于组织细胞周围组织间隙中的液体，它是细胞内液和血浆之间进行物质交换的媒介。而血浆则是血液的液体部分，其中水分占 90%～92%，血浆蛋白、电解质、酶类、激素类、胆固醇和其他营养素等占 8%～10%。

37 ℃时，人体血浆的渗透压约为 770 kPa。人体血浆中既有小分子晶体物质，如 Na^+、Cl^-、HCO_3^-、葡萄糖和尿素等，也有高分子胶体物质，如蛋白质等。血浆的渗透压是这两类物质所产生的渗透压的总和。

由于细胞膜和毛细血管壁的通透性不同，晶体渗透压和胶体渗透压对于维持人体内水和电解质的平衡也表现出不同的生理作用。

1. 晶体渗透压(crystalloid osmotic pressure) 血浆中的小分子晶体(NaCl、葡萄糖等)产生的渗透压称为晶体渗透压。血浆的渗透压约 99.5%来源于晶体，其数值约为 766 kPa。晶体渗透压对维持细胞内外水分的平衡起着主要作用。

细胞膜是一种半透膜，它只允许水分子自由透过，而 Na^+、K^+ 等不能透过。当人体缺水时，细胞外液中 Na^+、K^+ 含量相对增加，晶体渗透压增大，导致细胞内液中的水分子透过细胞膜进入细胞外液，从而造成细胞失水而引起口渴。此时若大量饮水或补充过多的葡萄糖溶液，细胞外液电解质的浓度就会降低，晶体渗透压减小，细胞外液中的水分子进入细胞内液而使细胞膨胀，严重时可引起水中毒。生活中，高温作业者之所以饮用含电解质类物质的汽水，就是为了使细胞外液的晶体渗透压保持相对恒定，以免影响细胞的形态和功能。

2. 胶体渗透压力(colloid osmotic pressure) 血浆中的大分子物质(蛋白质、核酸)产生的渗透压称为胶体渗透压。血浆的渗透压只有约 0.5%来源于胶体，其数值较小，为 2.93～4.00 kPa。胶体渗透压虽然很小，但在调节毛细血管内外水和电解质平衡及维持血容量方面起着主要作用。

毛细血管壁也是一种半透膜，它只允许水和小分子晶体物质自由透过，而蛋白质等大分子物质不能透过，因此血浆与组织间液的水和电解质平衡取决于胶体渗透压。如果血浆中蛋白质减少，血浆的胶体渗透压降低，血浆中的水和小分子晶体物质就会透过毛细血管壁进入组织间液，致使血容量降低，组织间液增多，从而引起水肿。临床上，对大面积烧伤或失血过多的患者，除补充电解质溶液外，还要输入血浆或高分子右旋糖酐等，目的在于恢复血浆的胶体渗透压，从而起到保留血管内水分、增加血容量的作用。

Note

思政课堂：血液净化技术

本章小结

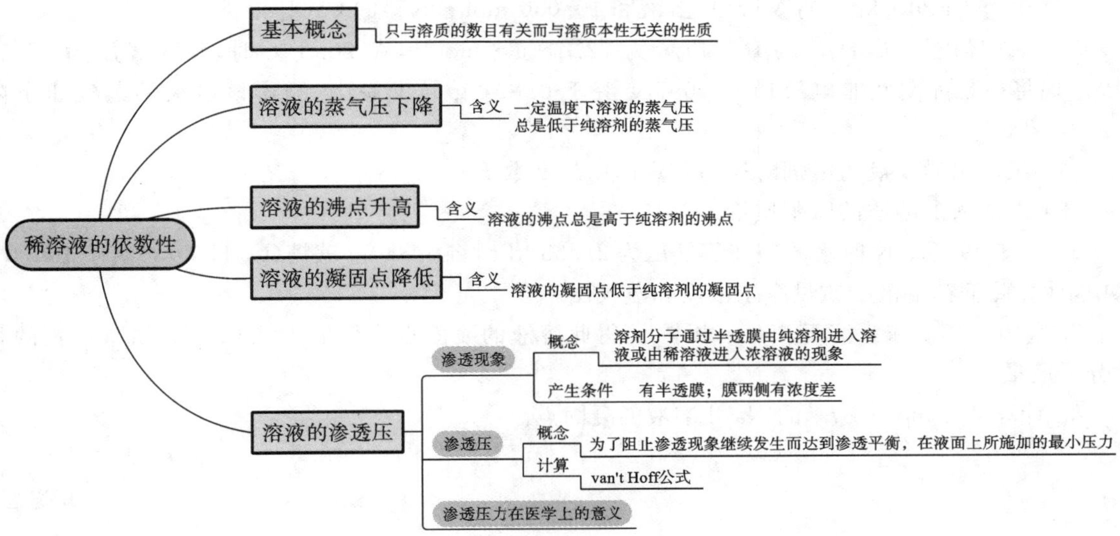

学科发展与医学应用综述题

1. 冰袋在临床上应用广泛，是施行物理降温、消肿、止痛、止血的常用措施之一。某医院自制了一种盐水冰袋：将质量分数为10%的食盐水装入医用塑料袋，封口后置于冰箱内冰冻，使用时取出，用毛巾包裹后放在所需部位。

问题：

（1）该盐水冰袋的制作原理是什么？为何不直接使用自来水制作冰袋？

（2）若用乙醇代替食盐制作冰袋，是否可行？为什么？

2. 渗透性利尿药又称脱水药，多为低分子化合物，包括甘露醇、山梨醇等，其药理作用主要取决于药物分子本身在溶液中对渗透压的调节。甘露醇（$C_6H_{14}O_6$）口服不吸收，静脉注射后不易从毛细血管渗入组织，能够迅速降低颅内压，是治疗和抢救脑水肿患者的首选药，也可降低青光眼患者的房水量及眼内压。一般情况下，甘露醇在体内迅速经肾脏排泄，经肝脏代谢的量很少，所以静脉注射甘露醇可产生较强的利尿作用。甘露醇的不良反应以水、电解质紊乱最为常见。

问题：

（1）甘露醇静脉给药后为什么能降低颅内压和眼内压？

（2）试分析甘露醇的利尿作用及引起不良反应的原因。

（3）临床上还有哪些常用的渗透性利尿药？

扫码看答案

能力检测

1. 稀溶液的依数性有哪些？

2. 为什么在冰上撒食盐，冰会不断融化，体系的温度会下降？

3. 产生渗透现象的条件是什么？

4. 下列几组溶液用半透膜隔开，判断在相同温度下的渗透方向。

（1）5%的葡萄糖溶液和12%的NaCl溶液；

Note

(2) 0.9%的 NaCl 溶液和 12%的 NaCl 溶液；

(3) 0.050 mol·kg^{-1}的尿素溶液和 10.080 mol·kg^{-1}的葡萄糖溶液；

(4) 0.050 mol·kg^{-1}的尿素溶液和 10.050 mol·kg^{-1}的蔗糖溶液；

(5) 0.050 mol·kg^{-1}的 $MgSO_4$ 溶液和 10.050 mol·kg^{-1}的 $CaCl_2$ 溶液。

5. 已知异戊烷(C_5H_{12})的摩尔质量为 72.15 g·mol^{-1}，在 20.3 ℃时，其蒸气压为 77.31 kPa。现将一难挥发性非电解质 0.0697 g 溶于 0.891 g 异戊烷中，测得该溶液的蒸气压下降了2.32 kPa。

(1) 试求出异戊烷为溶剂时拉乌尔定律中的常数 K；

(2) 求加入的溶质的摩尔质量。

6. 已知 293.15 K 时水的饱和蒸气压为 2.338 kPa，将 6.840 g 蔗糖($C_{12}H_{22}O_{11}$)溶于 100.0 g 水中，计算此蔗糖溶液的质量摩尔浓度和蒸气压。

7. 将 0.638 g 尿素溶于 250 g 水中，测得此溶液的凝固点降低值为 0.079 K，试求尿素的相对分子质量。

8. 计算 0.1 mol·kg^{-1}的 NaCl 溶液的凝固点。

(赵岩岩)

Note

第三章　电解质溶液

学习目标

素质目标：通过电解质溶液和酸碱理论的学习，学生能够知悉电解质平衡、酸碱平衡等对人体健康和环境的重要性。增强学生环境保护意识，培养学生尊重自然、爱护自然的观念。

能力目标：通过酸碱理论的学习和共轭酸碱对的辩证分析，培养学生分析问题的能力。通过pH的计算，提高学生解决问题的能力，并能紧密联系实际，将知识应用于日常实践和科研。

知识目标：质子酸碱的定义，共轭酸碱对的概念及其关系，同离子效应和盐效应，弱酸、弱碱溶液中pH的计算。

扫码看PPT

电解质是指能在水溶液中或熔融状态下导电的化合物。人体体液中包含大量电解质离子，有 Na^+、K^+、Ca^{2+}、Mg^{2+}、Cl^-、HPO_4^-、HCO_3^- 等，它们在生命体系中发挥着重要的生理功能，如调节渗透压、控制酸碱平衡、维持新陈代谢、调节信号转导等。因此，掌握电解质溶液的基本理论和变化规律等知识，对医学的学习是十分重要的。

第一节　强电解质溶液理论

一、电解质和解离度

电解质溶液，除特别注明外，通常指电解质溶于水后形成的溶液。根据在水中的解离程度，电解质可分为强电解质与弱电解质。在水中(溶解部分)能100%解离的称为**强电解质**，解离后全部以离子形式(能导电)存在，如HCl、NaOH、NaCl、$CaCO_3$ 等；只能部分解离的称为**弱电解质**，在水中大部分以分子形式(不能导电)存在，如 H_2CO_3、CH_3COOH、$Al(OH)_3$、各种氨基酸等。

为定量衡量弱电解质的解离程度，需引入解离度的概念。解离度也称电离度，是指弱电解质达到解离平衡时，溶液中已解离的分子数与原有的总分子数之比，通常用 α 表示。

$$\alpha=\frac{\text{已解离的分子数}}{\text{原有的总分子数}}\times 100\%$$

显然，α 越大，表明解离程度越大，即解离的部分所占比例越大。完全解离时，α 为100%。如 $0.1\ mol\cdot L^{-1}$ 的HAc溶液中HAc的解离度为1.33%，表明溶液中平均每10000个HAc分子中有133个解离成了 H^+ 和 Ac^-。

二、强电解质溶液理论要点

强电解质溶于水时，应是完全解离的，相应稀溶液所具有的依数性的数值理应是相同浓度非电解质溶液的 n 倍($n=2,3\cdots\cdots$)，但实际测量发现，这些强电解质溶液的依数性数值明显小于同

Note

浓度非电解质溶液依数性的 n 倍。例如，在较稀浓度下，KCl 溶液的凝固点降低值应为相同浓度葡萄糖溶液凝固点降低值的 2 倍，但实验结果证明小于 2 倍。基于上述事实，并在总结大量实验数据的基础上，1923 年，德拜(Debye)和休克尔(Huckel)提出了强电解质溶液理论，又称离子互吸理论。

该理论认为，强电解质在水溶液中是完全解离的，解离产生的阴、阳离子间由于静电作用，每个离子都被电荷相反的离子包围，形成了“离子氛”。在阳离子周围存在由大量阴离子构成的“离子氛”，同样，在阴离子周围存在由大量阳离子构成的“离子氛”。当测量电解质溶液的依数性时，离子与它周围的“离子氛”相互作用使得能发挥依数性作用的离子数量少于电解质完全解离时的离子数量，于是导致电解质溶液的依数性数值小于相同浓度非电解质溶液依数性的 n 倍。

离子互吸理论合理地解释了强电解质的表观解离度不是 100%的原因。

三、离子的活度和离子强度

由于离子之间的相互作用，电解质溶液中离子的活动能力降低，因此能够起作用的离子浓度，即离子的有效浓度比理论浓度小。实际上，离子的有效浓度称为活度，它是电解质溶液中实际能起作用的离子浓度，通常用 a 表示，单位为 1。活度与质量摩尔浓度的关系为

$$a_B = \gamma_B \cdot b_B / b^{\ominus} \tag{3-1}$$

式中，γ_B 为溶质 B 的活度因子；$b^{\ominus}$ 为标准质量摩尔浓度($1\ mol \cdot kg^{-1}$)。一般来说，$a_B < b_B$，故 $\gamma_B < 1$。

溶液离子浓度越大，离子所带电荷越多，离子间的牵制作用越强，活度与浓度间的差别越大，活度因子就越小。溶液中离子浓度越小，离子所带电荷越少，离子间的相互作用就越弱，活度越接近浓度，$\gamma \approx 1$。对于弱电解质溶液，因其离子浓度很小，一般可以把弱电解质的活度因子视为 1。溶液中的中性分子也有活度和浓度的区别，不过不像离子的区别那么大，通常把中性分子的活度因子也视为 1。

离子的活度因子主要与溶液中离子的浓度和所带电荷有关。为了定量描述离子的浓度和所带电荷对活度因子的影响程度，美国化学家路易斯(Lewis)在 1921 年提出了离子强度的概念：

$$I \stackrel{\text{def}}{=} \frac{1}{2} \sum_i b_i Z_i^2 \tag{3-2}$$

式中，b_i 是 i 离子的质量摩尔浓度；Z 是 i 离子的电荷数。

第二节 酸碱理论

酸和碱是一类具有代表性的电解质，农作物的生长需要土壤环境维持在一定的酸碱度，生命体系内酸性和碱性物质要保持动态平衡，人体内的不同器官和组织也必须有一个与之相适应的酸碱性环境。因此，酸碱反应及酸碱平衡与人类生活和身体健康有着广泛而密切的联系。

关于酸、碱的定义及其理论可以追溯至 1887 年瑞典化学家阿伦尼乌斯(Arrhenius)提出的酸碱电离理论。酸碱电离理论认为：凡是在水溶液中解离出的阳离子全部是 H^+ 的物质叫酸；解离出的阴离子全部是 OH^- 的物质叫碱；酸碱反应的本质则是 H^+ 与 OH^- 结合生成 H_2O。酸碱电离理论的提出具有重要意义，取得了很大成功，至今仍在普遍使用。但是该理论把酸碱只局限于水溶液中，且限定酸和碱是能解离出 H^+ 和 OH^- 的物质，因此存在较明显的缺陷。比如，NH_4Cl 溶液呈弱酸性，但自身并不含有 H^+，Na_2CO_3 水溶液呈弱碱性，但自身并不含有 OH^-。为了解释这些问题，1923 年丹麦化学家布朗斯特(Brønsted)和英国化学家劳里(Lowry)提出了酸碱质子理

Note

论，拓展了酸碱电离理论关于酸碱的范围。同一年，路易斯(Lewis)还提出了更为广义的酸碱电子理论，将酸碱的概念进一步扩大。1963 年，美国化学家皮尔逊(Pearson)建立了软硬酸碱理论。本节主要介绍酸碱质子理论。

一、酸碱质子理论

酸碱质子理论认为：凡能给出质子(H^+)的物质都是酸；凡能接受质子的物质都是碱。例如，HCl、HAc、NH_4^+、HCO_3^-、HS^- 等都能给出质子，它们都是酸；Cl^-、Ac^-、NH_3、CO_3^{2-}、HCO_3^-、S^{2-} 等都能接受质子，它们都是碱。酸和碱可以是中性分子，也可以是阳离子或阴离子。酸给出一个质子后余下的部分就是碱，碱接受一个质子后则变成了酸，因此，我们可以将酸看作质子给体，而碱则是质子受体。酸与碱之间的转化关系可用下式表示：

$$\text{酸} \rightleftharpoons \text{质子} + \text{碱}$$

$$HCl \rightleftharpoons H^+ + Cl^-$$

$$HAc \rightleftharpoons H^+ + Ac^-$$

$$HCO_3^- \rightleftharpoons H^+ + CO_3^{2-}$$

$$H_3O^+ \rightleftharpoons H^+ + H_2O$$

$$H_2O \rightleftharpoons H^+ + OH^-$$

$$H_2S \rightleftharpoons H^+ + HS^-$$

$$NH_4^+ \rightleftharpoons H^+ + NH_3$$

上面关系式中，左边是酸，右边是质子(H^+)和碱。不难发现，从左往右看，酸给出一个质子后会变成对应的碱；而从右往左看，碱结合一个质子后则变成对应的酸。这种反应式称为酸碱半反应，两边的酸和碱称为共轭酸碱对。例如，HAc 是 Ac^- 的共轭酸，Ac^- 是 HAc 的共轭碱，HAc 和 Ac^- 是共轭酸碱对。由此可知，酸和碱是相互依存又可以相互转化的，对立统一在一个酸碱半反应中。共轭酸碱对之间的桥梁就是质子(H^+)，这是此理论称为酸碱质子理论的根本原因。

从酸碱质子理论可以看出以下几点。

(1) 有些物质既可以给出质子(作为酸)，也能够接受质子(作为碱)，这些物质称为两性物质。比如，H_2O 对 OH^- 是酸，而对 H_3O^+ 则是碱；HCO_3^- 对 CO_3^{2-} 是酸，对 H_2CO_3 则是碱。因此，H_2O 和 HCO_3^- 都是两性物质。

(2) Na_2CO_3 在酸碱电离理论中称为盐，但酸碱质子理论则认为其是碱，Na^+ 既不给出质子也不接受质子，为非酸非碱物质。NH_4Cl、NaAc 也同理。酸碱质子理论不存在盐的概念。

(3) 酸比其共轭碱多一个质子。酸的酸性越强，即给出质子的能力或倾向性越强，那么它的共轭碱接受质子的能力就越弱，因而共轭碱的碱性就越弱。反之，酸的酸性越弱，则其共轭碱的碱性就越强。

(4) 酸碱质子理论也有其局限性，它把酸碱局限于质子的给予或接受，对于没有质子传递的酸碱反应则无法解释。

问题与思考 3-1

H_2SO_3 的共轭碱是什么？H_2SO_4 的共轭碱是 HSO_4^- 还是 SO_4^{2-}？是否违背了酸碱质子理论？

扫码看答案

根据酸碱质子理论，任何酸碱反应都是共轭酸碱对之间的质子传递反应。酸碱半反应式“酸 $\rightleftharpoons$ 质子＋碱”仅表达了酸碱的共轭关系，它并非一种实际发生在溶液中的真实变化过程(溶液中不存在质子)。酸在给出质子的瞬间，质子必然迅速与一种碱(非酸的共轭碱)结合。因此，在实际化学反应过程中，某酸给出质子的半反应必然和另一种碱接受质子的半反应同时发生。

Note

例如，在 HAc 水溶液中，存在两个酸碱半反应：

（1）酸碱半反应 1：

$$\underset{酸_1}{HAc} \rightleftharpoons H^+ + \underset{碱_1}{Ac^-}$$

（2）酸碱半反应 2：

$$H^+ + \underset{碱_2}{H_2O} \rightleftharpoons \underset{酸_2}{H_3O^+}$$

（1）+（2）可得总反应：

$$\underset{酸_1}{HAc} + \underset{碱_2}{H_2O} \rightleftharpoons \underset{碱_1}{Ac^-} + \underset{酸_2}{H_3O^+} \quad (H^+ \text{由 HAc 传递给 } H_2O)$$

由以上可见，酸碱反应的实质是两对共轭酸碱对之间的质子传递反应。一种酸（$酸_1$）给出质子而生成其共轭碱（$碱_1$），另一种碱（$碱_2$）接受质子而生成其共轭酸（$酸_2$）。将$酸_1$-$碱_1$ 和$酸_2$-$碱_2$联系在一起的是共同的质子。

在酸碱反应中，质子的传递方向总是由较强的酸向较强的碱传递，生成较弱的碱和较弱的酸。反应的结果是，强酸给出了质子，转化成相应的共轭碱——弱碱；强碱夺取（结合）了质子，转化成相应的共轭酸——弱酸。酸和碱越强，它们传递质子的能力和倾向性就越强，反应就进行得越完全、越彻底。例如：

$$Ac^- + H_2O \rightleftharpoons HAc + OH^-$$

体系中 HAc 的酸性比 H_2O 强，OH^- 的碱性比 Ac^- 强，因此上述反应明显地向左进行，即向左进行的程度远大于向右进行的程度。

化学史话：
酸碱理论的
诞生与发展

二、水的质子自递平衡和溶液的 pH

（一）水的质子自递反应和水的离子积

水是两性物质，既可以给出质子，又可以接受质子，因此，溶液中的水分子之间会发生质子传递反应：

$$\underset{酸_1}{H_2O} + \underset{碱_2}{H_2O} \rightleftharpoons \underset{碱_1}{OH^-} + \underset{酸_2}{H_3O^+} \quad (H^+ \text{由第一个 } H_2O \text{ 传递给第二个 } H_2O)$$

把水分子之间的质子传递反应称为水的质子自递反应。平衡常数表达式如下：

$$K_w = [H_3O^+][OH^-] \tag{3-3}$$

K_w 称为水的质子自递平衡常数，又称为水的离子积。水的离子积可以通过实验测定，也可以通过热力学计算得到。表 3-1 列出了不同温度下的 K_w。

表 3-1　水在不同温度下的 K_w

T/K	K_w	T/K	K_w
273.15	1.15×10^{-15}	313.15	2.87×10^{-14}
283.15	2.96×10^{-15}	323.15	5.47×10^{-14}
293.15	6.87×10^{-15}	363.15	3.37×10^{-14}
298.15	1.01×10^{-14}	373.15	5.43×10^{-14}

Note

水的离子积的本质是平衡常数，因而是温度的函数。温度一定时，它是一个常数。温度升高，K_w 增大。298.15 K(25 ℃)时，若无特殊要求，水的 K_w 通常取 1.00×10^{-14}。

(二) 溶液的 pH

在水溶液中同时存在 H_3O^+ 和 OH^-，它们的含量不同，溶液的酸碱性也不同。在纯水或极稀的水溶液中，$[H_3O^+]=[OH^-]=\sqrt{K_w}$，溶液呈中性；在酸性溶液中，$[H_3O^+]>[OH^-]$；在碱性溶液中，$[H_3O^+]<[OH^-]$。室温(298.15 K)时，有如下关系式：

中性溶液 $[H_3O^+]=1.00\times10^{-7}\ mol\cdot L^{-1}=[OH^-]$

酸性溶液 $[H_3O^+]>1.00\times10^{-7}\ mol\cdot L^{-1}>[OH^-]$

碱性溶液 $[H_3O^+]<1.00\times10^{-7}\ mol\cdot L^{-1}<[OH^-]$

所以，只要知道室温下溶液中的$[H_3O^+]$或$[OH^-]$，就能定量地表示溶液的酸碱度。通常，我们更多地用$[H_3O^+]$来表示溶液的酸碱度。在日常生活和科学研究中，所遇到的溶液的 H_3O^+ 浓度都不太大，为了使用方便，常采用 pH 来表示溶液中的$[H_3O^+]$。pH 的定义式为

$$pH=-\lg a(H_3O^+)$$

通常，我们以浓度代替活度，上式可变为

$$pH=-\lg[H_3O^+] \qquad (3\text{-}4)$$

因此，所谓 pH，即$[H_3O^+]$的负对数。同理，$pOH=-\lg[OH^-]$。由于 $K_w=[H_3O^+][OH^-]$，可得 $pK_w=pH+pOH$。在 298.15 K 时，$K_w=1.00\times10^{-14}$，则 $pH+pOH=14$。

【例 3-1】 298.15 K 时，已知某溶液中 H_3O^+ 的浓度为 $5.0\times10^{-6}\ mol\cdot L^{-1}$，试计算其 pH 和 pOH。

解：根据 pH 计算公式，有

$$pH=-\lg[H_3O^+]=-\lg(5.0\times10^{-6})$$
$$=-(\lg5.0+\lg10^{-6})=5.3$$

由于 $$pH+pOH=14$$

所以 $$pOH=14-5.3=8.7$$

三、酸碱电子理论

酸碱质子理论优点很多，但也有一定的局限性。它的突出缺点是把酸局限于给出质子的物质，而将早已被实验证实的酸性物质，如 SO_2、BF_3 等排除在酸的行列之外。

1923 年，Lewis 提出了酸碱电子理论。碱是能够提供电子对的物质，是电子对的给予体，酸是能够接受电子对的物质，是电子对的接受体。其基本反应为

$$\underset{酸}{A}+\underset{碱}{B}\rightleftharpoons \underset{酸碱配合物}{A:B}$$

也就是说，碱提供 1 对电子形成化学键，而酸接受 1 对电子。因此，Lewis 酸碱反应的实质是孤对电子导致共价键的形成。按照酸碱电子理论，价电子层未充满的金属离子(如 Ag^+ 和 Mn^{2+})和含有价电子层未充满的原子的化合物(如 SO_2 和 BF_3)都是酸，阴离子和具有孤对电子的中性分子(如 H_2O 和 NH_3)都是碱。酸碱反应可分为以下四种类型：

酸碱加合反应，如 $Ag^+ + 2NH_3 \rightleftharpoons [H_3N\rightarrow Ag\leftarrow NH_3]^+$

碱取代反应，如 $[Ag(NH_3)_2]^+ + Br^- \rightleftharpoons AgBr + 2NH_3$

酸取代反应，如 $[Cu(NH_3)_4]^{2+} + 4H^+ \rightleftharpoons Cu^{2+} + 4NH_4^+$

双取代反应，如 $HCl + NaOH \rightleftharpoons NaCl + H_2O$

相对于酸碱电离理论和酸碱质子理论，酸碱电子理论扩大了酸碱的范围，并可把酸碱概念应用于许多有机反应和无溶剂系统，这是它的优点，其缺点是酸碱概念过于笼统。

Note

第三节　弱酸、弱碱的解离平衡

一、弱酸、弱碱的解离平衡及解离平衡常数

弱酸和弱碱是弱电解质，它们在水溶液中只有小部分发生了解离，且其解离过程是可逆的，例如：

$$HAc + H_2O \rightleftharpoons Ac^- + H_3O^+$$

$$NH_3 + H_2O \rightleftharpoons NH_4^+ + OH^-$$

由于解离是可逆的，因此在外部条件一定的情况下，HAc 和 NH_3 在水中的解离会迅速建立起化学平衡，该化学平衡称为解离平衡（或电离平衡）。当 HAc 在水中达到解离平衡时，有

$$K_a = \frac{[Ac^-][H_3O^+]}{[HAc]}$$

K_a 称为酸的解离平衡常数，简称酸常数。它表示弱酸解离程度的大小，K_a 越大，弱酸的解离程度越大，即酸性越强；K_a 越小，弱酸的解离程度越小，即酸性越弱。

当 NH_3 溶于水形成 $NH_3 \cdot H_2O$ 稀溶液并达到解离平衡时，有

$$K_b = \frac{[NH_4^+][OH^-]}{[NH_3]}$$

K_b 称为碱的解离平衡常数，简称碱常数。它表示弱碱解离程度的大小，K_b 越大，弱碱的解离程度越大，即碱性越强；K_b 越小，弱碱的解离程度越小，即碱性越弱。

在温度一定时，K_a 和 K_b 是一个常数。无论溶液中 H^+、OH^-、弱酸或弱碱自身浓度如何变化，K_a 和 K_b 几乎恒定不变，这是弱电解质区别于强电解质的基本标志。常见的一些弱酸或弱碱的解离平衡常数非常小，为了使用方便，也常用 pK_a 或 pK_b 来表示，即 $pK_a = -\lg K_a$ 或 $pK_b = -\lg K_b$。表 3-2 列出了一些常见弱酸、弱碱的 K_a、pK_a 和 K_b、pK_b。

表 3-2　一些常见弱酸、弱碱的 K_a、pK_a 和 K_b、pK_b 数据（25 ℃）

酸	K_a	pK_a	碱	K_b	pK_b
H_2SO_3	1.4×10^{-2}	1.85	HSO_3^-	6.49×10^{-13}	12.19
H_3PO_4	7.52×10^{-3}	2.12	F^-	2.83×10^{-11}	10.55
HF	3.53×10^{-4}	3.45	Ac^-	5.68×10^{-10}	9.25
HAc	1.76×10^{-5}	4.75	ClO^-	3.39×10^{-7}	6.47
H_2CO_3	4.30×10^{-7}	6.37	CN^-	2.03×10^{-5}	4.69
H_2S	8.90×10^{-8}	7.05	NH_3	1.77×10^{-5}	4.75
$H_2PO_4^-$	6.23×10^{-8}	7.21	CO_3^{2-}	1.78×10^{-4}	3.75
HClO	2.95×10^{-5}	4.53	PO_4^{3-}	4.54×10^{-2}	1.34
HCN	4.93×10^{-10}	9.31			
NH_4^+	5.56×10^{-10}	9.25			
HCO_3^-	5.61×10^{-11}	10.25			

Note

问题与思考3-2

H_2CO_3 的 pK_{a2} 就是 HCO_3^- 的 pK_a，这种说法对吗？为什么？

扫码看答案

二、共轭酸碱解离平衡常数的关系

酸的解离平衡常数 K_a 与其共轭碱的解离平衡常数 K_b 之间有确定的对应关系。如设酸 HB 在水中存在如下质子传递平衡：

$$HB + H_2O \rightleftharpoons B^- + H_3O^+$$

弱酸的解离平衡常数为

$$K_a = \frac{[B^-][H_3O^+]}{[HB]}$$

而其共轭碱在水中存在质子传递平衡：

$$B^- + H_2O \rightleftharpoons HB + OH^-$$

共轭碱的解离平衡常数为

$$K_b = \frac{[HB][OH^-]}{[B^-]}$$

又因水分子之间的质子自递平衡

$$H_2O + H_2O \rightleftharpoons OH^- + H_3O^+$$

$$K_w = [H_3O^+][OH^-]$$

将弱酸的解离平衡常数和其共轭碱的解离平衡常数相乘，可得

$$K_a \cdot K_b = [H_3O^+][OH^-] = K_w \tag{3-5}$$

式(3-5)就是共轭酸碱解离平衡常数之间的关系，由关系式可知，K_a 和 K_b 成反比。说明酸的酸性越强，共轭碱的碱性就越弱；酸的酸性越弱，共轭碱的碱性就越强。若已知弱酸的 K_a，则可方便地计算出其共轭碱的 K_b，反之亦然。

多元弱酸或多元弱碱在水中的质子传递反应是分步进行的，K_a 与 K_b 的关系要复杂一些。以 H_2CO_3 为例，其质子传递分为两步进行，每一步都有相应的质子传递平衡。

$$H_2CO_3 + H_2O \rightleftharpoons HCO_3^- + H_3O^+$$

$$K_{a1} = \frac{[HCO_3^-][H_3O^+]}{[H_2CO_3]} = 4.5 \times 10^{-7}$$

$$HCO_3^- + H_2O \rightleftharpoons CO_3^{2-} + H_3O^+$$

$$K_{a1} = \frac{[CO_3^{2-}][H_3O^+]}{[HCO_3^-]} = 4.7 \times 10^{-11}$$

其共轭碱 HCO_3^- 和 CO_3^{2-} 也存在质子传递平衡：

$$HCO_3^- + H_2O \rightleftharpoons H_2CO_3 + OH^-$$

$$K_{b2} = \frac{[H_2CO_3][OH^-]}{[HCO_3^-]} = \frac{K_w}{K_{a1}}$$

$$CO_3^{2-} + H_2O \rightleftharpoons HCO_3^- + OH^-$$

$$K_{b1} = \frac{[HCO_3^-][OH^-]}{[CO_3^{2-}]} = \frac{K_w}{K_{a2}}$$

三、酸碱平衡的移动

Note

弱酸、弱碱的解离平衡与其他化学平衡一样，当外部条件发生改变时，解离平衡就会发生移

动,直至建立起新的平衡。影响酸碱平衡的因素有浓度、同离子效应和盐效应等。

(一)浓度对酸碱平衡的影响

一元弱酸 HA 在水溶液中存在以下解离平衡:

$$HA + H_2O \rightleftharpoons A^- + H_3O^+$$

平衡浓度 $\quad c(1-\alpha) \qquad c\alpha \qquad c\alpha$

其中,c 为 HA 的总浓度;α 为解离度。若弱酸的解离度 α 很小(小于 5%),则 $1-\alpha \approx 1$,解离常数可表示为

$$K_a = \frac{[H_3O^+][A^-]}{[HA]} = \frac{c\alpha^2}{1-\alpha} \approx c\alpha^2$$

故有

$$\alpha \approx \sqrt{K_a/c} \tag{3-6}$$

在一定温度下,弱酸的解离度是与温度有关的常数。所以,从式(3-6)可见,同一弱酸的解离度与溶液浓度的平方根成反比,即解离度 α 随着溶液的稀释而增大。这条用于描述溶液浓度与解离度之间关系的定律,称为稀释定律(dilution law)。

(二)同离子效应

若在已达到平衡的 HAc 溶液中加入少量的易溶强电解质 NaAc 固体,NaAc 在溶液中全部解离为 Na^+ 和 Ac^-,使得溶液中 Ac^- 的浓度增大,Ac^- 与 H_3O^+ 结合生成 HAc 和 H_2O 分子,使 HAc 的质子转移平衡向逆反应方向移动,结果造成溶液中 H_3O^+ 浓度减小,HAc 的解离度降低。

$$Ac^- + Na^+ \longleftarrow NaAc$$

$$HAc + H_2O \rightleftharpoons H_3O^+ + Ac^-$$

平衡移动方向 $\quad \longleftarrow$(向左)

这种在弱酸或弱碱的水溶液中,加入具有相同离子的易溶强电解质,使弱酸或弱碱的解离度降低的现象称为同离子效应(common-ion effect)。

(三)盐效应

若在一元弱酸 HA 溶液中加入不含相同离子的强电解质,如 NaCl,则溶液中离子浓度增大,由于离子间的静电引力与斥力,导致离子之间的相互牵制作用增强,使得 A^- 与 H_3O^+ 反应生成 HA 和 H_2O 的速率减慢,造成解离平衡正向移动,HA 的解离度增大的这种效应称为盐效应(salt effect)。

需要注意的是,同离子效应和盐效应对弱电解质的解离度的作用是完全相反的。产生同离子效应时,必然伴随盐效应。但是,盐效应对弱电解质解离度的影响与同离子效应相比则小得多。因此,一般情况下,可忽略盐效应的影响。

第四节　酸碱溶液 pH 的计算

在现代化农业、工业生产和科学研究中,经常需要知道某些特定酸碱溶液的 pH,因此如何计算或测量溶液的 pH 就显得格外重要。对于一种简单酸碱溶液,我们首先要从酸碱平衡来分析溶液中有哪些组分,并搞清浓度的主次关系,就能在最大化简化计算的同时,保持一定的计算精度,满足实际生产与科学研究的需求。

Note

一、强酸和强碱

强酸或强碱属于强电解质,在水中完全解离。例如,HCl 在水中的解离:

$$HCl + H_2O \longrightarrow H_3O^+ + Cl^-$$

溶液中还存在 H_2O 的质子自递平衡。所以，HCl 溶液中主要存在 H_2O、H_3O^+ 及 Cl^-。H_2O 本身的解离很弱，加上 HCl 解离产生的 H_3O^+ 强烈抑制了 H_2O 的解离，使 H_2O 解离产生的 H_3O^+ 非常少，可忽略不计。因此，可认为 H_3O^+ 的浓度由 HCl 来确定。一般情况下，对于强酸 HA，$[H_3O^+]=c(HA)$；对于强碱 B，$[OH^-]=c(B)$。

另外要注意的是，当强酸或强碱的浓度很稀，溶液$[H_3O^+]$或$[OH^-]<10^{-6}\ mol \cdot L^{-1}$时，由 H_2O 解离出的$[H_3O^+]$或$[OH^-]$就不能忽略了。

二、一元弱酸或弱碱溶液

弱酸或弱碱在溶液中大部分以分子形式存在，只有少部分发生了质子转移反应（解离反应）。因此，在计算弱酸或弱碱溶液的 pH 时，主要通过酸碱解离常数与平衡浓度的关系式，并考虑溶液中主要成分和可忽略组分之间的关系，采用近似法简便计算。

在一元弱酸 HA 的水溶液中，存在两种质子传递平衡（包括 H_2O 的质子自递平衡）：

$$HA + H_2O \rightleftharpoons A^- + H_3O^+$$

$$K_a = \frac{[H_3O^+][A^-]}{[HA]}$$

$$H_2O + H_2O \rightleftharpoons H_3O^+ + OH^-$$

$$K_w = [H_3O^+][OH^-]$$

溶液中的 H_3O^+、A^-、OH^- 和 HA 存在着解离平衡的关系，这时溶液中 H_3O^+ 的浓度一部分来自 HA 解离，一部分来自 H_2O 的解离，要精确计算溶液的 pH，数学处理十分麻烦，更重要的是在实际工作和应用中没有必要。因此，可以考虑采用下面的近似处理。

(1)设弱酸 HA 的初始浓度为 c_a，解离度为 α。当 $K_a c_a \geqslant 20K_w$ 时，水解离出的 H_3O^+ 浓度很低，可以忽略水的质子自递平衡，只需考虑弱酸的质子传递平衡，则$[H_3O^+]=c_a\alpha$。

$$HA + H_2O \rightleftharpoons H_3O^+ + A^-$$

	HA	H_3O^+	A^-
初始浓度/$mol \cdot L^{-1}$	c_a		
平衡浓度/$mol \cdot L^{-1}$	$c_a(1-\alpha)$	$c_a\alpha$	$c_a\alpha$

$$K_a = \frac{[H_3O^+][A^-]}{[HA]} = \frac{c_a\alpha \cdot c_a\alpha}{c_a(1-\alpha)} = \frac{c_a\alpha^2}{1-\alpha} \tag{3-7}$$

解得

$$[H_3O^+] = \frac{-K_a + \sqrt{K_a^2 + 4K_a c_a}}{2} \tag{3-8}$$

式(3-7)是计算一元弱酸溶液$[H_3O^+]$的近似公式。

(2)当弱酸的解离度 $\alpha<5\%$，或 $c_a/K_a \geqslant 500$ 时，即已解离的酸极少，则 $1-\alpha \approx 1$，或 $c_a-[H_3O^+] \approx c_a$，式(3-7)可以简化为 $K_a=c_a\alpha^2$，即

$$\alpha \approx \sqrt{K_a/c_a} \tag{3-9}$$

或

$$[H_3O^+] = \sqrt{K_a c_a} \tag{3-10}$$

式(3-9)表明在一定温度下，解离常数不变，溶液的解离度与其浓度的平方根成反比。即溶液越稀，解离度越大，这个关系式也解释了稀释定律。但必须指出，溶液被稀释时，解离平衡右移，解离度增大，溶液中离子如 H_3O^+、A^- 等的浓度仍然降低。

同理，对于一元弱碱溶液，当 $K_b c_b \geqslant 20K_w$，且 $c_b/K_b \geqslant 500$ 时，解离度、浓度和解离常数的关系简式为 $K_b=c_b\alpha^2$，即

$$\alpha \approx \sqrt{K_b/c_b} \tag{3-11}$$

Note

或
$$[OH^-]=\sqrt{K_b c_b} \tag{3-12}$$

【例 3-2】 计算 25 ℃时,0.10 mol·L^{-1} HAc 溶液的 H_3O^+、OH^-浓度及 pH。

解:已知 $c_a=0.10$ mol·L^{-1},HAc 在 25 ℃时的 $K_a=1.75\times10^{-5}$。

$$K_a c_a=1.75\times10^{-5}\times0.10=1.75\times10^{-6}\geqslant20K_w$$

由于 $c_a/K_a=0.10/(1.75\times10^{-5})>500$,故采用最简式(3-10)计算,解得:

$$[H_3O^+]=\sqrt{K_a c_a}=\sqrt{0.10\times1.75\times10^{-5}}$$
$$=1.32\times10^{-3}(mol\cdot L^{-1})$$
$$pH=-\lg(1.32\times10^{-3})=2.88$$
$$[OH^-]=K_w/[H_3O^+]=7.58\times10^{-12}(mol\cdot L^{-1})$$

三、多元弱酸(碱)溶液

二元弱酸在溶液中分两步解离,例如在 H_2S 的水溶液中,第一步质子转移反应为

$$H_2S+H_2O \rightleftharpoons HS^-+H_3O^+$$
$$K_{a1}=\frac{[HS^-][H_3O^+]}{[H_2S]}=8.9\times10^{-8}$$

第二步质子传递反应为

$$HS^-+H_2O \rightleftharpoons S^{2-}+H_3O^+$$
$$K_{a2}=\frac{[S^{2-}][H_3O^+]}{[HS^-]}=1.1\times10^{-12}$$

水的质子自递平衡为

$$H_2O+H_2O \rightleftharpoons OH^-+H_3O^+$$
$$K_w=[H_3O^+][OH^-]=1.0\times10^{-14}$$

在上述三个平衡中,$[H_3O^+]$是同一个值。

(1)当 $K_{a1}c\geqslant20K_w$,可忽略水的质子自递平衡。

(2)当 $K_{a1}/K_{a2}>10^2$ 时,溶液中 H_3O^+ 主要来源于第一步反应,忽略第二步质子转移反应所产生的 H_3O^+,当作一元弱酸处理:

$$[H_3O^+]\approx[HS^-],\quad [H_2S]\approx c(H_2S)$$

(3)若 $c/K_{a1}\geqslant500$,$[H_3O^+]$可按一元弱酸的最简式计算,$[H_3O^+]=\sqrt{K_{a1}c(H_2S)}$,$S^{2-}$ 是第二步质子传递反应的产物,即

$$K_{a2}=\frac{[S^{2-}][H_3O^+]}{[HS^-]}$$

因$[H_3O^+]\approx[HS^-]$,故$[S^{2-}]\approx K_{a2}$,$[OH^-]=K_w/[H_3O^+]$。

同理,二元弱碱的 pH 的计算与二元弱酸类似,根据类似的条件,可按一元弱碱溶液计算其$[OH^-]$。

【例 3-3】 计算 25 ℃时,0.10 mol·L^{-1} H_2S 溶液的 pH。

解:已知 $c=0.10$ mol·L^{-1},H_2S 在 25 ℃时的 $K_{a1}=8.9\times10^{-8}$,$K_{a2}=1.1\times10^{-12}$。

由于 $K_{a1}/K_{a2}=(8.9\times10^{-8})/(1.1\times10^{-12})=7.4\times10^5>10^2$,因此可忽略 H_2S 第二步解离产生的 H_3O^+;又因为 $K_{a1}c=8.9\times10^{-8}\times0.10=8.9\times10^{-9}\geqslant20K_w$,并且,$c/K_{a1}=0.10/(8.9\times10^{-8})>500$,故采用式(3-10)计算,解得:

$$[H_3O^+]=\sqrt{K_{a1}c}=\sqrt{8.9\times10^{-8}\times0.10}=9.4\times10^{-5}(mol\cdot L^{-1})$$
$$pH=-\lg(9.4\times10^{-5})=4.03$$

Note

【例 3-4】 计算 25 ℃时,0.10 mol·L^{-1} Na_2CO_3 溶液的 pH。

解:已知 Na_2CO_3 在水中完全解离为 Na^+ 和 CO_3^{2-},CO_3^{2-} 为二元弱碱,故可将该溶液当作二元弱碱来处理。

$$CO_3^{2-} + H_3O^+ \rightleftharpoons HCO_3^- + OH^-$$

$$K_{b1} = K_w / K_{a2} = 1.0 \times 10^{-14} / 4.7 \times 10^{-11} = 2.1 \times 10^{-4}$$

$$HCO_3^- + H_2O \rightleftharpoons H_2CO_3 + OH^-$$

$$K_{b2} = K_w / K_{a1} = 1.0 \times 10^{-14} / 4.5 \times 10^{-7} = 2.24 \times 10^{-8}$$

因为 $K_{b1}c \geqslant 20K_w$,$K_{b1}/K_{b2} > 10^2$ 且 $c/K_{b1} > 500$,故

$$[OH^-] = \sqrt{K_{b1}c} = \sqrt{2.1 \times 10^{-4} \times 0.10} = 4.6 \times 10^{-3} (mol \cdot L^{-1})$$

$$pOH = -\lg(4.6 \times 10^{-3}) = 2.33$$

$$pH = 14 - pOH = 11.67$$

类似地,对于三元及其他多元弱酸或弱碱,分步解离的平衡常数分别可用 K_{a1},K_{a2},K_{a3},…或 K_{b1},K_{b2},K_{b3}…表示。例如,H_3PO_4 在水中有三级解离,$K_{a1} = 6.9 \times 10^{-3}$,$K_{a2} = 6.1 \times 10^{-8}$,$K_{a3} = 4.8 \times 10^{-13}$。不难看出:$K_{a1} \gg K_{a2} \gg K_{a3}$,这是多元弱酸或多元弱碱分步解离的普遍规律,其原因仍然是同离子效应。因此,对于多元弱酸或多元弱碱的 pH 计算,往往仅需考虑第一步解离。简单说,就是将多元弱酸或多元弱碱看作一元弱酸或弱碱来处理。

四、两性物质溶液

酸碱质子理论指出,既能给出质子又能接受质子的物质为两性物质,这类物质在溶液中的解离平衡十分复杂。通常可将两性物质划分为三类:阴离子型、弱酸弱碱型和氨基酸型。常见的阴离子型两性物质有 HCO_3^-、$H_2PO_4^-$、HPO_4^{2-} 等;弱酸弱碱型两性物质有 NH_4Ac、$(NH_4)_2CO_3$ 等;氨基酸型两性物质有甘氨酸、甲硫氨酸、酪氨酸等。

上述两性物质不管属于哪种类型,它们在水溶液中的酸碱性均取决于相应的 K_a 和 K_b 的相对大小,即下列关系:

(1)$K_a > K_b$,溶液呈酸性,例如 NaH_2PO_4、NH_4F、$HCOONH_4$、甘氨酸等;

(2)$K_a < K_b$,溶液呈碱性,例如 Na_2HPO_4、$NaHCO_3$、$(NH_4)_2CO_3$ 等;

(3)$K_a \approx K_b$,溶液呈中性,例如 NH_4Ac。

两性物质溶液的准确 pH 的计算较为复杂,在此不详细讨论。

第五节 医学中常见的电解质溶液

人体内除了蛋白质、脂肪等生物大分子外,各种电解质离子也具有重要的生理功能。如人体的渗透压平衡极大地依赖于细胞内和细胞外的 Na^+、Cl^- 等;K^+ 是细胞内液的主要阳离子,体内 98% 的钾存在于细胞内,心肌和神经肌肉都需要有相对恒定的 K^+ 浓度来维持正常的应激性;Ca^{2+} 对于维持细胞膜两侧的生物电位,维持正常的神经传导功能具有重要意义。下面主要介绍医学中常见的碳酸氢钠溶液、乳酸钠溶液、氯化铵溶液和氯化钠溶液。

一、碳酸氢钠和乳酸钠溶液

碳酸氢钠又名小苏打,是强电解质,其水溶液呈弱碱性。碳酸氢钠注射液是注射用药,在临床上有重要应用(图 3-1(a))。①治疗代谢性酸中毒:对于轻到中度代谢性酸中毒,碳酸氢钠注射液有一定的治疗以及缓解作用,口服最好;②碱化尿液:可以用于预防尿酸性尿结石以及磺胺类药物所引起的肾毒性;③中和胃酸:可以起到一定的缓解胃酸过多的作用;④解毒:可以治疗苯巴

Note

比妥、水杨酸引起的中毒，是一种非特异性的解毒药。

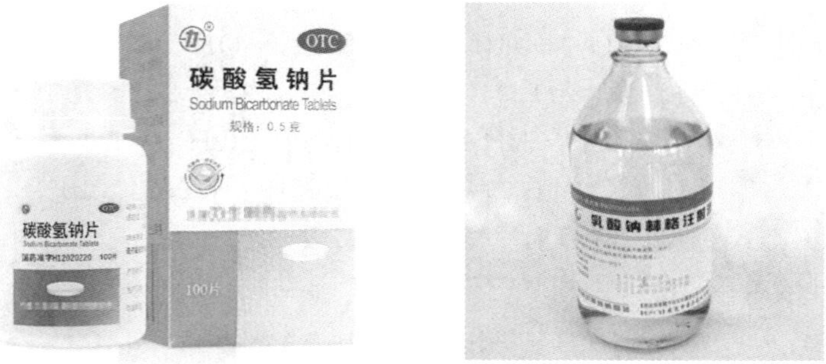

(a) (b)

图 3-1 碳酸氢钠片与乳酸钠林格注射液

生活中常有一些品牌饮用水宣称是碱性的苏打水(含碳酸氢钠)，其 pH 一般为 7.5～7.8。对于胃酸过多的胃炎患者来说，苏打水可以起到一定程度中和胃酸的作用，但因此认为饮用苏打水或食用碱性食物能改变体质酸碱度的想法并不科学。

乳酸钠溶液为无色或淡黄色透明糖浆状液体，有强吸水能力(图 3-1(b))。在临床医学中，它可以：①解除因腹泻引起的脱水和糖尿病及胃炎引起的中毒。乳酸钠被用来补充肠胃外/溶液中体液或电解质，广泛应用于针对肾病病人的连续可移动式的腹膜透析液中(CAPD)和在普通人工肾上用作透析液；②用作静脉注射液中电解质及渗析物，以及肠内消毒液、含漱剂及膀胱注入剂等；③广泛用于配制林格液，制成注射液，用于治疗代谢性酸中毒；④能非常有效地治疗皮肤功能紊乱。

乳酸钠林格液在临床中广泛用于液体复苏治疗，可及时帮助患者恢复血容量。需要注意的是，乳酸钠林格液中的 Na^+、Cl^- 含量与细胞外液有所区别，会影响凝血时间。

二、氯化铵溶液

氯化铵是强电解质，水溶液呈弱酸性(图 3-2(a))。在医学上有多种功效。①维持电解质平衡：氯化铵可以提供 Cl^- 和 NH_4^+，有助于维持体内电解质平衡；②治疗尿路感染：氯化铵可以改变尿液的酸碱度，使细菌难以繁殖，从而有助于治疗尿路感染；③咳嗽化痰：氯化铵可以刺激呼吸道分泌物的分泌，促进痰液的排出，有助于缓解咳嗽和痰多的症状；④防止蛀牙：氯化铵可以促进唾液分泌，从而有助于清除口腔中的食物残渣和细菌，预防蛀牙。

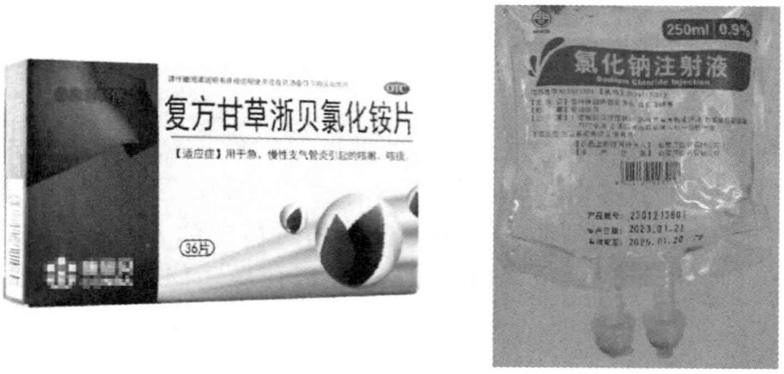

(a) (b)

图 3-2 氯化铵片与氯化钠注射液

三、氯化钠溶液

氯化钠是食盐的主要成分，除了提供咸味用于烹饪食物之外，还在医学上有重要应用。氯化钠是一种电解质补充剂，Na^+ 和 Cl^- 作为机体内重要的离子，主要存在于细胞外液，对维持正常血液和细胞外液的容量和渗透压起着非常重要的作用。正常血清钠浓度为 135～145 mmol·L^{-1}，占血浆阳离子的 92%，总渗透压的 90%，故血浆钠量对渗透压起着决定性作用。正常血清氯浓度为 98～106 mmol·L^{-1}，人体中 Na^+、Cl^- 主要通过下丘脑、垂体后叶和肾脏进行调节，维持体液容量和渗透压的稳定。

氯化钠注射液(图 3-2(b))被广泛用于各种原因所致的人体失水，包括：低渗性、等渗性和高渗性失水；高渗性非酮症糖尿病昏迷，应用等渗或低渗氯化钠可纠正失水和高渗状态；低氯性代谢性碱中毒；外用生理盐水冲洗眼部、洗涤伤口等；产科的水囊引产。

本章小结

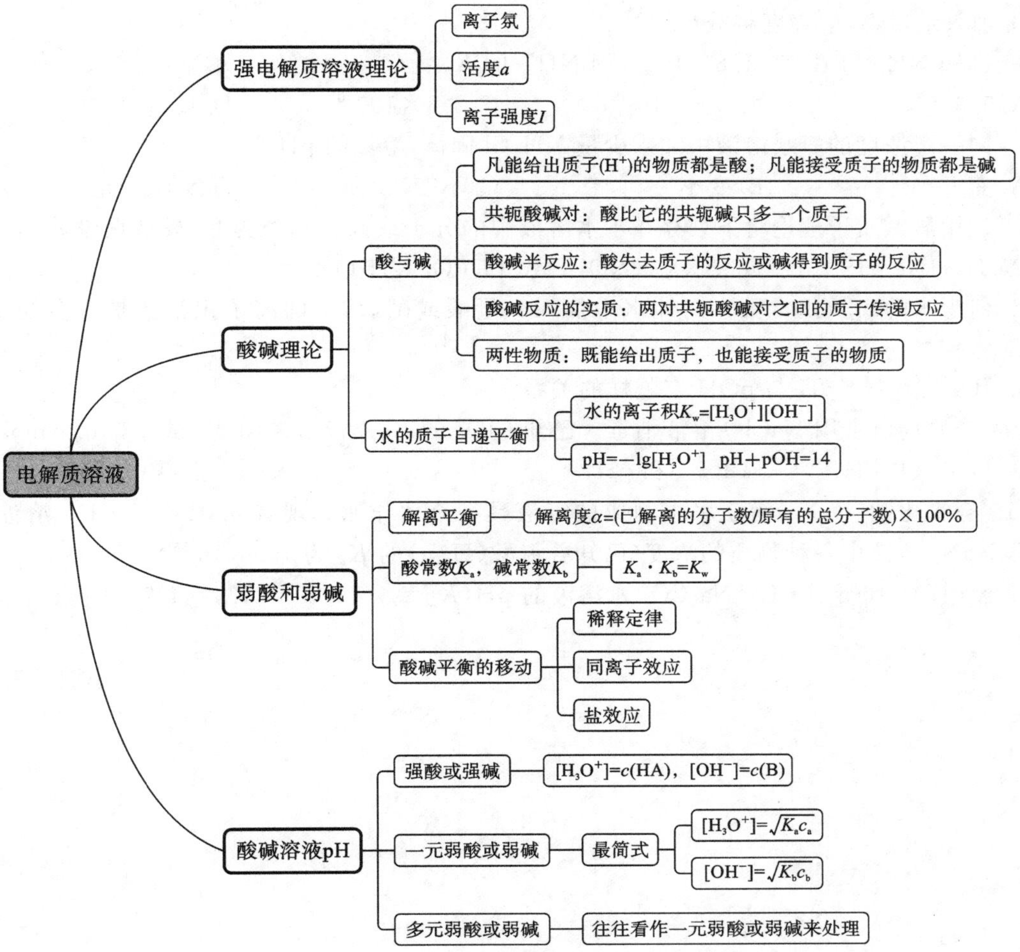

能力检测

1. 以下为弱电解质的是(　　)。

A. $CaCO_3$　　B. NaH_2PO_4　　C. H_2CO_3　　D. HCl

2. 关于酸碱质子理论，正确的是(　　)。

A. 该理论是最科学、最广义的酸碱理论

B. 凡是能给出质子的都称为酸；凡是能接受质子的都称为碱

思政课堂：酸雨的形成与什么有关？

知识链接：酸雨

扫码看答案

Note

C. H_2O 的共轭酸是 OH^-

D. 酸的酸性越强,其共轭碱的碱性也越强

3. 25 ℃时关于水溶液的 pH,不正确的是(　　)。

A. 纯水中既有 H_3O^+,又有 OH^-,它们的浓度相等

B. 碱性溶液中 pH>7

C. 纯水的 pH=7

D. 向 HAc 溶液中加入一定量的 NaAc,pH 将减小

4. 关于浓度为 c mol·L^{-1}的 HAc 稀溶液,说法正确的是(　　)。

A. 溶液中不含有 OH^-

B. HAc 是弱酸,解离度很小,溶液中 HAc 分子的浓度约等于 c mol·L^{-1}

C. 温度升高,解离度将增大,$[H_3O^+]$将减少

D. 加入水稀释,解离度将减小

5. 已知 NH_3 的 K_b 为 1.8×10^{-5},则 NH_4^+ 的 K_a 为(　　)。

A. 5.6×10^{-10}　　B. 5.6×10^{-5}　　C. 2.8×10^{-10}　　D. 1.8×10^{-8}

6. 向一定浓度的氨水溶液中加入少量 NH_4Cl 固体,溶液的 pH 将(　　)。

A. 变大　　B. 变小　　C. 不变　　D. 无法确定

7. 试用酸碱质子理论将下列存在于水溶液中的分子或离子归类为酸、碱或两性物质:H_2O、HCl、NH_3、HAc、HS^-、HCO_3^-、CO_3^{2-}、NO_3^-、HClO、PO_4^{3-}、H_3O^+。

8. 何为水的离子积常数?向纯水中加入少量酸或碱后,水的离子积常数是否会变化?为什么?

9. 什么是 pH?pH 与 pOH 有怎样的关系?

10. 公共场所常用 NaClO 溶液消毒。已知 ClO^- 的 K_b 为 7.1×10^{-12},试计算 0.1 mol·L^{-1}的 NaClO 溶液中$[H_3O^+]$、$[ClO^-]$和 pH。

11. 叠氮化钠(NaN_3)溶于水中制成的溶液具有杀菌作用。现有 0.01 mol·L^{-1}溶液 1 L。试计算 NaN_3 溶液中各种物质的浓度(已知叠氮酸(HN_3)的 K_a 为 1.9×10^{-5})。

12. 计算 0.10 mol·L^{-1} Na_2CO_3 水溶液的 pH($K_{a1}=4.5\times10^{-7}$,$K_{a2}=4.7\times10^{-11}$)。

(王小波　李向华)

Note

第四章 沉淀溶解平衡

学习目标

素质目标：培养学生坚持不懈、持之以恒的精神，使学生懂得成功者与失败者的首要差别不在于天赋，而在于坚持的精神。

能力目标：通过了解沉淀溶解平衡在结石的形成与治疗、龋齿的产生与防治中的应用，引导学生学会理论联系实际，提高分析问题、解决问题的能力。通过了解沉淀溶解平衡在金属离子分离中的实际应用，提高学生的环保意识。

知识目标：掌握标准溶度积常数表达式的书写；溶度积与溶解度的换算；溶度积规则的运用，分步沉淀概念及其相关计算，沉淀溶解平衡在医学中的意义。

扫码看 PPT

根据强电解质在水中的溶解度不同，强电解质可以分为易溶强电解质和难溶强电解质。通常把常温下在水中的溶解度小于 $0.1\ g \cdot L^{-1}$ 的强电解质称为难溶强电解质，如 $BaSO_4$、AgCl 等，它们在水中的溶解度很小，但是溶解的部分是全部电离的。在难溶强电解质的饱和溶液中存在难溶强电解质的固体与其溶解于水中并解离成自由移动的离子之间的平衡，称为沉淀溶解平衡，该平衡属于一种多相平衡。沉淀与溶解是重要的化学过程，在自然界中普遍存在。例如，钟乳石的形成，尿结石的形成，药物的研究、生产和应用中一些物质的制备和纯化等都和沉淀溶解平衡有关。许多难溶性药物有着很强的生物活性，但因为它们在水中的溶解度很小，难以被机体接受，从而影响疗效，所以如何提高药物的溶解度和疗效，是药学研究的热点。因此，有必要研究沉淀溶解平衡理论及其相应的规律。

第一节 溶度积和溶度积规则

一、溶度积

$BaSO_4$ 是强电解质，在一定温度下，把 $BaSO_4$ 固体加到水中，一方面 $BaSO_4$ 表面的 Ba^{2+} 和 SO_4^{2-} 受到水分子的作用，离开 $BaSO_4$ 固体表面进入溶液，这个过程称为溶解；另一方面，溶液中的 Ba^{2+} 和 SO_4^{2-} 碰撞结合生成 $BaSO_4$，并从溶液中析出，这个过程称为沉淀。当溶解的速率和沉淀的速率相等时，便达到沉淀溶解平衡：

$$BaSO_4(s) \rightleftharpoons Ba^{2+}(aq) + SO_4^{2-}(aq)$$

平衡时，该平衡的平衡常数 $K = [Ba^{2+}][SO_4^{2-}]$。

该平衡常数为沉淀溶解平衡常数，用 K_{sp} 表示，称为溶度积常数，简称溶度积。在标准态下，溶度积常数即为标准溶度积常数，用 $K_{sp}^{\ominus}$ 表示，量纲为 1。

Note

标准溶度积常数是在一定温度下，难溶强电解质饱和溶液中离子的平衡浓度幂次方的乘积，幂次方为各个离子在沉淀溶解平衡方程式中的化学计量系数。标准溶度积常数只与温度有关，而与难溶强电解质的浓度无关。标准溶度积常数的大小反映了难溶强电解质的溶解能力的大小。

不同类型的难溶强电解质的标准溶度积常数表达式不同。

(1) AB 型：

$$AgCl(s) \rightleftharpoons Ag^+(aq) + Cl^-(aq)$$
$$K_{sp}^{\ominus} = [Ag^+][Cl^-]$$

(2) A_2B 或 AB_2：

$$Ag_2S(s) \rightleftharpoons 2Ag^+(aq) + S^{2-}(aq)$$
$$K_{sp}^{\ominus} = [Ag^+]^2[S^{2-}]$$

(3) A_3B 或 AB_3：

$$Fe(OH)_3(s) \rightleftharpoons Fe^{3+}(aq) + 3OH^-(aq)$$
$$K_{sp}^{\ominus} = [Fe^{3+}][OH^-]^3$$

二、溶度积和溶解度的关系

标准溶度积常数和溶解度都可以反映难溶强电解质溶解能力的大小，二者之间既有联系又有区别。标准溶度积常数是一定温度下，难溶强电解质饱和溶液中离子的平衡浓度的幂次方即化学计量系数的乘积；而溶解度是在一定温度下，难溶强电解质饱和溶液的浓度。标准溶度积常数和溶解度存在着定量关系，可以进行换算。

对于难溶强电解质的饱和溶液，建立起的动态平衡：

$$A_aB_b(s) \rightleftharpoons aA^{b+}(aq) + bB^{a-}(aq)$$

在一定温度下有

$$[A^{b+}]^a \cdot [B^{a-}]^b = K_{sp}^{\ominus}$$

设该温度下难溶强电解质的溶解度为 s mol·L^{-1}，二者的关系如下：

$$[as]^a \cdot [bs]^b = K_{sp}^{\ominus}$$

可以通过难溶强电解质的溶解度计算标准溶度积常数，也可以通过标准溶度积常数计算难溶强电解质的溶解度。

【例 4-1】 已知 AgI 的 $K_{sp}^{\ominus} = 8.3 \times 10^{-17}$，计算 AgI 的溶解度。

解：设 AgI 的溶解度为 s mol·L^{-1}。

$$\begin{array}{lll} AgI(s) \rightleftharpoons & Ag^+(aq) + & I^-(aq) \\ & s & s \end{array}$$

则 $K_{sp}^{\ominus} = [Ag^+][I^-] = s^2$，所以 $s = 9.11 \times 10^{-9}$(mol·L^{-1})

【例 4-2】 已知某温度下 Ag_2CrO_4 的溶解度为 1.01×10^{-4} mol·L^{-1}，计算 Ag_2CrO_4 的$K_{sp}^{\ominus}$。

解：

$$\begin{array}{lll} Ag_2CrO_4(s) \rightleftharpoons & 2Ag^+(aq) + & CrO_4^{2-}(aq) \\ & 2s & s \end{array}$$

平衡时，$K_{sp}^{\ominus} = [Ag^+]^2[CrO_4^{2-}] = (2s)^2 \times s = 4 \times (1.01 \times 10^{-4})^3 = 4.12 \times 10^{-12}$

从上面两个例子可以看出，$K_{sp}^{\ominus}$与 s 之间有换算关系。

扫码看答案

Note

问题与思考 4-1

一定温度下，两难溶强电解质的溶度积相等，为什么其饱和溶液的溶解度不等？

三、溶度积规则

沉淀溶解平衡是一种动态平衡，某难溶强电解质在溶液中存在如下反应：

$$A_aB_b(s) \rightleftharpoons aA^{b+}(aq) + bB^{a-}(aq)$$

达到平衡时，$K^{\ominus}_{sp} = [aA^{b+}]^a \cdot [bB^{a-}]^b$

未达到平衡时，$Q = c^a(A^{b+})c^b(B^{a-})$，$c$ 为各个离子的任一浓度。Q 称为离子积，表示难溶强电解质溶液中任意状态下离子浓度幂次方及离子的化学计量系数的乘积。

(1) 当 $Q > K^{\ominus}_{sp}$ 时，溶液达到过饱和，沉淀从溶液中析出。

(2) 当 $Q = K^{\ominus}_{sp}$ 时，溶液达到饱和，此时沉淀和溶解达到平衡状态。

(3) 当 $Q < K^{\ominus}_{sp}$ 时，溶液未饱和，溶液中没有沉淀析出，如果加入难溶强电解质则会继续溶解，直至沉淀和溶解达到动态平衡。

这就是溶度积规则，利用溶度积规则可以判断沉淀的生成和溶解。

需要指出的是，离子积 Q 与标准溶度积常数 $K^{\ominus}_{sp}$ 具有相同的表达式，但是有区别。离子积 Q 是任意状态下，难溶强电解质溶液中各离子浓度幂次方的乘积，而 $K^{\ominus}_{sp}$ 是标准态下各离子浓度幂次方的乘积，所以 $K^{\ominus}_{sp}$ 是 Q 的一个特例。

第二节　沉淀溶解平衡的移动

一、沉淀溶解平衡移动的影响因素

当难溶强电解质溶液已经达到沉淀溶解平衡时，改变溶液中离子的浓度，平衡就会移动，导致沉淀的生成或溶解。

1. 同离子效应　在难溶强电解质溶液中，加入与其含有相同离子的易溶强电解质，溶液中相同离子的浓度增加，使 $Q > K^{\ominus}_{sp}$，导致沉淀溶解平衡向生成沉淀的方向进行，析出难溶强电解质沉淀，使沉淀溶解平衡向生成沉淀的方向移动，降低了难溶强电解质的溶解度。这种向难溶强电解质溶液中加入与其含有相同离子的易溶强电解质，使难溶强电解质的溶解度降低的效应称为同离子效应。

【例 4-3】　已知 $Mg(OH)_2$ 的 $K^{\ominus}_{sp} = 1.8 \times 10^{-11}$，根据 $Mg(OH)_2$ 的 $K^{\ominus}_{sp}$ 计算下列情况的溶解度：

(1) 在水中；

(2) 在 0.010 $mol \cdot L^{-1}$ NaOH 溶液中；

(3) 在 0.010 $mol \cdot L^{-1}$ $MgCl_2$ 溶液中。

解：(1) 在水中溶解度为 s

$$Mg(OH)_2(s) \rightleftharpoons Mg^{2+}(aq) + 2OH^-(aq)$$

$$s \qquad\qquad 2s$$

$$K^{\ominus}_{sp} = [Mg^{2+}][OH^-]^2 = (2s)^2 \times s = 4 \times s^3 = 1.8 \times 10^{-11}$$

所以

$$s = 1.65 \times 10^{-4}(mol \cdot L^{-1})$$

(2) 在 0.010 $mol \cdot L^{-1}$ NaOH 溶液中得溶解度为 s_1

$$Mg(OH)_2(s) \rightleftharpoons Mg^{2+}(aq) + 2OH^-(aq)$$

$$s_1 \qquad\qquad 0.01 + 2s_1 \approx 0.01$$

Note

$$K_{sp}^{\ominus}=[Mg^{2+}][OH^-]^2=(0.01)^2\times s_1=1.8\times10^{-11}$$

所以 $$s_1=1.8\times10^{-7}(mol\cdot L^{-1})$$

(3) 在 0.010 $mol\cdot L^{-1}$ $MgCl_2$ 溶液中溶解度为 s_2

$$Mg(OH)_2(s)\rightleftharpoons Mg^{2+}(aq)+2OH^-(aq)$$

$$0.01+s_2\approx0.01 \qquad 2s_2$$

$$K_{sp}^{\ominus}=[Mg^{2+}][OH^-]^2=(2s_2)^2\times0.01=1.8\times10^{-11}$$

所以 $$s_2=2.12\times10^{-5}(mol\cdot L^{-1})$$

2. 盐效应 在难溶强电解质溶液中,加入与其不含有相同离子的易溶强电解质,溶液中阴阳离子的相互牵制作用增强,导致沉淀速率减小,使沉淀溶解平衡向沉淀溶解的方向移动,增大了难溶强电解质的溶解度。这种向难溶强电解质溶液中加入与其不含有相同离子的易溶强电解质,使难溶强电解质的溶解度增大的效应称为盐效应。在难溶强电解质溶液中,在产生同离子效应的同时也伴随着盐效应,一般情况以同离子效应为主。

3. 分步沉淀 如果溶液中含有两种或两种以上的离子,都可以加入某种沉淀剂从而生成难溶强电解质沉淀,加入该沉淀剂时就会先后产生不同的沉淀,沉淀按先后顺序产生的现象称为分步沉淀。要使沉淀生成,需满足 $Q>K_{sp}^{\ominus}$,在分步沉淀中,最先满足 $Q>K_{sp}^{\ominus}$ 的离子先沉淀。

【例 4-4】 在 0.1 $mol\cdot L^{-1}$ KCl 和 0.1 $mol\cdot L^{-1}$ K_2CrO_4 混合溶液中,逐滴加入 $AgNO_3$ 溶液,哪种离子先沉淀?第二种离子沉淀时,溶液中第一种离子的浓度是多少?

解:(1) 沉淀 0.1 $mol\cdot L^{-1}$ Cl^- 所需 Ag^+ 的浓度为

$$c_{Ag^+}=\frac{K_{sp}^{\ominus}(AgCl)}{[Cl^-]}=\frac{1.80\times10^{-10}}{0.1}=1.80\times10^{-9}(mol\cdot L^{-1})$$

沉淀 0.1 $mol\cdot L^{-1}$ CrO_4^{2-} 所需 Ag^+ 的浓度为

$$c_{Ag^+}=\sqrt{\frac{K_{sp}^{\ominus}(Ag_2CrO_4)}{[CrO_4^{2-}]}}=\sqrt{\frac{1.2\times10^{-12}}{0.1}}=3.46\times10^{-6}(mol\cdot L^{-1})$$

所以 AgCl 先沉淀。

(2) 第二种离子即 CrO_4^{2-} 开始沉淀时,溶液中 Ag^+ 的浓度为 3.46×10^{-6} $mol\cdot L^{-1}$,此时溶液中 Cl^- 的浓度为

$$c_{Cl^-}=\frac{K_{sp}^{\ominus}(AgCl)}{[Ag^+]}=\frac{1.80\times10^{-10}}{3.46\times10^{-6}}=5.20\times10^{-5}(mol\cdot L^{-1})$$

分步沉淀可应用于共存离子的分离。当离子浓度小于 1.0×10^{-5} $mol\cdot L^{-1}$ 时,离子已经沉淀完全,根据具体情况,可控制反应条件以达到分离离子的目的,如控制溶液的 pH,达到分离金属离子的目的。

扫码看答案

问题与思考 4-2

在 $Ca_3(PO_4)_2$ 固体的饱和溶液中,分别加入 $Ca(NO_3)_2$ 和 KNO_3,它们对 $Ca_3(PO_4)_2$ 的溶解度影响不同,为什么?

二、沉淀的生成

根据溶度积规则,当溶液中满足 $Q>K_{sp}^{\ominus}$ 时,则会生成沉淀。

Note

【例 4-5】 向 1.0×10^{-3} $mol\cdot L^{-1}$ Na_2CrO_4 溶液中滴加 $AgNO_3$ 溶液。

(1) 计算开始生成 Ag_2CrO_4 沉淀时的$[Ag^+]$;

(2) 当 CrO_4^{2-} 沉淀完全时，$[Ag^+]$等于多少？

解：

$$Ag_2CrO_4(s) \rightleftharpoons 2Ag^+(aq) + CrO_4^{2-}(aq)$$

$$K_{sp}^{\ominus} = [Ag^+]^2[CrO_4^{2-}]$$

则 $$[Ag^+] = \sqrt{\frac{K_{sp}^{\ominus}}{[CrO_4^{2-}]}} = \sqrt{\frac{1.2\times10^{-12}}{1.0\times10^{-3}}} = 3.46\times10^{-5}(mol\cdot L^{-1})$$

所以当$[Ag^+]$为 $3.46\times10^{-5}\ mol\cdot L^{-1}$时，开始有 Ag_2CrO_4 沉淀生成。

当$[CrO_4^{2-}]\leqslant1.0\times10^{-5}\ mol\cdot L^{-1}$时，认为沉淀完全，则

$$[Ag^+] = \sqrt{\frac{K_{sp}^{\ominus}}{[CrO_4^{2-}]}} = \sqrt{\frac{1.20\times10^{-12}}{1.0\times10^{-5}}} = 3.46\times10^{-4}(mol\cdot L^{-1})$$

三、沉淀的溶解

根据溶度积规则，当溶液中满足 $Q<K_{sp}^{\ominus}$时，则沉淀溶解。可通过下列几种方法实现 $Q<K_{sp}^{\ominus}$，从而使沉淀溶解。

1. 生成弱电解质使沉淀溶解

(1) 氢氧化物沉淀的溶解：在 $Cu(OH)_2$ 沉淀中加入稀硫酸，由于 OH^- 与 H^+ 反应生成弱电解质 H_2O，使得 $Cu(OH)_2$ 的 $Q<K_{sp}^{\ominus}$，从而使得沉淀溶解。

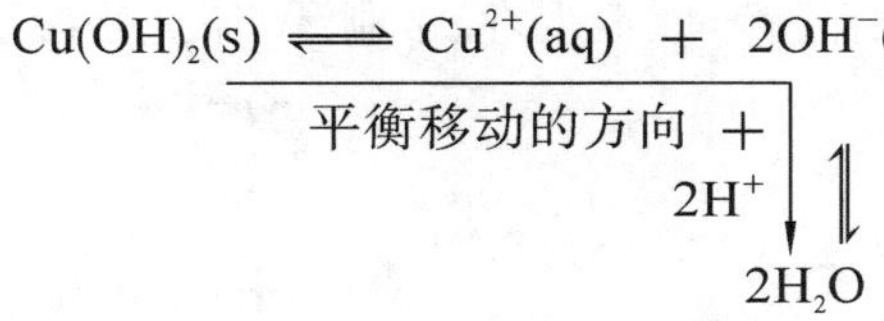

(2) 金属硫化物沉淀的溶解：在 FeS 沉淀中加入盐酸，由于 S^{2-} 与 H^+ 生成弱电解质 H_2S，使得 FeS 的 $Q<K_{sp}^{\ominus}$，从而使得沉淀溶解。

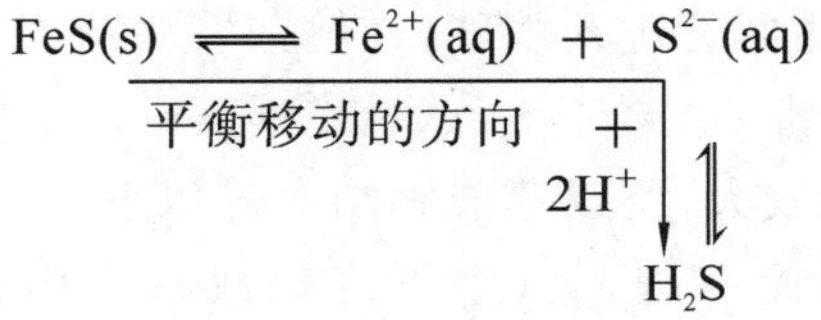

2. 发生氧化还原反应使沉淀溶解 加入氧化剂或还原剂，使某一离子发生氧化还原反应而降低其浓度，使 $Q<K_{sp}^{\ominus}$，从而使沉淀溶解平衡向沉淀溶解的方向移动。

$$3CuS + 8HNO_3 \rightleftharpoons 3Cu(NO_3)_2 + 3S + 2NO + 4H_2O$$

3. 生成配离子使沉淀溶解 在 AgCl 沉淀中加入氨水，由于 Ag^+ 和 NH_3 反应生成配离子 $[Ag(NH_3)_2]^+$，AgCl 的 $Q<K_{sp}^{-}$，从而使沉淀溶解。

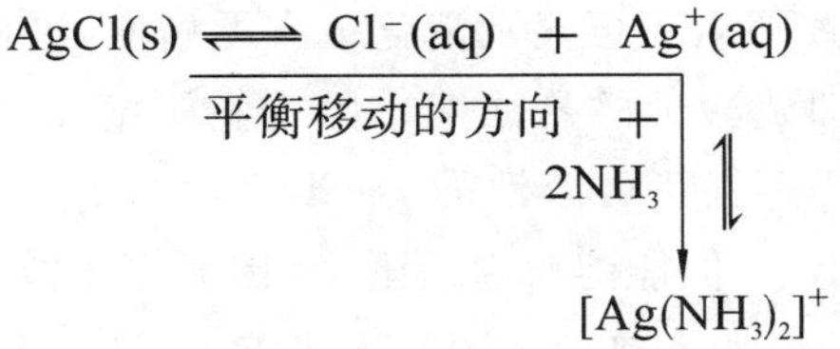

Note

第三节　沉淀溶解平衡在医学中的意义

一、沉淀溶解平衡与骨骼的形成

在医学上,人体内骨骼的形成、龋齿的产生、尿结石的形成、钡餐的制备等,都会应用沉淀溶解平衡原理。

羟基磷灰石是骨骼和牙齿的主要成分,是 Ca^{2+} 和 PO_4^{3-} 形成的无定形磷酸钙,最后形成羟基磷灰石(缩写为 HAP),其化学式为 $Ca_{10}(OH)_2(PO_4)_6$ 或 $Ca_5(OH)(PO_4)_3$。生物体内的 HAP 又称为生物磷灰石,骨骼中含有 55%～75%的 HAP,骨骼中 HAP 的形成涉及沉淀的生成和转换原理。

二、龋齿的产生

口腔常见的疾病是龋齿,龋齿的产生与 HAP 的溶解有关。口腔中牙齿的牙釉质很坚硬,但当用餐后,食物滞留在牙缝处腐烂而滋生细菌,产生有机酸,使牙釉质中的 HAP 溶解,时间一长就会产生龋齿。所以人们要注意保持口腔卫生,经常刷牙,保护牙齿。

$$Ca_5(OH)(PO_4)_3(s)+4H^+(aq) \rightleftharpoons 5Ca^{2+}(aq)+3HPO_4^{2-}(aq)+H_2O(l)$$

三、尿结石的形成

泌尿系统结石一般有尿结石和肾结石,多数尿结石的主要成分是草酸钙。尿液中含有 Ca^{2+}、Mg^{2+}、$C_2O_4^{2-}$、PO_4^{3-}、NH_4^+、H^+、OH^- 等离子,这些离子之间可以形成草酸钙沉淀。在人体内,尿液形成的第一步是进入肾脏的血液经肾小球过滤,把蛋白质、细胞等大分子滤掉,排出来的滤液就是原始尿液。原始尿液经过输尿管进入膀胱,在输尿管中有时就会形成结石。来自肾小球的滤液通常对草酸钙是过饱和的,即 $c(Ca^{2+}) \cdot c(C_2O_4^{2-}) > K_{sp}^{\ominus}(CaC_2O_4)$,由于在血液中有蛋白质这样的结晶抑制剂,血液黏度也较大,所以草酸钙结晶难以形成。经过肾小球过滤后,蛋白质等大分子被除去,黏度也降低,因此在进入肾小管之前或在管内会有 $CaCa_2O_4$ 结晶形成,这种 $CaCa_2O_4$ 结晶在肾小管中停留的时间短,随尿液排出,则不会形成尿结石。有些人之所以形成结石,可能因为其尿液中成石抑制剂浓度较低或肾功能不好,导致滤液流动速度太慢,在肾小球内停留时间过长,从而容易形成尿结石。因此,医学上常用加速排尿、加大排尿量等方法来防治尿结石。

四、钡餐的制备

思政课堂

钡餐是一种造影剂,在 X 线照射下可显示消化道有无病变,进行胃肠道疾病诊断。用于消化道检查的钡餐是药用硫酸钡(即硫酸钡的悬浊液),因为它不溶于水、脂质和酸,所以不会被胃肠道黏膜吸收,因此对人体基本无毒性。可溶性的 $BaCl_2$、$Ba(NO_3)_2$ 等物质不能用作造影剂,因为 Ba^{2+} 有毒。虽然 $BaCO_3$ 难溶于水,但能溶解在胃酸中,因而也不能用作造影剂。

钡餐的制备:将 Na_2SO_4 缓慢加入热的 $BaCl_2$ 稀溶液中,可发生下列反应:

$$BaCl_2(aq)+Na_2SO_4(aq) = BaSO_4(s)+2NaCl(aq)$$

Note

反应中有沉淀析出,将沉淀和溶液放置一段时间,使沉淀的颗粒变大,过滤即可得纯净的 $BaSO_4$ 晶体。

本章小结

- 难溶强电解质的沉淀溶解平衡
  - 溶度积
    - 溶度积与溶解度的关系
    - 同离子效应和盐效应
  - 溶度积规则
    - $Q=K_{sp}^{\ominus}$表示溶液饱和，这时溶液中的沉淀与溶解达到动态平衡，既无沉淀析出又无沉淀溶解
    - $Q<K_{sp}^{\ominus}$表示溶液不饱和，溶液无沉淀析出，若加入难溶强电解质，则会继续溶解
    - $Q>K_{sp}^{\ominus}$表示溶液过饱和，溶液中会有沉淀析出
  - 溶度积规则的应用
    - 沉淀的生成
      - 分步沉淀
      - 金属离子沉淀的浓度
    - 沉淀的溶解
      - 生成弱电解质
      - 生成配离子
      - 发生氧化还原反应
  - 在医学中的意义
    - 龋齿——注意保持口腔卫生，经常刷牙，保护牙齿
    - 尿结石——多数尿结石的主要成分是草酸钙
    - 钡餐——临床上使用的钡餐是药用硫酸钡，即硫酸钡的悬浊液进行口服或灌肠

能力检测

扫码看答案

1. 判断下列说法是否正确？

(1) AgCl 在 0.1 mol·L^{-1} $NaNO_3$ 溶液中的溶解度比在水中大。(　　)

(2) 溶度积和溶解度的换算公式只适用于溶解部分完全电离的难溶电解质。(　　)

(3) 加入沉淀剂来沉淀溶液中某一离子时，该离子沉淀完全的条件是其离子浓度为0。(　　)

(4) 一定温度下，难溶电解质溶液中有关离子浓度的乘积称为离子积。(　　)

(5) $Pb(ClO_2)_2$ 和 $Ba(IO_3)_2$ 的溶度积均为 4.0×10^{-9}，则两者饱和溶液中 Pb^{2+} 和 Ba^{2+} 的浓度相等。(　　)

2. 已知在 $Ca_3(PO_4)_2$ 的饱和溶液中，$[Ca^{2+}]=2.0\times10^{-6}$ mol·L^{-1}，$[PO_4^{3-}]=1.58\times10^{-6}$ mol·L^{-1}，则 $Ca_3(PO_4)_2$ 的 K_{sp} 为(　　)。

A. 2.0×10^{-29}　B. 3.2×10^{-12}　C. 6.3×10^{-18}　D. 5.1×10^{-27}　E. 3.2×10^{-17}

3. 已知 $K_{sp}^{\ominus}(CaF_2)=3.45\times10^{-11}$，在 0.250 L 0.10 mol·$L^{-1}$的 $Ca(NO_3)_2$ 溶液中能溶解(　　)CaF_2。

A. 1.0×10^{-5} g　B. 1.8×10^{-4} g　C. 2.0×10^{-5} g　D. 9.0×10^{-4} g　E. 9.0×10^{-6} g

4. 分子式为 AB_2 的某难溶盐的溶解度 s 与 $K_{sp}^{\ominus}$的关系为(　　)。

A. $s=K_{sp}^{\ominus}$　B. $4s^3=K_{sp}^{\ominus}$　C. $2s^3=K_{sp}^{\ominus}$　D. $27s^3=K_{sp}^{\ominus}$　E. $s^3=K_{sp}^{\ominus}$

5. 在一定温度下，难溶强电解质的(　　)有关离子浓度幂的乘积称为溶度积。

A. 稀溶液中　B. 饱和溶液中　C. 溶液中　D. 平衡溶液中　E. 一定浓度溶液中

6. $Mg(OH)_2$ 在下列试剂中溶解度最小的是(　　)。

A. 0.10 mol·L^{-1} $MgCl_2$ 溶液　B. 0.10 mol·L^{-1} NaOH 溶液　C. 纯水

D. 1.0 mol·L^{-1} Na_2CO_3 溶液　E. 0.10 mol·L^{-1} HAc 溶液

7. 溶液中某种离子浓度小于__________ mol·L^{-1}，就可认为该种离子沉淀完全了。

Note

8. 若在含有 Cl^-、Br^-、CrO_4^{2-}，离子浓度均为 0.10 mol·L^{-1} 的溶液中，逐滴加入 $AgNO_3$ 溶液，则__________先沉淀出来。已知 $K_{sp}^{\ominus}(AgCl)=1.8\times10^{-10}$，$K_{sp}^{\ominus}(AgBr)=5.0\times10^{-13}$，$K_{sp}^{\ominus}(Ag_2CrO_4)=1.2\times10^{-12}$。

9. 已知 $Sn(OH)_2$、$Al(OH)_3$、$Ce(OH)_4$ 的 $K_{sp}^{\ominus}$ 分别为 5.45×10^{-27}、1.3×10^{-33}、2.0×10^{-28}，则它们饱和溶液的 pH 由小到大的顺序为__________。

10. 在某混合溶液中 Fe^{3+} 和 Zn^{2+} 浓度均为 0.010 mol·L^{-1}。加碱调节 pH，使 $Fe(OH)_3$ 沉淀出来，而 Zn^{2+} 保留在溶液中。通过计算确定分离 Fe^{3+} 和 Zn^{2+} 的 pH 范围。

11. 某溶液中含有 0.050 mol·L^{-1} CrO_4^{2-} 和 0.010 mol·L^{-1} Cl^-，当向其中滴加 $AgNO_3$ 溶液时，哪一种沉淀先析出？当第二种离子开始生成沉淀时，第一种离子的浓度还有多大（忽略 CrO_4^{2-} 转化为 $Cr_2O_7^{2-}$ 的量）？

（额尔敦）

Note

第五章 缓冲溶液

学习目标

扫码看 PPT

素质目标：组织学生查阅有关人体酸碱性的内容，并让学生思考此观点是否有科学依据，进行讨论。鼓励学生自主学习，通过指导和反馈，帮助学生形成自主学习习惯，提高学习成效。提高学生的计算能力和动手能力。引导学生树立正确的人生观、价值观和世界观，提高其科学文化素质。

能力目标：通过搜集缓冲溶液在医学上的意义，课堂讨论交流，培养学生搜集和处理信息的能力、合作探究的能力。培养学生运用所学知识和技能解决实际问题的能力。

知识目标：缓冲溶液的组成、作用机制，缓冲溶液 pH 的计算，配制缓冲溶液，缓冲溶液的医学意义。

溶液的 pH 是影响化学反应的重要因素之一，尤其是生物体内的化学反应，人体组织细胞中的各种生物大分子完成其正常生理活动的前提是其必须处于最适 pH 范围内。例如生物体内酶的催化反应，唾液蛋白酶在口腔中具有作用，但是到了胃液中就会因为过酸而失活，胃蛋白酶进入十二指肠后也会因为 pH 的升高而失去其活性，胰蛋白酶最适 pH 为 7.80～8.50，pH＞9.00 时，发生不可逆变性失活。因此控制生物大分子溶液的 pH 是为了让其保持生物活性。

人体各种体液均具有一定的 pH，不同体液的 pH 范围列于表 5-1 中。正常人体血液 pH 范围为 7.35～7.45，且不受体内复杂的代谢过程影响而保持恒定，如果超出这个范围，机体的正常生理功能就会失调而导致疾病。正常人体血液的 pH 能够保持在一个狭小的范围内，是因为血液本身是具有一定的 pH 调节能力的缓冲溶液。因此，研究缓冲溶液的组成、作用机制以及影响因素，在生命科学和医学中都具有重要的意义。

表 5-1 各种体液的 pH 范围

体液	pH	体液	pH
血液	7.35～7.45	大肠液	8.30～8.40
成人胃液	1.00～2.00	乳汁	6.00～6.90
婴儿胃液	5.00	泪水	7.40
唾液	6.35～6.85	尿液	4.80～7.50
胰液	7.50～8.00	脑脊液	7.35～7.45
小肠液	6.50～7.60		

Note

第一节　缓冲溶液及缓冲机制

一、缓冲溶液及其组成

(一) 缓冲溶液的概念

在 1.0 L 纯水、0.1 $mol \cdot L^{-1}$ NaCl 溶液和 0.1 $mol \cdot L^{-1}$ HAc-0.1 $mol \cdot L^{-1}$ NaAc 混合溶液中，分别加入 0.01 mol 强酸 HCl 和强碱 NaOH，溶液 pH 的变化见表 5-2。由表 5-2 可知，加入等物质的量的 HCl 和 NaOH 后，纯水和 NaCl 溶液的 pH 均改变了 5 个单位，然而，HAc-NaAc 混合溶液在加入强酸或强碱后，pH 从原来的 4.75 下降到 4.66 或者上升到 4.84，pH 仅仅改变了 0.09个单位。同样，若在 HAc-NaAc 混合溶液加少量的水稀释，pH 改变幅度也很小。

表 5-2　纯水或溶液中加入少量强酸或强碱后 pH 的影响

纯水或溶液	pH	加入 0.01 mol HCl		加入 0.01 mol NaOH	
		pH	ΔpH	pH	ΔpH
纯水	7	2	5	12	5
0.1 $mol \cdot L^{-1}$ NaCl	7	2	5	12	5
0.1 $mol \cdot L^{-1}$ HAc-0.1 $mol \cdot L^{-1}$ NaAc	4.75	4.66	0.09	4.84	0.09

这种能够抵抗外来少量强酸、强碱，或在一定范围内稀释时，保持溶液 pH 基本不变的溶液称为缓冲溶液。其对溶液 pH 的稳定作用称为缓冲作用。

(二) 缓冲溶液的组成

缓冲溶液的这种抗酸、抗碱或抗少量水稀释的性质与其组成有关。根据酸碱质子理论可知，足够浓度的共轭碱接受质子，可抵抗少量 H^+ 的入侵，足够浓度的共轭酸提供质子，可抵抗少量 OH^- 的入侵，因此，缓冲溶液包含足够浓度的共轭酸碱对。组成缓冲溶液的共轭酸碱对的两种物质合称为缓冲系或缓冲对。常见的缓冲系如表 5-3 所示。

表 5-3　常见的缓冲系

缓　冲　系	弱　酸	共轭碱	质子转移平衡	pK_a(25 ℃)
HAc-NaAc	HAc	Ac^-	$HAc + H_2O \rightleftharpoons Ac^- + H_3O^+$	4.76
H_2CO_3-$NaHCO_3$	H_2CO_3	HCO_3^-	$H_2CO_3 + H_2O \rightleftharpoons HCO_3^- + H_3O^+$	6.35
H_3PO_4-NaH_2PO_4	H_3PO_4	$H_2PO_4^-$	$H_3PO_4 + H_2O \rightleftharpoons H_2PO_4^- + H_3O^+$	2.16
Tris · HCl-Tris①	Tris · H^+	Tris	$Tris \cdot H^+ + H_2O \rightleftharpoons Tris + H_3O^+$	7.85
$H_2C_8H_4O_4$-$KHC_8H_4O_4$②	$H_2C_8H_4O_4$	$HC_8H_4O_4^-$	$H_2C_8H_4O_4 + H_2O \rightleftharpoons HC_8H_4O_4^- + H_3O^+$	2.89
NH_4Cl-NH_3	NH_4^+	NH_3	$NH_4^+ + H_2O \rightleftharpoons NH_3 + H_3O^+$	9.25
$CH_3NH_3^+Cl^-$-$CH_3NH_2$③	$CH_3NH_3^+$	CH_3NH_2	$CH_3NH_3^+ + H_2O \rightleftharpoons CH_3NH_2 + H_3O^+$	10.63
NaH_2PO_4-Na_2HPO_4	$H_2PO_4^-$	HPO_4^{2-}	$H_2PO_4^- + H_2O \rightleftharpoons HPO_4^{2-} + H_3O^+$	7.21
Na_2HPO_4-Na_3PO_4	HPO_4^{2-}	PO_4^{3-}	$HPO_4^{2-} + H_2O \rightleftharpoons PO_4^{3-} + H_3O^+$	12.32

注：①三(羟甲基)甲胺盐酸盐-三(羟甲基)甲胺；②邻苯二甲酸-邻苯二甲酸氢钾；③盐酸甲胺-甲胺。

Note

二、缓冲溶液的缓冲机制

以足量 HAc 和 Ac^- 组成的缓冲溶液为例来阐明缓冲溶液的缓冲机制。NaAc 为强电解质，在溶液中完全解离，以 Na^+ 和 Ac^- 的形式存在；HAc 为弱电解质，部分解离，且由于同离子效应，HAc 几乎完全以分子状态存在于溶液中。所以在 HAc-NaAc 缓冲溶液存在 HAc 和 Ac^-，二者是共轭酸碱对，它们之间的质子转移平衡关系可用下式表示：

$$HAc + H_2O \rightleftharpoons H_3O^+ + Ac^-$$

$$NaAc \longrightarrow Na^+ + Ac^-$$

当向溶液中加入少量强碱（OH^-）时，其接受 H_3O^+ 传递的质子，溶液中发生如下反应，使平衡右移，溶液中大量存在的 HAc 解离以补充被 OH^- 消耗掉的 H_3O^+，从而保持 pH 基本不变。缓冲系中的共轭酸发挥了抵抗外来强碱的作用，故称为抗碱成分。

$$OH^- + H_3O^+ \longrightarrow 2H_2O$$

当向溶液中加入少量强酸（H_3O^+）时，大量存在的 Ac^- 接受其传递的质子发生而如下反应生成 HAc，使平衡左移，因而$[H_3O^+]$无明显增加，pH 基本不变。缓冲系中的共轭碱发挥了抵抗外来强酸的作用，故称为缓冲溶液的抗酸成分。

$$H^+ + Ac^- \rightleftharpoons HAc$$

当溶液稀释时，其中 H^+ 浓度虽然降低了，但 Ac^- 浓度同时也降低了，因而同离子效应减弱，促使 HAc 解离度增大。HAc 进一步解离所产生的 H^+ 可使溶液的 pH 基本保持不变。

总之，缓冲溶液中同时含有较大量的抗碱成分和抗酸成分，它们通过共轭酸碱对的质子转移平衡移动以消耗掉外来的少量强酸、强碱，或对抗稍加稀释的作用，使溶液 H^+ 或 OH^- 浓度不发生明显的变化，因此具有缓冲作用。

问题与思考5-1

HAc 溶液中既含有未解离的 HAc，也存在解离产生的 Ac^-，因此，HAc 溶液是缓冲溶液吗？

扫码看答案

问题与思考5-2

只要是由共轭酸碱对组成的溶液就一定有缓冲作用吗？

扫码看答案

第二节　缓冲溶液 pH 的计算

一、缓冲溶液 pH 的近似计算公式

（一）基本公式——Henderson-Hasselbalch 方程式

在 HB-B^- 组成的缓冲溶液中，HB 和 B^- 之间存在如下质子转移平衡

$$HB(aq) + H_2O(l) \rightleftharpoons H_3O^+(aq) + B^-(aq)$$

由平衡可得

$$[H_3O^+] = K_a \times \frac{[HB]}{[B^-]} \qquad (5\text{-}1)$$

等式两边各取负对数，则得

$$pH = pK_a + \lg\frac{[B^-]}{[HB]}$$

Note

也可写作

$$pH=pK_a+\lg\frac{[共轭碱]}{[共轭酸]} \tag{5-2}$$

式(5-2)即为计算缓冲溶液 pH 的 Henderson-Hasselbalch 方程式。式中,pK_a 为弱酸解离常数的负对数,$[B^-]$与$[HB]$的比值称为缓冲比,$[B^-]$与$[HB]$之和为缓冲溶液的总浓度。

在式(5-1)中,HB 的初始浓度为 $c(HB)$,其已解离部分的浓度为 $c'(HB)$,则 HB 和 B^- 的平衡浓度分别为

$$[HB]=c(HB)-c'(HB)$$
$$[B^-]=c(NaB)+c'(HB)$$

(1) 因 B^-(来自 NaB)的同离子效应,HB 解离很少,$c'(HB)$可以忽略,故 $c(B^-)\approx[B^-]$,$c(HB)\approx[HB]$,$[HB]$和$[B^-]$可分别用初始浓度 $c(HB)$和 $c(B^-)$来表示,所以式(5-2)又可表示为

$$pH=pK_a+\lg\frac{[B^-]}{[HB]}=pK_a+\lg\frac{c(B^-)}{c(HB)} \tag{5-3}$$

(2) 因浓度等于溶质的物质的量除以溶液的体积,以 $n(HB)$和 $n(B^-)$分别表示为体积 V 的缓冲溶液中所含共轭酸碱的物质的量,$c(B^-)=n(B^-)/V$,$c(HB)=n(HB)/V$,那么式(5-3)可改写为

$$pH=pK_a+\lg\frac{n(B^-)/V}{n(HB)/V}=pK_a+\lg\frac{n(B^-)}{n(HB)} \tag{5-4}$$

式(5-4)是式(5-2)、式(5-3)的另一种表示形式。在实际计算中,用此式可不必计算出缓冲溶液中 HB 和 B^- 的实际浓度,只需要计算出 $n(HB)$和 $n(B^-)$,因此使计算更简便。

(3) 若使用同浓度的 HB 和 B^- 配制缓冲溶液,即 $c(B^-,初始)=c(HB,初始)$,因 $n(B^-)=c(B^-,初始)\times V(B^-)$,$n(HB)=c(HB,初始)\times V(HB)$,则式(5-4)可改写为

$$pH=pK_a+\lg\frac{c(B^-,初始)\times V(B^-)}{c(HB,初始)\times V(HB)}=pK_a+\lg\frac{V(B^-)}{V(HB)} \tag{5-5}$$

由上面各式可知:

①缓冲溶液的 pH 首先取决于弱酸的解离常数 K_a,而 K_a 又与温度有关,所以温度对缓冲溶液的 pH 有影响。但温度对缓冲溶液 pH 的影响,不只是由于温度对 K_a 的影响,还包括温度对水的离子积常数 K_w 和溶液中离子活度因子的影响,所以温度对缓冲溶液的影响是比较复杂的,在这里不加以深入讨论。

②同一缓冲系的缓冲溶液,pK_a 一定,其 pH 随着缓冲比的改变而改变。当缓冲比等于 1 时,缓冲溶液的 pH 等于 pK_a。

③缓冲溶液加水稀释时,$c(B^-)$与 $c(HB)$的比值不变,则由式(5-3)计算的 pH 也不变。但因稀释可引起溶液离子强度的改变,HB 和 B^- 的活度因子受到不同程度的影响,因此缓冲溶液的 pH 也随之有微小的改变。

扫码看答案

问题与思考 5-3

加大量的水稀释时,缓冲比不变,pH 能否保持基本不变?为什么?

Note

【例 5-1】 计算 0.10 $mol\cdot L^{-1}$ NH_3 20 mL 和 0.20 $mol\cdot L^{-1}$ NH_4Cl 15 mL 混合溶液的 pH。

解:此混合溶液的缓冲系为 NH_4^+-NH_3,查附表 B-2 知 $pK_a(NH_4^+)=9.25$,代入式(5-4)得

$$\begin{aligned}pH &= pK_a + \lg\frac{n(NH_3)}{n(NH_4^+)} = 9.25 + \lg\frac{0.10\times20}{0.20\times15}\\ &= 9.25 - 0.18\\ &= 9.07\end{aligned}$$

（二）缓冲溶液 pH 计算公式的校正

用式(5-2)、式(5-3)或式(5-4)计算的缓冲溶液的 pH 只是近似值。为使计算值准确，并与测定值接近，应在式(5-2)中引入活度因子，即以 HB 和 B^- 的活度替代它们的平衡浓度，则式(5-2)可改写为

$$\begin{aligned}pH &= pK_a + \lg\frac{a[B^-]}{a[HB]}\\ &= pK_a + \lg\frac{[B^-]\cdot\gamma(B^-)}{[HB]\cdot\gamma(HB)} = pK_a + \lg\frac{[B^-]}{[HB]} + \lg\frac{\gamma(B^-)}{\gamma(HB)}\end{aligned} \tag{5-6}$$

式中，$\gamma(HB)$ 和 $\gamma(B^-)$ 分别为溶液中 HB 和 B^- 的活度因子；$\lg\frac{\gamma(B^-)}{\gamma(HB)}$ 为校正因数。式(5-6)就是校正的缓冲溶液 pH 计算公式。活度因子与弱酸的电荷数和溶液的离子强度(I)有关，故校正因数也与弱酸的电荷数和溶液的离子强度有关。离子强度可根据缓冲溶液中各离子的浓度进行计算。

化学史话：
亨德森与
血气分析

第三节 缓冲容量和缓冲范围

一、缓冲容量

任何缓冲溶液的缓冲能力都是有一定限度的，即当加入的强酸或强碱超过某一定量时，缓冲溶液的 pH 将发生较大的变化，即失去缓冲能力。不同的缓冲溶液，其缓冲能力是不同的。1922 年，Slyke V 提出用缓冲容量(buffer capacity)β 作为衡量缓冲能力大小的尺度。通常缓冲容量用单位体积缓冲溶液的 pH 改变 1 个单位时，所需加入一元强酸或一元强碱的物质的量表示，用微分式定义为

$$\beta \overset{\text{def}}{=} \frac{dn_{a(b)}}{V|dpH|} \tag{5-7}$$

式中，V 是缓冲溶液的体积，单位为 L 或 mL；$dn_{a(b)}$ 是缓冲溶液中加入的微小量一元强酸的物质的量(dn_a)或一元强碱的物质的量(dn_b)，单位是 mol 或 mmol；$|dpH|$ 为缓冲溶液 pH 的改变量。由式(5-7)可知，β 不可能是负值。在同样的 $dn_{a(b)}$ 和 V 的条件下，pH 改变值 $|dpH|$ 越小，则 β 越大，缓冲溶液的缓冲能力越强。

从式(5-7)可导出缓冲容量与缓冲溶液的总浓度($c_总=[HB]+[B^-]$)及$[B^-]$、$[HB]$的关系：

$$\beta = \frac{dn_{a(b)}}{V|dpH|} = 2.303\times[HB][B^-]/c_总 \tag{5-8}$$

二、影响缓冲容量的因素

式(5-8)表明，缓冲容量 β 随缓冲溶液的总浓度及$[B^-]$、$[HB]$的改变而改变。由于$[B^-]$及$[HB]$决定的缓冲比影响缓冲溶液的 pH，所以缓冲容量随缓冲溶液 pH 的变化而变化。这种变化关系如图 5-1 所示。分析图中曲线，可以得到以下规律。

Note

(1) 缓冲溶液的总浓度对 β 的影响：由式(5-8)右边的浓度项分式可知，总浓度增大时，$[B^-]$

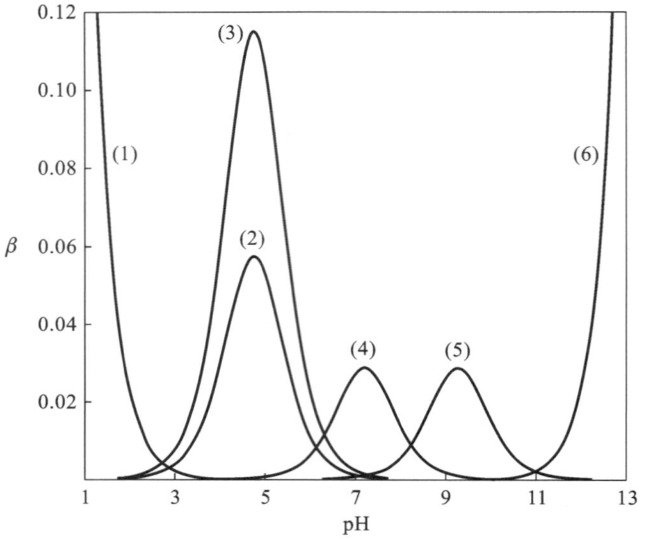

图 5-1　缓冲容量与 pH 的关系

(1) HCl＋KCl；(2) 0.1 mol · L^{-1} HAc＋NaOH；(3) 0.2 mol · L^{-1} HAc＋NaOH；
(4) 0.05 mol · L^{-1} KH_2PO_4＋NaOH；(5) 0.05 mol · L^{-1} H_2BO_3＋NaOH；(6) NaOH＋KCl

和[HB]都以相同的倍数增大，分式的值也以相同的倍数增大，所以缓冲溶液的总浓度越大，β也越大。图 5-1 中曲线(2)和(3)表明，在 HAc-Ac^- 缓冲系中，总浓度增大一倍，缓冲容量也增大一倍。相同缓冲系，缓冲溶液的总浓度越大，其β也越大。

(2) 缓冲比对β的影响：由弱酸及其共轭碱组成的缓冲溶液，如曲线(2)～(5)所示，当总浓度一定时，缓冲容量是随着缓冲比的变化而变化的，且缓冲比越接近 1，缓冲容量越大，当缓冲比等于 1 时，缓冲系有最大缓冲容量。图 5-1 中曲线(2)～(5)上的最高点对应各缓冲系缓冲容量β的最大值。

三、缓冲范围

由上面的讨论可知，当缓冲溶液的总浓度一定时，缓冲比越接近 1，缓冲容量越大；缓冲比越远离 1，缓冲容量越小。当缓冲比大于 10∶1 或小于 1∶10 时，可认为缓冲溶液已基本失去缓冲作用，如图 5-1 中曲线(2)～(5)的两翼降得很低处所示；因此，一般认为 $pH=pK_a\pm1$ 为缓冲作用的有效区间，称为缓冲溶液的缓冲范围(buffer effective range)。不同缓冲系，因各自弱酸的 pK_a 不同，所以缓冲范围也各不相同。

第四节　缓冲溶液的配制

一、缓冲溶液的配制方法

在实际工作中，为使所配制的一定 pH 的缓冲溶液具有足够的缓冲能力，应按下述原则和步骤进行。

1. 选择合适的缓冲系　选择缓冲系要考虑两个因素。一个是使所需配制的缓冲溶液的 pH 在所选缓冲系的缓冲范围($pK_a\pm1$)之内，并尽量接近弱酸的 pK_a，这样所配制的缓冲溶液可有较

Note

大缓冲容量。如配制 pH 为 4.8 的缓冲溶液，可选择 $HAc\text{-}Ac^-$ 缓冲系，因 HAc 的 $pK_a=4.76$。另一个是所选缓冲系的物质应稳定、无毒，不能与溶液中的反应物或生成物发生作用。例如，硼酸-硼酸盐缓冲系有毒，不能用于培养细菌或用作注射液或口服液的缓冲溶液。另外，所选缓冲系在加温灭菌时和储存期内要稳定。例如，碳酸-碳酸盐缓冲系因碳酸容易分解而通常不采用。

2. 配制的缓冲溶液的总浓度要适当 总浓度太低，缓冲容量过小；总浓度太高，一方面离子强度太大或渗透压过高而不适用，另一方面造成试剂的浪费。因此，在实际工作中，一般选用的缓冲溶液总浓度为 0.05～0.2 $mol \cdot L^{-1}$。

3. 计算所需缓冲系的量 选择好缓冲系之后，就可根据式(5-2)、式(5-3)、式(5-4)或式(5-5)计算所需弱酸及其共轭碱的量或体积。一般为配制方便，常常使用相同浓度的弱酸及其共轭碱。

4. 校正 按照计算结果，分别量取体积为 $V(HB)$ 的 HB 溶液和 $V(B^-)$ 的 B^- 溶液相混合，即得体积为 V 的所需 pH 近似值的缓冲溶液。如果对 pH 要求严格，还需在 pH 计监控下对所配缓冲溶液的 pH 加以校正。

【例 5-2】 如何配制 1 L pH 约为 5.00，总浓度为 0.2 $mol \cdot L^{-1}$ 的缓冲溶液？

解：(1) 选择缓冲系：由于 HAc 的 $pK_a=4.75$，接近所配缓冲溶液的 pH 5.00，所以可选用 $HAc\text{-}Ac^-$ 缓冲系。

(2) 确定总浓度：根据要求具备中等缓冲能力，并考虑计算方便，选用 0.20 $mol \cdot L^{-1}$ HAc 溶液和 0.20 $mol \cdot L^{-1}$ NaAc 溶液。应用式(5-5)可得

$$pH=pK_a+\lg\frac{V(Ac^-)}{V(HAc)}$$

$$5.00=4.75+\lg\frac{V}{1000-V}$$

$$\lg\frac{V}{1000-V}=5.00-4.75=0.25$$

$$\frac{V}{1000-V}=1.74$$

$$V=640(mL)$$

$$1000-640=360(mL)$$

即将 360 mL 0.20 $mol \cdot L^{-1}$ HAc 溶液与 640 mL 0.20 $mol \cdot L^{-1}$ NaAc 溶液混合就可配制 1000 mL pH 为 5.00 的缓冲溶液。如有必要，最后可用 pH 计校正。

问题与思考 5-4

在配制缓冲溶液时，选择缓冲系的依据是什么？

扫码看答案

根据 Henderson-Hasselbalch 方程式配制的缓冲溶液，没有考虑由于溶液中离子间相互吸引所引起的偏差，所以其 pH 不是准确的。可利用 pH 计进行校正，用强酸 HCl 和强碱 NaOH 进行 pH 的调节。为了能准确而又方便地配制所需 pH 的缓冲溶液，科学家曾对缓冲溶液的配制进行了精密的系统研究，并制订了许多配制准确 pH 缓冲溶液的配方，依照这些现成的配方进行配制，就可得到所需准确 pH 的缓冲溶液。在医学上广泛使用的缓冲溶液的配方列于表 5-4 和表 5-5 中，以便参考使用。

表 5-5 中，Tris 和 Tris · HCl 分别为三(羟甲基)甲胺及其盐酸盐的符号，它们的化学式分别为 $(HOCH_2)_3CNH_2$ 和 $(HOCH_2)_3CNH_2 \cdot HCl$。在 Tris-HCl 缓冲溶液中加入 NaCl 是为了调节离子强度至 0.16，使其溶液与生理盐水等渗。

Note

表 5-4　$H_2PO_4^-$ 和 HPO_4^{2-} 组成的缓冲溶液(25 ℃)

50 mL 0.1 mol · L^{-1} KH_2PO_4 溶液＋x mL 0.1 mol · L^{-1} NaOH 溶液，稀释至 100 mL

pH	x	pH	x
5.80	3.6	7.00	29.1
5.90	4.6	7.10	32.1
6.00	5.6	7.20	34.7
6.10	6.8	7.30	37.0
6.20	8.1	7.40	39.1
6.30	9.7	7.50	41.1
6.40	11.6	7.60	42.8
6.50	13.9	7.70	44.2
6.60	16.4	7.80	45.3
6.70	19.3	7.90	46.1
6.80	22.4	8.00	46.7
6.90	25.9		

表 5-5　Tris 和 HCl 组成的缓冲溶液

缓冲溶液组成/(mol · kg^{-1})			pH	
Tris	Tris · HCl	NaCl	25 ℃	37 ℃
0.02	0.02	0.14	8.220	7.904
0.05	0.05	0.11	8.225	7.908
0.006667	0.02	0.14	7.745	7.428
0.01667	0.05	0.11	7.745	7.427
0.05	0.05		8.173	7.851
0.01667	0.05		7.699	7.382

二、常见的标准缓冲溶液

应用 pH 计测定溶液 pH 时，必须用标准缓冲溶液校正。常用标准缓冲溶液的 pH 及其温度系数列于表 5-6 中。

表 5-6　常用标准缓冲溶液的 pH 及其温度系数

溶　　液	浓度/(mol · L^{-1})	pH(25 ℃)	温度系数/(ΔpH · ℃$^{-1}$)
酒石酸氢钾($KHC_4H_4O_6$)	饱和，25 ℃	3.557	−0.001
邻苯二甲酸氢钾($KHC_8H_4O_4$)	0.05	4.008	＋0.001
KH_2PO_4-Na_2HPO_4	0.025，0.025	6.865	−0.003
KH_2PO_4-Na_2HPO_4	0.008695，0.03043	7.413	−0.003
硼砂($Na_2B_4O_7$ · $10H_2O$)	0.01	9.180	−0.008

Note

表 5-6 中温度系数＞0，表示缓冲溶液的 pH 随温度的升高而增大；温度系数＜0，则表示缓冲溶液的 pH 随温度的升高而减小。如酒石酸氢钾标准缓冲溶液的温度系数为−0.001，则表示温

度每升高 1 ℃，其缓冲溶液的 pH 减小 0.001 个单位。如在 37 ℃时，酒石酸氢钾标准缓冲溶液的 pH 应为 3.545（即将 25 ℃时的 pH(3.557)－0.001×12 加以校正）。

在表 5-6 中，酒石酸氢钾、邻苯二甲酸氢钾和硼砂标准缓冲溶液，都是由一种化合物配制而成的。这些化合物溶液之所以具有缓冲作用，其情况不尽相同。一种情况是由化合物溶于水解离出大量的两性离子所致。如酒石酸氢钾溶于水完全解离生成 K^+ 和 $HC_4H_4O_6^-$，而 $HC_4H_4O_6^-$ 是两性离子。$HC_4H_4O_6^-$ 在溶液中同时存在接受质子和给出质子的平衡，$HC_4H_4O_6^-$ 接受质子生成它的共轭酸 $H_2C_4H_4O_6$；$HC_4H_4O_6^-$ 给出质子生成它的共轭碱 $C_4H_4O_6^{2-}$，可形成 $H_2C_4H_4O_6$-$HC_4H_4O_6^-$ 和 $HC_4H_4O_6^-$-$C_4H_4O_6^{2-}$ 两个缓冲系。在这两个缓冲系中，$H_2C_4H_4O_6$ 和 $HC_4H_4O_6^-$ 的 pK_a（分别为 2.98 和 4.34）比较接近，使它们的缓冲范围重叠，增强了缓冲能力，加之酒石酸氢钾饱和溶液中的抗酸、抗碱成分均有足够的浓度，因而用酒石酸氢钾一种化合物就可配成满意的缓冲溶液。邻苯二甲酸氢钾溶液的情况与酒石酸氢钾溶液相仿。另一种情况是化合物溶液的组成成分就相当于一对缓冲对。如硼砂溶液中，1 mol 的硼砂相当于 2 mol 的偏硼酸（HBO_2）和 2 mol 的偏硼酸钠（$NaBO_2$）。显然，在硼砂溶液中存有同浓度的 HBO_2（弱酸）和 BO_2^-（共轭碱）成分。因此，用硼砂一种化合物也可配制满意的缓冲溶液。

在这五种标准缓冲溶液中，配制邻苯二甲酸氢钾和硼砂溶液时，只要按指定质量称取优级纯物质，使之溶解于高纯度的水中并稀释至所需体积即可。配制酒石酸氢钾的饱和溶液，则要称取过量的纯晶体盐，放在具有玻璃塞的瓶中，加纯水 100～300 mL 并剧烈振摇（温度保持在 25 ℃±3 ℃）2 h 以上，过量的盐必须过滤或倾倒除去。所得溶液的浓度大约是 0.03 mol·L^{-1}。酒石酸盐、邻苯二甲酸盐和磷酸盐均应在使用前于 110 ℃干燥 2 h。硼砂不能在高于常温下干燥。

在配制标准缓冲溶液时，水的纯度应很高（一般用重蒸馏水），配制碱性（pH＞7）的标准缓冲溶液时，要用新排除 CO_2 的重蒸馏水。

知识链接：酸性体质

第五节 缓冲溶液在医学上的意义

一、血液中的缓冲系

如表 5-1 所示，人体内各种体液都有一定的较稳定的 pH 范围，若超出正常范围，就可能引起机体内许多功能失调。胃液的 pH 为 1.00～2.00，尿液的 pH 为 4.80～7.50，相比之下，血液的 pH 范围最窄，为 7.35～7.45。

粗略估计每人每天耗用 600 L O_2，产生 480 L CO_2、21 mol H_2CO_3，其酸量约相当于 2 L 浓盐酸进入血液循环系统。除了肺、肾的生理调节外，正常人血液的 pH 之所以相对稳定，主要归功于血液中存在多种缓冲系。血液是由多种缓冲系组成的缓冲溶液，存在的缓冲系主要如下。

血浆中：H_2CO_3-HCO_3^-、$H_2PO_4^-$-HPO_4^{2-}、H_nP-$H_{n-1}P^-$（H_nP 代表蛋白质）。

红细胞中：H_2b-Hb^-（H_2b 代表血红蛋白）、H_2bO_2-HbO_2^-（H_2bO_2 代表氧合血红蛋白）、H_2CO_3-HCO_3^-、$H_2PO_4^-$-HPO_4^{2-}。

在这些缓冲系中，以 H_2CO_3-HCO_3^- 缓冲系在血液中浓度最高，缓冲能力最强，在维持血液正常 pH 范围中发挥的作用最重要。H_2CO_3 在溶液中主要以溶解状态的 CO_2 形式存在，在 $CO_{2(溶解)}$-HCO_3^- 缓冲系中存在如下平衡：

Note

$$CO_{2(溶解)} + H_2O \rightleftharpoons H_2CO_3 \rightleftharpoons H^+ + HCO_3^-$$

当$[H^+]$增加时,抗酸成分 HCO_3^- 与它结合使上述平衡向左移动,使$[H^+]$不发生明显改变。当$[H^+]$减少时,上述平衡向右移动,使$[H^+]$不发生明显改变。

如果 CO_2 溶解在离子强度为 0.16 的血浆中,并且温度为 37 ℃时,pK_a 应加以校正。pK_a 经校正后为 pK_a',其值为 6.10,所以血浆中的 H_2CO_3-HCO_3^- 缓冲系 pH 的计算公式为

$$pH = pK_a' + \lg\frac{[HCO_3^-]}{[CO_{2(溶解)}]} = 6.10 + \lg\frac{[HCO_3^-]}{[CO_{2(溶解)}]} \qquad (5\text{-}9)$$

正常人血浆中$[HCO_3^-]$和$[CO_{2(溶解)}]$分别为 0.024 mol·L^{-1}和 0.0012 mol·L^{-1},将其代入式(5-9),可得到血液的正常 pH 为

$$pH = 6.10 + \lg\frac{0.024}{0.0012} = 6.10 + \lg\frac{20}{1} = 7.40$$

在体内,HCO_3^- 是血浆中含量最多的抗酸成分,在一定程度上可以代表血浆对体内所产生的非挥发性酸的缓冲能力,所以将血浆中的 HCO_3^- 称为碱储。

扫码看答案

问题与思考5-5

正常血浆中 HCO_3^--$CO_{2(溶解)}$缓冲系的缓冲比为 20∶1,已超出体外缓冲溶液有效缓冲比(即 1∶10～10∶1)的范围,该缓冲系的缓冲能力应该很小,为什么还能发挥缓冲作用?

体内缓冲作用与体外缓冲作用不尽相同,在体外,当 HCO_3^--$CO_{2(溶解)}$ 发挥缓冲作用后,HCO_3^- 或 $CO_{2(溶解)}$得不到补充或调节。尤其是 CO_2 是挥发性气体,难以在溶液中保存,从而不能形成稳定的缓冲系。而体内是一个"敞开系统",当 HCO_3^--$CO_{2(溶解)}$ 发挥缓冲作用后,HCO_3^- 或 $CO_{2(溶解)}$可由呼吸作用和肾的生理功能获得补充或调节,使得血液中 HCO_3^- 和 $CO_{2(溶解)}$的浓度保持相对稳定。因此,血浆中的碳酸缓冲系总能保持相当强的缓冲能力,特别是抗酸的能力。

各种因素都能引起血液中酸度暂时增加,如肺气肿引起的肺部换气不足,充血性心力衰竭和支气管炎、糖尿病和食用低糖和高脂肪食物引起代谢酸的增加,摄食过多的酸等都会引起血液中 H^+ 的增加,身体首先通过加快呼吸的速度来排除多余的 CO_2,其次是加速 H^+ 的排泄和延长肾内 HCO_3^- 的停留时间,后者可导致酸性尿。由于血浆内缓冲系和机体补偿功能的作用,血液中的 pH 恢复到正常水平。但若在严重腹泻时丧失的碳酸氢盐(HCO_3^-)过多,或因肾功能衰竭引起 H^+ 排泄减少,缓冲系和机体的补偿功能都不能有效地阻止血液的 pH 降低,则引起**酸中毒**。

高热、气喘换气过速、摄入过多的碱性物质或严重的呕吐等情况,都会引起血液碱性增强。机体的补偿功能则通过降低肺部 CO_2 的排出量和通过肾增加 HCO_3^- 的排泄来配合缓冲系,使 pH 恢复正常,这时因尿液中的 HCO_3^- 浓度增大而产生碱性尿。若通过缓冲系和补偿功能还不能阻止血液中 pH 升高,则引起**碱中毒**。

血浆中碳酸缓冲系的缓冲作用与肺、肾的调节作用的关系(图 5-2)可用下式表示:

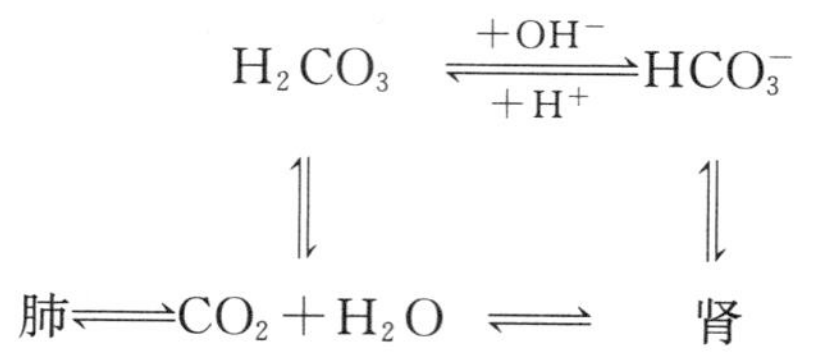

在血液红细胞中以血红蛋白和氧合血红蛋白缓冲系最为重要。因为血液对体内代谢所产生的大量 CO_2 的缓冲作用和转运,主要靠它们实现。代谢过程中产生的大量 CO_2 先与血红蛋白离

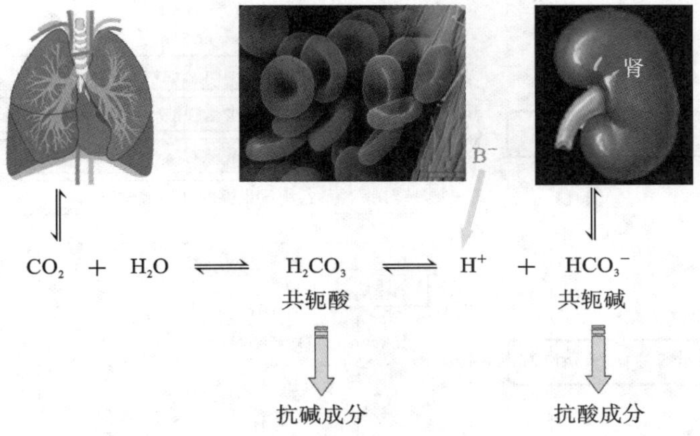

图 5-2　血液中的缓冲系及缓冲机制

子反应。

$$CO_2 + H_2O + Hb^- \rightleftharpoons HHb + HCO_3^-$$

反应产生的 HCO_3^-，由血液运输至肺，并与氧合血红蛋白反应。

$$HCO_3^- + HHbO_2 \rightleftharpoons HbO_2^- + H_2O + CO_2$$

释放的 CO_2 从肺呼出。这说明由于血红蛋白和氧合血红蛋白的缓冲作用，在大量 CO_2 从组织细胞运送至肺的过程中，血液的 pH 也不至于受到大的影响。

总之，由于血液中多种缓冲系的缓冲作用和肺、肾的调节作用，正常人血液的 pH 维持在7.35～7.45 的狭小范围。

二、缓冲溶液的应用

(1) 缓冲溶液在医学和生化实验研究方面的应用：在进行许多医学实验或生化实验时，都需要使溶液的 pH 保持在一定范围内，才能使反应和活动正常进行，这就需要使用有关缓冲溶液。如进行血清丙氨酸氨基转移酶(ALT)的测定，要用到磷酸盐缓冲系；血清酸性磷酸酶(ACP)的测定，要用到醋酸缓冲系；蛋白电泳要用到巴比妥酸缓冲系等。生化实验室常用的缓冲系主要有磷酸缓冲系、柠檬酸缓冲系、碳酸缓冲系、醋酸缓冲系、巴比妥酸缓冲系、Tris 缓冲系等，在生化实验或研究工作中要慎重地选择缓冲系，因为有时影响实验结果的因素并不是缓冲溶液的 pH，而是缓冲溶液中的某种离子。如硼酸盐、柠檬酸盐、磷酸盐和 Tris 等缓冲剂都可能产生副反应。

(2) 缓冲溶液在药物制备方面的应用：选择合适的缓冲溶液在药物生产过程中必不可少。如维生素 C 水溶液($5\ mg \cdot mL^{-1}$)pH＝3.0，若直接用于局部注射会产生难受的刺痛，常用 $NaHCO_3$ 调节其 pH 为 5.5～6.0，就可减轻注射的刺痛，并能增加其稳定性。在配制抗生素的注射液时，常加入适量的维生素 C 与甘氨酸钠作为缓冲剂以减少对机体的刺激，且有利于药物的吸收。有些注射液经高温灭菌后，pH 会发生较大变化，一般可采用适当的缓冲溶液调整 pH，使其加温灭菌后，pH 仍保持恒定，可见缓冲溶液在制药工程中十分重要。

(3) 缓冲溶液在物质分离和成分分析等方面应用广泛：如鉴定 Mg^{2+} 时，所用反应中，白色磷酸铵镁沉淀溶于酸，故反应需在碱性溶液中进行，但碱性太强，可能生成白色 $Mg(OH)_2$ 沉淀，所以反应的 pH 需控制在一定范围内，可利用 $NH_3 \cdot H_2O$ 和 NH_4Cl 组成的缓冲溶液，保持溶液在一定 pH 条件下，进行上述反应。

思政课堂：
“酸性体质论”
是伪科学？

Note

本章小结

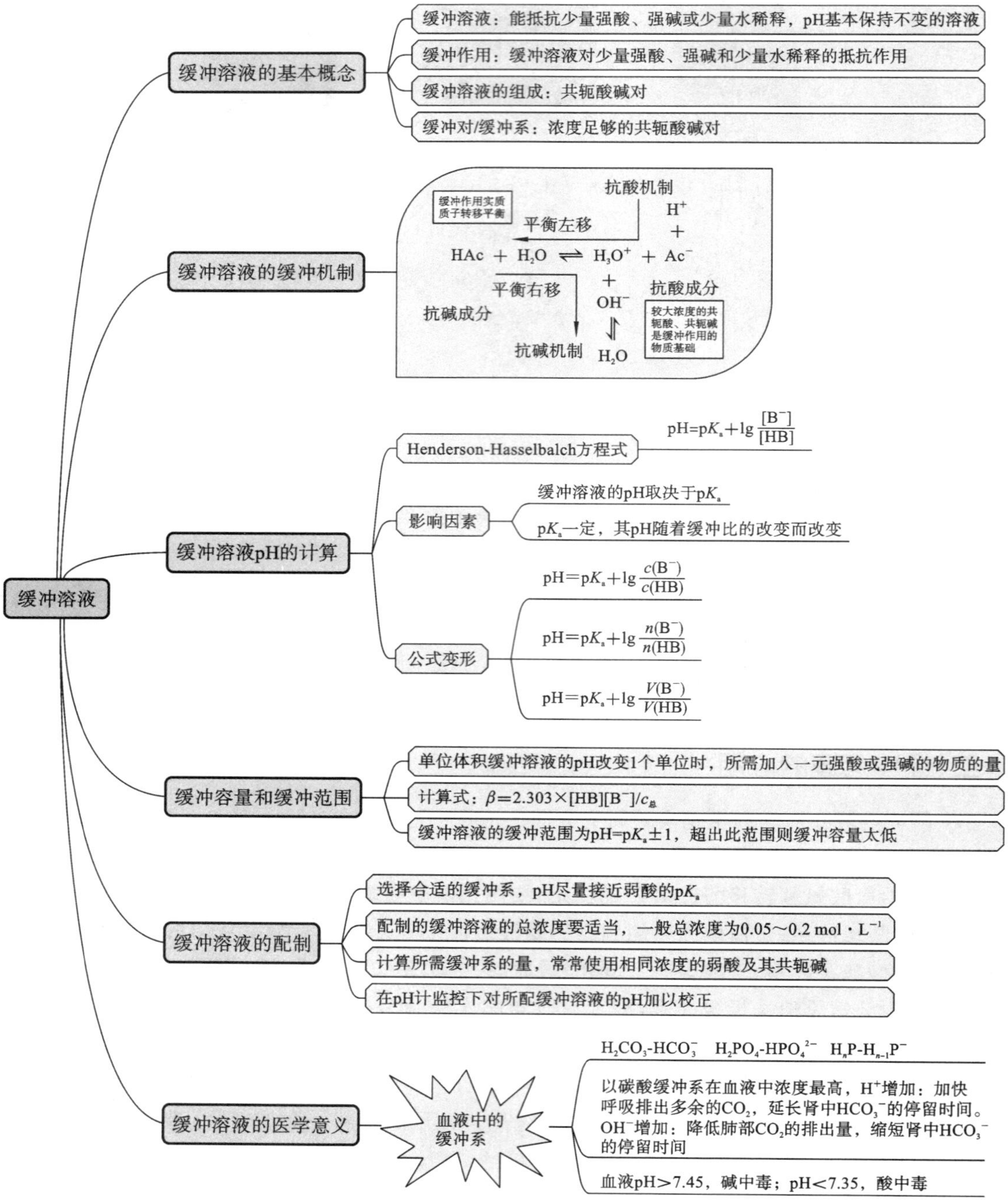

学科发展与医学应用综述题

1. 微生物的培养需要适宜的 pH 条件，然而在生长过程中培养基的 pH 会随着微生物的代谢活动和产物积累而发生变化，为了维持培养基的 pH 稳定，可以使用缓冲溶液。某细菌的最佳生长 pH 范围为 7.30～8.30，试根据所学知识选择合适的缓冲系，并写出配制该缓冲溶液的具体方法和步骤。

2. 除了血液中的缓冲系，缓冲溶液在医药学中有着广泛的应用，分小组搜集资料，并以小组为单位进行 PPT 汇报展示。

能力检测

扫码看答案

1. 以下缓冲溶液缓冲能力最强的是(　　)。

A. 0.1 $mol \cdot L^{-1}$ HAc-0.9 $mol \cdot L^{-1}$ NaAc

B. 0.2 $mol \cdot L^{-1}$ HAc-0.8 $mol \cdot L^{-1}$ NaAc

C. 0.4 $mol \cdot L^{-1}$ HAc-0.6 $mol \cdot L^{-1}$ NaAc

D. 0.5 $mol \cdot L^{-1}$ HAc-0.5 $mol \cdot L^{-1}$ NaAc

2. 由 H_2CO_3-HCO_3^-($pK_a=6.37$)构成的缓冲溶液在总浓度相同的条件下，缓冲能力最强的溶液的 pH 为(　　)。

A. 5.37　　B. 6.37　　C. 7.00　　D. 7.37

3. 下列关于缓冲溶液的计算公式中，错误的是(　　)。

A. $pH=pK_a+\lg([HB]/[B^-])$

B. $pH=pK_a-\lg([HB]/[B^-])$

C. $pH=pK_a+\lg(n(B^-)/n(HB))$

D. $pH=-\lg(K_w/K_b)+\lg([B^-]/[HB])$

4. 已知弱酸 HAc 的 $pK_a=4.75$，则它的缓冲范围应为(　　)。

A. 2.75～3.75　　B. 2.75～4.75　　C. 3.75～5.75　　D. 4.75～5.75

5. 某缓冲溶液的缓冲范围为 5.30～7.30，则该缓冲溶液的抗酸成分的解离常数为(　　)。

A. $10^{-5.30}$　　B. $10^{-6.30}$　　C. $10^{-7.30}$　　D. $10^{-7.70}$

6. 配制 pH=10 的缓冲溶液，应选择的缓冲系是(　　)。

A. HAc-NaAc($pK_a=4.75$)

B. NaH_2PO_4-Na_2HPO_4($pK_a=7.21$)

C. NH_3-NH_4Cl($pK_a=9.25$)

D. Na_2HPO_4-Na_3PO_4($pK_a=12.7$)

7. 要配制 pH=8.5 的缓冲溶液，在下列缓冲系中宜选择(　　)。

A. NH_4^+-NH_3($pK_b=4.75$)

B. HAc-Ac^-($pK_a=4.75$)

C. H_2CO_3-HCO_3^-($pK_{a1}=6.37$)

D. $CH_3NH_3^+$-CH_3NH_2($pK_b=3.30$)

8. 下列各组溶液中，哪组不是缓冲溶液？(　　)

A. 0.1 $mol \cdot L^{-1}$ NaOH 溶液与 0.2 $mol \cdot L^{-1}$ Na_2HPO_4 溶液等体积混合

B. 0.2 $mol \cdot L^{-1}$ NH_4Cl 溶液与 0.1 $mol \cdot L^{-1}$ NaOH 溶液等体积混合

C. 0.1 $mol \cdot L^{-1}$ NaOH 溶液与 0.1 $mol \cdot L^{-1}$ HAc 溶液等体积混合

D. 0.1 $mol \cdot L^{-1}$ NaOH 溶液与 0.2 $mol \cdot L^{-1}$ HAc 溶液等体积混合

9. 将 0.1 $mol \cdot L^{-1}$ H_3PO_4 溶液 200 mL 和 0.1 $mol \cdot L^{-1}$ NaOH 溶液 300 ml 混合配制成缓冲溶液，此缓冲溶液的 pH 为(　　)($pK_{a1}=2.12$，$pK_{a2}=7.21$，$pK_{a3}=12.67$)。

A. 2.12　　B. 7.21　　C. 12.67　　D. 1.0

10. 正常人血浆中 HCO_3^- 和 CO_2 的浓度分别为 0.024 $mol \cdot L^{-1}$ 和 0.0012 $mol \cdot L^{-1}$，缓冲

Note

系的缓冲比为 20∶1，已超出体外缓冲溶液有效缓冲比的范围（1∶10～10∶1），但其仍然保持相当强的缓冲能力，试解释其原因。

11. 单纯性酸碱失衡主要靠血气分析诊断，根据 pH 的变化可判断是酸中毒还是碱中毒。临床检验测得三人血浆中 HCO_3^- 和溶解的 CO_2 的浓度如下：

(1) $[HCO_3^-]=24.0\ mmol\cdot L^{-1}$、$[CO_2(aq)]=1.20\ mmol\cdot L^{-1}$；

(2) $[HCO_3^-]=21.6\ mmol\cdot L^{-1}$、$[CO_2(aq)]=1.34\ mmol\cdot L^{-1}$；

(3) $[HCO_3^-]=56.0\ mmol\cdot L^{-1}$、$[CO_2(aq)]=1.40\ mmol\cdot L^{-1}$。

试计算三人血浆的 pH，并判断何人正常，何人属酸中毒（pH＜7.35），何人属碱中毒（pH＞7.45）。$pK'_{a1}[CO_2(aq)]=6.10$（37 ℃）

12. 什么是缓冲溶液？什么是缓冲容量？决定缓冲溶液 pH 和缓冲容量的主要因素各有哪些？

13. 试以 KH_2PO_4-Na_2HPO_4 缓冲溶液为例，说明为何加少量的强酸或强碱时其溶液的 pH 基本保持不变。

14. 已知下列缓冲溶液中弱酸的 pK_a，试求其缓冲范围。

(1) 硼酸-NaOH，弱酸（H_3BO_3）的 $pK_a=9.27$；

(2) 丙酸-NaOH，弱酸（CH_3CH_2COOH）的 $pK_a=4.86$；

(3) 盐酸甲胺-甲胺，弱酸（$CH_3NH_3^+$）的 $pK_a=10.63$。

15. 用 $0.10\ mol\cdot L^{-1}$ HAc 和 $0.20\ mol\cdot L^{-1}$ NaAc 溶液等体积混合配成缓冲溶液 500 mL。此缓冲溶液的 pH 为多少？当加入 0.005 mol HCl 溶液后，此缓冲溶液的 pH 又为多少？

16. 柠檬酸（缩写 H_3Cit）及其盐为一种多质子酸缓冲系，常用于配制供培养细菌的缓冲溶液。如用 500 mL 的 $0.200\ mol\cdot L^{-1}$ 柠檬酸溶液，须加入 $0.400\ mol\cdot L^{-1}$ 的 NaOH 溶液多少毫升，才能配成 pH 为 5.00 的缓冲溶液？（已知柠檬酸的 $pK_{a1}=3.14$，$pK_{a2}=4.77$，$pK_{a3}=6.39$）

17. 乳酸 $HC_3H_5O_3$ 是糖酵解的最终产物，剧烈运动时，肌肉组织会积累一些乳酸，在体内蓄积过量会引起机体疲劳和酸中毒。已知乳酸的 $K_a=1.0\times10^{-4}$，试计算浓度为 $1.0\ mol\cdot L^{-1}$ 的乳酸溶液的 $[H_3O^+]$ 和 pH。

18. 现要配制 1 L pH 与正常人血浆（pH＝7.40）相同的生理缓冲溶液，需要用 $c(HA)=0.3\ mol\cdot L^{-1}$ 和 $c(NaA)=0.1\ mol\cdot L^{-1}$ 的溶液各多少毫升？已知 HA 的 $pK_a=7.40$。

19. 欲配制 pH＝10.00 的缓冲溶液 100 mL：

(1)今有缓冲系 HAc-NaAc、KH_2PO_4-Na_2HPO_4、NH_4Cl-NH_3，选用何种缓冲系最好？

(2)如选用的缓冲系的总浓度为 $0.200\ mol\cdot L^{-1}$，需要固体共轭酸多少克（假设不考虑体积的变化）和浓度为 $0.500\ mol\cdot L^{-1}$ 的共轭碱多少毫升？

(3)该缓冲系的缓冲容量 β 为多少？

20. 今欲配制 37 ℃时近似 pH 为 7.40 的缓冲溶液，在 Tris 和 Tris · HCl 浓度均为 $0.0500\ mol\cdot L^{-1}$ 及体积均为 100 mL 的溶液中，需加 $0.050\ mol\cdot L^{-1}$ HCl 溶液多少毫升？在此溶液中需加入多少克 NaCl 才能配成与血浆等渗的溶液？（已知 Tris · HCl 在 37 ℃时的 $pK_a=7.85$；假设此时 NaCl 溶液的平均活度因子 $\gamma_\pm=0.74$）

21. 在人的血液和尿液中都含有 $H_2PO_4^-$-HPO_4^{2-} 缓冲系，已知正常人血液和尿液中缓冲比 $[HPO_4^{2-}]/[H_2PO_4^-]$ 分别为 4/1 和 9/1，$H_2PO_4^-$ 的 $pK'_a=6.80$（考虑了其他影响因素校正后的数值），试计算该血液和尿液的 pH。

Note

（余燕敏）

第六章 胶 体

学习目标

素质目标:引入疫情期间冲锋一线工作人员的资料,弘扬爱岗敬业、无私奉献的社会主义核心价值观。引入英国植物学家布朗与布朗运动,引导学生坚持实事求是的科学精神,坚持辩证唯物主义。

能力目标:通过问卷调查和查阅资料加深胶体化学知识的学习,激发学生学习兴趣,锻炼其自主学习能力,加强其批判性思维训练,提高其分析问题和解决问题的能力。

知识目标:分散系的分类、胶体的概念及其性质,胶团结构,溶胶的稳定性,表面活性剂及其重要作用,胶体、高分子溶液的医学和生理学意义。

扫码看 PPT

1861 年,英国化学家 Thomas Graham 发现了某些物质在溶液中的扩散速率较小,无法通过半透膜(如羊皮纸)进行扩散,溶剂蒸发之后,这些物质并不结晶,而是形成了一种无定形的胶状物质,Thomas Graham 将这些物质称为**胶体**(colloid)。胶体在许多领域都有重要应用,例如在化学油漆、石油、药物、食品和材料科学等领域,在医学上也具有重要意义。胶体是构成人体组织和细胞的基础物质,如蛋白质和核酸,在水溶液中,蛋白质和核酸(DNA 和 RNA)通常呈胶体状态;血液、体液、细胞、软骨等也都是典型的胶体系统;胶体在细胞内的功能和相互作用起着关键作用,共同维持着机体内部的稳态和功能。

第一节 分散系及胶体分散系

一、分散系及分类

将一种或者几种物质分散在另一种物质中所形成的系统称为分散系(disperse system)。被分散的物质称为分散相(disperse phase),容纳分散相的连续介质称为分散介质(disperse medium)。例如:生理盐水和葡萄糖注射液都是分散系,氯化钠和葡萄糖为分散相,水为分散介质;水滴分散在空气中形成云雾,水为分散相,空气为分散介质。

分散系可以分为均相分散系(homogeneous disperse system)和非均相分散系(heterogeneous disperse system)两大类。在均相分散系中,分散相均匀地分散在分散介质中,形成一个单一的相,溶液型分散系如盐水和葡萄糖注射液就是均相分散系的典型例子。在非均相分散系中,分散相的粒子较大,形成不均匀的分布或相分离。这种系统中,分散相的粒子可以形成沉淀、胶体、悬浮体系等。非均相分散系的性质通常不均匀,可能存在分层、相分离或沉淀等现象。例如,乳液、泡沫、悬浊液等就是非均相分散系。

Note

按照分散相粒子的大小，分散系又可以分为粗分散系、胶体分散系和真溶液。

二、胶体分散系

胶体分散系是指分散相粒子直径为 1～100 nm 的高度分散系，包括溶胶(sol)、高分子溶液(macromolecular solution)和缔合胶体(association colloid)三类。各分散系的基本特征见表 6-1。

表 6-1　各分散系的基本特征

分散相粒子大小	分散系类型		分散相粒子组成	一般性质	实例
<1 nm	真溶液		小分子或离子	均相，热力学稳定；分散相粒子扩散快，能通过半透膜和滤纸，形成真溶液	NaCl、葡萄糖水溶液
1～100 nm	胶体分散系	溶胶	胶粒(分子、离子、原子的聚集体)	非均相，热力学不稳定；分散相粒子扩散慢，不能透过半透膜，能透过滤纸	氢氧化铁、碘化银及金、银、硫等的溶胶
		高分子溶液	大分子、大离子	均相，热力学稳定；分散相粒子扩散慢，不能透过半透膜，能透过滤纸，形成溶液	蛋白质、核酸等的水溶液
		缔合胶体	胶束	均相，热力学稳定；分散相粒子扩散慢，不能透过半透膜，能透过滤纸，形成胶束溶液	超过或达到临界浓度的十二烷基硫酸钠溶液
>100 nm	粗分散系	乳状液 悬浮液	粗粒子(固体小颗粒、小液滴)	非均相，热力学不稳定；分散相粒子不能透过半透膜和滤纸	泥浆、乳汁等

扫码看答案

问题与思考6-1

血液容量、血液黏度、血浆渗透压等反映胶体特性的理化常数都有一定的数值范围，如果超出正常范围，就会导致高血压、脑梗死、水肿等多种疾病的发生，临床治疗中，可以采取哪些措施使这些理化数值恢复正常？

知识链接：胶体的医学应用

第二节　溶　胶

一、溶胶的基本性质

溶胶(sol)是胶体分散系的典型代表，其胶粒是由数目巨大的原子(或分子、离子)构成的聚集体，分散相粒子的直径为 1～100 nm，高度分散在不相溶分散介质中。溶胶具有高度分散性、多相性和不稳定性，导致溶胶形成独特的光学性质、动力学性质和电学性质。

(一) 溶胶的光学性质

Note

1869 年，英国物理学家丁铎尔(Tyndall)发现，暗室中，当一束强光通过溶胶剂时，从与光束垂直的方向，可见一束光锥通过(图 6-1)，这种现象称为丁铎尔效应(Tyndall effect)。

丁铎尔效应是溶胶粒子使光产生散射所形成的，与入射光的波长和分散相粒子的直径有关。溶胶中，分散相粒子直径（1～100 nm）和光的波长接近，则发生光波被分散粒子散射的现象，每个粒子本身好像一个光源，光环绕胶粒向各个方向散射与入射光同频率的光波，称为散射光或乳光。真溶液的分散相粒子直径（<1 nm）很小，光的散射很微弱，肉眼观察不到，可见光几乎完全透过。因而，丁铎尔效应可用来区分真溶液和溶胶。丁铎尔效应可以通过肉眼观察或使用特定仪器（如丁铎尔仪）进行检测。这种效应在日常生活和实验室中经常被用于区分溶液和溶胶，以及判断溶胶中颗粒的分散性和浓度。

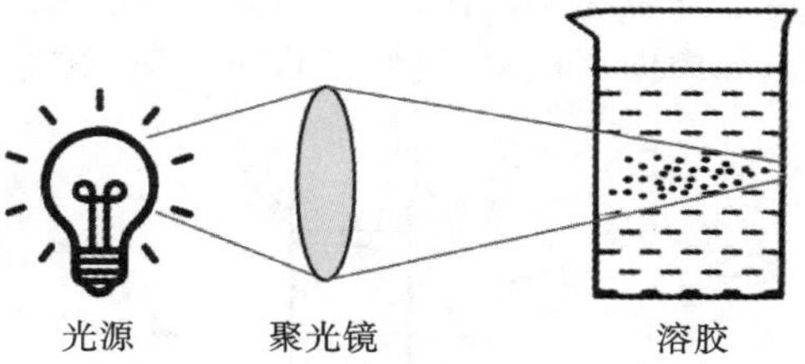

图 6-1　溶胶的丁铎尔效应

（二）溶胶的动力学性质

1. 布朗运动　1827 年，英国植物学家罗伯特·布朗（Robert Brown）在显微镜下观察到悬浮在水中的花粉颗粒不断地偏离其原始位置并进行无规则的运动，这种运动现象后来被称为 Brown 运动（布朗运动），是指悬浮在液体或气体中的微粒所做的永不停息的无规则运动。布朗运动产生的原因是介质分子的热运动使得悬浮颗粒或分子受到不断的碰撞和推动。由于介质分子的速度和方向是无规则的，所以悬浮颗粒或分子的运动也是无规则的。这种运动表现为颗粒或分子在不同方向上的扩散和乱跳，其路径是不可预测的。运动着的胶粒不易下沉，因此，溶胶具有动力学稳定性，是溶胶的一个稳定因素。布朗运动也被广泛应用于微观领域的研究中。

化学史话：
罗伯特·布朗
（Robert Brown）

2. 扩散　扩散（diffusion）是物质由高浓度向低浓度自发性移动的过程，溶胶扩散是指溶胶颗粒从高浓度区域向低浓度区域进行扩散。溶胶扩散过程受到多种因素的影响，包括溶剂的黏度、温度、浓度差、溶质的分子大小和形状等。较高的温度和较低的溶剂黏度可以增大扩散速率，而浓度差越大，扩散速率越大。此外，溶质分子的大小和形状也会影响扩散速率，较小和球状的溶质分子通常扩散得更快。

3. 沉降　分散系中的分散相粒子在重力作用下逐渐下沉的现象称为沉降（sedimentation）。沉降是分散系中一种常见的现象，通常会导致分散相粒子在介质中逐渐聚集和沉淀，形成分层或沉积物。当沉降速率等于扩散速率时，系统处于平衡状态，此时胶粒浓度从下至上逐渐减小，形成稳定的浓度梯度（图 6-2）。这种状态称为沉降平衡（sedimentation equilibrium）。沉降速率取决于粒子的大小、形状、密度以及介质的性质，可以通过离心分离等方法来控制或利用沉降现象。瑞典物理化学家斯维德伯格（T. Svedberg）发明了超速离心机，在比地球重力场大数十万倍的离心力场作用下，溶胶中的胶粒、高分子溶液中的高分子等均可迅速达到沉降平衡。超速离心技术常用于分离制备线粒体、溶酶体、病毒，以及具有生物活性的核酸、酶等生物大分子。

问题与思考6-2

溶胶的动力学性质在生物医学上的应用有哪些？

扫码看答案

（三）溶胶的电学性质

在 U 形管中注入红棕色 $Fe(OH)_3$ 溶胶，溶胶表面注入无色电解质 NaCl 溶液，U 形管两侧的溶胶液面持平，且无色 NaCl 溶液与红棕色溶胶间保持清晰界面。在 NaCl 电解质溶液中插入电极，接通直流电，20 min 左右，可观察到 U 形管中负极端的红棕色溶胶界面上升而正极端的界面下降（图 6-3）。这说明 $Fe(OH)_3$ 胶粒带有正电荷，在电场作用下向负极移动。这种在电场作用下，带电胶粒在介质中定向移动的现象称为电泳（electrophoresis）。大多数金属硫化物、金、银

Note

等的溶胶在电场中向正极移动,胶粒带负电荷,称为负溶胶。大多数金属氧化物、氢氧化物的溶胶在电场中向负极移动,胶粒带正电荷,称为正溶胶。

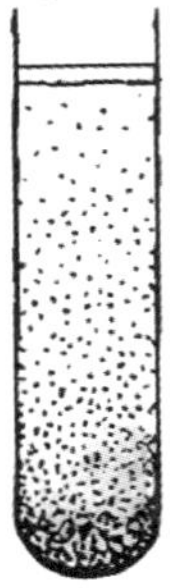

图 6-2　沉降平衡示意图

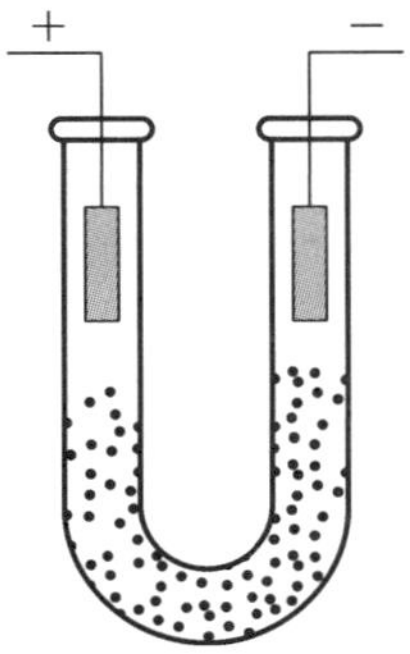

图 6-3　$Fe(OH)_3$ 溶胶电泳示意图

电泳已日益广泛地应用于生物学、医学、食品化学等各个领域。在分子生物学和医学研究中,电泳技术被用于分离 DNA、RNA、蛋白质等生物分子,实现对基因序列和蛋白质结构的分析。通过聚丙烯酰胺凝胶电泳、聚丙烯酰胺凝胶梯度电泳等方法,科研人员可以快速分离、纯化和检测生物分子,有助于疾病诊断、药物研发等方面的工作。在食品安全领域,电泳技术可用于食品质量检测和安全监管,例如,通过聚丙烯酰胺凝胶电泳分析奶制品中的蛋白质组成,检测是否掺假或添加了非法添加剂。

利用电泳原理实现多组分物质分离、分析的技术称为电泳技术。自 1950 年电泳技术创建至今,已经衍生出许多技术分支,在临床检验与科学研究中发挥着重要作用。目前,电泳技术辅助临床疾病诊疗的常用领域包括浆细胞与部分 B 淋巴细胞肿瘤[单克隆丙种球蛋白(M 蛋白)的筛查、鉴定和定量],遗传性疾病(如血红蛋白变异体检测、血管性血友病因子多聚体分析),代谢性疾病(如糖化血红蛋白检测、脂蛋白分析),肾脏疾病(尿液蛋白分析),中枢神经系统疾病(如寡克隆区带分析),同工酶检测等。自动化、智能化、微量化将推动电泳技术在临床疾病诊疗与机制研究中不断发展前进。

二、胶团结构及溶胶的稳定性

许多溶胶能在相当长的时间内仍然稳定,这是由胶粒的动力学性质和电学性质决定的。电学性质对溶胶稳定性的影响尤为突出。

(一) 胶粒带电的原因

凝固态胶核表面可选择解离或吸附某种离子而带电。

例如,将 $FeCl_3$ 溶液缓慢滴加到沸水中制备 $Fe(OH)_3$ 溶胶时,溶液中多个 $Fe(OH)_3$ 分子聚集在一起形成胶核,胶核巨大的表面能可有效吸附电位离子 FeO^+,从而使胶核带正电荷。

又如,硅胶的胶核由许多 $xSiO_2 \cdot yH_2O$ 分子构成,其表面层 H_2SiO_3 解离为 SiO_3^{2-} 和 H^+,SiO_3^{2-} 留在胶核表面,所以胶粒带负电荷。

(二) 胶粒的双电层结构

溶胶的结构比较复杂,图 6-4 为 $Fe(OH)_3$ 胶团结构示意图,$Fe(OH)_3$ 胶核首先吸附 FeO^+,决定了胶体所带的电荷为正电荷,因此 FeO^+ 称为电位离子,电位离子又会吸引溶液中过剩的带相反电荷的 Cl^-,Cl^- 被称为反离子。反离子因热运动而有扩散到整个溶液中的倾向,其结果是越靠近胶核表面反离子越多,离胶核越远,反离子越少。

$Fe(OH)_3$ 胶团的结构简式可以表示为 $\{[Fe(OH)_3]_m \cdot nFeO^+ \cdot (n-x)Cl^-\}^{x+} \cdot xCl^-$,胶核和吸附层合称为胶粒,胶粒与扩散层合称为胶团,扩散层外的介质称为胶团间液,胶团和胶团间

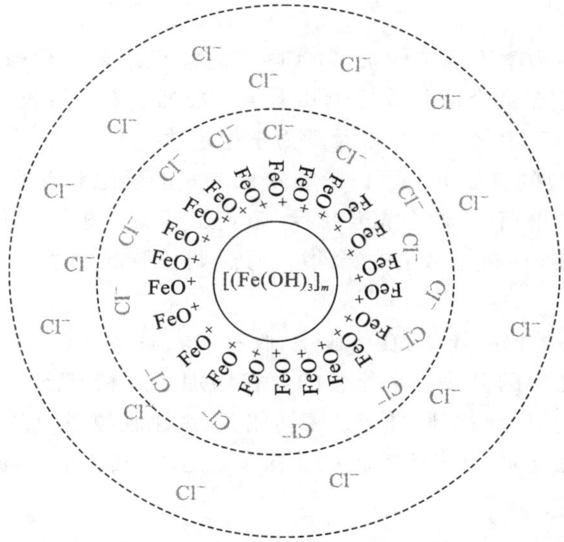

图 6-4　$Fe(OH)_3$ 胶团结构示意图

液构成的整体称为溶胶。胶团结构中带电荷的部分：吸附层、胶粒、扩散层；胶团结构中不带电荷的部分：胶核、胶团。胶体溶液亦不带电荷。

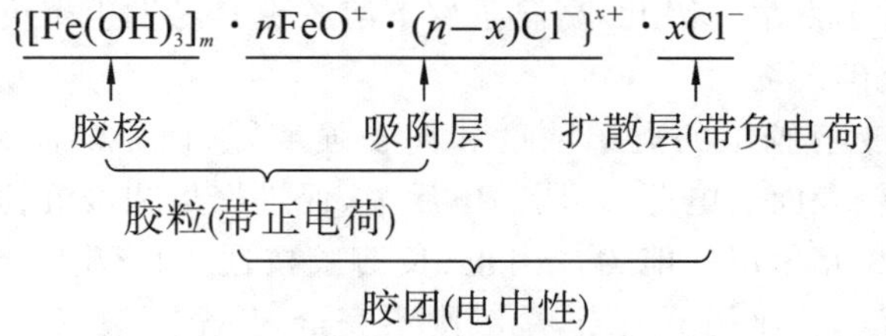

用 $AgNO_3$ 和 KI 制备 AgI 溶胶，KI 过量时，AgI 胶团结构示意图如图 6-5(a)所示，胶团结构的简式：$\{(AgI)_m \cdot nI^- \cdot (n-x)K^+\}^{x-} \cdot xK^+$。

用 $AgNO_3$ 和 KI 制备 AgI 溶胶，$AgNO_3$ 过量时，AgI 胶团结构示意图如图 6-5(b)所示，胶团结构的简式：$\{(AgI)_m \cdot nAg^+ \cdot (n-x)NO_3^-\}^{x+} \cdot xNO_3^-$。

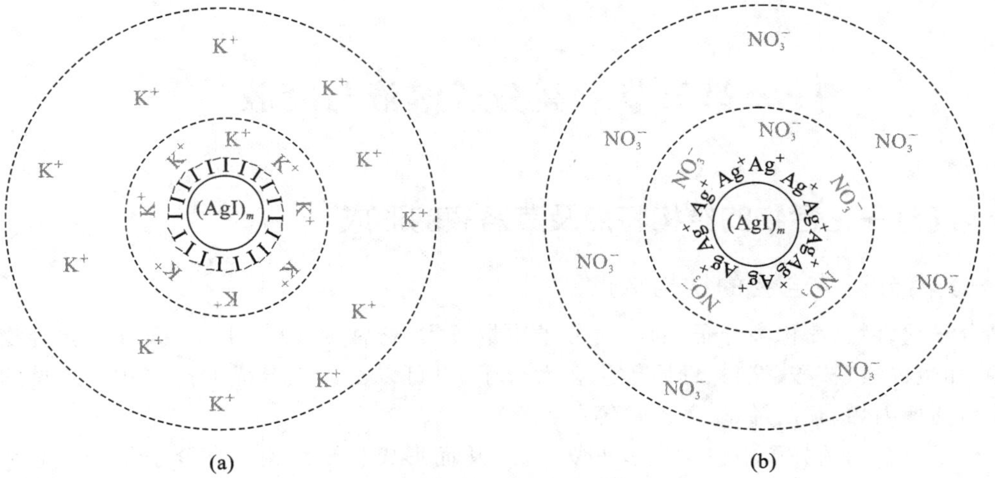

图 6-5　AgI 胶团结构示意图

(三) 溶胶的稳定性

虽然溶胶本质上是热力学不稳定体系,但实际上它能稳定存在相当长的时间,有的胶体甚至可以保存数年,Faraday 制备的金溶胶放置了几十年才聚沉下来。溶胶的稳定性主要取决于几个关键因素,包括胶粒的电荷、表面水化膜以及动力学稳定性。

(1) 胶粒的电荷:胶粒的表面电荷可以影响胶粒之间的静电相互作用,从而影响溶胶的稳定性。如果胶粒带有相同的电荷,它们会相互排斥,阻止了聚集。相反,如果胶粒带有相反的电荷,它们之间会发生吸引作用,促进了胶粒的聚集。通过调控胶粒的表面电荷,可以控制溶胶的稳定性。

(2) 胶粒表面水化膜的保护作用:在溶胶中,胶粒的表面会与周围的溶剂分子形成水化膜,这层水化膜可以减少胶粒之间的碰撞。水化膜的存在增加了胶粒与溶剂之间的相互作用,提高了溶胶的稳定性。水化膜的厚度与溶胶稳定性密切相关,水化膜越厚,胶粒越稳定。

(3) 胶粒的动力学稳定性:由于溶胶胶粒存在布朗运动,其在重力场中不易沉降。

(四) 溶胶的聚沉现象

溶胶的稳定性是相对的,当溶胶的稳定因素被削弱或破坏时,溶胶发生粒子聚集而形成大颗粒,大到一定程度时,就会从溶液中沉淀析出,称为溶胶的聚沉作用(coagulation)。引起聚沉的因素很多,如加热、加入电解质、加入相反电荷的溶胶等。

加热溶胶会增加粒子的热运动,增大粒子之间的碰撞频率和聚集速率。热运动使粒子能够克服静电斥力,从而促进了聚集。因此,高温条件下溶胶更容易发生聚沉。例如,As_2S_3 溶胶加热至沸,可析出黄色的硫化砷沉淀。

加入电解质可以改变溶胶中的离子浓度和离子强度,从而影响胶粒之间的静电相互作用。一些电解质可以中和胶粒表面的电荷,减弱静电斥力,促进聚集和聚沉的发生。

相反电荷的溶胶有相互聚沉的能力。当正、负溶胶按适当比例混合致使胶粒所带电荷恰好被中和时,就可完全聚沉。若比例不适当,聚沉则不完全,甚至不聚沉。在水体净化中,这种相互聚沉的效应可以用于去除悬浮颗粒、胶体、有机物等污染物。通过加入带有相反电荷的溶胶,可以使污染物与溶胶发生静电吸引,形成较大的团聚体。这些团聚体会沉淀到水体底部或通过过滤等处理方法进行分离,从而实现水体的净化。这种相互聚沉的机制在水处理过程中被广泛应用,例如混凝剂的使用。常见的混凝剂包括聚合氯化铵、聚合硫酸铁等。

第三节　高分子溶液与凝胶

一、高分子化合物的结构特点及其溶液的形成

(一) 高分子化合物的结构特点

高分子化合物(简称高分子)的相对分子质量很大,通常为 $10^4 \sim 10^6$。高分子化合物可以是天然的,如蛋白质、核酸、淀粉、糖原等生物大分子,也可以是人工合成的高聚物。常见的高分子化合物包括聚丙烯、聚乙烯、聚苯乙烯等。

高分子化合物的分子中包含许多重复单元,从而形成长链结构。高分子化合物通常由碳链构成,这些碳链由一种或多种小的结构单元重复连接而成。每个结构单元称为链节,链节重复的次数称为聚合度,以 n 表示。例如,聚糖类高分子化合物如纤维素、淀粉、糖原等,它们的分子由许多个葡萄糖单位 $\text{+}C_6H_{10}O_5\text{+}$ 连接而成,其通式可写成 $(C_6H_{10}O_5)_n$。高分子化合物因分子链的

Note

长度及链节的连接方式不相同，可形成线状或者分枝状结构，且长链中含有许多单键，每个单键均可围绕相邻单键的键轴旋转，这种旋转可导致高分子化合物的构象发生改变，所以高分子化合物表现出柔性(flexibility)。

(二) 高分子溶液的形成及其特征

高分子溶液(macromolecular solution)是胶体的一种，在合适的介质中高分子化合物能以分子状态自动分散成均匀的溶液。高分子化合物在形成溶液时，与低相对分子质量的物质明显不同的是要经过溶胀(swelling)的过程，即溶剂分子慢慢进入卷曲成团的高分子化合物分子链空隙中，导致高分子化合物舒展开来，体积成倍甚至数十倍的增长。溶胀现象是高分子化合物溶解的前奏。高分子化合物先与亲和力强的溶剂发生溶胀，最后达到完全溶解。

1. 高分子溶液的稳定性 不少高分子化合物与水分子有很强的亲和力，分子周围形成一层水化膜，这是高分子溶液具有稳定性的主要原因，因此高分子溶液是稳定系统。

2. 高分子溶液的黏度 高分子溶液的黏度比真溶液或者溶胶大很多，主要是由于高分子化合物具有线状或分枝状结构，在溶液中能牵引溶剂使其运动困难，高分子化合物高度溶剂化，导致自由流动的溶剂减少，故黏度较大。影响高分子溶液黏度的因素主要有浓度、放置时间、温度等。浓度越大，黏度越大，延长放置时间也会增加溶液黏度，然而升高温度，黏度会降低。

3. 高分子溶液的渗透压 将高分子溶液与溶剂中间以半透膜隔开，可产生渗透现象，即高分子溶液具有渗透压。高分子溶液的渗透压与溶液中高分子化合物的浓度、高分子化合物的相对分子质量以及高分子化合物的结构等因素有关。高分子溶液的渗透压会随着高分子化合物浓度的增加而增加，因为高分子化合物越多，对水分子的阻碍作用就越大，从而增加了渗透压。另外，高分子溶液不是理想溶液，其渗透压比相同浓度的小分子溶液大得多。

高分子溶液的渗透压在生物学和医学领域具有重要意义。例如，在生物体内，蛋白质和多糖等高分子化合物引起的胶体渗透压对维持血容量和血管内外水、电解质的相对平衡起着重要作用。另外，在药物传递和药物释放系统中，高分子溶液的渗透压也可以影响药物的释放速率和传递效果。因此，了解和控制高分子溶液的渗透压对于生物医学领域的研究和应用具有重要意义。

(三) 高分子溶液的盐析

高分子溶液为热力学稳定体系，但是，如果条件(温度、酸度或水合程度等)改变，就会破坏高分子溶液的稳定性，使高分子化合物从溶液中沉淀析出。盐析法是指在高分子溶液中加入大量的无机盐，使某些高分子化合物的溶解度降低而沉淀析出，从而与其他成分分离的方法。盐析法主要用于蛋白质的分离纯化。盐析实际上是蛋白质的脱水过程，常用于盐析的无机盐有硫酸钠、硫酸镁、硫酸铵等，其中以硫酸铵为最佳。硫酸铵溶解度大，25 ℃时，其饱和溶液浓度可达 4.1 $mol \cdot L^{-1}$，且随温度变化不明显；硫酸铵也是非常温和的试剂，即使很高的浓度也不会引起蛋白质丧失生物活性。加溶剂稀释后，蛋白质又可以重新溶解。

(四) 高分子溶液对溶胶的保护作用

高分子溶液对溶胶具有保护作用。高分子化合物的分子会被溶胶胶粒吸附，并在胶粒表面形成一层保护膜，这样可以显著降低胶粒聚结的可能性，从而增加溶胶的稳定性。通过增强胶粒对介质的亲和性，高分子溶液也有助于提高溶胶的稳定性。在特定条件下，如加入适量的高分子化合物，可以形成类似高分子粒子的表面结构，进一步提高溶胶的稳定性。如果加入的高分子化合物量不足，可能会降低溶胶的稳定性，甚至引起聚集，这种现象称为敏化作用。总之，高分子溶液对溶胶的保护作用是一种有效的增加溶胶稳定性的方法。

高分子溶液对溶胶的保护作用具有一定的生理学意义。在溶胶中加入一定量的高分子溶液，能显著提高溶胶对电解质的稳定性。血液中含有碳酸钙、磷酸钙等微溶性无机盐类，它们以溶胶的形式存在，由于血液中蛋白质的保护作用，它们在血液中的含量比它们在水中的溶解度提

Note

高近 5 倍,而且依然能很稳定地存在,不会聚沉。除此之外,绝大多数正常人尿液中的草酸钙、磷酸钙和尿酸呈过饱和状态,虽然它们在尿液中的含量远大于其溶解度,但是由于体液中蛋白质等物质对这些溶胶起保护作用,因此,它们依然稳定存在而不聚沉,不形成结石。但是,当患者患上某些疾病,使得体液中蛋白质等大分子物质的含量减少时,这种保护作用就被减弱,这些微溶性盐就会沉积在肾、胆囊等器官中,这就是肾结石或胆结石形成的主要原因。研究人员发现内源性的糖胺聚糖(glycosaminoglycan,GAGs)可以阻止晶体生长和聚集、抑制草酸钙结石的形成。1984 年以后,人工半合成糖胺聚糖及其类似物被广泛用作体内、体外草酸钙结石的抑制剂。

二、凝胶

一定浓度的高分子溶液或溶胶,在适当条件下,黏度逐渐增大,最后失去流动性,整个体系变成一种外观均匀,并保持一定形态的弹性半固体,这个过程称为胶凝(gelation),这种弹性半固体称为凝胶(gel)。如豆浆是流体,加电解质后变成豆腐,豆腐即是凝胶。凝胶是一种特殊状态的物质,具有介于液体和固体之间的特性。在凝胶状态下,物质的分子或颗粒通过交联或凝聚形成了一种网状结构,以网状结构整体存在,一方面具有一定的强度,使得物质具有一定的固体特性,可以保持一定的形状;另一方面又具有液体的流动性,可以让许多物质通过网状结构进行物质交换,因此凝胶和胶凝过程在医学和生物学上具有重要的意义。

许多生物组织和结构都可以被看作由凝胶形成,如肌肉、皮肤、细胞膜、血管壁、毛发、指甲、软骨等,这些组织也含有大量的蛋白质和类似凝胶的结构,赋予它们硬度、韧性和弹性。肌肉是由肌纤维构成的,肌纤维中含有许多蛋白质和其他生物大分子,这些大分子在水中形成了凝胶状结构,使肌肉具有弹性和收缩功能。皮肤是由表皮、真皮和皮下组织构成的,其中真皮层含有大量的胶原蛋白和弹性蛋白等蛋白质,这些蛋白质形成了一种凝胶状的结构,赋予皮肤弹性和韧性。细胞膜是由脂质双分子层构成的,脂质双分子层中的磷脂分子可以形成凝胶状的结构,维持细胞膜的完整性和生物功能。血管壁由内膜、中膜和外膜构成,其中中膜含有弹性纤维和胶原纤维等蛋白质,形成了一种凝胶状的结构,维持血管的稳定性和弹性。因此,凝胶在有机体的组成中发挥着重要作用,维持了生物体内部结构的稳定性和功能性。对凝胶结构的研究有助于深入了解生物体的组织结构和功能特性。

(一)凝胶的分类

凝胶可分为刚性凝胶和弹性凝胶两大类。刚性凝胶是指具有一定结构稳定性和形状保持性的凝胶,其内部的网状结构较为紧密,分子或颗粒之间的交联较强,使得凝胶呈现出较强的刚性和稳定性。刚性凝胶在受力时不易变形,通常用于支撑和固定组织结构,如一些生物组织中的纤维蛋白凝胶。弹性凝胶是指具有高度弹性和形变能力的凝胶,其内部的网状结构比较松散,分子或颗粒之间的交联较弱,使得凝胶具有很好的可变形性和恢复性。弹性凝胶在受力时能够发生形变,但在去除外力后可以迅速恢复原状,通常用于缓冲和保护组织结构,如一些生物组织中的胶原蛋白凝胶、明胶、琼脂等。这类凝胶经干燥后,体积明显缩小而变得有弹性,但将干凝胶再放到合适的分散介质中,它又会溶胀变大,甚至完全溶解。

(二)凝胶的性质

1. 溶胀 凝胶材料具有一定的吸收性能,可以吸收周围的液体或气体,并引起凝胶结构的膨胀和变形。将干燥的弹性凝胶放于合适的分散介质中,它会自动吸收分散介质而使体积增大,这种现象称为溶胀。溶胀作用进行到一定程度便停止,称为有限溶胀;若持续溶胀直到凝胶的网架结构完全消失而形成溶液,称为无限溶胀。

凝胶的老化程度、交联度对凝胶的溶胀也有影响。凝胶老化得越厉害,或交联度越高,溶胀度就越小。在生理过程中,溶胀起着非常重要的作用。有机体越年轻,溶胀作用越强,所以老年人的血管硬化与构成血管壁的凝胶溶胀能力有所下降。

2. 离浆 将弹性凝胶露置一段时间，一部分分散介质会自动从凝胶中分离出来，使得凝胶的体积缩小，这种现象称为离浆(syneresis)。如糨糊久置后会渗出水，血块放置后血清会分离。生物体中的离浆作用对研究人体衰老过程具有重要意义，人类的细胞膜、肌纤维等都是凝胶状物质，老年人皮肤松弛、变皱主要是由细胞老化失水而引起的。

3. 凝胶膜 凝胶膜通常由聚合物、胶体或生物大分子等物质构成，具有柔软、透明、多孔、一定的吸附性和渗透性等特点。任何天然和人工制造的半透膜都是凝胶膜，如膀胱膜、人造离子透析膜等。其最重要的作用是选择透过性，能让一些离子、分子通过，而大分子不能通过，膜的网架结构和性质、所带电荷、网架内液体的种类都会影响物质的通过。凝胶膜还可以用作药物传输载体、伤口敷料、组织工程支架等，这是由于凝胶膜具有良好的生物相容性和可控的渗透性，可以有效地控制药物的释放速率，减少药物的副作用，提高药物的生物利用度。此外，凝胶膜的柔软性和透明性也使其成为理想的伤口敷料，可以保护伤口、促进愈合，并降低感染的风险。在组织工程领域，凝胶膜可用作细胞培养支架，提供细胞生长和分化所需的支持和环境(图 6-6)。近年来，国内外已报道的人造肾脏和人造皮肤等仿生膜，都与凝胶和凝胶膜的性质有关。

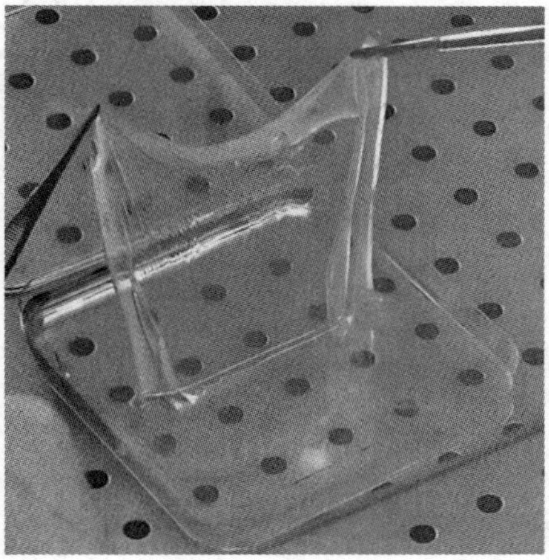

图 6-6 凝胶膜实物图

第四节 胶体在医学中的应用

一、血液透析

胶粒能透过滤纸但不能透过半透膜，这个性质可以通过实验进行验证。在半透膜中分别装入 10 mL 红棕色 Fe_3O_4 胶体和 10 mL NaCl 溶液，将半透膜封口后放置在盛有蒸馏水的烧杯中，20 min 后，用试管取烧杯中的液体 5 mL，观察颜色无变化，加入少量 $AgNO_3$，产生了白色沉淀。由此可以证明 Cl^- 可以通过半透膜，而红棕色 Fe_3O_4 胶体的微粒不能透过半透膜。利用这种性质，可以有效地把溶胶中混有的电解质的分子或离子分离出来，达到净化溶胶的目的，这种方法称为透析(或渗析)。

临床上，利用透析的原理，人工合成的高分子膜，如聚甲基丙烯酸甲酯薄膜，通常被用作透析器的半透膜。这种材料能够选择性地过滤出体内的废物和多余物质，同时保留血液中的有益成分。通过透析治疗，肾脏病患者的血液可以在透析器中与人工合成的半透膜接触，进而清除体内的废物和多余物质，达到血液净化的目的。透析治疗能够有效缓解肾脏病患者的症状，并帮助维持体内水、电解质和酸碱平衡。通过利用半透膜的选择性渗透特性，透析治疗可以为肾脏病患者提供重要的辅助治疗，改善其生活质量(图 6-7)。

二、胶体治疗

胶体治疗是一种利用胶体溶液或胶体纳米颗粒进行治疗的方法，近年来在医学领域受到越

Note

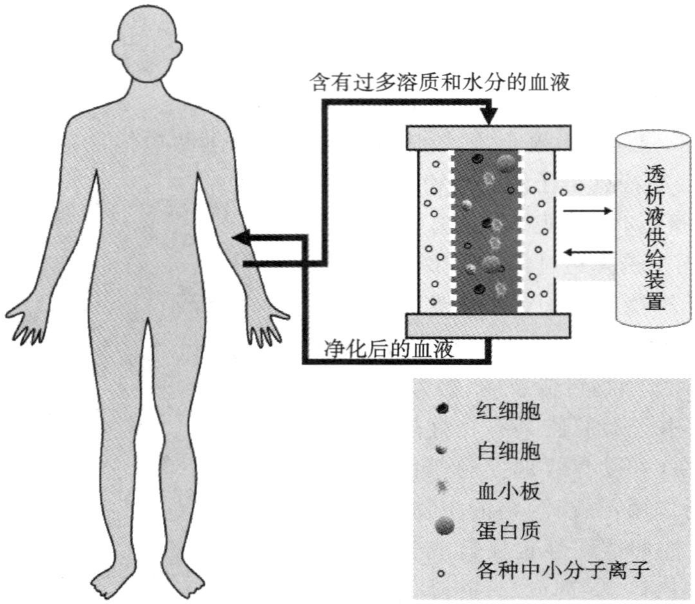

图 6-7 血液透析原理示意图

来越多的关注和研究。胶体纳米颗粒可有效地帮助药物传递到病灶部位,提高药物的生物利用度和治疗效果,如可帮助肿瘤治疗药物精确地靶向肿瘤细胞,减少对正常组织的损伤,提高治疗效果。胶体溶液可用于补充血容量、维持血容量平衡、重建休克患者的血容量、维持组织灌注和血压稳定,提高患者的存活率。

1963 年,Overton 等用 2%苄醇、30%的葡萄糖溶液制成浅绿色胶体形式的^{32}P,并成功将其应用于治疗囊性颅咽管瘤,在国内外广泛应用并成功救治患者上万人次。研究证实,采用复方右旋糖酐实施胶体治疗在结直肠癌根治术后被广泛应用,对患者肝肾功能、凝血指标均无影响,是安全、有效的。因生物相容性好,易操作,凝胶栓塞材料已逐渐应用于肝癌的治疗。总的来说,胶体治疗有着广泛的应用前景,不断有新的研究成果涌现,为临床治疗提供了新的思路和方法。随着科学技术的不断发展,相信胶体治疗将在未来发挥越来越重要的作用。

思政课堂:
神奇的胶体

本章小结

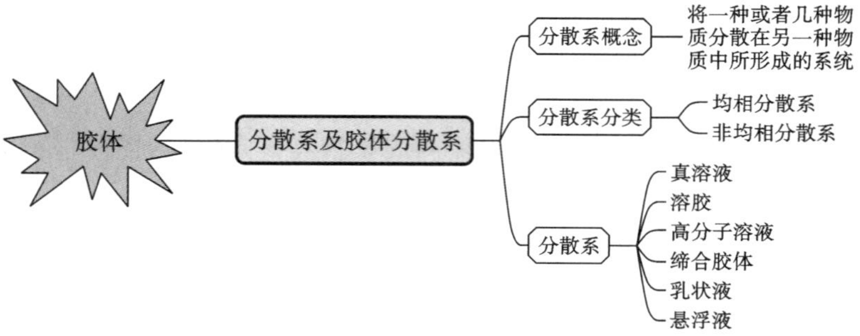

Note

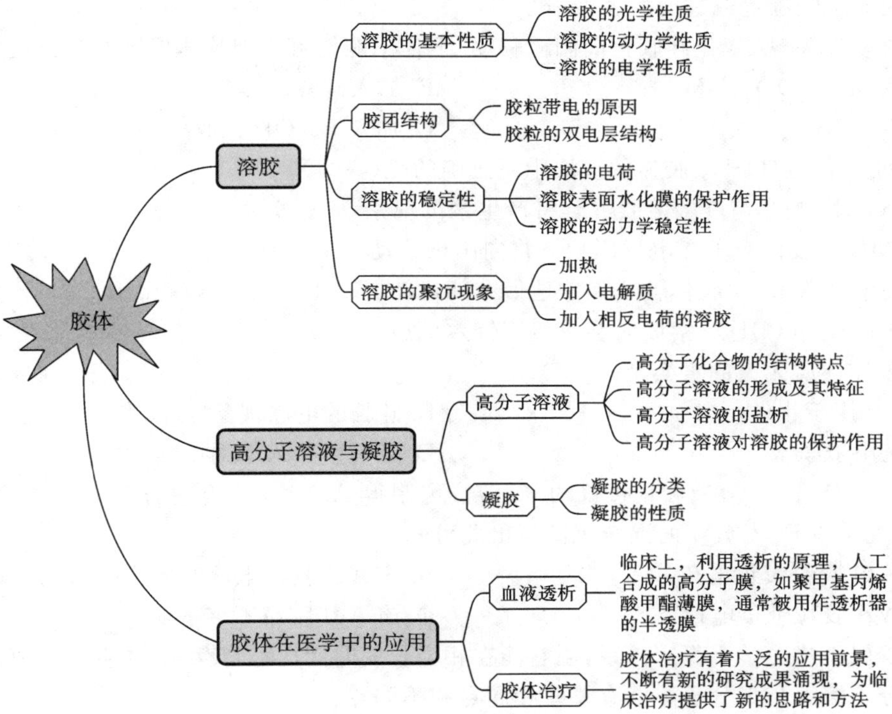

学科发展与医学应用综述题

1. 溶胶为非均相、热力学不稳定胶体分散系，其能透过滤纸，不能透过半透膜，且有区别于真溶液的基本性质。试述溶胶的基本性质及其在临床医学上的应用。

2. 胶体金免疫层析技术是一种快速、灵敏和精准的固相标记检测技术，其具有操作简单、灵敏特异、快速便携等优点，可实现快速定性、半定量以及定量检测，比传统酶联免疫标记、聚合酶链反应(PCR)技术等检测方法更加方便快捷，试阐述胶体金的制备、试纸条的主要结构、检测原理和胶体金免疫层析试纸条在各类病毒检测中的应用。

能力检测

扫码看答案

1. 在实验中手不慎被玻璃划破，可用 $FeCl_3$ 溶液应急止血，其主要原因可能是(　　)。

A. $FeCl_3$ 溶液具有杀菌消毒作用

B. $FeCl_3$ 溶液能使血液凝聚

C. $FeCl_3$ 溶液能产生 $Fe(OH)_3$ 沉淀堵住伤口

D. $FeCl_3$ 溶液能使血液发生化学变化

2. 胶体与溶液的本质区别是(　　)。

A. 胶体有丁铎尔效应　　B. 溶液可以通过半透膜而胶体不可以

C. 分散相粒子的直径不同　　D. 胶体可以聚沉，溶液不可以

3. 下列各种场合，不涉及运用胶体性质的是(　　)。

A. 肥皂工业中的“盐析”

B. 水泥遇水会硬

C. 土壤中施用含钾的肥料不易流失，而含尿素的肥料易随水流失

Note

D. 浑浊河水经静置或过滤后就澄清了

4. 电泳实验发现，硫化砷胶粒向阳极移动，下列不能使硫化砷胶体聚沉的措施是(　　)。

A. 加入 $Al_2(SO_4)_3$ 溶液　　B. 加入硅酸胶体

C. 加热　　D. 加入 $Fe(OH)_3$ 胶体

5. 下列关于 $Fe(OH)_3$ 胶体的说法中不正确的是(　　)。

A. $Fe(OH)_3$ 胶体与硅酸溶胶混合将产生聚沉现象

B. $Fe(OH)_3$ 胶体粒子在电场影响下将向阳极移动

C. 溶胶中 $Fe(OH)_3$ 胶体粒子不停地做布朗运动

D. 光线通过 $Fe(OH)_3$ 溶胶时会发生丁铎尔效应

6. 与胶体性质无关的事实是(　　)。

A. MgCl 用于止血　　B. 硅胶的电泳现象

C. 明矾用于净水　　D. 药皂里掺入苯酚

7. 已知由 $AgNO_3$ 溶液和稍过量的 KI 溶液可制得 AgI 溶胶，当它与 $Fe(OH)_3$ 溶胶相混合时，便析出 AgI 和 $Fe(OH)_3$ 的混合沉淀。由此可知(　　)。

A. 该 AgI 胶粒带正电荷　　B. 该 AgI 胶粒电泳时向阴极移动

C. 该 AgI 胶粒带负电荷　　D. 该 AgI 胶粒不带电荷

8. 溶胶属于热力学不稳定体系，但它能在相当长的时间内稳定存在，其主要原因是什么?

9. 高分子溶液与小分子溶液有哪些相同点和不同点?

10. 什么是凝胶? 凝胶有哪些主要性质? 产生胶凝作用的先决条件是什么?

11. 用等体积的 0.008 $mol \cdot L^{-1}$ KI 溶液和 0.010 $mol \cdot L^{-1}$ $AgNO_3$ 溶液制成 AgI 溶胶。分别加入同体积的 0.100 $mol \cdot L^{-1}$ $MgSO_4$、$K_3[Fe(CN)_6]$及 NaCl 电解质溶液，写出该三种电解质对此溶胶的聚沉能力大小顺序，并指出该溶胶胶粒的电泳方向。若将等体积的 0.01 $mol \cdot L^{-1}$ KI 溶液和 0.008 $mol \cdot L^{-1}$ $AgNO_3$ 溶液混合制成 AgI 溶胶，试写出三种电解质对此溶胶聚沉能力的大小顺序，并指出该溶胶胶粒的电泳方向。

12. 将 0.02 $mol \cdot L^{-1}$ 的 KCl 溶液 12 mL 和 0.05 $mol \cdot L^{-1}$ 的 $AgNO_3$ 溶液 100 mL 混合以制备 AgCl 溶胶，试写出此溶胶胶团结构式。

(余燕敏)

Note

第七章　化学热力学基础

学习目标

素质目标：通过讨论学习、指导和反馈，帮助学生形成自主学习习惯，夯实学习基础，提高学习成效，利用知识武装自己，敢于质疑，勇于尝试，直面困难。引导学生了解国家新能源发展战略，培养学生的社会责任感和使命感，促进学生全面发展。

能力目标：通过开展创造性活动，激发学生创新能力，提高学生解决问题的能力。

知识目标：热力学第一定律，Hess 定律和反应热的计算，热力学第二定律。

扫码看 PPT

物质在发生物理变化和化学变化的过程中总是伴随着能量的变化，热力学是研究热和其他形式能量之间相互转化规律的一门学科，应用热力学的基本原理及研究方法研究化学现象和与化学有关的物理现象的学科即为化学热力学。

化学热力学研究的对象是宏观的、大量质点的集合体，主要对化学反应过程中的能量反应方向及反应进行的限度等问题进行研究，研究方法简明而严谨，只针对反应的始态和终态，不涉及物质的微观结构和反应机制。本章仅介绍化学热力学的基本概念、理论和方法。

第一节　基本概念

一、系统和环境

在热力学研究中，将欲研究的对象称为系统，系统以外与系统密切相关的部分称为环境。这两部分相互作用，密切相关。例如，对某烧杯中的水溶液反应进行研究，水溶液即为系统，除溶液以外的其他部分（包括盛溶液的烧杯、溶液上方的空气等）都称为环境。

根据系统和环境之间的关系，热力学系统可分为以下三类。

敞开系统：系统与环境之间既有物质交换，又有能量交换。

封闭系统：系统与环境之间没有物质交换，只有能量交换。

隔离系统：系统与环境之间既没有物质交换，又没有能量交换。

需要特别指出的是，隔离系统只是科学上的抽象概念，绝对的隔离系统是不存在的。为了研究问题的方便，常在适当的条件下把一个系统近似地看作隔离系统。封闭系统是化学热力学研究中最常见的系统，除特别说明外，一般的化学反应均当作封闭系统处理。

二、状态函数和过程

系统的性质由系统的状态决定，状态是系统所有宏观性质的综合表现。当用以表征系统物

Note

理性质和化学性质的物理量，如温度(T)、压力(p)、体积(V)、物质的量(n)、密度(ρ)等具有确定值时，该系统即处于一定的热力学状态；当系统处于一定的热力学状态时，这些物理量也必有确定值。

若系统中有一个或多个物理量发生变化，则系统将由一种状态转变为另一种状态。因此，系统中用来描述和规定状态的物理量应当是它所处状态的单值函数，热力学将一系列物理量称为状态函数。状态函数具有以下重要特征：①系统状态一定时，状态函数具有一定的值；②系统状态发生变化时，其状态函数的变化量只取决于系统的始态和终态，而与变化的途径无关；③系统一旦恢复到原来状态，状态函数即恢复原值。如果系统的一个物理量具有这三个特征中的任何一个，而且在任何过程中无一例外，那么它必然是一个状态函数。

描述系统状态的宏观性质可以分为如下两类。

广度性质：其数值与系统的物质的量成正比，具有加和性，如体积、质量、物质的量等。

强度性质：其数值与系统的物质的量无关，没有加和性，如温度、压力、黏度等。

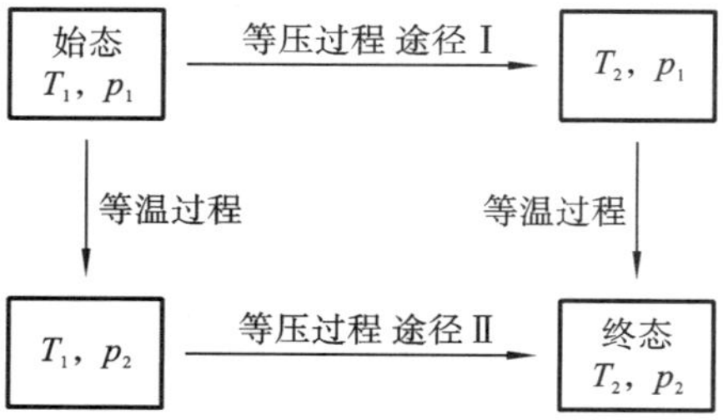

图 7-1　过程与途径的关系示意图

系统状态发生的任何变化称为热力学过程，简称过程，根据发生变化的不同，可分为等温过程、等压过程、等容过程、绝热过程和循环过程。习惯上把系统完成某一过程的具体步骤称为途径。例如，某系统由始态(T_1，p_1)变到终态(T_2，p_2)可采用两条不同的途径：途径Ⅰ，先经等压过程，再经等温过程；途径Ⅱ，先经等温过程，再经等压过程。尽管这两种途径不同，但系统状态函数的变化量是相同的(图 7-1)。

三、热和功

当系统的状态改变时，通常会与环境之间发生能量的交换或传递，能量的变化以热和功两种形式表现出来。系统与环境之间由于存在温度差而传递的能量称为热，用符号 Q 表示；热是微观粒子无规则运动的宏观表现。除热以外的其他各种形式的能量统称为功，用符号 W 表示；功是系统内部各种质点定向运动的结果。

为了表示能量交换或传递的方向，热力学中对热和功的正负规定如下。

系统从环境中吸热，Q 为正值($Q>0$)；系统向环境放热，Q 为负值($Q<0$)。

系统对环境做功，W 为负值($W<0$)；环境对系统做功，W 为正值($W>0$)。

热和功是过程发生时系统与环境所交换或传递的能量，其数值与系统所经历的过程密切相关。所以，它们只有在系统状态发生变化时才表现出来，不是系统固有的性质。我们不能说系统在某状态时含有多少热或多少功，只能说系统发生变化时吸收(或放出)多少热，得到(或做了)多少功，所以热和功都不是状态函数。

第二节　热力学第一定律

一、热力学能

热力学能又称内能，是系统内部能量的总和，用符号 U 表示。从微观角度看，它应包括系统中分子、原子、离子等质点的动能(平动能、转动能、振动能)，各种微粒间相互吸引或排斥而产生的势能，原子间相互作用的化学键能，核内基本粒子间相互作用的核能。所以，内能是系统本身

Note

的性质，系统的状态一定，内能的值就一定；当系统状态发生改变时，内能的变化量只与系统的始态和终态有关，而与变化的途径无关，因此内能是状态函数。

系统内部的质点运动及其相互作用非常复杂。因此，内能的绝对值尚无法测量或通过计算求得，但其变化量 ΔU 可通过系统与环境交换的热和功的数值来确定。

二、热力学第一定律

自然界的一切物质都具有能量，能量有各种不同的形式，可以从一种形式转化为另一种形式，从一种物质传递到另一种物质，在转化和传递过程中，能量的总值不变，这一规律称为能量守恒定律。它是自然界基本原理之一。把能量守恒定律用于具体的热力学系统，即称为热力学第一定律。

设有一封闭系统，其内能为 U_1，当系统从环境吸收热 Q，同时环境对系统做功 W 时，则系统从内能为 U_1 的状态转变为内能为 U_2 的状态。

始态 U_1 —— 吸热 Q / 做功 $W=p\cdot\Delta V$ ——→ 终态 U_2

根据能量守恒定律，可得

$$U_2 = U_1 + (Q + W)$$

即

$$\Delta U = Q + W \tag{7-1}$$

如果系统只发生了微小的变化，则式(7-1)可表示为

$$\mathrm{d}U = \delta Q + \delta W \tag{7-2}$$

式(7-2)为热力学第一定律的数学表达式。它适用于封闭系统的任何过程。等式左边的 ΔU 只与始态和终态有关，与途径无关；右边的 Q 和 W 虽然都与途径有关，但在不同的途径中，$Q+W$ 的值必然相同。

例如，某一过程中系统吸收热 50 kJ，对环境做功 30 kJ，则系统的内能变化为

$$\Delta U_{系} = Q+W = (+50)+(-30) = 20(\mathrm{kJ})$$

这表示，变化过程中系统增加了 20 kJ 的能量。系统吸收了 50 kJ 的热，意味着环境放出了 50 kJ 的热，同时系统对环境做了 30 kJ 的功，则环境内能的变化量为

$$\Delta U_{环} = Q+W = (-50)+(+30) = -20(\mathrm{kJ})$$

问题与思考7-1

对理想气体的任意绝热过程，$\Delta U = W$ 是否均适用？对实际气体绝热过程是否均适用？

扫码看答案

三、焓与等压反应热

由于 U、p 和 V 都是状态函数，因此 $U+pV$ 也是一个状态函数。这一新的状态函数称为焓(enthalpy)，用 H 表示，即

$$H = U + pV \tag{7-3}$$

由于我们不能确定系统热力学能的绝对值，所以也不能确定焓的绝对值，其变化值即焓变 ΔH，只取决于系统的始态和终态。

在等温且不做非体积功的条件下，化学反应所吸收或放出的热称为化学反应的热效应，通常也称为反应热。

对于等温等压只做体积功的化学反应

$$\Delta U = Q_p + W = Q_p - p\Delta V$$

式中，Q_p 为等压反应热，则

$$Q_p = \Delta U + p\Delta V \tag{7-4}$$

Note

由于是等压反应，$p_1=p_2=p$，则

$$Q_p=(U_2-U_1)+(p_2V_2-p_1V_1)$$
$$=(U_2+p_2V_2)-(U_1+p_1V_1)$$
$$=H_2-H_1$$

即
$$Q_p=\Delta H \tag{7-5}$$

式(7-5)表明，在不做非体积功的等压过程中，系统所吸收的热在数值上等于此过程中系统焓的增加。由于焓是状态函数，所以 Q_p 只取决于系统的始态和终态，与变化的途径无关。

四、热化学方程式和标准态

同时标明热效应 $\Delta_r H_m$(或 $\Delta_r U_m$)及物质状态的化学反应方程式称为热化学方程式。如：

①$\frac{1}{2}N_2(g)+\frac{3}{2}H_2(g)\longrightarrow NH_3(g)$ $\Delta_r H^{\ominus}_{m,298.15}=-46.1\ kJ\cdot mol^{-1}$

②$N_2(g)+3H_2(g)\longrightarrow 2NH_3(g)$ $\Delta_r H^{\ominus}_{m,298.15}=-92.2\ kJ\cdot mol^{-1}$

③$H_2(g)+\frac{1}{2}O_2(g)\longrightarrow H_2O(l)$ $\Delta_r H^{\ominus}_{m,298.15}=-285.8\ kJ\cdot mol^{-1}$

④$2H_2(g)+O_2(g)\longrightarrow 2H_2O(l)$ $\Delta_r H^{\ominus}_{m,298.15}=-571.6\ kJ\cdot mol^{-1}$

热化学方程式中的 $\Delta_r H^{\ominus}_{m,298.15}$ 是热效应符号，书写热化学方程式时必须注意以下几点。

(1) 注明反应的压力及温度，如果反应是在 298.15 K 及标准态下进行的，则可不注明。根据国家标准，热力学标准态是指在温度 T 和标准压力 p(100 kPa)下该物质的状态。气体标准态是指压力为 100 kPa 即标准压力下的纯理想气体，或混合气体中各气体的分压为标准压力的理想气体；纯液体(或纯固体)的标准态是指标准压力下的纯液体(或纯固体)；溶液中溶质的标准态是指在标准压力下，溶质的浓度为 1 $mol\cdot L^{-1}$(或质量摩尔浓度为 1 $mol\cdot kg^{-1}$)且符合理想稀溶液的性质。

(2) 要标明物质的状态。通常用 g、l 和 s 分别表示气态、液态和固态，用 aq 表示水溶液；若固体的晶型不同，还应注明晶型，如 C(石墨)、C(金刚石)。

(3) $\Delta_r H^{\ominus}_{m,298.15}$ 代表等压反应的反应热。其中下标"r"表示反应(reaction)；"m"表示反应进度为 1 mol 的反应热；上标"⊖"表示反应热是标准态下的数值；下标"298.15"指反应进行的温度为 298.15 K。

(4) 化学式前的系数是化学计量数，它可以是整数，也可以是分数。同一化学反应的化学计量数不同，反应热效应的数值也不同，例如上述反应式①和②、③和④。

(5) 等温等压下，正反应和逆反应的 $\Delta_r H^{\ominus}_{m,298.15}$ 数值相等，符号相反。如：

①$H_2(g)+I_2(s)\longrightarrow 2HI(g)$ $\Delta_r H^{\ominus}_{m,298.15}=53.0\ kJ\cdot mol^{-1}$

②$2HI(g)\longrightarrow H_2(g)+I_2(s)$ $\Delta_r H^{\ominus}_{m,298.15}=-53.0\ kJ\cdot mol^{-1}$

式中，①表明在 298.15 K 和标准条件下，反应进度为 1 mol，即 1 mol $H_2(g)$ 和 1 mol $I_2(s)$ 完全反应生成 2 mol HI(g)时，吸收 53.0 kJ 的热；②表明在相同条件下，2 mol HI(g)完全分解生成 1 mol $H_2(g)$ 和 1 mol $I_2(s)$ 时，释放 53.0 kJ 的热。

第三节　盖斯定律和反应热的计算

一、盖斯定律

1840 年，盖斯(G. H. Hess)根据大量实验事实，提出了一条盖斯定律(Hess law)：在定容或

定压条件下，一个化学反应，不论一步完成还是分几步完成，其热效应总是相同的。这就是说化学反应的热效应只与反应的始、终态有关，而与反应的途径无关。实验表明，盖斯定律只在等容反应或等压反应中才成立。

盖斯定律是热化学计算的基础，可以将几个热化学方程式像普通代数方程式一样进行运算，间接求得那些难以测准或无法测量的化学反应的热效应。

扫码看答案

问题与思考7-2

热力学第一定律与盖斯定律有什么关系？反应的始态和终态的压力相等，而中间过程压力有改变的反应，是否一定服从盖斯定律？为什么？

【例 7-1】 已知：(1) $C(s)+O_2(g) \longrightarrow CO_2(g)$ $\quad \Delta_r H_m^{\ominus}=-393.51\ kJ \cdot mol^{-1}$

(2) $CO(g)+\frac{1}{2}O_2(g) \longrightarrow CO_2(g)$ $\quad \Delta_r H_m^{\ominus}=-282.98\ kJ \cdot mol^{-1}$

则反应 $C(s)+\frac{1}{2}O_2(g) \longrightarrow CO(g)$ 的 $\Delta_r H_m^{\ominus}$ 为多少？

解：反应(1)中 CO_2 的生成可通过图 7-2 所示的途径来实现

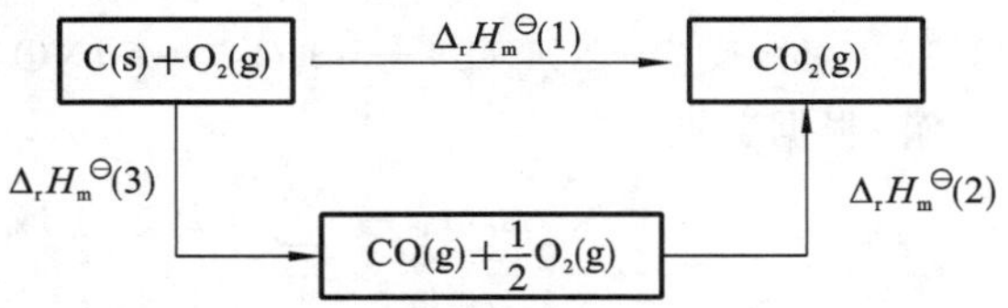

图 7-2 反应生成 CO_2(g)的两条途径

由盖斯定律，可得

$$\begin{aligned}\Delta_r H_m^{\ominus}(3)&=\Delta_r H_m^{\ominus}(1)-\Delta_r H_m^{\ominus}(2)\\&=(-393.51)-(-282.98)\\&=-110.53(kJ \cdot mol^{-1})\end{aligned}$$

也可以直接用反应式之间的代数关系进行计算，即由(1)－(2)＝(3)：

$$\Delta_r H_m^{\ominus}(3)=\Delta_r H_m^{\ominus}(1)-\Delta_r H_m^{\ominus}(2)=-110.53(kJ \cdot mol^{-1})$$

必须注意的是，在进行代数运算时，反应条件和物质的状态要一致。如果运算中需要反应式乘某一系数，则其相应的焓变值也要乘相应的系数。

二、标准摩尔生成焓

等温等压条件下化学反应的反应热可通过实验测量，也可应用盖斯定律由已知化学反应的热效应求算，还可用已知物质的热力学数据求得。

热力学规定，由最稳定单质生成 1 mol 某物质时的焓变，称为该化合物的摩尔生成焓(molar enthalpy of formation)，也称摩尔生成热，用符号 $\Delta_f H_m$ 表示，单位为 $kJ \cdot mol^{-1}$。在标准态下的生成焓称为标准摩尔生成焓或标准摩尔生成热，用符号 $\Delta_f H_m^{\ominus}$ 表示。

所谓最稳定单质，是指在该条件下单质的最稳定态。例如，常温常压下碳的最稳定单质为石墨，碘的最稳定单质是 $I_2(s)$，溴的最稳定单质是 $Br_2(l)$。根据上述定义，最稳定单质的标准摩尔生成热为零。

例如，反应 C(石墨)$\longrightarrow$C(金刚石)，$\Delta_r H_m^{\ominus}=1.895\ kJ \cdot mol^{-1}$，即表示 1 mol 石墨转变成金刚石时的热效应为 1.895 kJ，则金刚石的标准摩尔生成热即为 1.895 kJ。

又如，$H_2(g)+\frac{1}{2}O_2(g) \longrightarrow H_2O(l)$，$\Delta_r H_m^{\ominus}=-285.838\ kJ \cdot mol^{-1}$，表示氢气和氧气化合生成 1 mol 液态水时的热效应为 －285.838 kJ，则液态水的标准摩尔生成热 $\Delta_f H_m^{\ominus}(H_2O)=-285.838$ kJ。一些物质的 $\Delta_f H_m^{\ominus}$ 可在书后附录中查到。

根据盖斯定律和标准摩尔生成焓的定义和数据，就可计算标准态下化学反应的反应热。一个化学反应，不论它是由稳定单质直接转变为生成物(图 7-3 Ⅰ)，还是由稳定单质先转变成反应物再转变成生成物(图 7-3 Ⅱ 和 Ⅲ)，其反应的热效应总是相同的，即

Note

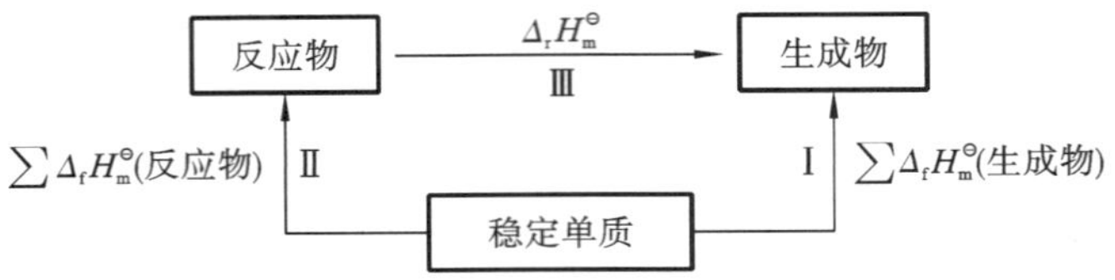

图 7-3　标准摩尔生成焓计算示意图

$$\sum \Delta_f H_m^\ominus(\text{生成物}) = \sum \Delta_f H_m^\ominus(\text{反应物}) + \Delta_r H_m^\ominus$$

则
$$\Delta_r H_m^\ominus = \sum \Delta_f H_m^\ominus(\text{生成物}) - \sum \Delta_f H_m^\ominus(\text{反应物}) \tag{7-6}$$

式(7-6)适用于任何化学反应。但应指出的是，焓是广度性质，计算过程中某物质的生成焓必须乘上配平方程式中该物质的化学计量数。

【例 7-2】 由热力学数据表查得

$$\Delta_f H_m^\ominus(NH_3,g) = -46.19\ kJ \cdot mol^{-1}$$
$$\Delta_f H_m^\ominus(NO_2,g) = 33.85\ kJ \cdot mol^{-1}$$
$$\Delta_f H_m^\ominus(H_2O,g) = -241.83\ kJ \cdot mol^{-1}$$

298.15 K 时，反应 $4NH_3(g) + 5O_2(g) \longrightarrow 4NO(g) + 6H_2O(g)$ 的 $\Delta_r H_m^\ominus$ 为多少?

解:根据盖斯定律

$$\Delta_r H_m^\ominus = \sum \Delta_f H_m^\ominus(\text{生成物}) - \sum \Delta_f H_m^\ominus(\text{反应物})$$
$$\Delta_r H_m^\ominus = 4 \times 33.85 + 6 \times (-241.83) - 4 \times (-46.19)$$
$$= -1130.82(kJ \cdot mol^{-1})$$

三、标准摩尔燃烧焓

绝大多数有机物不能由元素的稳定单质直接合成，其生成焓的数据也不易由实验得到(只能通过间接计算)。但有机物容易燃烧或氧化，由实验测定可测得其燃烧过程的热效应。因此，可利用燃烧焓的数据计算有机化学反应的热效应。人们规定:在标准态和指定温度下，1 mol的某物质 B 完全燃烧(或完全氧化)生成指定的稳定产物时的等压热效应称为该物质的标准摩尔燃烧焓(standard molar enthalpy of combustion)，用符号 $\Delta_c H_m^\ominus$表示。定义中"完全燃烧"(或完全氧化)是指被燃烧(或氧化)的物质变成最稳定的完全燃烧的产物，如将化合物中的 C、H、S、N 及 X (卤素)等元素分别氧化为 $CO_2(g)$、$H_2O(l)$、$SO_2(g)$、$N_2(g)$及 $HX(g)$。根据定义，上述这些指定的稳定产物意味着不能再燃烧，因此规定这些产物的燃烧焓为零。

利用已知物质的标准摩尔燃烧焓可以求得化学反应的热效应。等压热效应 $\Delta_r H_m^\ominus$与燃烧焓 $\Delta_c H_m^\ominus$的关系如图 7-4 所示。

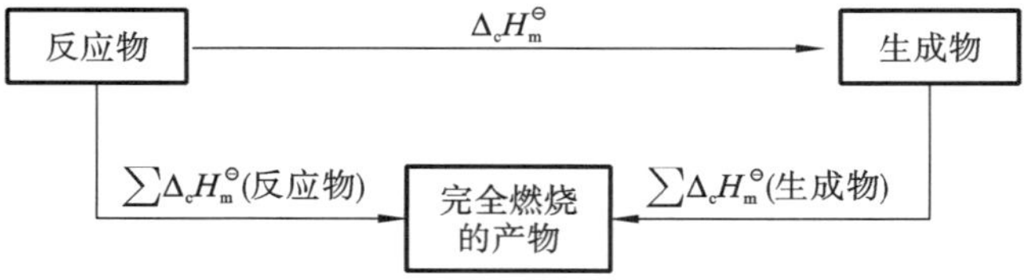

图 7-4　标准摩尔燃烧焓计算示意图

根据盖斯定律和标准燃烧热的数据就可计算标准态下化学反应的反应热。

$$\Delta_c H_m^\ominus = \sum \Delta_c H_m^\ominus(\text{反应物}) - \sum \Delta_c H_m^\ominus(\text{生成物}) \tag{7-7}$$

Note

可见，任一反应的热效应等于反应物的标准摩尔燃烧焓总和减去生成物的标准摩尔燃烧焓总和。

【例 7-3】 已知甲醇和甲醛的燃烧热如下。

(1) $CH_3OH(g)+\frac{3}{2}O_2(g)\longrightarrow CO_2(g)+2H_2O(l)$ $\Delta_c H_m^{\ominus}=-726.64\ kJ\cdot mol^{-1}$

(2) $HCHO(g)+O_2(g)\longrightarrow CO_2(g)+H_2O(l)$ $\Delta_c H_m^{\ominus}=-563.58\ kJ\cdot mol^{-1}$

求反应 $CH_3OH(g)+\frac{1}{2}O_2(g)\longrightarrow HCHO(g)+H_2O(l)$ 的反应热。

解:由(1)−(2)得 $CH_3OH(g)+\frac{1}{2}O_2(g)\longrightarrow HCHO(g)+H_2O(l)$

则
$$\begin{aligned}\Delta_c H_m^{\ominus}&=\Delta_c H_m^{\ominus}(CH_3OH,g)-\Delta_c H_m^{\ominus}(HCHO,g)\\&=-726.64-(-563.58)\\&=-163.06(kJ\cdot mol^{-1})\end{aligned}$$

第四节 热力学第二定律

化学反应中,热力学第一定律主要用于处理化学反应过程中的能量变化,对于反应体系的另一类重要问题——反应方向和反应限度的判断,热力学第一定律就不适用了。这类问题的解决,必须借助热力学第二定律。

“热不可能全变为功而不引起其他变化”,或“第二类永动机是不可能造成的”,这都是热力学第二定律的不同描述。为了理解热力学第二定律并解决化学反应方向和限度的判断问题,有必要先了解一下自发过程。

一、自发过程

自然界中发生的一切变化都是具有方向性的。在一定条件下,不加任何外力就能自动进行的过程称为自发过程。自然界存在很多自发过程。例如,水从高处自动流向低处,热由高温物体自动传向低温物体等。

从以上例子可以看出,自发过程具有以下共同特征。

(1) 方向性:所有的自发过程只能向一个方向进行,而不可能自发地逆向进行。若要使其逆向进行,必须借助外力对它做功。

(2) 做功的能力:水从山上流下来,可以推动水轮机做机械功。

(3) 一定的限度:一旦做功能力完全丧失,自发过程就会停止。例如,水流到最低处后即不再流动;热传导到两物体温度相等时就会停止。

总之,自发过程总是单向地趋向于平衡状态。平衡状态就是该条件下自发过程的极限。

化学反应在一定条件下也是自发地朝着一定的方向进行,最终达到平衡状态。那么,是什么力量推动着化学反应自发进行?或者说化学反应自发进行的内在推动力是什么?

问题与思考7-3

自发过程一定是不可逆的,所以不可逆过程一定是自发的。这说法对吗?

扫码看答案

二、反应热与化学反应的方向

早在 19 世纪中期,人们普遍认为,只有放热反应才能自发进行,且放热越多,自发倾向越大,而吸热反应是不能正向自发进行的。这从反应系统的能量变化角度来看,是有一定道理的。因

Note

为系统向环境放出热量，其自身能量必然降低，系统必然趋向于更为稳定的状态。据此有人提出，焓变（ΔH）是等温等压条件下化学反应自发进行的推动力。研究发现，大多数放热反应的确能够自发进行，如常温常压下自发进行的燃烧反应、中和反应、氧化还原反应等，都是放热反应。但实验也发现，有些吸热反应也能够正向自发进行。例如，硝酸钾晶体的溶解、室温下冰的融化、水的蒸发等过程，都能够正向自发进行且均为吸热过程。

由此可见，仅把焓变作为化学反应自发进行的内在推动力是不全面的，系统能量降低是判断反应自发进行的一个重要因素，但不是唯一因素。

三、熵变与化学反应的方向

（一）熵与熵变

混乱度是系统不规则或无序的程度，混乱度越大，系统不规则或无序的程度越大。热力学上用来衡量系统混乱度大小的状态函数是熵（entropy），用符号 S 表示。与其他状态函数一样，熵变 ΔS 只取决于系统的始态和终态，与变化的过程无关。

热力学规定：温度为 0 K 时，任何纯净物质的完美晶体的熵值为 0。这就是热力学第三定律（third law of thermodynamics）。有了这个规定，就可以确定纯物质在其他温度下的熵值，称为规定熵（conventional entropy）。即

$$\Delta S = S(T) - S(0) = S(T)$$

在标准态下 1 mol 纯物质的规定熵称为该物质的标准摩尔熵（standard molar entropy），用符号 $S_m^\ominus$表示，单位是 $J \cdot mol^{-1} \cdot K^{-1}$。附录 C 列出一些物质在 298.15 K 时的标准摩尔熵。注意，稳定单质的 $S_m^\ominus$不为 0，因为它们不是绝对零度下的完美晶体。另外，水溶液中离子的$S_m^\ominus$是建立在标准态下 H_3O^+ 的 $S_m^\ominus$为 0 而求得的相对值。

同一物质的标准摩尔熵的规律：①$S_m^\ominus(g) > S_m^\ominus(l) > S_m^\ominus(s)$；②温度升高时，其混乱度增大，$S_m^\ominus$增大；③当压力增大时，将使物质限制在较小的体积中，其混乱度减小，$S_m^\ominus$减小。压力对气体的熵值影响较大，对固体和液体的熵值影响很小。

化学反应的标准摩尔熵变可由反应物和生成物的 $\Delta S_m^\ominus$计算：

$$\Delta_r S_m^\ominus = \sum \nu \Delta S_m^\ominus(\text{生成物}) - \sum \nu S_m^\ominus(\text{反应物}) \tag{7-8}$$

利用附录中的 $S_m^\ominus$只能计算出 298.15 K 时的 $\Delta_r S_m^\ominus$，当温度变化范围不大时，可近似认为

$$\Delta_r S_m^\ominus(T) = \Delta_r S_m^\ominus(298.15\ K) \tag{7-9}$$

（二）熵增加原理

化学反应自发进行的推动力是能量和熵，一方面系统有降低能量、增加自身稳定性的趋势；另一方面系统有混乱度增加即熵值增大的倾向。系统能量的改变是通过与环境交换热或功实现的。如果是孤立系统，系统和环境之间既无物质交换，也无能量交换，那么推动系统内化学反应自发进行的因素只有熵值增大。热力学第二定律指出：孤立系统中任何自发过程的熵值总是增大的，这就是著名的熵增加原理。

用数学式表达为

$$\Delta S_{\text{孤立}} \geqslant 0 \tag{7-10}$$

式(7-10)中 $\Delta S_{\text{孤立}}$ 表示孤立系统的熵变。$\Delta S_{\text{孤立}} > 0$ 表示自发过程，$\Delta S_{\text{孤立}} = 0$ 表示系统达到平衡。

Note

孤立系统中不可能发生熵变小于 0，即熵值减小的过程。

真正的孤立系统是不存在的，因为系统和环境之间总会存在或多或少的能量交换。如果我

们把与系统有物质或能量交换的那一部分环境也包括进去，从而构成一个新的系统，这个新系统可以看成孤立系统，其熵变为

$$\Delta S_{孤立}=\Delta S_{总}=\Delta S_{系统}+\Delta S_{环境} \tag{7-11}$$

若 $\Delta S_{总}>0$，表示自发过程；$\Delta S_{总}=0$，表示系统达到平衡；$\Delta S_{总}<0$，表示逆过程自发。

四、Gibbs 函数变与化学反应的方向

（一）Gibbs 函数变与热力学第二定律

1878 年美国物理学家和化学家 Gibbs 提出了一个综合系统的焓变、熵变和温度三者关系的状态函数变量，称为 Gibbs 函数变，以 ΔG 表示。可以证明，若反应在等温等压条件下只做体积功，则有

$$\Delta G=\Delta H-T\Delta S \tag{7-12}$$

在标准态时

$$\Delta G^{\ominus}=\Delta H^{\ominus}-T\Delta S^{\ominus} \tag{7-13}$$

这就是著名的 Gibbs-Helmholtz 公式。它是化学热力学中极为重要的公式之一。

因为 H、S 都是状态函数，所以式(7-13)可写成

$$\Delta G=(H_2-H_1)-T(S_2-S_1)=(H_2-TS_2)-(H_1-TS_1)$$

令

$$G=H-TS$$

则

$$\Delta G=G_2-G_1$$

G 是热力学定义的一个新的状态函数，称为 Gibbs 函数。它是一个复合函数，具有广度性质，与焓一样，其绝对值无法测定，但其变化量 ΔG 可以借助 ΔH 和 ΔS 的数值计算得到。

热力学研究还指出，在封闭系统中，等温等压只做体积功的条件下，自发变化的方向是 Gibbs 函数变 ΔG 减小的方向，即

$\Delta G<0$　自发过程，反应能正向进行

$\Delta G>0$　非自发过程，反应能逆向进行

$\Delta G=0$　反应处于平衡状态

上述关系称为等温等压下自发变化的 Gibbs 函数变判据。

综上所述，化学反应自发进行的推动力由两个因素决定，即能量降低（放热）和混乱度增大。Gibbs-Helmholtz 公式正是综合考虑了系统的焓变和熵变，将两个因素统一起来变成一个总因素，所以用 ΔG 作为判据判断化学反应的自发性使问题简单很多。

为了更深入理解这种综合效应的对应和统一，可以对 Gibbs-Helmholtz 公式在几种不同条件下的意义做进一步讨论。

(1) 若 $\Delta H<0$，$\Delta S>0$，则 $\Delta G<0$，两种因素都有利于反应自发进行，所以在任意温度下，正反应均能自发进行。

(2) 若 $\Delta H>0$，$\Delta S<0$，则 $\Delta G>0$，在任意温度下，正反应均不能自发进行，但其逆反应在任意温度下均能自发进行。

(3) 若 $\Delta H>0$，$\Delta S>0$，则低温下，$|\Delta H|>|T\Delta S|$，$\Delta G>0$，正反应不能自发进行；高温时，$|\Delta H|<|T\Delta S|$，$\Delta G<0$，正反应能自发进行。

(4) 若 $\Delta H<0$，$\Delta S<0$，则低温下，$|\Delta H|>|T\Delta S|$，$\Delta G<0$，正反应能自发进行；高温时，$|\Delta H|<|T\Delta S|$，$\Delta G>0$，正反应不能自发进行。

（二）标准摩尔生成 Gibbs 函数变

因为无法求得 Gibbs 函数的绝对值，所以可以用类似由摩尔生成热计算反应热的办法来计

Note

算反应的 Gibbs 函数变 ΔG。

由最稳定单质生成 1 mol 某物质时的 Gibbs 函数变称为该物质的摩尔生成 Gibbs 函数变，又称为摩尔生成 Gibbs 自由能，用符号 $\Delta_f G_m$ 表示。在标准态下的摩尔生成 Gibbs 自由能称为标准摩尔生成自由能，用符号 $\Delta_f G_m^\ominus$ 表示，单位为 $kJ \cdot mol^{-1}$。

热力学规定，在标准状态、298.15 K 时，稳定单质的标准摩尔生成 Gibbs 函数变为 0。即 $\Delta_f G_m^\ominus$(稳定单质，298.15 K)＝0，则有

$$\Delta_r G_m^\ominus = \sum \Delta_f \Delta G_m^\ominus(\text{生成物}) - \sum \Delta_f \Delta G_m^\ominus(\text{反应物}) \tag{7-14}$$

化学史话：吉布斯与化学热力学的创立

思政课堂：氢气新能源汽车更环保吗？

本章小结

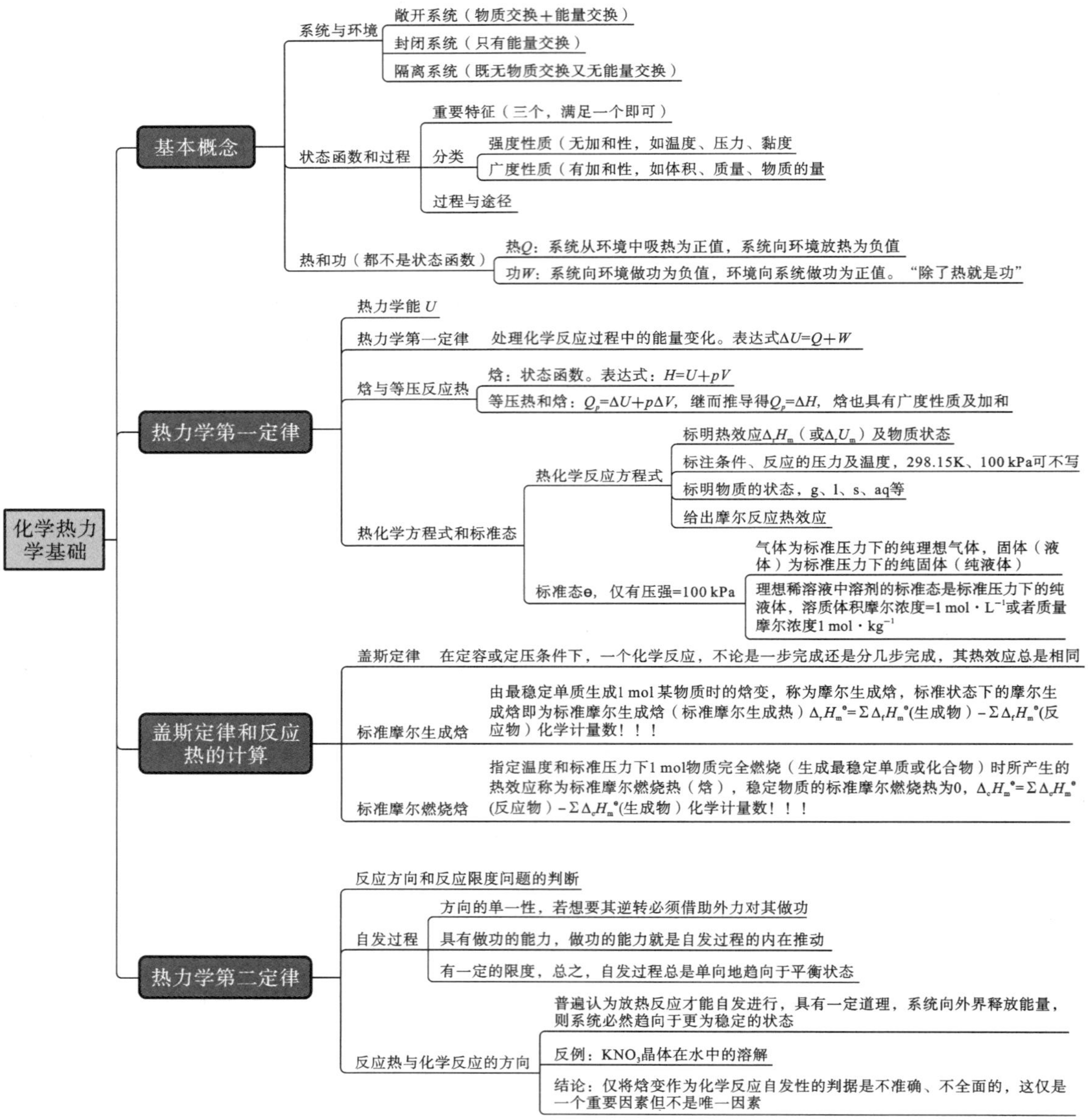

Note

- 化学热力学基础
  - 热力学第二定律
    - 熵变与化学反应的方向
      - 熵与熵变
        - 混乱度是指组成系统的质点不规则或无序的程度，熵是系统混乱度的量度，用符号S表示，它是状态函数，有广度性质，一定量纯物质的熵是温度与压力的函数
        - 热力学第三定律指出：在绝对零度时，任何纯物质的完美晶体的熵值为零，记为$S_0=0$。同时定义规定熵$\Delta S=S(T)-S(0)=S(T)$
      - 熵变的计算
        - $\Delta_r S_m^\ominus=\sum S_m^\ominus$(生成物)$-\sum S_m^\ominus$（反应物） 化学计量数！！！近似认为不随温度变化
      - 熵增加原理
        - 热力学第二定律认为在孤立系统中，自发过程总伴随着熵值的增加。$\Delta S_{孤立}\geqslant 0$
        - 真正的孤立系统是不存在的。关键：要将系统和环境当作整体来看熵变，以总熵变作为判据。$\Delta S_{孤立}=\Delta S_{总}=\Delta S_{系统}+\Delta S_{环境}$
        - $\Delta S_{总}>0$，过程自发进行；$\Delta S_{总}<0$，过程非自发进行，其逆反应可自发进行；$\Delta S_{总}=0$，系统处于平衡状态
    - Gibbs函数变与化学反应的方向
      - Gibbs 函数变与热力学第二定律
        - $G=H-TS$，Gibbs函数（Gibbs自由能），状态函数，广度性质
        - 在封闭系统，等温等压、只做体积功的条件下：$\Delta G<0$自发，$\Delta G>0$非自发，$\Delta G=0$平衡
        - 如果系统发生了等温等压下的可逆过程，ΔG=非体积功
        - 等温方程：$\Delta G=\Delta H-T\Delta S$
      - 标准摩尔生成Gibbs函数变
        - 由最稳定单质生成1mol某物质时的Gibbs函数变称为该物质的摩尔生成Gibbs函数变，简称摩尔生成Gibbs自由能$\Delta_f G_m^\ominus$
        - 标准状态下：①$\Delta_r G_m^\ominus=\sum\Delta_f G_m^\ominus$（生成物）$-\sum\Delta_f G_m^\ominus$（反应物）；②$\Delta_r G_m^\ominus(T)=\Delta_r H_m^\ominus(298.15\ K)-T\Delta_r S_m^\ominus(298.15\ K)$ 单位统一!!!

能力检测

1. 下列哪些函数属于状态函数？

T、p、V、Q、W、S、ΔU、ΔH、ΔG

2. 下列物质中，$\Delta_f H_m^\ominus$不等于 0 的是（　　）。

A. Fe(s)　　B. C(石墨)　　C. Ne(g)　　D. Cl_2(l)

3. 将固体硝酸铵溶于水，溶液变冷，则该过程 ΔG、ΔH、ΔS 的符号依次是（　　）。

A. ＋，－，－　　B. ＋，＋，－　　C. －，＋，－　　D. －，＋，＋

4. 下列说法正确的是（　　）。

A. 凡是放热反应都是自发的，凡是吸热反应都是非自发的

B. 自发反应熵值一定增大，非自发反应熵值一定减小或不变

C. 自发反应在恰当条件下才能实现

D. 自发反应在任何条件下都能实现

5. 反应 $CaO(s)+H_2O(s) \rightleftharpoons Ca(OH)_2(s)$ 在 298.15 K 和标准态下是自发的，其逆反应在高温下变为非自发，那么正反应有（　　）。

A. $\Delta_r H_m^\ominus>0$，$\Delta_r S_m^\ominus>0$　　B. $\Delta_r H_m^\ominus<0$，$\Delta_r S_m^\ominus<0$

C. $\Delta_r H_m^\ominus>0$，$\Delta_r S_m^\ominus<0$　　D. $\Delta_r H_m^\ominus<0$，$\Delta_r S_m^\ominus>0$

6. 下列热力学函数中，数值为零的是（　　）。

A. $\Delta_f H_m^\ominus(Br_2, l, 298.15\ K)$　　B. $\Delta_r G_m^\ominus(I_2, s, 298.15\ K)$

C. $\Delta_f H_m^\ominus(CO, g, 298.15\ K)$　　D. $S_m^\ominus(H_2, g, 298.15\ K)$

7. 糖代谢的总反应：$C_{12}H_{22}O_{11}(s)+12O_2(g) \rightleftharpoons 12CO_2(g)+11H_2O(l)$

由附录 C 的热力学数据求 298.15 K、标准态下的 $\Delta_r G_m^\ominus$、$\Delta_r H_m^\ominus$、$\Delta_r S_m^\ominus$。

8. 对于反应 $N_2(g)+3H_2(g) \rightleftharpoons 2NH_3(g)$。判断该反应在 298.15 K 和标准态下能否自发进行。

（李玖零）

扫码看答案

Note

第八章　化学反应速率与化学平衡

扫码看 PPT

学习目标

素质目标：培养学生实事求是的科学态度及从微观到宏观、从现象到本质的科学的研究方法，理解辩证唯物主义对立统一规律。

能力目标：培养学生对知识的理解能力；通过对变化规律本质的认识，培养学生分析、推理、归纳、总结的能力。通过对化学反应速率和化学平衡两大块知识的学习，注重知识的内在联系，培养学生将知识网络化和体系化的能力。

知识目标：了解化学反应速率的概念，化学反应速率的表示方法，理解外界条件（浓度、温度、压力、催化剂等）对化学反应速率的影响；了解化学反应的可逆性，理解化学平衡的含义及其与化学反应速率之间的内在联系。理解勒夏特列原理的含义。掌握浓度、温度、压力等条件对化学平衡移动的影响。

一个化学反应实际能否发生，首先要看反应的可行性，化学热力学已经很好地解决了这个问题，但是化学热力学不能解决化学反应速率和反应机制方面的问题。实际上化学反应能真正意义上地发生，除了要具备热力学上的自发可能性以外，另一个重要条件就是化学反应还要具有一定的速率，否则，一个化学反应没有实际意义。有些化学反应自发进行的趋势很大，但由于化学反应速率太小，实际上不能被察觉，因此，可认为不能发生。而化学反应速率和反应机制，这是化学动力学所要解决的问题，即解决化学反应的现实性问题，是化学动力学的任务。

研究化学反应速率的科学称为**化学动力学**（chemical kinetics），它主要研究化学反应速率、影响化学反应速率的因素及化学反应的机制等问题。化学热力学解决化学反应的可能性问题；化学动力学则解决反应的现实性问题。在化工生产中，化学反应速率直接影响着化工产品的产量，人们总是希望化学反应速率越大越好；而对于一些不利的反应，如食物的腐败、药品的变质、机体的衰老、钢铁的腐蚀以及橡胶和塑料制品的老化等，人们总是希望其化学反应速率越小越好。研究化学反应速率及影响化学反应速率的因素，目的是控制化学反应速率，使其更好地为人类服务。

本章将重点介绍影响化学反应速率的主要因素及有关化学反应速率的基本理论。

第一节　化学反应速率

Note

不同化学反应的化学反应速率相差很大，有些进行得极快，瞬间即可完成，如火药的爆炸、酸碱反应、血红蛋白与氧结合的生化反应等；而有些化学反应进行得极慢，几乎不被察觉，如煤和石油在地壳内形成的过程需要几十万年的时间，某些放射性元素的衰变需要亿万年的时间等。即使是同一化学反应，在不同的条件下进行时，化学反应速率差别也很大。为了定量描述化学反应的快慢，需要有一个衡量标准，即化学反应速率。

一、化学反应速率

（一）化学反应速率

化学反应速率(rate of chemical reaction)用于衡量化学反应进程的快慢，以 v 表示。用反应进度表示的化学反应速率定义为单位时间内反应进度随时间的变化率，即

$$v \overset{\text{def}}{=} \frac{1}{V}\frac{d\xi}{dt} \tag{8-1}$$

式中，ξ 为化学反应的进度；V 为反应体系的体积。

对任意一个化学反应

$$aA + bB \longrightarrow dD + eE$$

化学反应速率即反应体系中各物质的数量随时间的变化率。在反应进行过程中，体系内各物质的浓度不断地发生着变化。反应物的浓度不断减少，生成物的浓度不断增加。

$$\begin{aligned} v &\overset{\text{def}}{=} \frac{1}{V}\frac{d\xi}{dt} \\ &= \frac{1}{V}\frac{dn(B)}{\nu(B)dt} = \frac{1}{\nu(B)}\frac{dc(B)}{dt} \end{aligned} \tag{8-2}$$

式中，$n(B)$为化学反应中任意一个参与反应的组分 B 的物质的量；$\nu(B)$为 B 物质在反应式中的化学计量数(对反应物取负值、对产物取正值)；$c(B)$为 B 的物质的量浓度。式(8-2)是用浓度的变化来表示化学反应速率的公式，也是通常用来表示化学反应速率的方式。化学反应速率具有[浓度]·[时间]$^{-1}$量纲，根据化学反应的快慢，时间单位可取秒(s)、分钟(min)、小时(h)、日(d)、月、年(a)等。

化学反应速率是大于或等于零的值。式(8-2)中的 $c(B)$可以是反应物浓度，也可以是产物浓度。例如，对上述化学反应，用反应物 A 的浓度表示该化学反应速率时，$c(A)$随反应时间的增加而减少，反应物浓度随时间的变化率为负值，但化学计量数是$-a$，化学反应速率为正值，是以反应物浓度的变化表示的该反应物的消耗速率；当用产物 D 的浓度表示化学反应速率时，$c(D)$随反应时间的增加而增加，因此，以产物浓度的变化表示的是该产物的生成速率。

例如，反应

$$N_2 + 3H_2 \rightleftharpoons 2NH_3$$

用 N_2、H_2 和 NH_3 分别表示的化学反应速率及它们之间的相互关系为

$$v = -\frac{dc(N_2)}{dt} = -\frac{1}{3}\frac{dc(H_2)}{dt} = \frac{1}{2}\frac{dc(NH_3)}{dt}$$

（二）化学反应的平均速率和瞬时速率

实际上，大部分化学反应不是等速进行的。反应过程中，化学反应速率均随时间而改变。例如，消毒剂 H_2O_2 溶液在室温下发生的分解反应为

$$H_2O_2(aq) \xlongequal{I^-} H_2O(l) + \frac{1}{2}O_2(g)$$

如表 8-1 所示，在 H_2O_2 分解的第一个 20 min，H_2O_2 浓度减少 0.40 mol·L^{-1}，第二个 20 min 减少 0.20 mol·L^{-1}，第三个 20 min 减少 0.10 mol·L^{-1}。由此可以推断，即使在相同时间间隔，前 10 min 和后 10 min 的化学反应速率也是不同的，甚至在 2 s 内前 1 s 和后 1 s 的化学反应速率也是有差别的。因此，表 8-1 中的化学反应速率是在这 20 min 内的平均速率。化学反应的平均速率(average rate)表示在一段时间间隔内某物质浓度变化的平均值，用 $\bar{v}$ 表示。若末时

Note

刻与初时刻的时间差为 Δt,对应 Δt 的浓度差为 $\Delta c(H_2O_2)$,则

$$\bar{v}=-\frac{\Delta c(H_2O_2)}{\Delta t}$$

这样,就可得到多组时间间隔在 20 min 的该化学反应的平均速率。

由表 8-1 可以看出,H_2O_2 在每一个 20 min 内的分解速率并不相同,而且,由平均速率表示的化学反应速率也比较粗略,无法得知化学反应在任意时刻的真实化学反应速率。

表 8-1　H_2O_2 溶液分解的平均速率和瞬时速率(室温;时间间隔为 20 min)

t/min	$c(H_2O_2)/(mol \cdot L^{-1})$	$\bar{v}/(mol \cdot L^{-1} \cdot min^{-1})$	$v/(mol \cdot L^{-1} \cdot min^{-1})$
0	0.80		
20	0.40	0.020	0.014
40	0.20	0.010	0.0075
60	0.10	0.0050	0.0038
80	0.050	0.0025	0.0019

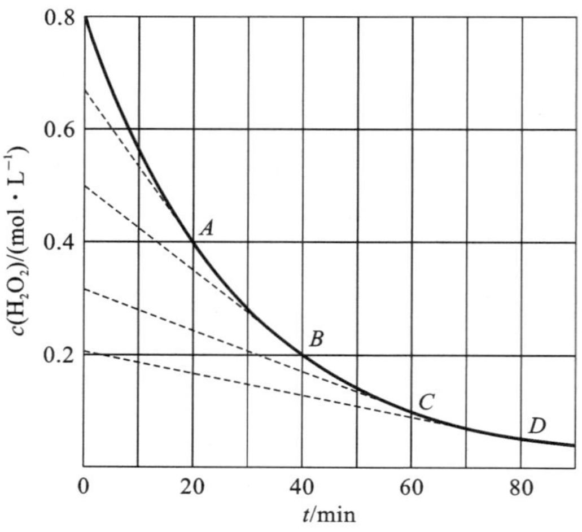

图 8-1　H_2O_2 分解的浓度-时间(c-t)曲线

化学反应的瞬时速率(instantaneous rate)能确切地反映出化学反应在每一时刻的化学反应速率,它是时间间隔 Δt 趋近于零时平均速率的极限值。即

$$v=\lim_{\Delta t\to 0}\frac{-\Delta c(H_2O_2)}{\Delta t}=-\frac{dc(H_2O_2)}{dt}$$

通常所说的化学反应速率均指瞬时速率,用作图法可以求得。

将表 8-1 内的 H_2O_2 浓度 $c(H_2O_2)$ 对时间 t 作图,即得图 8-1。图中 A、B、C、D 四个点分别表示 H_2O_2 分解过程中,在时间为第 20 min、第 40 min、第 60 min 和第 80 min 时的浓度,不难看出,瞬时速率实际上是反应进程中,某组分在某时刻 c-t 曲线上切线的斜率。图 8-1 所示的 c-t 曲线是变斜率曲线,表明 H_2O_2 分解的瞬时速率在每一时刻都不相同,比较表 8-1 内的数据也会发现 H_2O_2 的瞬时速率与平均速率差别显著。

二、浓度对化学反应速率的影响

(一) 化学反应速率方程

1. 速率方程　影响化学反应速率的因素有很多,反应物浓度是影响化学反应速率的主要因素之一。表示反应物浓度与化学反应速率之间定量关系的数学式,称为化学反应速率方程。对一般化学反应

$$a\text{A}+b\text{B}\longrightarrow d\text{D}+e\text{E}$$

其速率方程为

$$v=kc^{\alpha}(\text{A})c^{\beta}(\text{B}) \tag{8-3}$$

Note

式中,各浓度项的指数 α、β 均由实验确定。

【例 8-1】　在 1073.15 K 时,测定反应 $2NO(g)+2H_2(g)\longrightarrow N_2(g)+2H_2O(g)$ 生成 N_2 的速

率，数据见表 8-2。试根据表 8-2 中的数据确定该反应的速率方程。

表 8-2 NO 与 H_2 的反应速率(1073.15 K)

实验序号	起始浓度/($mol \cdot L^{-1}$)		生成 N_2 的初始速率/($mol \cdot L^{-1} \cdot min^{-1}$)
	$c(NO)$	$c(H_2)$	
1	6.0×10^{-3}	1.0×10^{-3}	3.20×10^{-3}
2	6.0×10^{-3}	2.0×10^{-3}	6.38×10^{-3}
3	6.0×10^{-3}	3.0×10^{-3}	9.59×10^{-3}
4	1.0×10^{-3}	6.0×10^{-3}	0.49×10^{-3}
5	2.0×10^{-3}	6.0×10^{-3}	1.98×10^{-3}
6	3.0×10^{-3}	6.0×10^{-3}	4.42×10^{-3}

解：比较 1～3 号实验数据可知，若 $c(NO)$保持不变，当 2 号和 3 号实验中 $c(H_2)$分别增加到 1 号实验的 2 倍和 3 倍时，相应的化学反应速率也分别增加到 2 倍和 3 倍，可见化学反应速率与 $c(H_2)$成正比。同样，比较 4～6 号的实验数据也会发现，当 $c(H_2)$保持不变而只改变 $c(NO)$时，化学反应速率与 $c^2(NO)$成正比。因此，该反应的速率方程应为

$$v=kc^2(NO)c(H_2)$$

实际上，当一个化学反应发生时，一般正、逆反应同时进行，严格来说，研究化学反应速率也应将逆反应的化学反应速率考虑在内。然而，纳入逆反应速率时，处理具体问题就比较复杂，而且，逆反应的化学反应速率在反应开始时很慢，因此，忽略逆反应速率不仅可使问题大大简化，与实际情况也比较符合。上述例题中，就是忽略逆反应速率，把反应开始时的速率定为化学反应速率，并确定出反应的速率方程，此为初始速率法。

在确定一个化学反应的速率方程时，应注意如下几点。

(1) 只能根据实验事实确定反应的速率方程，而不能由化学反应方程式直接写出速率方程。

(2) 当反应物为纯固态、纯液态物质时，它们的浓度不写入速率方程中。例如，反应

$$C(s)+O_2(g) \longrightarrow CO_2(g)$$

该反应的速率方程为 $v=kc(O_2)$。O_2 只在固体 C 的表面进行反应，而反应体系内固体物质的表面积基本是一个常数，反应速率与 C(s)的浓度无关。

(3) 若溶剂也参与反应，且反应物为稀溶液时，可认为溶剂的浓度是几乎不变的常数，故溶剂浓度也不写入速率方程中。例如，稀的蔗糖溶液水解反应

$$C_{12}H_{22}O_{11}(\text{蔗糖})+H_2O \longrightarrow C_6H_{12}O_6(\text{葡萄糖})+C_6H_{12}O_6(\text{果糖})$$

该反应的速率方程为 $v=k'c(C_{12}H_{22}O_{11})c(H_2O)=k'c(C_{12}H_{22}O_{11})$

2. 速率常数与反应级数 速率方程中的系数 k 称为速率常数(rate constant)，它与反应物浓度无关，只与反应的本性及反应温度有关，其值可通过实验测定。

在相同反应条件下，反应的速率常数越大，表示该反应的化学反应速率越大。k 在数值上等于各反应物浓度均为 1 $mol \cdot L^{-1}$时的化学反应速率，故速率常数又称为反应的比速率，这也是速率常数的物理意义。通常，速率方程的一般式为

$$v = kc^n \tag{8-4}$$

式中，k 的量纲是[浓度]$^{1-n}$ · [时间]$^{-1}$；n 为总反应的反应级数(reaction order)，为各反应物的反应级数之和，如式(8-3)中，$n=\alpha+\beta$，其中 α 是反应物 A 的反应级数，β 是反应物 B 的反应级数。

化学反应通常根据其速率方程按反应级数分类。如式(8-3)中，$\alpha+\beta=0$，则为零级反应；$\alpha+\beta$

Note

=1,则为一级反应;以此类推。一般而言,反应级数均指总反应级数。反应级数可以是正整数,也可以是分数或负数。有的化学反应速率与反应物浓度之间甚至呈现复杂的函数关系。

(二) 具有简单反应级数的化学反应速率方程及其特征

1. 一级反应 一级反应(first-order reaction)是化学反应速率与反应物浓度的一次方成正比的反应。速率方程为

$$v = -\frac{dc(A)}{dt} = kc(A)$$

反应开始时,$t=0$,反应物 A 的起始浓度为 $c_0(A)$;当反应进行到 t 时刻时,反应物 A 的浓度为 $c(A)$。按上式将反应物浓度 $c(A)$和相对应的反应时间 t 分别定积分

$$\int_{c_0}^{c}\left(-\frac{dc}{dt}\right) = \int_{0}^{t} k \cdot dt$$

得

$$\ln c(A) - \ln c_0(A) = -kt \qquad (8\text{-}5)$$

或

$$\lg c(A) - \lg c_0(A) = -\frac{kt}{2.303}$$

式(8-5)为一级反应的反应物浓度 $c(A)$与反应时间 t 的关系式。

根据式(8-5),以 $\ln c(A)$对 t 作图,由直线的斜率可得速率常数 k,一级反应速率常数 k 的量纲为[时间]$^{-1}$。

反应物浓度降到初始浓度的一半所需要的时间称为该反应的半衰期(half-life),用 $t_{1/2}$ 表示,此时,$c(A)=\frac{c_0(A)}{2}$。反应的半衰期也是衡量化学反应速率的重要参数。显然,半衰期越长,化学反应速率越小。

将 $c(A)=\frac{c_0(A)}{2}$代入式(8-5)中可得到一级反应的半衰期

$$t_{1/2} = \frac{0.693}{k} \qquad (8\text{-}6)$$

由式(8-6)可见,一级反应的半衰期是一个与反应物初始浓度无关的常数。

一级反应的实例很多,例如,放射性元素的蜕变反应、大多数的热分解反应、多数药物在体内的代谢过程、分子内部的重排反应及异构化反应等,都属于一级反应。有些反应与低浓度蔗糖溶液的水解反应类似,本身是二级反应,但因蔗糖浓度较低,而 H_2O 既是另一反应物又是溶剂,在反应中其浓度的改变极微,故可视为常数,因而,反应实际上符合一级反应的特点,此类反应称为准一级反应(pseudo-first-order reaction)。

2. 二级反应 二级反应(second-order reaction)是化学反应速率与反应物浓度的二次方成正比的反应。二级反应的半衰期与反应物的初始浓度有关。在溶液中进行的许多有机化学反应,如加成反应、水解反应、取代反应等,都属于二级反应。

3. 零级反应 零级反应(zero-order reaction)是化学反应速率与反应物浓度的零次方成正比的反应,即零级反应的化学反应速率与反应物的浓度无关,也就是说零级反应的化学反应速率为常数。零级反应的半衰期与反应物的初始浓度有关。常见的零级反应是那些在固体表面发生的化学反应。例如,NH_3 在金属催化剂钨(W)的表面进行分解反应时,先吸附在 W 表面的活性中心,再分解,接着产物脱离 W 的表面,反应完成。由于 W 表面的活性中心有限,因此化学反应速率实际上与活性中心的多寡有关,活性中心被 NH_3 占满后,即使增加 NH_3 的浓度,也不会对化学反应速率有影响,故表现出零级反应的特征。

Note

有些半衰期短的药物在使用时需要频繁给药,若用特殊技术制成缓释药物,所添加的辅料能

携带药物在体内缓慢地分时溶解，就能使药物在体内的释药速率在相当长的时间范围内相对恒定，在体内长时间维持有效的药物浓度，这也属于零级反应。例如，对于激素类药物，用生物不能降解的硅橡胶制成小棒的形状，腔内放置激素类药物并植入皮下，就能缓释药物 4～6 年，避免频繁给药。具有零级反应特征的缓控释制剂特别适合需长期服药的慢性病患者。

（三）化学反应速率理论简介

不同化学反应的速率千差万别，这是由反应物分子内部结构所决定的，反应物分子内部结构是影响化学反应速率的内因。前人借助化学反应动力学和分子结构的知识，研究和了解化学反应是如何发生的、反应发生时的速率大小，明确反应物转化为产物时，实际所经历的中间过程及每一个具体的反应步骤，并确定其反应机制等，提出了化学反应速率理论，较成熟的化学反应速率理论有反应的碰撞理论和过渡态理论。

1. 碰撞理论与活化能

(1) 弹性碰撞与有效碰撞。碰撞理论(collision theory)认为，反应物分子相互碰撞是发生化学反应的前提，当相互碰撞的反应物分子具有足够的动能，并且它们具有合适的空间取向时，反应物分子内的化学键才能重组，从而完成反应物分子内化学键的削弱、断裂，以及产物分子内化学键的逐渐形成这一过程。

反应物的状态对化学反应速率的影响比较明显。气相反应中，反应物分子间的碰撞非常容易发生；对于在溶液中进行的反应，为加快反应物分子间的碰撞，快速搅拌是增大化学反应速率的有效方法；当有固体参与反应时，气体或溶液中的反应物分子在固体的表面与之接触而完成反应，把固体物质粉碎成很细的颗粒，能大大增大固体的面积，也将使相应的化学反应速率显著增大。

实验表明，在 20 ℃及 101.3 kPa 时，1 mol N_2 和 1 mol O_2 间的碰撞频率达到每秒约 10^{27} 次，但只产生极微量的 NO。这意味着反应物分子之间的大部分碰撞并不能导致反应发生，只有很少数的碰撞才能使反应发生并得到产物。

在碰撞理论中，能发生反应的碰撞称为有效碰撞(effective collision)，而不发生反应的碰撞称为弹性碰撞(elastic collision)。

能发生有效碰撞的那些反应物分子必须具备两个条件：一是反应物分子要有足够的动能，这样它们才能克服分子之间的排斥力而互相充分接近；二是碰撞时要有合适的方位，或称恰当的取向。如图 8-2 所示的反应：

$$CO(g)+H_2O(g)\rightleftharpoons H_2(g)+CO_2(g)$$

如果分子碰撞时方位不恰当，即使分子具有的动能再高，反应也不会发生，如图 8-2(a)所示。当有足够动能的 CO 与 H_2O 分子碰撞时，O、C、O 三个原子必须处于一条直线上，与将要形成的键角为 180°的直线形 CO_2 分子恰好一致的那一刻，CO 与 H_2O 分子间发生的才是有效碰撞，才能发生化学反应并形成产物 CO_2 和 H_2，如图 8-2(b)所示。

(2) 活化分子与活化能。反应物分子中具有较大动能并能够发生有效碰撞的分子称为活化分子(activated molecule)，活化分子只是反应物分子总数中的一部分。活化分子具有的最低动能(E')与反应物分子的平均动能($\overline{E}$)之差，称为化学反应的活化能(activation energy)，用 E_a 表示。即

$$E_a=E'-\overline{E}$$

在一定温度下，气体分子具有一定的平均动能，但并非每一个分子的动能都一样，由于碰撞等原因，分子间不断进行着动能的重新分配，每个分子的动能并不固定在一定值。因此，每一个分子的运动速率是不同的。我们虽无法准确知道某个分子在某一瞬间的速率有多大，但可以用统计的方法认识分子运动的规律。从统计的观点看，具有一定动能的分子数目是不随时间改变

Note

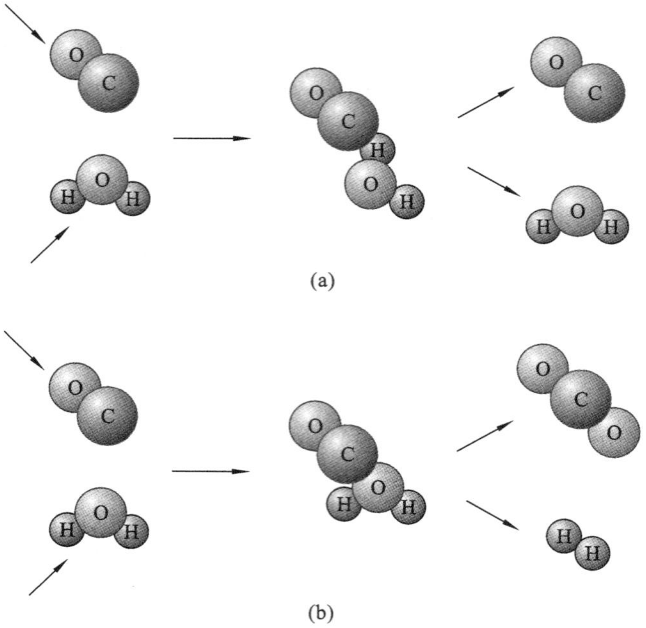

图 8-2　分子碰撞示意图

(a)弹性碰撞;(b)有效碰撞

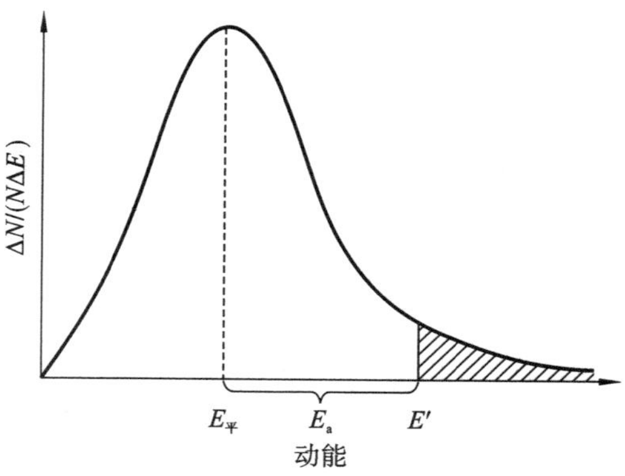

图 8-3　气体分子的能量分布曲线

的。假设分子的动能为 E,ΔE 为动能间隔,N 为分子总数,ΔN 为具有动能 E 和 $E+\Delta E$ 区间的分子数。以分子的动能 E 为横坐标,以具有一定动能间隔(ΔE)的分子分数($\Delta N/N$)与能量间隔之比($\Delta N/(N\Delta E)$)为纵坐标作图,即得一定温度下气体分子的能量分布曲线,见图 8-3。

由图 8-3 可以看出,E_a 是大于零的物理量,是在一定温度范围内基本不随温度而变化的常数,其量纲为 $kJ \cdot mol^{-1}$。

若在横轴上取一定的动能间隔(ΔE),则 $\Delta N/(N\Delta E)$与 ΔE 之积为 $\Delta N/N$,就是动能在 E 和 $E+\Delta E$ 区间内的分子数占整个分子总数的比率。能量分布曲线下的总面积是分子分数的总和,其值等于 1。相应地,E'右边阴影部分的面积与整条曲线下总面积之比,是反应物分子中活化分子数在总反应物分子数中所占的比率,即活化分子分数,用 f 表示。

统计热力学证明,分子的能量分布符合 Maxwell-Boltzmann 分布,活化分子分数 f 为

$$f = e^{-E_a/RT} \tag{8-7}$$

式中,E_a 为活化能;R 为气体常数;T 为热力学温度;这 3 个因子的值都大于零。一定温度下化学反应速率主要受活化能的影响。活化能越小,则活化分子数越多,化学反应速率就越大。不同化学反应具有不同的活化能,这是各化学反应速率不同的内在原因。

化学反应的活化能多与化学键断裂所需的能量相近,为 40～400 $kJ \cdot mol^{-1}$,一般反应的活化能为 60～250 $kJ \cdot mol^{-1}$。活化能小于 40 $kJ \cdot mol^{-1}$的化学反应速率通常极大;当活化能高于 400 $kJ \cdot mol^{-1}$时,化学反应速率极小。

对于一般的化学反应,当增加反应物浓度时,化学反应速率就会增大。其实质就是增加了反

Note

应物分子中的活化分子数。

从以上讨论可知，碰撞理论比较直观地描述了反应物分子之间通过有效碰撞转化为产物的一般过程。

2. 过渡态理论 碰撞理论仅简单地把分子当成没有内部结构的刚性球处理，而忽略了分子结构实际上具有复杂的多样性的事实。因此，对于有些化学反应，碰撞理论常常不能给予合理的解释。过渡态理论(transition state theory)从反应过程中反应物分子势能变化的角度，对反应为何具有不同的速率做出了更为合理的解释。

(1) 活化络合物。过渡态理论认为，反应物分子的形状和内部结构的变化，不是仅在碰撞的一瞬间才发生的，而是在彼此相互靠近时就已经开始。在化学反应过程中，反应物原有的化学键逐渐削弱直至断裂；产物的新化学键逐渐形成直至稳定，反应过程中产生了一个被称为活化络合物(activated complex)的过渡态物质，简称过渡态。活化络合物很不稳定，可以进一步转化为产物，也可以分解成原来的反应物。

通常，在反应过程中，活化络合物能与反应物较快地建立起平衡，而转化为产物的速率则较小。因此，化学反应速率基本上是由活化络合物转化为产物的快慢来决定的。

例如，A 与 BC 反应生成 AB 和 C 的过程可表示为

$$\mathrm{A+B{-}C \rightleftharpoons [A\cdots B\cdots C]^{\neq} \longrightarrow A{-}B+C}$$

当具有较高动能的 A 原子沿 B—C 键轴逐渐接近 B—C 分子时，随着它们之间距离的缩短，分子的动能逐渐转变成分子内的势能，B—C 分子中原有的化学键开始拉长、削弱，A 原子与 B 原子之间逐渐开始生成新 A—B 键。而在这个过程完成之前，系统形成一个过渡态[A…B…C]，此时 B—C 键尚未完全断开，A—B 键又未完全形成，即形成活化络合物，并进一步形成产物。

(2) 活化能与反应热。活化络合物具有的能量比反应物分子和产物分子具有的能量都高，因而很不稳定，比反应物分子的平均能量高出的那部分，就是反应的活化能(E_a)。

若产物分子的平均能量比反应物分子的平均能量低，多余的能量将在反应过程中以热的形式放出，这样的反应为放热反应；反之，则是吸热反应。等压反应过程的能量变化如图 8-4 所示。由图 8-4 可知，活化能犹如一个反应的能垒(energy barrier)，它是从反应物转化为产物过程中的能量障碍，反应物分子必须具有足够的能量才能越过这个能垒，形成活化络合物，进而转化为产物。

图 8-4 中，产物的势能低于反应物的势能，其差值就是该等压反应的反应热($\Delta_r H_m$)。如果反应逆向进行，即反应物为 A—B 与 C，活化能为 E_a'($>E_a$)，A—B 与 C 反应时，经过与正反应相同的中间过渡态，并转化为 A 和 B—C，逆反应是吸热反应。显然，逆反应吸收的热与正反应释放的热一样多，即等压反应热等于正反应的活化能与逆反应的活化能之差。

$$\Delta_r H_m = E_a - E_a' \tag{8-8}$$

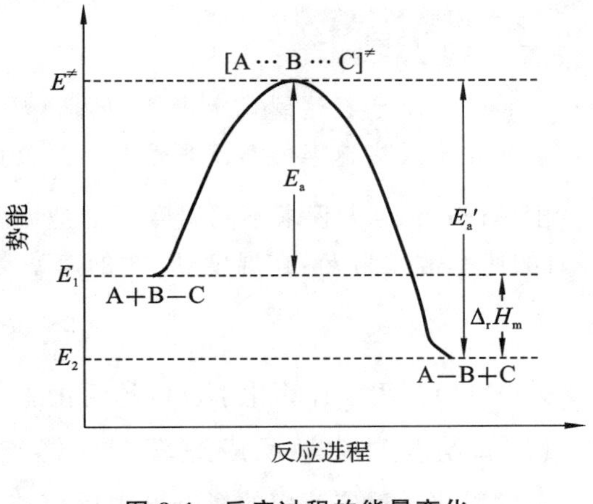

图 8-4 反应过程的能量变化

过渡态理论沿用碰撞理论中活化能的概念，进一步从反应的微观过程及反应过程中的能量这两个方面说明化学反应速率。实际上，活化络合物的“寿命”极短，用先进的激光技术才能确证它的存在并了解其结构。

问题与思考8-1

如果一个化学反应中反应物分子的平均能量高于其产物分子的平均能量，反应是否不需要克服能垒就可以进行？为什么？

扫码看答案

三、温度对化学反应速率的影响

1884 年，van't Hoff 根据实验结果归纳出一个近似规则：温度每升高 10 K，化学反应速率增大到原来的 2～4 倍。温度对化学反应速率的影响实质上是温度对速率常数的影响。

(一) 温度与速率常数的关系——Arrhenius 方程

温度对化学反应速率的影响非常显著。1889 年，Arrhenius 提出了速率常数 k 与反应温度 T 的关系，即 Arrhenius 方程：

$$k = Ae^{-E_a/RT} \tag{8-9}$$

或

$$\ln k = -\frac{E_a}{RT} + B \tag{8-10}$$

式中，A 为指前因子，是几乎不随温度变化的常数，它与反应物的碰撞频率和碰撞时分子的方位有关，通常它的值较难测定。

从 Arrhenius 方程可得出下列推论。

(1) 对任意化学反应，$e^{-E_a/RT}$ 随 T 升高而增大，表明温度升高时，速率常数 k 增大，化学反应速率增大。

(2) 相同温度下比较不同的化学反应，E_a 越大的反应，$e^{-E_a/RT}$ 越小，其 k 也越小。即活化能越大，其化学反应速率越小。

(3) 温度的改变对不同化学反应速率的影响程度不同。由式(8-10)可知，$\ln k$ 与 $1/T$ 呈直线关系，斜率为 $-E_a/R$。故 E_a 越大，直线斜率越小。即当温度变化相同时，E_a 较大的反应，k 的变化也较大。表明改变相同的温度，对具有较大活化能的反应速率影响较大。

应该注意到，前所述及的化学反应速率均指单向反应的速率，而许多化学反应实际上是正向和逆向都能进行的可逆反应，受温度影响，正、逆向反应同时加速，直到反应最终达到化学平衡。

问题与思考8-2

一个已经达到化学平衡的可逆反应，会因为反应温度的改变而使平衡移动。如何从化学反应速率的角度理解化学平衡的这种移动？

扫码看答案

由 Arrhenius 方程求不同温度下的速率常数时，常用两点法消去指前因子 A。假设在温度 T_1 时的速率常数为 k_1，在温度 T_2 时的速率常数为 k_2，代入式(8-10)并相减得

$$\ln\frac{k_2}{k_1} = \frac{E_a}{R}\left(\frac{T_2 - T_1}{T_1 T_2}\right) \tag{8-11}$$

式(8-11)常用于计算化学反应的活化能，以及求不同温度时的速率常数。

(二) 温度对化学反应速率产生影响的原因

温度对化学反应速率的影响可用反应速率理论进行解释。当温度升高时，分子的运动速率增大，从而导致反应物分子之间的碰撞次数增多，化学反应速率增大。但计算发现，温度每升高 10 K，分子间的碰撞次数仅增加 2%左右，显然分子间碰撞次数的增多不是化学反应速率增大的主要原因。温度升高，化学反应速率增大的主要原因是温度升高必然使一些动能较低的反应物

Note

分子吸收能量成为活化分子，使活化分子分数增大，有效碰撞分子的分数增大，因此化学反应速率增大。

Arrhenius 方程体现了反应温度与速率常数的关系，实际上，温度是通过影响速率常数来影响化学反应速率的。

图 8-5 所示为反应物分子的能量在不同温度下分布情况的变化。温度升高时，曲线明显右移、峰高降低，表明分子的平均动能增加，具有平均动能分子的分数下降；而图 8-5 中的阴影区域表示活化分子分数显著增大，这将导致反应物分子间的有效碰撞增多。因此，当温度升高时，活化分子分数的大大增大是化学反应速率增大的重要原因。

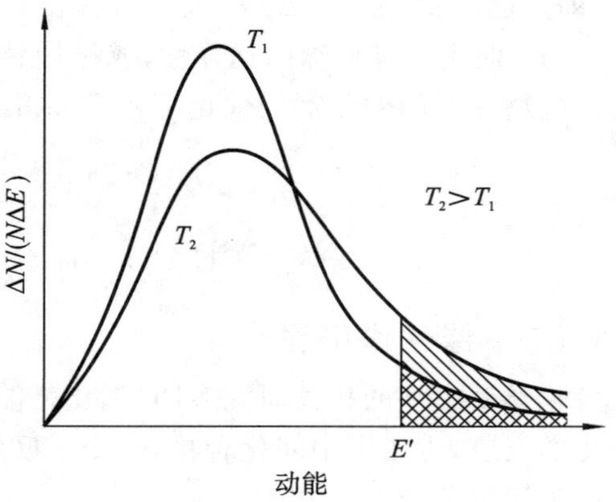

图 8-5　反应物分子的能量在不同温度下的分布情况

其实，温度的升高与活化分子分数的增大程度之间有比较确定的关系。假设某反应的活化能 $E_a=100\ \text{kJ}\cdot\text{mol}^{-1}$，当反应温度由 298 K 升至 308 K 时，由式(8-7)可知

$$\frac{f_{308}}{f_{298}}=\frac{e^{-\frac{E_a}{8.314\times308}}}{e^{-\frac{E_a}{8.314\times298}}}=3.7$$

这表明活化分子分数增大到原来的 3.7 倍。由式(8-11)计算的化学反应速率也将相应增大 3.7 倍。此时反应物分子的平均动能仅增加 3%。可以看出，升高温度时分子平均动能的增加很少，但活化分子增加较多。

四、催化剂对化学反应速率的影响

（一）催化剂与催化作用

常温常压下将氢和氧混合，并不发生反应。但若加入少许铂粉或铂片，氢和氧便马上反应生成水，而铂本身的质量和化学组成没有变化。这里的铂就是氢和氧化合生成水的一种催化剂。

根据国际纯粹与应用化学联合会(IUPAC)的建议，那些存在量较少但能显著改变化学反应速率，而其本身在反应中并无损耗的物质称为催化剂(catalyst)。催化剂的这种改变化学反应速率的作用称为催化作用(catalysis)。有些催化剂能增大化学反应速率，这类催化剂称为正催化剂；而有些催化剂能减小化学反应速率，这类催化剂称为负催化剂，也常称为阻化剂或抑制剂。人们通常所说的催化剂，如果没有加以说明，都是指正催化剂。在实际工作中，并非所有的化学反应速率都要增大，如防止储存的过氧化氢分解、防止橡胶和塑料氧化、防止药物变质等，都需要加入一些抑制剂以减小化学反应速率。

有些反应的某个产物就是反应的催化剂，也称自身催化剂，一旦有产物生成，就会使化学反应速率明显增大，这一现象称为自身催化。例如，$KMnO_4$ 在酸性溶液中与草酸($H_2C_2O_4$)反应，其反应式为

$$2KMnO_4+3H_2SO_4+5H_2C_2O_4 \rightleftharpoons 2MnSO_4+K_2SO_4+8H_2O+10CO_2\uparrow$$

开始时，反应处于较慢的诱导期，一旦生成 Mn^{2+}，反应就自动加速，Mn^{2+} 就是该反应的自身催化剂。

催化剂具有以下基本特点。

(1) 催化作用是化学作用。催化剂参与化学反应，并在生成产物的同时再释放出来，因此在化学反应发生前后，其质量和化学组成不变，但某些物理性质可能会有变化。例如，MnO_2 在催化 $KClO_3$ 分解放出 O_2 反应后，虽仍为 MnO_2，但已由晶体变为粉末。

Note

(2) 参与反应的催化剂在短时间内能随着产物的不断生成而多次反复再生，因此，少量催化剂就能对反应起显著的催化作用。

(3) 在可逆反应中，催化剂能够同等程度地催化正、逆向化学反应。催化剂能够缩短反应达到化学平衡的时间，但不能使化学平衡发生移动，更不能改变化学反应的方向和反应的平衡常数，即不能改变反应的 $\Delta_r G_m$ 或 $\Delta_r G_m^{\ominus}$。

(4) 催化剂有特殊的选择性，或称特异性。一种催化剂通常只能催化一种或一类反应，相同的反应物在不同催化剂的催化下还可以得到不同的产物。例如：

$$CH_3CH_2OH \xrightarrow[200\sim250\ ℃]{Cu} CH_3CHO + H_2O$$

$$CH_3CH_2OH \xrightarrow[250\sim300\ ℃]{Al_2O_3} CH_2{=}CH_2 + H_2O$$

(二) 催化作用理论

化学动力学的相关研究表明，催化剂能够增大化学反应速率的根本原因，是由于催化剂参与了化学反应，生成了中间化合物，改变了反应途径，降低了反应的活化能，从而使更多的反应物分子成为活化分子。

如图 8-6 所示，化学反应 $A+B \longrightarrow AB$，在无催化剂时沿途径(1)进行，活化能为 E；加入催化剂 C 后，反应沿途径(2)分如下两步进行：

$$A+C \longrightarrow [AC]$$

$$[AC]+B \longrightarrow AB+C$$

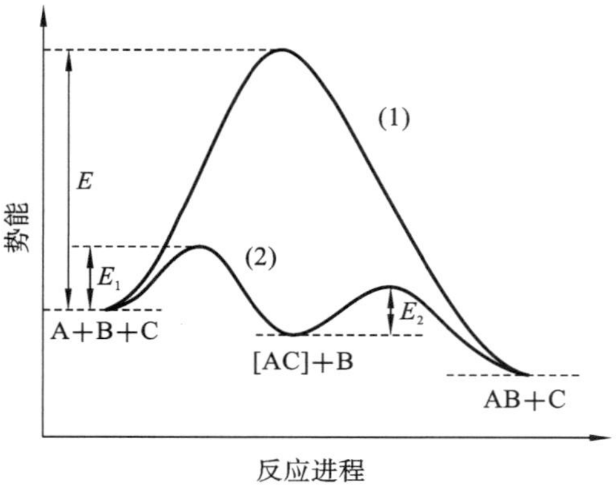

图 8-6　催化剂降低反应活化能的示意图

途径(2)中两个步骤的反应活化能分别为 E_1 和 E_2，均小于途径(1)时的活化能 E，所以化学反应速率增大。从图 8-6 还可以看出，有催化剂时，正、逆反应的活化能同等程度地降低，即逆反应同样得到加速。

图 8-6 形象地说明了有催化剂存在时，由于改变了反应途径，反应沿着一条活化能低的“捷径”进行，因而化学反应速率增大。例如 HI 的分解反应，若反应在 503 K 进行，无催化剂时 E_a 是 184 kJ · mol^{-1}。以 Au 为催化剂时 E_a 降低至 104.6 kJ · mol^{-1}。由于活化能降低约 80 kJ · mol^{-1}，故化学反应速率增大约1000万倍。

催化剂改变反应机制的方式十分复杂，虽然已进行了大量的研究工作，但目前对许多反应的机制仍然不是非常清楚，已经明确反应机制的，可概括分为均相催化和多相催化两类。

1. 均相催化理论——中间产物学说　催化剂与反应物形成均相体系的催化作用称为均相催化(homogeneous catalysis)。在液相或气相中进行的催化反应多属于均相催化反应。例如，I^- 催化 H_2O_2 溶液分解的反应：

$$H_2O_2(aq) \xrightarrow{I^-} H_2O(l) + \frac{1}{2}O_2(g)$$

其具体过程为

(1) $H_2O_2(aq) + I^-(aq) \longrightarrow H_2O(aq) + IO^-(aq)$；

(2) $IO^-(aq) + H_2O_2(aq) \longrightarrow H_2O(l) + O_2(g) + I^-(aq)$。

IO^- 就是催化反应的中间产物。在无催化剂存在的情况下，反应的活化能约为 75.3 kJ ·

Note

mol^{-1}；加入催化剂后，反应的活化能降为 56.6 $kJ \cdot mol^{-1}$。在这类催化反应中，因形成了含有催化剂的中间产物而改变了反应的途径，活化能降低了，最终使化学反应速率增大，这种理论称为中间产物学说。

酸、碱催化的反应是溶液体系中常见的均相催化反应，例如，蔗糖的水解反应、淀粉的水解反应等，H_3O^+ 或 OH^- 都可以作为这类反应的催化剂。酸、碱催化的特点在于，催化过程中 H^+ 发生了转移，因为 H^+ 是一个半径很小的正电荷，故其电场强度大，容易接近其他分子中电子云密度较高的部分，又不易受对方电子云的排斥，这个过程需要的活化能往往较小，因此，易与反应物分子形成新的化学键（中间产物）而起到催化作用。有些反应既能被酸催化，也能被碱催化。例如，许多药物的稳定性与溶液的酸碱性有关，主要就是这个原因。

2. 多相催化理论——活性中心学说 自成一相的固相催化剂与反应物构成非均相体系的催化作用，称为多相催化（heterogeneous catalysis）。多相催化反应通常在催化剂表面进行，固相催化剂的特点在于其表面结构的不规则性和化学价力的不饱和性。固相催化剂表面的超微结构凹凸不平，在棱角处及表面不规则处的化学价力不饱和，因此，其能吸附反应物并发生化学反应，这种比较稳定的、不易可逆的、选择性大的化学吸附，使反应物分子的化学键松弛，失去正常的稳定状态，从而转变为新物质，即产物。这个过程的活化能大大低于未催化时的活化能，因而化学反应速率更大。催化剂表面那些易于发生化学吸附的部位称为活性点（active point），因此这种理论也称为活化中心学说。

由于不同催化剂活化中心的几何排布不同，其化学价力的不饱和程度也不同，因而，不同的固相催化剂对不同的化学反应呈现不同的催化活性，体现出催化剂特殊的选择性。例如，合成 NH_3 的反应，用 Fe 作催化剂，首先气相中的反应物 N_2 分子被 Fe 的活化中心吸附，N_2 分子的化学键减弱、断裂、解离成 N 原子之后，气相中的 H_2 分子与 N 原子反应，生成 NH_3。此过程可简略表示为

$$N_2 + 2Fe \longrightarrow 2N \sim Fe$$

$$2N \sim Fe + 3H_2 \longrightarrow 2NH_3 + 2Fe$$

多相催化比均相催化复杂得多，多相催化机制的理论也很多，但均有其局限性，因此，有关催化的理论依然在不断发展与完善。

第二节 化学平衡

化学热力学从能量的角度解决了化学反应发生的可行性问题，但人们还需要知道反应会进行到什么程度，以及在特定的条件下，人们在利用某个反应制备产物时，反应物转变为产物的最大限度等问题。如工业上用氢气和氮气合成氨气，总希望借助化学热力学原理，找到合理可行的路线，并在此基础上通过控制反应物的浓度、压力、温度等条件，尽可能提高反应物的转化率。上述问题都涉及化学平衡。

一、化学平衡与标准平衡常数

（一）化学平衡

绝大多数化学反应可以正向进行也可以逆向进行，即所谓**可逆反应**（reversible reaction），这是化学平衡能够存在的内因。不同的是，有的反应正向自发进行的趋势大，有的反应逆向自发进行的趋势大，因此不同反应的平衡常数相差悬殊。

Note

对于在封闭系统中进行的化学反应，随着时间的推移，反应物的浓度不断减小，正反应速率减小，同时产物的浓度不断增大，逆反应速率增大。到某一特定时刻，正反应速率与逆反应速率相等，反应物和产物的浓度不再随时间而变化，反应处于一种动态平衡状态，即**化学平衡**，反应物已最大限度地转化为产物，这也是化学反应进行的限度。当外界条件发生变化时，化学平衡就会发生移动。

（二）标准平衡常数

根据化学反应等温方程式

$$\Delta_r G_m = \Delta_r G_m^{\ominus} + RT\ln Q$$

在等温等压、不做非体积功的条件下，当反应达到平衡时，反应系统的 Gibbs 自由能变 $\Delta_r G_m = 0$，反应商 Q 用 $K^{\ominus}$ 表示，则有

$$\Delta_r G_m^{\ominus} + RT\ln K^{\ominus} = 0$$

$$\Delta_r G_m^{\ominus} = -RT\ln K^{\ominus} \qquad (8\text{-}12)$$

式(8-12)也称为化学反应的等温方程式，其中 $K^{\ominus}$ 称为标准平衡常数(standard equilibrium constant)。由式(8-12)可以看出，标准平衡常数与反应温度有关，与反应体系中各组分的浓度或分压无关。$K^{\ominus}$ 值越大，则 $\Delta_r G_m^{\ominus}$ 越小，化学反应正向自发进行得越彻底，因此 $K^{\ominus}$ 是在一定温度下，化学反应能够进行的最大限度的量度。

对于任一化学反应

$$a\text{A(aq)} + b\text{B(g)} \rightleftharpoons d\text{D(aq)} + e\text{E(g)}$$

$K^{\ominus}$ 的表达式为

$$K^{\ominus} = \frac{([\text{D}]/c^{\ominus})^d (p_{\text{E}}/p^{\ominus})^e}{([\text{A}]/c^{\ominus})^a (p_{\text{B}}/p^{\ominus})^b} \qquad (8\text{-}13)$$

式中，[A]和[D]分别表示反应物 A 和产物 D 的平衡浓度；p_E 和 p_B 分别表示气体反应物 B 和产物 E 的平衡分压，$c^{\ominus} = 1\ \text{mol} \cdot \text{L}^{-1}$，$p^{\ominus} = 100\ \text{kPa}$。$K^{\ominus}$ 的量纲为 1。

在书写标准平衡常数表达式时，应该注意以下几点。

(1) 对于纯固体或纯液体的反应物或产物，不写入表达式中，如

$$\text{CaCO}_3\text{(s)} \rightleftharpoons \text{CaO(s)} + \text{CO}_2\text{(g)}$$

$$K^{\ominus} = p(\text{CO}_2)/p^{\ominus}$$

固体 $CaCO_3$ 和 CaO 不写入表达式。

(2) 对于在稀溶液中进行的反应，若溶剂参与反应，由于溶剂的量很大，反应前后其浓度改变很小，可以看成一个常数，故也不写入表达式中，如

$$\text{HAc(aq)} + \text{H}_2\text{O(l)} \rightleftharpoons \text{H}_3\text{O}^+\text{(aq)} + \text{Ac}^-\text{(aq)}$$

$$K^{\ominus} = \frac{\{[\text{H}_3\text{O}^+]/c^{\ominus}\}\{[\text{Ac}^-]/c^{\ominus}\}}{\{[\text{HAc}]/c^{\ominus}\}}$$

(3) $K^{\ominus}$ 的表达式及数值与反应方程式的写法有关，如

$$\text{N}_2\text{(g)} + 3\text{H}_2\text{(g)} \rightleftharpoons 2\text{NH}_3\text{(g)}$$

$$K_1^{\ominus} = \frac{[p(\text{NH}_3)/p^{\ominus}]^2}{[p(\text{N}_2)/p^{\ominus}][p(\text{H}_2)/p^{\ominus}]^3}$$

若反应式写成

$$\frac{1}{2}\text{N}_2\text{(g)} + \frac{3}{2}\text{H}_2\text{(g)} \rightleftharpoons \text{NH}_3\text{(g)}$$

$$K_2^{\ominus} = \frac{p(\text{NH}_3)/p^{\ominus}}{[p(\text{N}_2)/p^{\ominus}]^{\frac{1}{2}}[p(\text{H}_2)/p^{\ominus}]^{\frac{3}{2}}}$$

$K_1^{\ominus}$ 和 $K_2^{\ominus}$ 数值不同，它们之间的关系为 $K_1^{\ominus} = (K_2^{\ominus})^2$。由此可知，若反应方程式的配平系数减

Note

小为 $1/n$，反应的标准平衡常数将变成$(K^{\ominus})^n$，标准平衡常数与反应方程式是一一对应的关系。这是因为 $\Delta_r G_m^{\ominus}$是指在标准状态下，反应进度 ξ 等于 1 mol 的自由能变，且反应进度与反应方程式的写法有关，故由式(8-12)得出的 $K^{\ominus}$与反应方程式的写法也有关。

（三）实验平衡常数

虽然可逆反应的平衡常数可以通过热力学定义，但热力学数据归根结底是通过实验获得的，所以平衡常数也是间接通过实验获得的。而且，通过实验测定平衡常数也是获得一些热力学数据的重要方法。

对于任意可逆化学反应

$$aA + bB \rightleftharpoons dD + eE$$

若反应在溶液中进行，则平衡时

$$K_c = \frac{[D]^d[E]^e}{[A]^a[B]^b} \tag{8-14}$$

对于有气体参加的化学反应

$$aA(g) + bB(g) \rightleftharpoons dD(g) + eE(g)$$

$$K_p = \frac{p_D^d p_E^e}{p_A^a p_B^b} \tag{8-15}$$

K_c 和 K_p 均为实验测得的平衡常数，故称为**实验平衡常数**（experimental equilibrium constant）或**经验平衡常数**（empirical equilibrium constant）。

实验平衡常数在教科书和文献中仍广泛应用。从式(8-14)和式(8-15)可知，当 $a+b=d+e$ 时，K_c 和 K_p 的量纲均为 1；若 $a+b \neq d+e$，则 K_c 和 K_p 的量纲不为 1，但一般不写出来。对于多相反应，平衡常数不是 K_c，也不是 K_p，一般直接用 K 表示。同一反应的 K_c 和 K_p 具有确定的关系。书写这类反应实验平衡常数的规则与标准平衡常数相同。

二、标准平衡常数的计算

（一）用标准平衡常数判断自发反应的方向

将式(8-12)代入等温方程式得

$$\Delta_r G_m = -RT\ln K^{\ominus} + RT\ln Q = RT\ln(Q/K^{\ominus}) \tag{8-16}$$

从式(8-16)可以看出，只要知道 Q 和 $K^{\ominus}$的数值或两者之比值，就可以判断非标准状态下化学反应自发进行的方向，即

如果 $Q < K^{\ominus}$，则 $\Delta_r G_m < 0$，反应正向自发进行；

如果 $Q > K^{\ominus}$，则 $\Delta_r G_m > 0$，反应逆向自发进行；

如果 $Q = K^{\ominus}$，则 $\Delta_r G_m = 0$，化学反应达到平衡。

因此，标准平衡常数 $K^{\ominus}$是衡量化学反应是否达到平衡的参照值。如 $Q \neq K^{\ominus}$就表明反应系统处于非平衡状态。Q 与 $K^{\ominus}$相差越大，反应正向或逆向自发进行的趋势就越大。

（二）标准平衡常数的计算

计算标准平衡常数有两种方法：一是通过反应物和产物的平衡浓度或分压计算标准平衡常数；二是通过热力学数据计算反应的标准平衡常数。

【例 8-2】 292 K 时，血红蛋白(Hb)与氧气反应 $Hb(aq) + O_2(g) \rightleftharpoons HbO_2(aq)$的标准平衡常数为 $K_1^{\ominus} = 85.5$。若在 292 K 时，空气中 $O_2(g)$的分压为 20 kPa，O_2 在水中的溶解度为 2.3×10^{-4} mol·L^{-1}，试求反应 $Hb(aq) + O_2(aq) \rightleftharpoons HbO_2(aq)$的标准平衡常数 $K^{\ominus}$和 $\Delta_r G_m^{\ominus}$。

解：在 292 K 时反应 $Hb(aq) + O_2(g) \rightleftharpoons HbO_2(aq)$的标准平衡常数为

Note

$$K_1^{\ominus}=\frac{[HbO_2(aq)]}{[Hb(aq)][p(O_2)/p^{\ominus}]}=\frac{[HbO_2(aq)]}{[Hb(aq)][20/100]}=85.5$$

可得$\frac{[HbO_2(aq)]}{[Hb(aq)]}=17.1$,代入可计算得292 K时反应$Hb(aq)+O_2(aq)\rightleftharpoons HbO_2(aq)$的标准平衡常数表达式:

$$K^{\ominus}=\frac{[HbO_2(aq)]}{[Hb(aq)][O_2(aq)]}=\frac{17.1}{2.3\times10^{-4}}=7.435\times10^4$$

根据式(8-12)可知

$$\Delta_r G_m^{\ominus}=-RT\ln K^{\ominus}=-8.314\times292\times\ln(7.435\times10^4)$$
$$=-27.24(kJ\cdot mol^{-1})$$

扫码看答案

问题与思考8-3

影响平衡常数和平衡转化率的因素分别有哪些?如何正确认识两者之间的关系?

三、化学平衡的移动

对于一个已经达到平衡的化学反应,如果外界条件发生变化,原来的平衡状态就会被破坏,可逆反应将在新的条件下再建立起新的平衡,反应体系中各物质的浓度或分压也会随之发生变化。这种由于反应条件的变化而使反应从一个平衡状态转变到另一个平衡状态的过程,称为**化学平衡的移动**(shift of chemical equilibrium)。

影响化学平衡移动的主要因素有浓度、压力、温度等。

(一)浓度对化学平衡移动的影响

根据化学反应等温方程式

$$\Delta_r G_m=-RT\ln K^{\ominus}+RT\ln Q=RT\ln(Q/K^{\ominus})$$

如果$Q=K^{\ominus}$,即$\Delta_r G_m=0$,反应达到平衡状态。如果增大反应物的浓度或减小产物的浓度,将使$Q<K^{\ominus}$,则$\Delta_r G_m<0$,反应将正向自发进行,直至再次建立新的平衡。如果增大产物的浓度或减小反应物的浓度,将使$Q>K^{\ominus}$,即$\Delta_r G_m>0$,反应将逆向自发进行,直至建立新的平衡。

【例8-3】 已知反应$CO_2(g)+H_2(g)\rightleftharpoons CO(g)+H_2O(g)$,在690 K时的$K^{\ominus}=0.10$。若$CO_2$和$H_2$的起始浓度分别为0.50 $mol\cdot L^{-1}$和0.050 $mol\cdot L^{-1}$,平衡时CO_2的转化率是多少?若CO_2和H_2的起始浓度均为0.50 $mol\cdot L^{-1}$,平衡时CO_2的转化率又是多少?

解:设反应达到平衡时[CO]和[H_2O]均为x。

	$CO_2(g)$ +	$H_2(g)$ $\rightleftharpoons$	$CO(g)$ +	$H_2O(g)$
起始浓度/($mol\cdot L^{-1}$)	0.50	0.050	0	0
平衡浓度/($mol\cdot L^{-1}$)	$0.50-x$	$0.050-x$	x	x

$$K^{\ominus}=\frac{\{[CO]/c^{\ominus}\}\{[H_2O]/c^{\ominus}\}}{\{[CO_2]/c^{\ominus}\}\{[H_2]/c^{\ominus}\}}=\frac{x^2}{(0.50-x)(0.050-x)}=0.10$$

解得 $x=0.0304(mol\cdot L^{-1})$

CO_2的转化率为 $\frac{0.0304}{0.50}\times100\%=6.08\%$

同理,当CO_2和H_2的起始浓度均为0.50 $mol\cdot L^{-1}$时,设反应达到平衡时[CO]和[H_2O]均为y。

$$K^{\ominus}=\frac{\{[CO]/c^{\ominus}\}\{[H_2O]/c^{\ominus}\}}{\{[CO_2]/c^{\ominus}\}\{[H_2]/c^{\ominus}\}}=\frac{y^2}{(0.50-y)(0.50-y)}=0.10$$

Note

解得 $y=0.1201(\text{mol}\cdot\text{L}^{-1})$

CO_2 的转化率为 $\frac{0.1201}{0.50}\times 100\%=24.02\%$

由上述可知，当 CO_2 的起始浓度不变时，提高 H_2 的起始浓度，可提高 CO_2 的转化率。

问题与思考8-4

实验室制取氯气一般用排饱和食盐水法收集气体，而不直接用排水法，试从平衡移动的原理加以解释。

扫码看答案

(二) 压力对化学平衡移动的影响

压力有总压和分压之分，这里所指的压力是系统的总压，总压是系统内各分压之和。如果化学反应中没有气态物质参与，在压力变化不大时，由于固态和液态物质的体积变化较小，化学平衡几乎不受压力影响。对于有气体参与的反应，改变系统的总压对化学平衡可能会有影响，例如：

$$N_2(g)+3H_2(g)\rightleftharpoons 2NH_3(g)$$

标准平衡常数

$$K^\ominus=\frac{[p(NH_3)/p^\ominus]^2}{[p(N_2)/p^\ominus][p(H_2)/p^\ominus]^3}$$

平衡后如果将总压增大1倍，各气体的分压也相应增大1倍，此时

$$Q=\frac{[2p(NH_3)/p^\ominus]^2}{[2p(N_2)/p^\ominus][2p(H_2)/p^\ominus]^3}=\frac{1}{4}\frac{[p(NH_3)/p^\ominus]^2}{[p(N_2)/p^\ominus][p(H_2)/p^\ominus]^3}=\frac{1}{4}K^\ominus$$

代入式(8-16)中有 $\Delta_r G_m<0$，反应将正向自发进行。

平衡后如果将总压减小一半，各气体的分压也将减小一半，此时

$$Q=\frac{\left[\frac{1}{2}p(NH_3)/p^\ominus\right]^2}{\left[\frac{1}{2}p(N_2)/p^\ominus\right]\left[\frac{1}{2}p(H_2)/p^\ominus\right]^3}=4\,\frac{[p(NH_3)/p^\ominus]^2}{[p(N_2)/p^\ominus][p(H_2)/p^\ominus]^3}=4K^\ominus$$

此时，$\Delta_r G_m>0$，反应将逆向自发进行。

总结起来，对于一个已达到化学平衡的气体反应

$$a\text{A}(g)+b\text{B}(g)\rightleftharpoons d\text{D}(g)+e\text{E}(g)$$

当 $a+b=d+e$ 时，总压的改变不会使化学平衡发生移动；当 $a+b\neq d+e$ 时，增大总压，化学平衡向使气体分子总数减少的方向移动；减小总压，化学平衡向使气体分子总数增多的方向移动。对于只改变A、B、D、E中某一物质分压的情形，与浓度对化学平衡移动的影响类似。

(三) 温度对化学平衡移动的影响

由前述可知，浓度和压力不改变化学反应的平衡常数，只改变反应商 Q。但是，温度却能改变反应的平衡常数，根据化学反应等温方程式

$$\Delta_r G_m^\ominus=-RT\ln K^\ominus \quad 及 \quad \Delta_r G_m^\ominus=\Delta_r H_m^\ominus-T\Delta_r S_m^\ominus$$

有

$$RT\ln K^\ominus=-\Delta_r H_m^\ominus+T\Delta_r S_m^\ominus$$

得

$$\ln K^\ominus=-\frac{\Delta_r H_m^\ominus}{RT}+\frac{\Delta_r S_m^\ominus}{R} \tag{8-17}$$

温度对 $\Delta_r H_m^\ominus$ 和 $\Delta_r S_m^\ominus$ 的影响极小，它们可视为常数。设温度为 T_1 和 T_2 时，反应的标准平衡常数分别为 $K_1^\ominus$ 和 $K_2^\ominus$，且据式(8-17)有

Note

(1) $\ln K_1^\ominus = -\dfrac{\Delta_r H_m^\ominus}{RT_1} + \dfrac{\Delta_r S_m^\ominus}{R}$

(2) $\ln K_2^\ominus = -\dfrac{\Delta_r H_m^\ominus}{RT_2} + \dfrac{\Delta_r S_m^\ominus}{R}$

式(2)－式(1)，得

$$\ln \frac{K_2^\ominus}{K_1^\ominus} = \frac{\Delta_r H_m^\ominus}{R}\left(\frac{T_2 - T_1}{T_1 T_2}\right) \tag{8-18}$$

式(8-17)和式(8-18)都反映了标准平衡常数 $K^\ominus$ 与温度的关系。由式(8-17)可知，通过测定不同温度的 $K^\ominus$，用 $\ln K^\ominus$ 对 $1/T$ 作图，可得化学反应的 $\Delta_r H_m^\ominus$ 和 $\Delta_r S_m^\ominus$ 这两个重要的热力学参数。从式(8-18)中还可以看出温度对化学平衡的影响，对于吸热反应，$\Delta_r H_m^\ominus > 0$，升高温度时，即 $T_2 > T_1$，必然有 $K_2^\ominus > K_1^\ominus$，即平衡将向正反应(吸热反应)方向移动；对于放热反应，$\Delta_r H_m^\ominus < 0$，升高温度时，即 $T_2 > T_1$ 时，则必有 $K_2^\ominus < K_1^\ominus$，平衡向逆反应(吸热反应)方向移动。此外，$\Delta_r H_m^\ominus$ 绝对值越大，温度改变对化学平衡的影响就越大。

总之，温度对化学平衡的影响是在其他条件不变时，升高温度，有利于反应体系吸热，平衡向吸热反应的方向移动；反之，平衡向放热反应方向移动。

【例 8-4】 已知 298.15 K、标准态下合成氨的反应为 $N_2(g) + 3H_2(g) \rightleftharpoons 2NH_3(g)$，根据热力学数据，298.15 K 时，$\Delta_f G_m^\ominus(NH_3, g) = -16.4\ kJ \cdot mol^{-1}$，$\Delta_f H_m^\ominus(NH_3, g) = -45.9\ kJ \cdot mol^{-1}$，求：

(1) 298.15 K 时此反应的标准平衡常数 $K_1^\ominus$。

(2) 500 ℃时此反应的 $K_2^\ominus$，并讨论温度对合成氨的影响。

解：(1) 298.15 K 时，$\Delta_f G_m^\ominus(NH_3, g) = -16.4\ kJ \cdot mol^{-1}$，则此合成氨的反应在 298.15 K 的 $\Delta_f G_m^\ominus$ 为

$$\begin{aligned}\Delta_f G_m^\ominus &= 2 \times \Delta_f G_m^\ominus(NH_3, g) - \Delta_f G_m^\ominus(N_2, g) - 3 \times \Delta_f G_m^\ominus(H_2, g)\\ &= 2 \times (-16.4) - 0 - 3 \times 0 = -32.8(kJ \cdot mol^{-1})\end{aligned}$$

由 $\Delta_f G_m^\ominus = -RT\ln K_1^\ominus$ 可知

$$\ln K_1^\ominus = -\frac{\Delta_f G_m^\ominus}{RT} = \frac{32.8 \times 10^3}{8.314 \times 298.15} = 13.23$$

故 $K_1^\ominus = 5.6 \times 10^5$，此为 298.15 K 时的标准平衡常数。

(2) 298.15 K 时，$\Delta_f H_m^\ominus(NH_3, g) = -45.9\ kJ \cdot mol^{-1}$，则 298.15 K 下，此反应的 $\Delta_f H_m^\ominus$ 为

$$\begin{aligned}\Delta_f H_m^\ominus &= 2 \times \Delta_f H_m^\ominus(NH_3, g) - \Delta_f H_m^\ominus(N_2, g) - 3 \times \Delta_f H_m^\ominus(H_2, g)\\ &= 2 \times (-45.9) - 0 - 3 \times 0 = -91.8(kJ \cdot mol^{-1})\end{aligned}$$

设 500 ℃即 773.15 K 时，$\Delta_f H_m^\ominus \approx -91.8(kJ \cdot mol^{-1})$

若 773.15 K 时，此合成氨反应的标准平衡常数为 $K_2^\ominus$，则

$$\ln \frac{K_2^\ominus}{5.6 \times 10^5} = \frac{-91.8 \times 10^3}{8.314} \times \left(\frac{773.15 - 298.15}{773.15 \times 298.15}\right) = -22.75$$

$$K_2^\ominus = 7.4 \times 10^{-5}$$

500 ℃时反应的标准平衡常数为 7.4×10^{-5}。

化学史话：

Le Chatelier

与

Le Chatelier

原理

由化学平衡移动的影响因素可知，达到化学平衡时，系统具有确定的浓度、压力和温度等参数。当外界条件变化时，化学平衡就会发生移动。对此，法国科学家 Le Chatelier 在 1888 年通过总结浓度、压力和温度对平衡系统的影响，归纳出一条普遍规律：对于已达到化学平衡的体系，一旦改变维持化学平衡的外部条件，平衡就会向减弱这种改变的方向移动，即 Le Chatelier 原理。

Note

这条规律既适用于化学平衡，也适用于物理平衡。

问题与思考8-5

试根据化学平衡的原理解释：为什么人工呼吸能够抢救轻度CO中毒的患者？高压氧舱治疗严重煤气中毒患者的原理是什么？

扫码看答案

第三节　化学反应速率与医学

一、生物催化剂——酶

生物体内种类繁多的酶(enzyme)是生物赖以生存的一切生物化学反应的催化剂，酶对生物活动具有重大意义。生物化学反应几乎都是在特定的条件下进行的，例如，一定的pH和温度，有特定的酶作催化剂。

自然界绝大多数的酶是蛋白质，仅有少数是具有催化活性的RNA——核酶，被酶催化的反应物称为底物(substrate)。酶催化反应的机制是酶(E)与底物(S)首先生成中间络合物(ES)，继续反应生成产物(P)，同时使酶再生。

$$E + S \rightleftharpoons ES \longrightarrow E + P$$

酶催化机制仍然是酶参与反应，改变反应途径，大大降低反应的活化能。许多酶催化的反应是可逆的。

作为特殊的催化剂，酶除了具有一般催化剂的特点外，还有以下特征。

(1) 高度的特异性。一种酶只对某一种或某一类反应起催化作用。即便底物分子为对映异构体，酶也能识别，并选择性地进行催化。如淀粉酶催化淀粉水解；从酵母中分离出来的乳酸脱氢酶，只催化L-乳酸脱氢生成丙酮酸，而对D-乳酸没有影响。糖苷酶能催化β-葡萄糖苷的水解，但对α-葡萄糖苷没有影响。

(2) 高度的催化活性。对同一反应而言，酶的催化活性常比非酶催化剂高$10^6 \sim 10^{10}$倍。例如，蛋白质的水解消化反应，在体外需用浓强酸或强碱，并煮沸相当长的时间才能完成，但食物中的蛋白质在酸碱性都不太强、温度仅为37 ℃的人体内几小时就被消化掉，其原因就是消化液中有蛋白酶等。又如存在于血液中的碳酸酐酶能催化H_2CO_3分解为CO_2和H_2O，1个碳酸酐酶分子在1 min内可以催化1.9×10^7个H_2CO_3分子分解。正因为血液中存在如此高效的催化剂，人体才能及时完成排放CO_2的任务，以维持正常的生理pH。

(3) 酶通常在一定pH范围及一定温度范围内才具有催化活性。酶分子中具有许多能解离的基团，当溶液的pH改变时，酶的荷电状态将发生改变，酶的活性也发生改变。酶的活性常常在某一pH范围内最大，该pH范围称为酶的最适pH，大多数酶的最适pH接近中性。另外，温度也会改变酶催化的反应速率，反应速率最大时的温度称为酶的最适温度，人体内大多数酶的最适温度在37 ℃左右。作为蛋白质，温度过高时，酶会变性，失去催化活性。

思政课堂：酶是否是催化剂？

Note

二、放射性同位素的蜕变

核化学(nuclear chemistry)是研究原子核的反应、性质、结构、分离、鉴定及原子核在化学中的应用的一门学科，是用化学与物理相结合的方法研究原子核的性质、结构、核转变的规律的一门学科。放射化学和核物理学是核化学技术研究的两大分支学科，在内容上既有区别又紧密联系，其研究成果已广泛应用于各个领域。我们比较关注的是放射化学与核医学在医药卫生、环境与健康领域的研究与应用。

放射化学(radiochemistry)主要研究放射性核素的制备、分离、纯化、鉴定和它们在极低浓度时的化学状态、核转变产物的性质和行为，带有放射性的同位素的化学反应，以及放射性核素在各学科领域中的应用等。

核医学(nuclear medicine)是采用核技术来诊断、治疗和研究疾病的一门新兴学科。它是核电技术、计算机技术、化学技术、物理技术和生物学技术等现代科学技术与医学相结合的产物。核医学主要研究同位素、由加速器产生的射线束及放射性同位素产生的核辐射在医学上的应用。

(一) 核子、核素和同质异能素

组成原子核的基本粒子，如质子和中子都被称为核子(nucleon)。具有确定质子数(Z)、中子数(N)并处于一定能量状态的原子核称为核素(nuclide)，符号表示为$^{A}_{Z}X$，其中 X 是元素符号，A 为质量数，Z 是质子数。例如，天然存在的铀元素由 3 种核素组成，它们的 Z 都是 92，而质量数 A 分别为 234、235 和 238，符号分别为$^{234}_{92}U$、$^{235}_{92}U$ 和$^{238}_{92}U$，它们互称为同位素，其化学性质相同而核性质不同。同质异能素是指质子数和质量数相同但能量状态不同的核素，如$^{60}_{27}Co$ 和$^{60m}_{27}Co$ 为同质异能素，其中后者表示处于较高的激发态。

(二) 放射性元素和放射系

不稳定原子核自发地发射出 α、β 和 γ 射线的现象被称为放射性，在元素周期表中，原子序数为 84 的钋(Po)及之后的元素均具有放射性。它们可分为天然放射性和人工放射性两种。

放射性元素亦称放射元素，是由放射性同位素所组成的元素。其有天然放射性元素(如铀、钍等)和人工放射性元素(如钷、锝等)之分。自然界存在的放射性核素大多具有多代母子体衰变过程。它们经过多代子体衰变最后生成稳定的核素，这一过程中产生的一系列放射性核素被称为放射系(radioactive series)。自然界存在铀系、钍系和锕系三大天然放射系。核医学技术利用非天然同位素(包括放射性同位素和稳定性同位素)及核射线进行生物医学研究与疾病的诊断和治疗。

(三) 放射性衰变

放射性衰变(radioactive decay)是放射性核素自发放射出 α 粒子(即氦核)或 β 粒子(即电子)或 γ 光子，而转变成另一种核素的现象。在这个过程中，原来的核素(母体)变为另一种核素(子体)，或者进入另一种能量状态。

1. α 衰变　产生 α 粒子($^{4}_{2}He$)。

$$^{226}_{88}Ra \longrightarrow ^{222}_{86}Rn + ^{4}_{2}He$$

可用通式表示为

$$^{A}_{Z}X \longrightarrow ^{A-4}_{Z-2}Y + ^{4}_{2}He$$

式中，箭头左侧为母核，右侧分别为子核和 α 粒子。

α 衰变的位移定则：核电荷数减少 2，子核在元素周期表中的位置左移 2 格。

2. β 衰变　产生 β 粒子(电子$_{-1}^{0}e$)。

Note

$$^{210}_{83}Bi \longrightarrow ^{210}_{84}Po + ^{0}_{-1}e$$

可用通式表示为

$$^{A}_{Z}X \longrightarrow ^{A}_{Z+1}Y + ^{0}_{-1}e$$

β 衰变的位移定则：子核在元素周期表中的位置右移 1 格。

3. γ 衰变 核从高能态向低能态跃迁放出 γ 光子。

$$^{60m}_{27}Co \longrightarrow ^{60}_{27}Co + \gamma$$

可以写作：

$$X \longrightarrow ^{m}Y \longrightarrow Y + \gamma$$

式中，X 为母核，^{m}Y 代表子核激发态，Y 是子核基态。

4. 嬗变 嬗变指原子核受中子、质子、α 粒子、重粒子（如原子核$^{12}_{6}C$）等轰击而形成新原子核的人工核反应。

5. 正电子衰变 由于核内缺乏中子，核放射出正电子的衰变，也称 β^{+} 衰变。

正电子衰变时原子核中的一个质子转变为中子，发射一个正电子（positron）和一个中微子（neutrino，υ）。正电子是电子的反粒子，与电子有相同的质量。正电子衰变时母核和子核的质量数不变，但子核的核电荷数减少 1。

正电子衰变的核素均为人工放射性核素，在原子中，所释放出的正电子会与邻近物质的电子结合而互毁，在二者湮灭的同时，失去电子质量，转变成方向相反而能量相同的两条 γ 射线。

三、药物的半衰期和保质期

药物的半衰期是指药物被人体吸收后，在血液中的浓度下降一半所需要的时间，用 $t_{1/2}$ 表示。药物半衰期可以反映药物在体内消除速度的快慢。不同的药物，半衰期差别很大，这除了与药物自身的性质有关外，还与机体器官（肝、肾）对这种药物的消除功能强弱有关。

药物半衰期可作为临床给药间隔长短的主要参考依据。半衰期长的药物，说明它在体内消除慢、停留时间长，服药的间隔时间就要长些；半衰期短的药物在体内消除快，给药间隔时间就要短些。所以，有的药一日要服 3～4 次，有的药一日只需服 1～2 次。如果擅自将给药的间隔时间缩短或延长，就会引起药物蓄积中毒或药效减弱。

所有药品包装盒上的保质期，都是指在密封状态下，按说明书要求可以保存的最长使用时限。药品的有效期并不等于使用期。药品有效期有两个前提条件：药品未开启和药品在规定条件下储存。当药品启封后或没按照规定条件储存，其有效期会大大缩短。

大家尤其应注意以下几种药物开封后的“保鲜期”。

眼用制剂：滴眼液、眼膏剂等眼用制剂，拆封后的使用期限最多不超过 4 周。若药品性状发生变化，出现絮状沉淀等，则不宜再使用。

口服糖浆：糖浆拆封后需在阴凉干燥处保存，已经拆封的糖浆即使在有效期内，建议夏季在 1 个月内使用完，冬季在 3 个月内使用完。因糖浆等液体类制剂易滋生细菌，再次服用时应在光亮处观察溶液是否澄清，如出现气泡、变色或有沉淀物，表明已变质不能再服用。

干混悬剂：口服混悬液加水配制后置于密闭容器中，在冰箱中冷藏保存，严禁冻存。瓶口及瓶盖未被污染时，保存 14 天后应丢弃。

颗粒剂或粉剂：由于颗粒剂开封后容易受潮，同样按照说明书的保存要求，应放在阴凉干燥处保存，并建议 1 个月内使用完。颗粒剂若出现吸潮、结块等现象，则不宜继续使用。

怕热的药：中老年人常备的“救命药”硝酸甘油，遇热、见光易分解，不可贴身放，一旦开封，有效期就不再是 1～2 年，而是 3～6 个月。

胰岛素：室温下置阴凉处保存，可保存 28 天。一般已启用的胰岛素不必再放入冰箱冷藏，因反复剧冷剧热易造成胰岛素变性失效，更不能将装上笔芯的胰岛素笔放入冷藏室内。

Note

本章小结

- 化学反应速率与化学平衡
  - 化学反应速率
    - 化学反应速率
      - 定义式：$v=\frac{1}{V}\frac{d\xi}{dt}$
      - 平均速率：$\bar{v}=-\frac{\Delta c(H_2O_2)}{\Delta t}$（以$N_2O_5$的分解反应为例）
      - 瞬时速率：$v=\lim\limits_{\Delta t\to 0}\frac{-\Delta c(H_2O_2)}{\Delta t}=-\frac{dc(H_2O_2)}{dt}$（以$N_2O_5$的分解反应为例）
    - 浓度对化学反应速率的影响
      - 速率方程：$v=kc^{\alpha}(A)c^{\beta}(B)$
      - 具有简单反应级数的化学反应速率方程及其特征
        - 一级反应
        - 二级反应
        - 零级反应
      - 化学反应速率理论简介
        - 碰撞理论与活化能
        - 过渡态理论
    - 温度对化学反应速率的影响
      - 温度与速率常数的关系：$k=Ae^{-E_a/RT}$
      - 温度对化学反应速率产生影响的原因：温度升高必然使一些动能较低的反应物分子吸收能量成为活化分子，使活化分子分数增大，有效碰撞分子的分数增大，因此化学反应速率增大
    - 催化剂对化学反应速率的影响
      - 催化剂与催化作用
        - 催化剂：那些存在量较少但能显著改变化学反应速率，而其本身在反应中并无损耗的物质
        - 催化作用：催化剂的这种改变化学反应速率的作用
      - 催化作用理论：催化剂参与了化学反应，生成了中间化合物，改变了反应途径，降低了反应的活化能，从而使更多的反应物分子成为活化分子
        - 均相催化理论——中间产物学说
        - 多相催化理论——活性中心学说
    - （浓度、温度、催化剂：影响化学反应速率的外因）
  - 化学平衡
    - 化学平衡与标准平衡常数
      - 化学平衡：等、定、动、变
      - 标准平衡常数：标准平衡常数是在一定温度下，化学反应能够进行的最大限度的量度 $K^{\ominus}=\frac{([D]/c^{\ominus})^d(p_E/p^{\ominus})^e}{([A]/c^{\ominus})^a(p_B/p^{\ominus})^b}$
      - 实验平衡常数：通过实验测得的平衡常数 $K_c=\frac{[D]^d[E]^e}{[A]^a[B]^b}$
    - 标准平衡常数的计算
      - 用标准平衡常数判断自发反应的方向
        - 如果$Q<K^{\ominus}$，则$\Delta_r G_m<0$，反应正向自发进行
        - 如果$Q>K^{\ominus}$，则$\Delta_r G_m>0$，反应逆向自发进行
        - 如果$Q=K^{\ominus}$，则$\Delta_r G_m=0$，化学反应达到平衡
      - 标准平衡常数的计算
        - 通过反应物和产物的平衡浓度或分压计算标准平衡常数
        - 通过热力学数据计算反应的标准平衡常数
    - 化学平衡的移动
      - 影响化学平衡移动的主要因素有浓度、压力、温度等
      - 浓度对化学平衡移动的影响
        - 如果增大反应物的浓度或减小产物的浓度，反应将正向自发进行，直至再次建立新的平衡
        - 如果增大产物的浓度或减小反应物的浓度，反应将逆向自发进行，直至建立新的平衡
      - 压力对化学平衡移动的影响（压力是系统的总压，对于有气体参与的反应，反应前后气体的物质的量改变时）
        - 增大总压，化学平衡向使气体分子总数减少的方向移动
        - 减小总压，化学平衡向使气体分子总数增多的方向移动
      - 温度对化学平衡移动的影响
        - 温度能改变反应的平衡常数
        - 在其他条件不变时，升高温度，有利于反应体系吸热，平衡向吸热反应的方向移动
        - 在其他条件不变时，降低温度，有利于反应体系放热，平衡向放热反应的方向移动
      - （浓度、压力、温度的影响：Le Chatelier原理：对于已达到化学平衡的体系，一旦改变维持化学平衡的外部条件，平衡就会向减弱这种改变的方向移动）
  - 化学反应速率与医学
    - 生物催化剂——酶
    - 放射性同位素的蜕变
    - 药物的半衰期和保质期

Note

学科发展与医学应用综述题

1. Teorell 为药代动力学的创始者，其自 1937 年提出药代动力学房室模型，直至 20 世纪 70 年代，药代动力学成为独立学科，在我国已有 30 多年的发展历史。药代动力学是动力学原理用于药物的交叉学科，致力于研究药物及其他外源性物质在体内动态行为的量变规律，研究药物吸收、分布、代谢和排泄的时间规律。在治疗药物的浓度检测、给药剂量和间隔时间的建立、不同人群的用药区别、药物相互作用研究等方面意义重大，对药物研发、临床合理用药和药品质量控制有重大的理论和实用价值。

药代动力学就是药物在体内作用过程的速率论，采用数学方法定量地研究药物在体内的量变特征。例如，揭示随时间变化的药物摄入情况，包括剂量、剂型、给药频率和方式等可调节因素和药物浓度之间的关系等。

临床药代动力学研究中，用各种测定技术对药物进行分析，如高效液相色谱法、气相色谱法、色谱-质谱法、分光光度法、荧光测定法、免疫测定法及放射性同位素法等。

药物在体内会停留数天、数周、数月甚至数年，药物作用强度随着药物用量的增加而增加，但只能达到一定限度或最大值，超过最大值，无论药物浓度多高，药物的作用强度也不会增加。

给药方案设计最精确的方法是按每个患者的药代动力学特征来计算给药剂量，患者用药后，就可以测定服用初始剂量后的血药浓度，并推导药代动力学参数，甚至需要连续监测血药浓度，根据患者个体的药代动力学参数重新调整给药方案。

我们很难直接测定某些部位的药物浓度，如大脑或心脏，当需要跟踪药物在体内随时间的变化情况时，可以从其他可行的部分（如血浆、尿液、唾液、乳汁等）来研究药物的全身作用。

问题：

（1）检测体内药物浓度时为什么不用全血，而是测定血浆或血清中的药物浓度？

（2）临床药代动力学研究中主要关注哪些参数？每个参数的重要应用价值是什么？

（3）药代动力学研究中常用的测定手段有哪些？各有什么主要特点？

2. 生物钙化是指由生物体通过蛋白质、细胞、DNA 等生物大分子的调控生成无机矿物的过程，属于一个复杂的生物平衡过程。在人体，成骨细胞和破骨细胞可以通过调控体内胶原、磷酸酶等物质促进钙化或脱钙。

请查阅相关资料，从化学平衡的角度讨论：在日常生活中应如何促进儿童骨骼生成和防止老年骨质疏松？生物钙化技术如何应用于羟基磷灰石等纳米生物材料的组装和合成？

能力检测

扫码看答案

1. 大部分化学反应速率随温度的升高而增大，请用化学反应速率的碰撞理论解释这一现象。

2. 为什么反应物间所有的碰撞并不全部都是有效的？

3. 实验测得 $2ICl(g)+H_2(g) \longrightarrow I_2(g)+2HCl(g)$ 的反应速率正比于 ICl 浓度的一次方和 H_2 浓度的一次方。由此可知此反应是（　　）。

A. 三分子反应，三级反应　　B. 双分子反应，二级反应　　C. 一级反应

D. 二级反应　　E. 三分子反应，二级反应

4. 某化学反应：$A+2B \longrightarrow Y$，若其速率方程为 $-\frac{dc(A)}{dt}=k_A \cdot c(A) \cdot c(B)$ 或 $-\frac{dc(B)}{dt}=$

Note

$k_B \cdot c(A) \cdot c(B)$,则 k_A 与 k_B 的关系是(　　)。

A. $k_A=k_B$　　B. $k_A=2k_B$　　C. $2k_A=k_B$　　D. $k_A=3k_B$　　E. $3k_A=k_B$

5. 某化学反应,反应物反应掉其$\frac{7}{8}$所需时间恰好是它反应掉$\frac{3}{4}$所需时间的 1.5 倍,则该化学反应是(　　)。

A. 三级反应　　B. 无法确定　　C. 二级反应　　D. 一级反应　　E. 零级反应

6. 某一级反应的半衰期 $t_{1/2}$ 是 30 min,则其速率常数 k 为(　　)。

A. 20.8 min^{-1}　　B. 0.23 min^{-1}　　C. 0.023 min^{-1}　　D. 43.3 min^{-1}　　E. 30 min^{-1}

7. 在某温度下,反应$\frac{1}{2}N_2(g)+\frac{3}{2}H_2(g) \rightleftharpoons NH_3(g)$的平衡常数 $K=a$。上述反应如果改写为 $2NH_3(g) \rightleftharpoons N_2(g)+3H_2(g)$,则在相同温度下反应的平衡常数为(　　)。

A. a　　B. $1/a$　　C. a^2　　D. $1/a^2$　　E. $a/2$

8. $A(g)+B(g) \longrightarrow$ 产物,总反应一定是二级反应吗?

9. 零级反应是否是基元反应? 具有简单级数的反应是否一定是基元反应?

10. 已知在 660 K 时,测得反应 $2NO+O_2 \rightleftharpoons 2NO_2$ 的实验数据如下:

起始浓度/($mol \cdot L^{-1}$)		$c(O_2)$降低速率/($mol \cdot L^{-1} \cdot s^{-1}$)
$c(NO)$	$c(O_2)$	
0.010	0.010	2.5×10^{-3}
0.010	0.020	5.0×10^{-3}
0.030	0.020	4.5×10^{-2}

试求:

(1) 速率方程和反应级数;

(2) 此温度下的速率常数;

(3) 当 $c(NO)=0.015\ mol \cdot L^{-1}$、$c(O_2)=0.025\ mol \cdot L^{-1}$时的化学反应速率。

11. 反应 $SO_2(g)+NO_2(g) \rightleftharpoons SO_3(g)+NO(g)$在 700 ℃时 $K_c=9.0$。若体系中 4 种物料初始浓度均为 $3.0\times10^{-3}\ mol \cdot L^{-1}$,则平衡时$[SO_3]$为多少?

12. 经呼吸 O_2 进入体内,在血液中发生反应 Hb(血红蛋白)$+O_2 \longrightarrow HbO_2$(氧合血红蛋白),此反应对 Hb 和 O_2 均为一级反应。在肺部,两者的正常浓度应不低于 $8.0\times10^{-6}\ mol \cdot L^{-1}$ 和 $1.6\times10^{-6}\ mol \cdot L^{-1}$,正常体温(37 ℃)下,该反应的速率常数 $k=1.98\times10^{6}\ L \cdot mol^{-1} \cdot s^{-1}$,请问:

(1) 正常人肺部血液中 O_2 的消耗速率和 HbO_2 的生成速率各是多少?

(2) 若某位患者的 HbO_2 生成速率达到 $1.3\times10^{-4}\ mol \cdot L^{-1} \cdot s^{-1}$,通过输氧使 Hb 浓度维持正常值,肺部 O_2 浓度应为多少?

(刘秀芳)

Note

第九章　氧化还原反应与电极电势

学习目标

扫码看 PPT

素质目标：引入电池发展史的内容，组织开展科学讨论和科学研究，引导学生使用唯物辩证法的基本规律看待问题，培养学生锲而不舍、不断探索和勇于创新等综合素养。

能力目标：通过对氧化还原反应本质及电极电势产生机理的探究，培养学生独立思考和深度学习的品质，使学生在学习过程中养成反思的习惯和能力。

知识目标：掌握氧化还原反应的特征，掌握原电池的组成、符号和工作原理，运用 Nernst 方程计算电极电势和电池的电动势，判断氧化剂和还原剂的相对强弱，判断氧化还原反应进行的方向，掌握标准电动势、Gibbs 自由能和平衡常数之间的关系。

从电子得失的角度，化学反应可分为氧化还原反应和非氧化还原反应。氧化还原反应广泛存在于自然界中，并与生命活动密切相关。人体所需能量主要来自淀粉在体内的氧化，许多与衰老和疾病相关的自由基反应也是氧化还原反应，植物的光合作用、呼吸作用、固氮作用以及许多代谢过程也离不开氧化还原反应。氧化还原反应及电化学是十分重要和活跃的研究领域。本章将介绍氧化还原反应的一般特征，以电极电势为核心，讨论其产生原因、影响因素及应用。

第一节　原电池与电极电势

一、氧化值与氧化还原反应

（一）氧化值

为了便于描述氧化还原反应，1970 年，国际纯粹与应用化学联合会（IUPAC）提出了**氧化值**（或称为氧化数，oxidation number）的概念。元素的氧化值是该元素一个原子的**表观电荷数**。这种表观电荷数是把成键电子指定给电负性较大的原子而求得的。根据氧化值的定义，我们可以得出确定元素氧化值的几条规则。

（1）单质中元素的氧化值为零。

（2）单原子离子中元素的氧化值等于离子的电荷数。

（3）正常氧化物中，氧的氧化值为 -2，但在过氧化物（如 Na_2O_2）中氧的氧化值为 -1，超氧化物（如 KO_2）中氧的氧化值为 $-1/2$，氟氧化物（如 OF_2）中氧的氧化值为 $+2$。

（4）氢在化合物中的氧化值一般为 $+1$，而活泼金属氢化物（如 NaH、CaH_2）中氢的氧化值为 -1。

（5）卤素：氟化物中氟的氧化值为 -1。其他卤原子的氧化值在二元化合物中为 -1，但在卤

Note

原子的二元化合物中,列在元素周期表中靠前的卤原子的氧化值为-1,如 BrCl 中,氯的氧化值为-1,溴的氧化值为$+1$,在含氧化合物中按氧化物确定,如 ClO_2 中氯的氧化值为$+4$。

(6) 在电中性的化合物中,所有元素氧化值的代数和为零。在多原子离子中,所含元素的氧化值的代数和等于该离子所带的总电荷数。

【例 9-1】 求 $KMnO_4$ 中 Mn 的氧化值和 Fe_3O_4 中 Fe 的氧化值。

解:设 $KMnO_4$ 中 Mn 的氧化值为 x,则

$$1\times(+1)+x+4\times(-2)=0$$
$$x=+7$$

$KMnO_4$ 中 Mn 的氧化值为$+7$。

设 Fe_3O_4 中 Fe 的氧化值为 x,则

$$3x+4\times(-2)=0$$
$$x=+8/3$$

Fe_3O_4 中 Fe 的氧化值为$+8/3$。

由此可见,元素的氧化值可以是整数,也可以是分数(或小数)。

(二) 氧化还原反应

元素的氧化值发生了变化的化学反应称为**氧化还原反应**。氧化还原反应中元素氧化值的变化反映了电子的得失,包括电子的转移和电子的偏移。

在氧化还原反应中,失去电子的物质是电子的供体,称为**还原剂**(reductant),其元素的氧化值升高;获得电子的物质是电子的受体,称为**氧化剂**(oxidant),其元素的氧化值降低。还原剂失去电子、氧化值升高的过程称为氧化(oxidation),氧化剂得到电子、氧化值降低的过程称为还原(reduction)。

例如,氧化还原反应:

$$Cu^{2+}+Zn \rightleftharpoons Cu+Zn^{2+}$$

此反应中,Zn 失去电子、氧化值升高,Zn 是还原剂,Zn 被氧化成 Zn^{2+},Zn^{2+} 是 Zn 的氧化产物。而 Cu^{2+} 得到电子、氧化值降低,Cu^{2+} 是氧化剂,Cu^{2+} 被还原成 Cu,Cu 是 Cu^{2+} 的还原产物。

扫码看答案

问题与思考 9-1

氧化还原反应的特征是什么?

扫码看答案

问题与思考 9-2

氧化值和化合价有何区别?

二、氧化还原半反应与原电池

(一) 氧化还原半反应和氧化还原电对

一个氧化还原反应可根据其电子转移方向的不同,看成是由两个氧化还原半反应构成的。如上述反应:

$$Cu^{2+}+Zn \rightleftharpoons Cu+Zn^{2+}$$

反应中 Zn 失去电子,生成 Zn^{2+},发生氧化半反应。

$$Zn-2e^- \rightleftharpoons Zn^{2+}$$

Note

反应中 Cu^{2+} 得到电子,生成 Cu,发生还原半反应。

$$Cu^{2+}+2e^- \rightleftharpoons Cu$$

电子有得必有失，因此，氧化反应和还原反应同时存在，在反应过程中得失电子的数目相等。

氧化还原反应的半反应可用通式表示：

$$\text{氧化型} + ne^- \rightleftharpoons \text{还原型}$$

$$Ox + ne^- \rightleftharpoons Red$$

式中，n 为半反应中电子转移的数目。Ox 表示**氧化型物质**(oxidation state)，物质中某元素原子氧化值相对较高；Red 表示**还原型物质**(reduction state)，物质中某元素原子氧化值相对较低。同一元素原子的氧化型物质及对应的还原型物质构成一对**氧化还原电对**(redox couple)，简称电对。书写时将氧化型物质写在左侧，还原型物质写在右侧，中间用"/"分开，即"Ox/Red"。如 Zn^{2+}/Zn、Cu^{2+}/Cu。

当溶液中的介质参与半反应时，也应写入半反应中。氧化型物质包括氧化剂及其相关介质，还原型物质包括还原剂及其相关介质。如半反应：

$$MnO_4^- + 8H^+ + 5e^- \rightleftharpoons Mn^{2+} + 4H_2O$$

式中，电子转移数为 5，氧化型物质为 MnO_4^- 和 H^+，还原型物质为 Mn^{2+}(H_2O 是溶剂，不包括在内)。

(二) 原电池的组成

利用自发进行的氧化还原反应产生电流，将化学能转变为电能的装置称为**原电池**(primary cell)，简称**电池**。

例如，把 Zn 片置入 $CuSO_4$ 溶液中，发生如下反应：

$$Cu^{2+} + Zn \rightleftharpoons Cu + Zn^{2+}$$

反应中，Zn 和 Cu^{2+} 之间发生了电子转移，Zn 失去电子成为 Zn^{2+}，溶解在溶液中，Cu^{2+} 得到电子成为金属 Cu，在 Zn 片上析出。由于 Zn 片与 $CuSO_4$ 溶液接触，电子由 Zn 直接转移给 Cu^{2+}，电子的转移是四面八方的，无法形成电流，反应放出的化学能转变成了热能。

将实验设计在装置(图 9-1)中进行，Zn 片和 $CuSO_4$ 溶液不直接接触。在盛有 $ZnSO_4$ 溶液的烧杯中插入 Zn 片，在盛有 $CuSO_4$ 溶液的烧杯中插入 Cu 片，两个烧杯之间用一个倒置的 U 形管连接起来，U 形管内装满饱和 KCl 溶液的琼脂凝胶。将 Zn 片和 Cu 片用导线连接，中间串联一个检流计。当电路接通后，可以看见检流计的指针发生偏转，表明有电流通过。从检流计指针偏转的方向可以发现，电流从 Cu 片流向 Zn 片。装满凝胶的 U 形管称为**盐桥**(salt bridge)，盐桥起沟通内电路的作用。

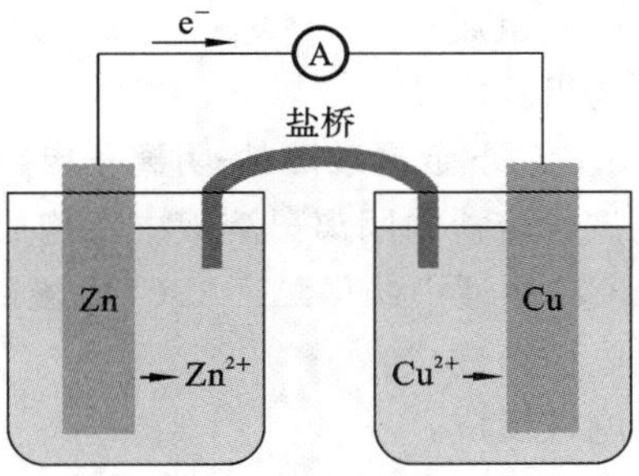

图 9-1 铜-锌原电池示意图

这种能够把化学能转变成电能的装置称为原电池。原电池是由两个半电池组成的。半电池也叫**电极**。在这个原电池中，金属 Zn 和 $ZnSO_4$ 组成一个电极(electrode)，称为锌电极；金属 Cu 和 $CuSO_4$ 溶液组成另一个电极，称为铜电极。这个电池称为铜-锌原电池。由指针偏转方向可知，电流从铜电极流向锌电极，即在铜-锌原电池中铜电极为正极(positive electrode)，锌电极为负极(negative electrode)。

进一步观察这个电池的反应可以看到，在锌电极，Zn 片不断地溶解，而铜电极的 Cu 片上有 Cu 沉积。这表明在电池的两极分别发生如下反应：

负极反应　　$Zn - 2e^- \longrightarrow Zn^{2+}$(氧化反应)

正极反应　　$Cu^{2+} + 2e^- \longrightarrow Cu$(还原反应)

由正极反应和负极反应所构成的总反应，称为**电池反应**(cell reaction)。

Note

$$Cu^{2+} + Zn \rightleftharpoons Cu + Zn^{2+}$$

采用原电池这种特殊的装置，可使氧化反应和还原反应分别在电池负极和正极进行，还原剂与氧化剂之间转移的电子沿导线定向移动，从而形成电流，实现将化学能转变成电能。

(三) 电池组成式

原电池的组成可以用电池组成式方便地表示。书写规则如下。

(1) 半电池中用"|"表示不同相之间的界面；同一相中不同物质之间用","隔开。"‖"表示盐桥。

(2) 溶液中的溶质须在括号内注明浓度，气体须在括号内注明分压(单位为 kPa)。当溶液浓度为 1 mol · L^{-1}或气体分压为 100 kPa 时可不标注。

(3) 一般将负极(−)写在左边，正极(+)写在右边。

(4) 半电池中溶液紧靠盐桥，电极板远离盐桥。若电对中没有金属单质作为电极，则必须外加惰性电极(如不活泼金属 Pt 或石墨)作为电极。

如上述铜-锌原电池的电池组成式是

$$(-)Zn|Zn^{2+}(c_1) \parallel Cu^{2+}(c_2)|Cu(+)$$

(四) 电极类型

常用的电极有以下四类。

1. 金属-金属离子电极　由金属浸在含有该金属离子的溶液中构成的电极。如 Zn 片插在 $ZnSO_4$ 溶液中形成的 Zn^{2+}/Zn 电极。

电极组成式：　$Zn|Zn^{2+}(c)$

电极反应：　$Zn^{2+} + 2e^- \rightleftharpoons Zn$

2. 气体电极　将气体物质通入含有相应离子的溶液中，以惰性导体(如金属 Pt 或石墨等)作为电极板，构成气体电极，如氢气电极。

电极组成式：　$Pt|H_2(p)|H^+(c)$

电极反应：　$2H^+ + 2e^- \rightleftharpoons H_2$

3. 金属-金属难溶盐-阴离子电极　由金属及其表面覆盖一薄层该金属的难溶盐固体，然后浸入该难溶盐的阴离子溶液中所构成的电极。例如，将表面涂有 AgCl 薄层的 Ag 丝浸入一定浓度的 Cl^-溶液中制得 Ag-AgCl 电极。

电极组成式：　$Ag|AgCl|Cl^-(c)$

电极反应：　$AgCl + e^- \rightleftharpoons Ag + Cl^-$

4. 氧化还原电极　由惰性导体(如 Pt)浸入含有同一元素的两种不同氧化态的离子溶液中所构成的电极。如将 Pt 浸入含有 Fe^{3+} 及 Fe^{2+} 的溶液，构成 Fe^{3+}/Fe^{2+} 电极。

电极组成式：　$Pt|Fe^{3+}(c_1), Fe^{2+}(c_2)$

电极反应：　$Fe^{3+} + e^- \rightleftharpoons Fe^{2+}$

【例 9-2】 将氧化还原反应 $Ag^+ + Fe^{2+} \rightleftharpoons Ag + Fe^{3+}$ 设计成原电池，并写出该原电池的电池组成式。

解：Ag^+ 是氧化剂，Fe^{2+} 是还原剂。

氧化反应：　$Fe^{2+} - e^- \longrightarrow Fe^{3+}$

还原反应：　$Ag^+ + e^- \longrightarrow Ag$

组成原电池时，发生氧化反应的电极为负极，故 Fe^{3+}/Fe^{2+} 电对为负极，半反应中没有可作为电极的金属导体，要选惰性导体 Pt 作为电极；发生还原反应的电极为正极，故 Ag^+/Ag 电对为正极，其电池组成式为

Note

$$(-)Pt|Fe^{3+}(c_1), Fe^{2+}(c_2) \parallel Ag^+(c_3)|Ag(+)$$

【例 9-3】 将下列氧化还原反应设计成原电池，分别写出电极反应和电池组成式。

(1) $Zn^{2+}+H_2 \rightleftharpoons Zn+2H^+$

(2) $2MnO_4^-+16H^++10Cl^- \rightleftharpoons 2Mn^{2+}+5Cl_2+8H_2O$

解：(1) Zn^{2+} 是氧化剂，H_2 是还原剂。

负极为氧化反应 $H_2 \longrightarrow 2H^++2e^-$，属于气体电极，选惰性导体 Pt 作为电极。

正极为还原反应 $Zn^{2+}+2e^- \longrightarrow Zn$，属于金属-金属离子电极。

电池组成式为

$$(-)Pt|H_2(p)|H^+(c_1)\parallel Zn^{2+}(c_2)|Zn(+)$$

(2) MnO_4^- 是氧化剂，Cl^- 是还原剂(注意：H^+ 为介质，虽参与反应，氧化值无变化，但要写在电池中)。

负极为氧化反应 $2Cl^- \longrightarrow Cl_2+2e^-$，属于氧化还原电极。

正极为还原反应 $MnO_4^-+8H^++5e^- \longrightarrow Mn^{2+}+4H_2O$，属于氧化还原电极。

电池组成式为

$$(-)Pt|Cl_2(p)|Cl^-(c_1)\parallel MnO_4^-(c_2),Mn^{2+}(c_3),H^+(c_4)|Pt(+)$$

三、电极电势的产生与测量

(一) 电极电势的产生

用导线连接铜-锌原电池两个电极后，就有电流产生，说明两电极势能不同，存在电势(也称电位)差。德国化学家 W. H. Nernst 提出的双电子层理论解释了电极电势的产生。把金属浸入它的盐溶液时，在金属与溶液的接触面会存在两个相反的变化过程。一方面金属表面的原子由于本身的热运动及极性溶剂水分子的作用，进入溶液生成溶剂化离子，同时将电子留在金属表面。另一方面，溶液中金属阳离子由于接触到金属表面，受到自由电子的吸引而沉积于金属表面。当这两种方向相反的过程的速率相等时，即达到动态平衡。

$$M^{n+}(aq)+ne^- \rightleftharpoons M(s)$$

若金属很活泼或其盐溶液浓度很小，则金属溶解的趋势很大，达到平衡时，金属表面因聚集了金属溶解后留下的自由电子而带负电荷，溶液因金属离子的进入而带正电荷。受金属板上过剩负电荷的静电吸引，溶液中等量正电荷的金属离子较多地集中在金属板附近，金属表面过剩的电子和附近溶液中的金属离子便形成了双电层结构(如图 9-2 所示)。其产生的电势差称为电极电势(electrode potential)。电极电势是电极与溶液之间处于平衡状态时的电势差，用符号 $\varphi(M^{n+}/M)$ 表示，单位为 V(伏)。金属越活泼，金属溶解趋势就越大，平衡时金属表面负电荷过剩越多，该金属电极的电极电势就越低；金属越不活泼，金属溶解趋势就越小，平衡时金属表面负电荷过剩越少，该金属电极的电极电势就越高。电极电势主要取决于金属本身的活泼性、金属离子的浓度(或活度)和温度，但无法测量单个电极的电势。

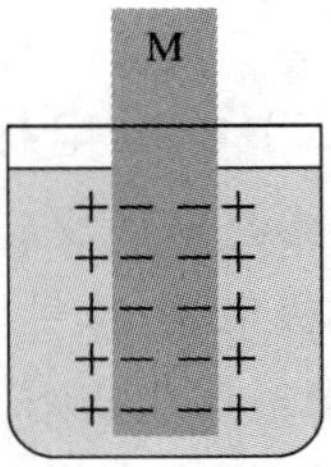

图 9-2 双电层结构示意图

(二) 原电池的电动势

原电池能产生电流，说明正、负两极所产生的电极电势不同，原电池正、负两极的电极电势之差称为原电池的电动势，用符号 E 表示。

$$E=\varphi_+-\varphi_- \tag{9-1}$$

式中，φ_+ 为正极的电极电势；φ_- 为负极的电极电势。

若组成电对的有关物质的浓度为 1 mol·L^{-1}，有关气体的分压为 100 kPa，则此时电极电势称为标准电极电势，标准电极电势之差为标准电动势，用 $E^\ominus$ 表示。即

$$E^{\ominus}=\varphi_{+}^{\ominus}-\varphi_{-}^{\ominus} \tag{9-2}$$

（三）电极电势的测定

一个电极的电极电势可以通过实验测定。将待测电极和一个已知电极电势的电极组成原电池，原电池的电动势就是这两个电极的电极电势之差。

$$E=\varphi_{待测}-\varphi_{已知}$$

测定该电池的电动势，就可计算待测电极的电极电势。

四、标准电极电势

单个电极的电极电势是无法测定的，但可以选定一个电极作为参比电极（reference electrode），将其他待测电极与这个参比电极组成原电池，就可得到各种电极的电极电势的相对值。IUPAC 规定，以标准氢电极（standard hydrogen electrode，SHE）为比较标准，并规定标准氢电极的电极电势为 0.0000 V。

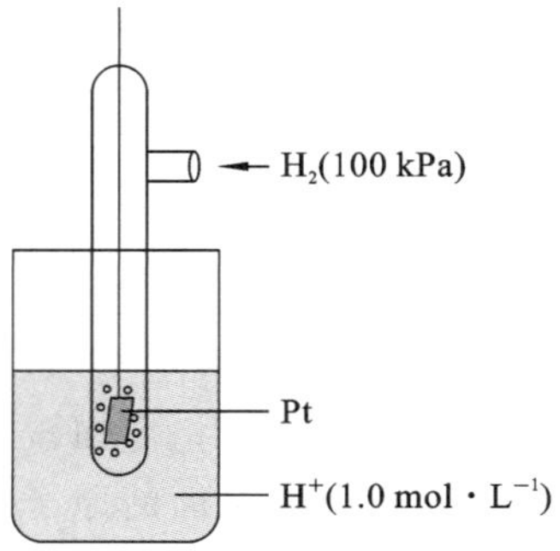

图 9-3　标准氢电极

（一）标准氢电极

标准氢电极的构造如图 9-3 所示。容器中装有 H^+ 浓度（严格来讲是活度）为 1.0 mol · L^{-1} 的 HCl 溶液，其中插入一铂片。为增强吸附氢气的能力并提高反应速率，在金属铂片上镀上一层铂黑，在 298.15 K 时不断通入压力为 100 kPa 的纯氢气流，使铂黑吸附氢气达到饱和，并与溶液中 H^+ 达成平衡。

$$2H^+(1.0\ mol \cdot L^{-1})+2e^- \rightleftharpoons H_2(g)$$

在此条件下，H^+/H_2 电对中的物质都处于标准态，此电极即为标准氢电极。在 298.15 K 时，标准氢电极的电极电势为零，用 $\varphi^{\ominus}(H^+/H_2)$ 表示。

$$\varphi^{\ominus}(H^+/H_2)=0.0000\ V$$

其电极组成式为

$$Pt(s)|H_2(100\ kPa)|H^+(1.0\ mol \cdot L^{-1})$$

（二）标准电极电势的测定

当参与电极反应的各有关物质均处于标准态时，该氧化还原电对的电极电势就是该电对的**标准电极电势**，符号用 $\varphi^{\ominus}_{Ox/Red}$ 表示，单位为 V。电极的标准态与热力学标准态是一致的，即对于溶液，各电极反应物浓度为 1.0 mol · L^{-1}（严格来讲是活度）；若有气体参加反应，则气体分压为 100 kPa，反应温度未指定，IUPAC 推荐参考温度为 298.15 K。

一个电极的标准电极电势可以通过实验测得。可将待测电极与标准氢电极组成原电池，测定该电池的电动势，也就是这两个电极的电极电势之差。规定电子从外电路由标准氢电极流向待测电极的电极电势为正，而电子通过外电路由待测电极流向标准氢电极的电极电势为负。由于 $\varphi^{\ominus}(H^+/H_2)=0.0000$ V，故测得原电池的电动势后，即可由式(9-2)求得待测电极的标准电极电势（$\varphi_{待测}$）。

例如，要测量 Zn^{2+}/Zn 电对的标准电极电势 $\varphi^{\ominus}(Zn^{2+}/Zn)$ 时，先将纯净的 Zn 片放在 1.0 mol · L^{-1} 的 $ZnSO_4$ 溶液中，与标准氢电极用盐桥连接起来，组成一个原电池，在 298.15 K 时，据检流计指针偏转方向可知标准氢电极为正极，锌电极为负极。电池符号为

$$(-)Zn|Zn^{2+}(1.0\ mol \cdot L^{-1}) \| H^+(1.0\ mol \cdot L^{-1})|H_2(100\ kPa)|Pt(+)$$

Note

实验测得

$$E=0.7618\ V$$

$$E^{\ominus}=\varphi^{\ominus}(H^+/H_2)-\varphi^{\ominus}(Zn^{2+}/Zn)=0.7618\ V$$

所以 $\varphi^{\ominus}(Zn^{2+}/Zn)=-0.7618\ V$

同理，测量 Cu^{2+}/Cu 电对的标准电极电势 $\varphi^{\ominus}(Cu^{2+}/Cu)$ 时，将 Cu^{2+}/Cu 与标准氢电极用盐桥连接起来，组成一个原电池，据检流计指针偏转方向可知标准氢电极为负极，铜电极为正极，电池符号为

$$(-)Pt|H_2(100\ kPa)|H^+(1.0\ mol\cdot L^{-1})\|Cu^{2+}(1.0\ mol\cdot L^{-1})|Cu(+)$$

实验测得 $E=+0.3419\ V$

$$E=\varphi^{\ominus}(Cu^{2+}/Cu)-\varphi^{\ominus}(H^+/H_2)=+0.3419\ V$$

所以 $\varphi^{\ominus}(Cu^{2+}/Cu)=+0.3419\ V$

（三）标准电极电势表

利用电极电势的测定方法，可以测量其他电极的标准电极电势。将各种氧化还原电对的标准电极电势汇集起来就构成了标准电极电势表。几种常见氧化还原电对的标准电极电势见表9-1，其他氧化还原电对的标准电极电势见附录。

表 9-1　几种常见氧化还原半反应的标准电极电势(298.15 K)

半反应	$\varphi^{\ominus}$/V
$Na^++e^-\rightleftharpoons Na$	−2.713
$Zn^{2+}+2e^-\rightleftharpoons Zn$	−0.7618
$Pb^{2+}+2e^-\rightleftharpoons Pb$	−0.1262
$2H^++2e^-\rightleftharpoons H_2$	0.0000
$AgCl+e^-\rightleftharpoons Ag+Cl^-$	0.2227
$Cu^{2+}+2e^-\rightleftharpoons Cu$	0.3419
$I_2+2e^-\rightleftharpoons 2I^-$	0.5355
$Fe^{3+}+e^-\rightleftharpoons Fe^{2+}$	0.771
$Ag^++e^-\rightleftharpoons Ag$	0.7996
$Br_2(l)+2e^-\rightleftharpoons 2Br^-$	1.065
$Cr_2O_7^{2-}+14H^++6e^-\rightleftharpoons 2Cr^{3+}+7H_2O$	1.33
$Cl_2(g)+2e^-\rightleftharpoons 2Cl^-$	1.35827
$MnO_4^-+8H^++5e^-\rightleftharpoons Mn^{2+}+4H_2O$	1.507
$F_2+2e^-\rightleftharpoons 2F^-$	2.866

氧化剂的氧化能力增强（↓）；还原剂的还原能力增强（↑）

标准电极电势表是化学中重要的数据表，使用时要注意以下几点。

(1) 标准电极电势是指在热力学标准态下的电极电势，应在满足标准态的条件下使用。由于该表中的数据是在水溶液中测定的，因此该表不适合非水溶剂体系及高温下的固相反应。

(2) 表中电极半反应用 $Ox+ne^-\rightleftharpoons Red$ 表示，所以电极电势又称还原电势。电极电势的数值反映了氧化还原电对得失电子的趋向，是强度性质，与物质的量无关，也与反应方程式的书写方向无关，例如：

$$Zn^{2+}+2e^-\rightleftharpoons Zn \qquad \varphi^{\ominus}(Zn^{2+}/Zn)=-0.7618\ V$$

$$2Zn^{2+}+4e^-\rightleftharpoons 2Zn \qquad \varphi^{\ominus}(Zn^{2+}/Zn)=-0.7618\ V\text{，而非前一反应的 2 倍}$$

$$Zn\rightleftharpoons Zn^{2+}+2e^- \qquad \varphi^{\ominus}(Zn^{2+}/Zn)=-0.7618\ V\text{，而不是}+0.7618\ V$$

(3) 表 9-1 中的标准电极电势是在温度为 298.15 K 时的数据，由于电极电势随温度变化并不是很大，故其他温度下也可参照使用。

（四）标准电极电势的应用

标准电极电势的数据反映了氧化还原电对得失电子的趋向，根据标准电极电势的高低可判

Note

断电对氧化还原能力的相对强弱。

(1) 标准电极电势越高的电对,其氧化型物质越易得到电子,氧化能力越强;还原型物质越不易失去电子,还原能力越弱。电极电势越低的电对,其还原型物质越易失去电子,还原能力越强;氧化型物质越不易得到电子,氧化能力越弱。

表 9-1 中各电对的标准电极电势 $\varphi^{\ominus}$ 自上而下依次增大,说明各电对中氧化型物质的氧化能力自上而下依次增强,而还原型物质的还原能力自上而下依次减弱。最下方的 F_2 是最强的氧化剂,而最上方的 Na 是最强的还原剂。

(2) 较强氧化剂组成的电对中对应的还原型物质的还原能力较弱,较强还原剂组成的电对中对应的氧化型物质的氧化能力较弱。如较强的还原剂 Na,对应的氧化型物质 Na^+ 是较弱的氧化剂;而较强的氧化剂 F_2,对应的还原型物质 F^- 是较弱的还原剂。

(3) 氧化还原反应自发进行的方向总是较强的氧化剂和较强的还原剂作用,生成较弱的还原剂和较弱的氧化剂,即

$$\text{强氧化剂}_1+\text{强还原剂}_2 \rightleftharpoons \text{弱还原剂}_1+\text{弱氧化剂}_2$$

式中,下标的1、2分别代表两对不同的电对。因此,查出各电对的标准电极电势,确定相对强的氧化剂和还原剂,就可以判断标准态下氧化还原反应进行的方向。

扫码看答案

问题与思考 9-3

在原电池中盐桥的作用是什么?是否可以取消?

扫码看答案

问题与思考 9-4

何谓电极电势?何谓标准电极电势?标准电极电势的数值是如何确定的?

第二节　电极电势的 Nernst 方程及影响因素

一、电极电势的 Nernst 方程

标准电极电势是在标准态下测定的,不能直接用于判断非标准态下氧化还原反应的自发性。

若电池反应为

$$a\mathrm{A}+d\mathrm{D} \longrightarrow g\mathrm{G}+h\mathrm{H}$$

根据化学反应等温方程式,上述反应的 $\Delta_r G_m$ 为

$$\Delta_r G_m = \Delta_r G_m^{\ominus} + RT\ln \frac{c_G^g c_H^h}{c_A^a c_D^d}$$

因 $\Delta_r G_m = -nFE$,当参加电池反应的各组分均处于标准态时,又可得 $\Delta_r G_m^{\ominus} = -nFE^{\ominus}$,故

$$E = E^{\ominus} - \frac{RT}{nF}\ln \frac{c_G^g c_H^h}{c_A^a c_D^d} \tag{9-3}$$

式(9-3)称为**电池反应的** Nernst **方程**(Nernst equation),它反映了电池的电动势与参加反应各组分的性质、浓度、温度等的关系。

Note

对于任意一个氧化还原电对,其电极反应式为

$$a\mathrm{Ox}+ne^- \rightleftharpoons b\mathrm{Red}$$

其电极电势的 Nernst 方程表示为

$$\varphi=\varphi^{\ominus}+\frac{RT}{nF}\ln\frac{c_{\mathrm{Ox}}^{a}}{c_{\mathrm{Red}}^{b}} \tag{9-4}$$

式中，φ 为电对在非标准态下的电极电势；$\varphi^{\ominus}$ 为电对的标准电极电势；T 为热力学温度；F 为 Faraday 常数（96485 $C\cdot mol^{-1}$）；R 为气体常数（8.314 $J\cdot mol^{-1}\cdot K^{-1}$）；$n$ 为电极反应式中的电子转移数；c_{Ox}^{a}、c_{Red}^{b} 分别表示电对中氧化型物质和还原型物质的浓度（或分压）幂的乘积。

在 $T=298.15$ K 时，将各常数代入式(9-4)，并将自然对数转换为常用对数，则式(9-4)可变换为

$$\varphi=\varphi^{\ominus}+\frac{0.0592}{n}\lg\frac{c_{\mathrm{Ox}}^{a}}{c_{\mathrm{Red}}^{b}} \tag{9-5}$$

从 Nernst 方程可看出，当温度一定时，电极电势主要与标准电极电势（$\varphi^{\ominus}$）有关，另外还与 $\frac{c(\text{氧化型物质})}{c(\text{还原型物质})}$ 有关。

应用 Nernst 方程时应注意以下几点。

（1）纯固体（如金属 Zn(s)、难溶强电解质 AgCl(s) 等）或纯液体（如 Hg(l)、Br_2(l)、H_2O(l) 等）的浓度视为 1.0。如：

$$Br_2(l)+2e^- \rightleftharpoons 2Br^-$$

$$\varphi(Br_2/Br^-)=\varphi^{\ominus}(Br_2/Br^-)+\frac{0.0592}{2}\lg\frac{1}{c_{Br^-}^{2}}$$

（2）气体物质的浓度用相对分压 $p/p^{\ominus}$ 表示。如：

$$2H^+ +2e^- \rightleftharpoons H_2$$

$$\varphi(H^+/H_2)=\varphi^{\ominus}(H^+/H_2)+\frac{0.0592}{2}\lg\frac{c(H^+)^2}{p(H_2)/p^{\ominus}}$$

（3）电极反应中有 H^+ 或 OH^- 等参加时，它们的浓度应代入 Nernst 方程中参与计算，且注意电极反应式中的系数应作为浓度的指数。例如电极反应：

$$Cr_2O_7^{2-}+14H^+ +6e^- \rightleftharpoons 2Cr^{3+}+7H_2O$$

$$\varphi(Cr_2O_7^{2-}/Cr^{3+})=\varphi^{\ominus}(Cr_2O_7^{2-}/Cr^{3+})+\frac{0.0592}{6}\lg\frac{c(Cr_2O_7^{2-})c(H^+)^{14}}{c(Cr^{3+})^2}$$

二、电极溶液中物质浓度对电极电势的影响

一定温度下，对于给定的电极，其电极电势的大小主要取决于电对本身的性质（即 $\varphi^{\ominus}$ 的大小），同时还与溶液中相关离子的浓度、气体的分压有关。凡是参与电极反应的组分（如 H^+ 或 OH^-），不论其是否发生电子转移，其离子浓度对电极电势都有影响。通常溶液的酸度对其电极电势影响较大。此外，生成难溶电解质、弱酸（或弱碱）和配离子等对电极电势也会有较大的影响。

（一）改变氧化型物质或还原型物质的浓度对电极电势的影响

从 Nernst 方程可知，如果电对的氧化型物质或还原型物质的浓度发生变化，电极电势就会发生改变。例如，对于电对 Fe^{3+}/Fe^{2+}，在标准态下，其电极电势 $\varphi^{\ominus}(Fe^{3+}/Fe^{2+})=0.771$ V。但是如果改变 Fe^{3+} 或 Fe^{2+} 的浓度，则其电极电势随之改变。

【例 9-4】 在 298.15 K、标准态下，$\varphi^{\ominus}(Fe^{3+}/Fe^{2+})=0.771$ V。如果使 Fe^{3+} 的浓度降低为 1×10^{-5} $mol\cdot L^{-1}$，而 Fe^{2+} 的浓度不变，则电极电势 $\varphi(Fe^{3+}/Fe^{2+})$ 将如何变化？

解： 已知 $c(Fe^{2+})=1.0$ $mol\cdot L^{-1}$，$c(Fe^{3+})=1\times10^{-5}$ $mol\cdot L^{-1}$

电极反应　　$Fe^{3+}+e^- \rightleftharpoons Fe^{2+}$　　$\varphi^{\ominus}(Fe^{3+}/Fe^{2+})=0.771$ V

Note

$$\varphi(Fe^{3+}/Fe^{2+})=\varphi^{\ominus}(Fe^{3+}/Fe^{2+})+\frac{0.0592}{n}\lg\frac{c(Fe^{3+})}{c(Fe^{2+})}=0.771+\frac{0.0592}{1}\lg\frac{1\times10^{-5}}{1.0}$$

$$=0.771-0.296=0.475(V)$$

计算结果表明，Fe^{2+} 的浓度降低使电极电势减小。事实上，从 Nernst 方程不难看出，如果电对还原型物质浓度增大、氧化型物质浓度减小，则电极电势降低；如果电对还原型物质浓度减小、氧化型物质浓度增大，则电极电势升高。

【例 9-5】 已知电极反应 $Cr_2O_7^{2-}+14H^++6e^-\rightleftharpoons 2Cr^{3+}+7H_2O$，$\varphi^{\ominus}=1.33$ V。若 $Cr_2O_7^{2-}$ 和 Cr^{3+} 仍为标准态，即浓度均为 1.0 mol·L^{-1}，求 298.15 K、pH=6 时，此电极的电极电势。

解： 在 298.15 K、pH=6 时，$[H^+]=1.0\times10^{-6}$ mol·L^{-1}。

因 $c(Cr_2O_7^{2-})=c(Cr^{3+})=1.0$ mol·L^{-1}，反应式中 $n=6$，则

$$\varphi(Cr_2O_7^{2-}/Cr^{3+})=\varphi^{\ominus}(Cr_2O_7^{2-}/Cr^{3+})+\frac{0.0592}{n}\lg\frac{c(Cr_2O_7^{2-})c(H^+)^{14}}{c(Cr^{3+})}$$

$$=1.33+\frac{0.0592}{6}\lg(1.0\times10^{-6})^{14}$$

$$=0.502(V)$$

从上例可见，当 pH=6 时，电极电势从 1.33 V 降到 0.502 V，$Cr_2O_7^{2-}$ 的氧化能力相比在标准态下明显降低了。这说明酸度对含氧酸的氧化性影响较大，含氧酸的氧化能力随介质酸度的增大而增强。

(二) 生成难溶电解质对电极电势的影响

向电极溶液中加入沉淀剂使组成电极的物质生成难溶电解质，则会导致该电极的电极电势发生变化。

【例 9-6】 在 298.15 K、标准态下，电极反应 $Ag^++e^-\rightleftharpoons Ag$ 的 $\varphi^{\ominus}(Ag^+/Ag)=0.7996$ V。若向电极溶液中加入 NaCl 溶液，使其生成 AgCl 沉淀，并保持溶液中 Cl^- 浓度为 1.0 mol·L^{-1}。计算 298.15 K 时，此电极的电极电势(已知 AgCl 的 $K_{sp}^{\ominus}=1.8\times10^{-10}$)。

解： 加入 NaCl 溶液后，溶液中的 Ag^+ 会与 Cl^- 生成 AgCl 沉淀，溶液中的 Ag^+ 浓度降低。

$$Ag^++Cl^-\longrightarrow AgCl$$

平衡时

$$[Ag^+][Cl^-]=K_{sp}^{\ominus}$$

$$[Ag^+]=\frac{K_{sp}^{\ominus}}{[Cl^-]}=\frac{1.8\times10^{-10}}{1.0}=1.8\times10^{-10}(mol\cdot L^{-1})$$

电极反应为

$$Ag^++e^-\rightleftharpoons Ag$$

$$\varphi(Ag^+/Ag)=\varphi^{\ominus}(Ag^+/Ag)+\frac{0.0592}{1}\lg\frac{[Ag^+]}{1.0}$$

$$=0.7996+[0.0592\times\lg(1.8\times10^{-10})]=0.2227(V)$$

显然，加入 NaCl 生成沉淀，使 Ag^+ 的浓度降低，电极电势降低。保持溶液中 Cl^- 浓度为 1.0 mol·L^{-1}，因而计算所得的电极电势实际上是电对 AgCl/Ag 的标准电极电势，电极反应为 $AgCl+e^-\rightleftharpoons Ag+Cl^-$。

(三) 形成弱酸(或弱碱)对电极电势的影响

若在电极溶液中使氧化型物质或还原型物质生成弱酸(或弱碱)，将使它们的浓度降低，也会造成电极电势的改变。

【例 9-7】 向标准氢电极的 H^+ 溶液中加入 NaAc，并使达到平衡后溶液中 Ac^- 和 HAc 浓度均为 1.0 mol·L^{-1}，若维持 H_2 的分压仍为 100 kPa，请根据 Nernst 方程计算此时氢电极的电极电势。

Note

解： 标准氢电极的电极反应为

$$2H^++2e^-\rightleftharpoons H_2 \qquad \varphi^{\ominus}(H^+/H_2)=0.0000\ V$$

加入的 Ac^- 与 H^+ 结合形成 HAc。

$$H^+ + Ac^- \rightleftharpoons HAc$$

平衡时，溶液中

$$[H^+]=\frac{[HAc]K_a}{[Ac^-]}=1.75\times10^{-5}(mol\cdot L^{-1})$$

$$\varphi(H^+/H_2)=\varphi^\ominus(H^+/H_2)+\frac{0.0592}{2}\lg\frac{c(H^+)^2}{p(H_2)/p^\ominus}$$

$$=0.0000+\frac{0.0592}{2}\lg\frac{(1.75\times10^{-5})^2}{100/100}=-0.281(V)$$

可见，由于 NaAc 的加入，生成难解离的弱酸 HAc，氧化型物质 H^+ 的浓度降低了，所以电极电势降低。

问题与思考 9-5

原电池反应式书写形式不同是否会影响该原电池的电动势？

化学史话：能斯特与能斯特方程

扫码看答案

第三节 电极电势与电池电动势的应用

一、比较氧化剂或还原剂的相对强弱

电极电势的大小，反映出电对中氧化型物质得到电子的能力及还原型物质失去电子的能力的强弱。电极电势值越大，表明电对中氧化型物质的氧化能力越强，是较强的氧化剂，而其共轭的还原型物质的还原能力越弱。电对的电极电势值越小，表明电对中还原型物质的还原能力越强，是较强的还原剂，而其共轭的氧化型物质的氧化能力越弱。

【例 9-8】 在下列电对中找出最强的氧化剂和最强的还原剂，并列出在标准态下，各氧化型物质氧化能力和还原型物质还原能力强弱的顺序。

电对：MnO_4^-/Mn^{2+}，Zn^{2+}/Zn，I_2/I^-，Ag^+/Ag，Cl_2/Cl^-，H^+/H_2

解：查书末附录 D，得各电对的标准电极电势如下：

$\varphi^\ominus(MnO_4^-/Mn^{2+})=1.51$ V，　$\varphi^\ominus(Zn^{2+}/Zn)=-0.7618$ V，　$\varphi^\ominus(I_2/I^-)=0.5355$ V，

$\varphi^\ominus(Ag^+/Ag)=0.7996$ V，　$\varphi^\ominus(Cl_2/Cl^-)=1.35827$ V，　$\varphi^\ominus(H^+/H_2)=0.0000$ V

电对 MnO_4^-/Mn^{2+} 的 $\varphi^\ominus$ 值最大，所以在标准态下，其氧化型物质 MnO_4^- 是最强的氧化剂；电对 Zn^{2+}/Zn 的 $\varphi^\ominus$ 值最小，所以在标准态下，其还原型物质 Zn 是最强的还原剂。在标准态下，上述电对中氧化型物质的氧化能力由强到弱的顺序为

$$MnO_4^- > Cl_2 > Ag^+ > I_2 > H^+ > Zn^{2+}$$

还原型物质的还原能力由强到弱的顺序为

$$Zn > H_2 > I^- > Ag > Cl^- > Mn^{2+}$$

二、判断氧化还原反应进行的方向

在原电池中，电极电势值较大的电极为正极；电极电势值较小的电极为负极。其电动势必然大于 0，即 $E=\varphi_+-\varphi_->0$。

任何一个氧化还原反应，原则上都可以设计成电池，并且可以计算其电池电动势 E。根据电

Note

动势 E,就可以判断该氧化还原反应的方向。由热力学定律可以证明:

(1) 如果 $E>0$,则氧化还原反应正向进行;

(2) 如果 $E<0$,则氧化还原反应逆向进行;

(3) 如果 $E=0$,则氧化还原反应处于平衡状态。

用电动势 E 判断某一氧化还原反应进行的方向时,可以首先假定该反应正向进行,然后令氧化剂所对应的电对作为电池的正极、还原剂所对应的电对作为负极,计算电池电动势 E。然后根据电动势 E 来判断该氧化还原反应的方向。

【例 9-9】 判断在 298.15 K 时,下列反应是否可以正向进行。

$$Fe(s)+Cu^{2+}(0.00001\ mol\cdot L^{-1})\rightleftharpoons Fe^{2+}(1.0\ mol\cdot L^{-1})+Cu(s)$$

已知 $\varphi^{\ominus}(Cu^{2+}/Cu)=0.3419\ V$,$\varphi^{\ominus}(Fe^{2+}/Fe)=-0.447\ V$。

解:假设该反应可以正向进行。在反应式中,Cu^{2+} 是氧化剂,Fe 是还原剂。

$$\varphi_{+}=\varphi(Cu^{2+}/Cu)=\varphi^{\ominus}(Cu^{2+}/Cu)+\frac{0.0592}{2}\lg\frac{c(Cu^{2+})}{1.0}$$

$$=0.3419+\frac{0.0592}{2}\lg 0.00001=0.1939(V)$$

Fe^{2+}/Fe 电极仍处于标准态,则

$$\varphi_{-}=\varphi^{\ominus}(Fe^{2+}/Fe)=-0.447\ V$$

$$E=\varphi_{+}-\varphi_{-}=0.1939-(-0.447)=0.6409(V)>0$$

故该氧化还原反应自发向右进行。

【例 9-10】 在 298.15 K 时,有反应

$$Ce^{4+}(1.0\ mol\cdot L^{-1})+Fe^{2+}(0.5\ mol\cdot L^{-1})\rightleftharpoons Ce^{3+}(0.01\ mol\cdot L^{-1})+Fe^{3+}(0.05\ mol\cdot L^{-1})$$

已知 $\varphi^{\ominus}(Ce^{4+}/Ce^{3+})=1.72\ V$,$\varphi^{\ominus}(Fe^{3+}/Fe^{2+})=0.771\ V$。如果将该反应设计成原电池,求该原电池的电动势,并判断其氧化还原反应进行的方向。

解:假设该反应正向进行,在反应式中,Ce^{4+} 是氧化剂。

$$Ce^{4+}+e^{-}\rightleftharpoons Ce^{3+}$$

$$\varphi_{+}=\varphi(Ce^{4+}/Ce^{3+})=\varphi^{\ominus}(Ce^{4+}/Ce^{3+})+\frac{0.0592}{1}\lg\frac{c(Ce^{4+})}{c(Ce^{3+})}$$

$$=1.72+\left(0.0592\times\lg\frac{1.0}{0.01}\right)=1.84(V)$$

Fe^{2+} 是还原剂。

$$Fe^{2+}-e^{-}\rightleftharpoons Fe^{3+}$$

$$\varphi_{-}=\varphi(Fe^{3+}/Fe^{2+})=\varphi^{\ominus}(Fe^{3+}/Fe^{2+})+\frac{0.0592}{1}\lg\frac{c(Fe^{3+})}{c(Fe^{2+})}$$

$$=0.771+\left(0.0592\times\lg\frac{0.05}{0.5}\right)=0.71(V)$$

$$E=\varphi_{+}-\varphi_{-}=1.84-0.71=1.13(V)>0$$

故该氧化还原反应正向自发进行。

若原电池的标准电动势 $E^{\ominus}$ 较大($E^{\ominus}\geqslant 0.3\ V$),则可以直接用 $E^{\ominus}$ 来判断非标准态下氧化还原反应进行的方向。

三、判断氧化还原反应进行的限度

氧化还原反应与沉淀反应、酸碱反应和配位反应等反应一样,在一定条件下也能达到平衡。氧化还原反应进行的程度可以用反应的平衡常数来衡量,而平衡常数可以用有关电对的电极电势求得。

Note

根据 $$\Delta_r G_m^\ominus = -nFE^\ominus$$

而 $$\Delta_r G_m^\ominus = -RT\ln K^\ominus$$

可得 $$-nFE^\ominus = -RT\ln K^\ominus$$

$$\ln K^\ominus = \frac{nFE^\ominus}{RT} = \frac{nF(\varphi_+^\ominus - \varphi_-^\ominus)}{RT}$$

298.15 K 时，将 $R=8.314\ \mathrm{J\cdot mol^{-1}\cdot K^{-1}}$，$F=96485\ \mathrm{C\cdot mol^{-1}}$，代入上式得

$$\lg K^\ominus = \frac{nE^\ominus}{0.0592} = \frac{n(\varphi_+^\ominus - \varphi_-^\ominus)}{0.0592} \tag{9-6}$$

注意式(9-6)中 n 是配平的氧化还原反应方程式中转移的电子数。在一定温度下，氧化还原反应的标准平衡常数只与电池的标准电动势 $E^\ominus$ 及转移的电子数 n 有关。

运用电池电动势计算氧化还原反应的平衡常数时，$E^\ominus$ 值越大，反应进行得越彻底。一般认为，对于 $n=2$ 时，$E>0.2$ V，或 $n=1$ 时，$E>0.4$ V，均有 $K>10^8$，此平衡常数已较大，可以认为反应进行得相当完全。

【例 9-11】 求 298.15 K 时，反应 $Cu^{2+} + Zn \rightleftharpoons Cu + Zn^{2+}$ 的平衡常数 $K^\ominus$。

解：先将该氧化还原反应设计成原电池。

$$(-)Zn|Zn^{2+} \parallel Cu^{2+}|Cu(+)$$

从表 9-1 中查出两个电对的 $\varphi^\ominus$ 值。

正极反应： $Cu^{2+} + 2e^- \rightleftharpoons Cu$ $\quad \varphi^\ominus(Cu^{2+}/Cu) = 0.3419$ V

负极反应： $Zn \rightleftharpoons Zn^{2+} + 2e^-$ $\quad \varphi^\ominus(Zn^{2+}/Zn) = -0.7618$ V

电池反应中 $n=2$，代入式(9-6)得

$$\lg K^\ominus = \frac{nE^\ominus}{0.0592} = \frac{2\times[0.3419-(-0.7618)]}{0.0592} = 37.3$$

$$K^\ominus = 2.05\times 10^{37}$$

利用电极电势不仅可求得氧化还原反应的平衡常数，还可根据电池反应的平衡关系计算酸(或碱)的解离平衡常数 K_a(或 K_b)、难溶物的溶度积 K_{sp}、配位化合物的稳定常数 K_s 等。

【例 9-12】 已知 $Ag^+ + e^- \rightleftharpoons Ag$，$\varphi^\ominus = 0.7996$ V；$AgCl + e^- \rightleftharpoons Ag + Cl^-$，$\varphi^\ominus = 0.2227$ V。298.15 K 时，求 AgCl 的溶度积 K_{sp}。

解：将以上两个电极组成原电池，根据标准电极电势的相对大小，确定 Ag^+/Ag 作为正极，AgCl/Ag 作为负极，构成的原电池的电池反应为

$$Ag^+ + Cl^- \rightleftharpoons AgCl \qquad n=1$$

显然，该电池反应为 AgCl 在水溶液中溶解平衡的逆过程，电池反应的平衡常数

$$K_{sp} = \frac{1}{K^\ominus}$$

$$\lg K^\ominus = \frac{nE^\ominus}{0.0592} = \frac{1\times(0.7996-0.2227)}{0.0592} = 9.74$$

$$K_{sp} = \frac{1}{K^\ominus} = 1.8\times 10^{-10}$$

上述电池反应式中元素原子的氧化值没有变化，但在电极反应中是存在电子得失的，而且总反应中也是有电子转移的，因此可以用氧化还原反应的标准电动势计算平衡常数。电池反应 $Ag^+ + Cl^- \rightleftharpoons AgCl$，正极反应为 $Ag^+ + e^- \rightleftharpoons Ag$，负极反应为 $AgCl + e^- \rightleftharpoons Ag + Cl^-$，两个半反应中都出现了 Ag，在构成电池总反应时被抵消了。

扫码看答案

Note

问题与思考9-6

如何根据电极电势判断物质氧化性或还原性的相对强弱？

第四节 电动势法测定溶液的 pH

Nernst 方程表明,电极电势与溶液中离子的浓度(或活度)有关。在一定温度下,知道了电极反应的离子浓度,就可求出该电极电势;反之,如果测出了电极电势,也可求出该电极中离子的浓度。因此可以通过对电极电势的测定,定量分析溶液中的离子浓度,这种分析方法称为直接电位法(potentiometry)。此方法的应用需要组成一个原电池,其中一个电极的电极电势是已知的,并且稳定,不受试液组成变化的影响,这个电极称为参比电极(reference electrode);另一个电极的电极电势与待测离子的浓度(或活度)有关,并且其电极电势与待测离子浓度之间符合 Nernst 方程,称为指示电极(indicating electrode)。

将参比电极(M^{n+}/M)与指示电极组成原电池:

$$(-)M(s)|M^{n+}(c)\parallel 参比电极(+)$$

该电池的电动势为

$$E=\varphi_{参比}-\varphi(M^{n+}/M)=\varphi_{参比}-[\varphi^{\ominus}(M^{n+}/M)+\frac{RT}{nF}\ln c(M^{n+})]$$

$$=\varphi_{参比}-\varphi^{\ominus}(M^{n+}/M)-\frac{RT}{nF}\ln c(M^{n+})$$

在一定温度下,$\varphi_{参比}$ 和 $\varphi^{\ominus}(M^{n+}/M)$ 是常数,n、F 和 R 为常数,只要测得电池电动势,即可求出待测离子 M^{n+} 的浓度。这就是电动势法测定物质浓度的基本原理。

一、常用参比电极

(一) 甘汞电极

饱和甘汞电极(saturated calomel electrode,SCE)结构如图 9-4 所示,是由 Hg(l)、Hg_2Cl_2(s)以及饱和 KCl 溶液组成的,属于金属-金属难溶盐-阴离子电极。它由两个玻璃套管组合而成,内管的上部是汞,连接电极引线,中部为汞和氯化亚汞的糊状混合物,下端用玻璃纤维或石棉塞紧;外管盛有饱和 KCl 溶液,下部端口用多孔素烧瓷塞紧。测定中,外管还能起到盐桥的作用。

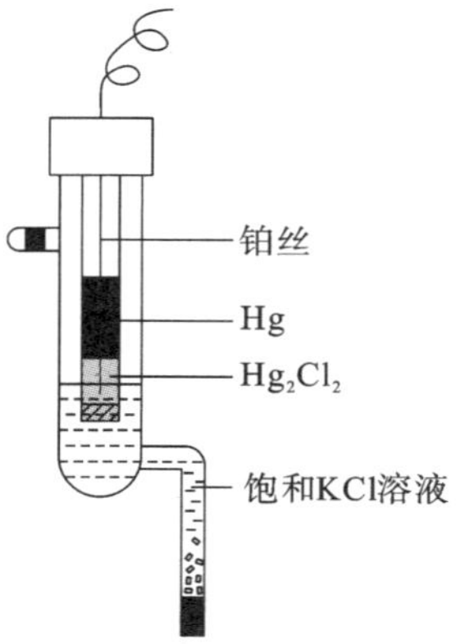

图 9-4 饱和甘汞电极

电极的组成式:

$$Pt(s)|Hg_2Cl_2(s)|Hg(l)|Cl^-(c)$$

电极反应式:

$$Hg_2Cl_2(s)+2e^-\rightleftharpoons 2Hg(l)+2Cl^-(aq)$$

电极电势在 298.15 K 时的 Nernst 方程为

$$\varphi=\varphi^{\ominus}-\frac{RT}{2F}\ln c(Cl^-)^2$$

$$\varphi=\varphi^{\ominus}-0.0592\lg c(Cl^-)$$

298.15 K 时,$\varphi_{SCE}=0.2412$ V。

(二) AgCl/Ag 电极

AgCl/Ag 电极属于金属-金属难溶盐-阴离子电极,在盛有 KCl 溶液的玻璃管中插入一根镀有 AgCl 的银丝,玻璃管的下端用石棉封住,上端用引线引出。

电极的组成式:

Note

$$Ag|AgCl(s)|Cl^-(c)$$

电极反应式：

$$AgCl(s)+e^- \rightleftharpoons Ag(s)+Cl^-(aq)$$

电极电势在 298.15 K 时的 Nernst 方程为

$$\varphi(AgCl/Ag)=0.2227-0.0592\lg c(Cl^-)$$

KCl 溶液为饱和溶液、1.0 mol·L^{-1} 和 0.1 mol·L^{-1} 时，$\varphi(AgCl/Ag)$ 分别为 0.197 V、0.222 V 和 0.288 V。该电极对温度不敏感，甚至可以在 80 ℃以上的条件下使用。

二、指示电极

电极电势随 H^+ 浓度（活度）的变化符合 Nernst 方程的电极，称为 pH 指示电极。

使用最广泛的 pH 指示电极为玻璃电极（glass electrode）。玻璃电极装置中的玻璃管下部是成分特殊的玻璃制成的薄膜球，膜厚度为 50～100 nm，其中插入一只氯化银电极作为内参比电极，球内装有 0.1 mol·L^{-1} HCl 溶液作为内参比溶液，如图 9-5 所示。引出的导线需用金属网套管屏蔽，防止由静电干扰和漏电所引起的实验误差。将玻璃电极置于待测 pH 的溶液（后文简称待测溶液）中构成指示电极，其电极电势为

$$\varphi_{玻璃}=K_{玻璃}+\frac{RT}{F}\ln\alpha(H^+_{外})=K_{玻璃}-\frac{2.303RT}{F}pH$$

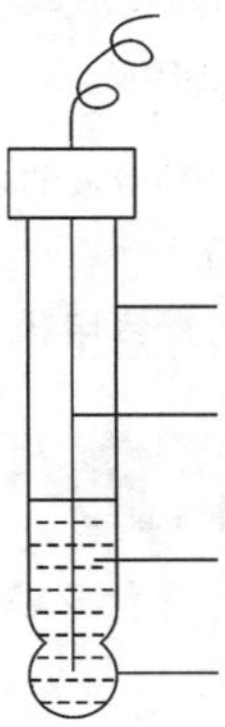

图 9-5　玻璃电极

将玻璃电极插入待测溶液中，当玻璃薄膜内、外两侧的 H^+ 浓度不相等时，就会出现电势差，称为膜电势。膜电势的数值取决于膜外待测溶液的 H^+ 浓度，即 pH，这就是玻璃电极可用作 pH 指示电极的基本原理。

该电极电势中的 $K_{玻璃}$ 从理论上讲是常数，但实际上是一个未知数，因为每个玻璃电极的玻璃薄膜表面都会存在一定的差异，也就会有不同的 $K_{玻璃}$，即使是同一支玻璃电极，其 $K_{玻璃}$ 也会随时间而变化，所以每次使用前必须校正。

玻璃电极一般适用于测量 pH 为 1～10 的溶液。玻璃电极不受氧化剂、还原剂存在的影响，并且能在胶体或有色溶液中使用。

三、电动势法测定溶液的 pH

用玻璃电极作为指示电极，与饱和甘汞电极和待测溶液组成一个原电池。

(－)玻璃电极|待测溶液‖SCE(＋)

电池的电动势 E_x 为

$$E_x=\varphi_{SCE}-\varphi_{玻璃}=\varphi_{SCE}-\left(K_{玻璃}-\frac{2.303RT}{F}pH\right) \tag{9-7}$$

由于在一定温度下，φ_{SCE} 为一常数，但 $K_{玻璃}$ 是未知数，为了求出溶液的 pH，必须消去 $K_{玻璃}$，可先将此玻璃电极和饱和甘汞电极浸入 $pH=pH_s$ 的标准缓冲溶液中：

(－)玻璃电极|标准缓冲溶液‖SCE(＋)

测其电动势 E_s，得

$$E_s=\varphi_{SCE}-\varphi_{玻璃}=\varphi_{SCE}-\left(K_{玻璃}-\frac{2.303RT}{F}pH_s\right) \tag{9-8}$$

将式(9-7)与式(9-8)合并，消去 $K_{玻璃}$，即得待测溶液的 pH。

$$pH=pH_s+\frac{(E_x-E_s)F}{2.303RT}$$

Note

温度一定时，T 和 F 均为常数，pH_s 为已知的标准值，只要先后两次测定电池电动势 E_s 和 E_x，即可求出溶液的 pH。式(9-8)是 IUPAC 确定的 pH 的操作定义(operational definition of pH)。pH 计就是根据这一原理设计的。

为减小误差，应使测定 E_s 和 E_x 时的温度等条件尽量相同。由于待测溶液与标准缓冲溶液离子组成不同、电动势测量误差等原因，测量的相对误差一般在±5%以内。

四、复合电极

测定 pH 常用复合电极(combination electrode)，将指示电极和参比电极组装在一起就构成了复合电极，其外观如图 9-6 所示。

测定 pH 使用的复合电极通常由玻璃电极、AgCl/Ag电极或玻璃电极-甘汞电极组合而成。敏感的玻璃泡被外壳保护，参比电极的补充液由外套上端小孔加入。由于电极位置固定，信号用一根同轴线输出，因此复合电极抗物理干扰性能好，使用方便。

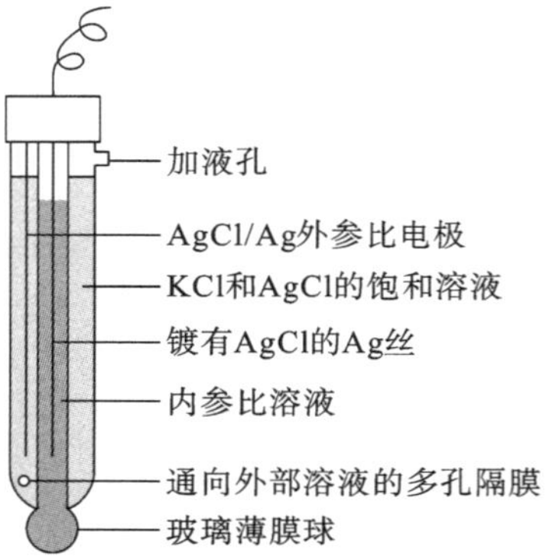

图 9-6 复合电极

知识链接：生物电

扫码看答案

思政课堂：电池发展史

问题与思考9-7

举例说明什么是参比电极。是不是所有参比电极的电极电势均为零？

本章小结

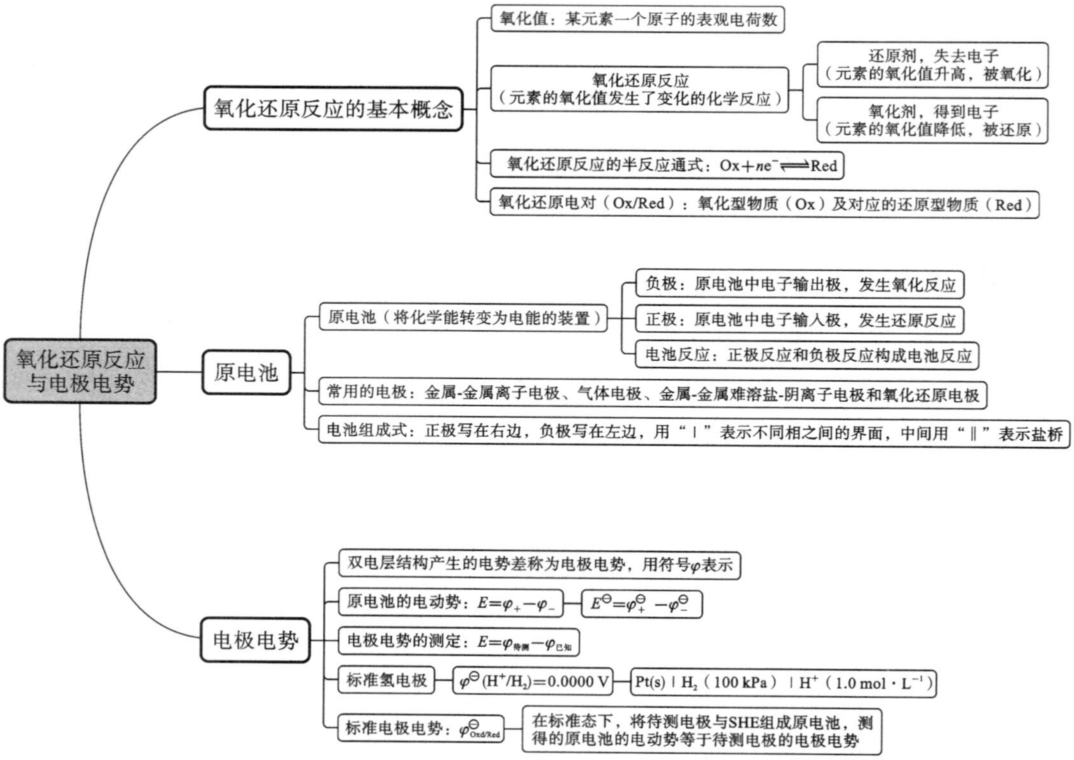

Note

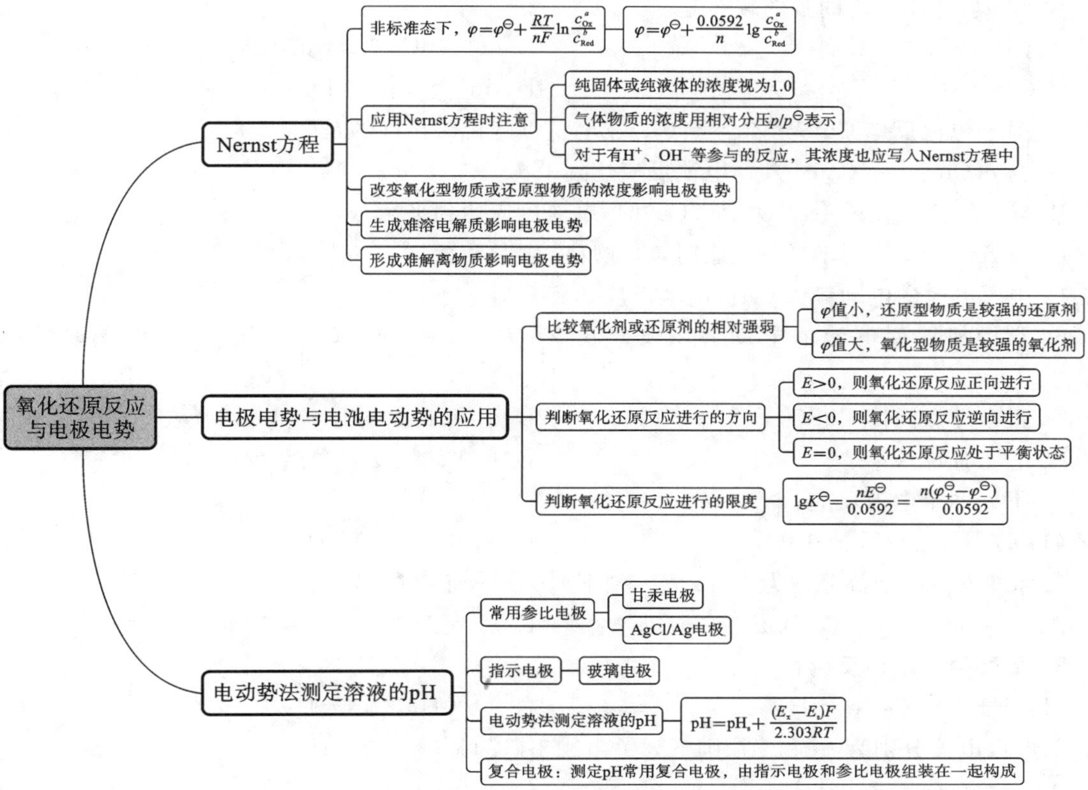

学科发展与医学应用综述题

生命现象中包含着许多电化学问题，如光合作用是一个复杂的氧化还原过程，生命过程中的能量传递与一些放能的氧化还原过程（如糖的分解）相偶联。请同学们查阅资料，利用电化学知识探讨生物体内存在的氧化还原体系以及生命活动过程中的电化学方法。

能力检测

1. 下列关于氧化值的表述中，不正确的是（　　）。

A. 氟在所有化合物中的氧化值均为－1

B. 单质中原子的氧化值为 0

C. 氧在所有化合物中的氧化值均为－2

D. 氢在大多数化合物中的氧化值为＋1，但在金属氢化物如 CaH_2 中的氧化值为－1

2. 下列物质中 O 的氧化值最低的是（　　）。

A. O_2　　B. HNO_3　　C. H_2O_2　　D. KO_2

3. 下列说法中错误的是（　　）。

A. 在原电池中，电极电势较低的电对是原电池的负极

B. 在原电池中，电极电势较高的电对是原电池的正极

C. 在原电池中，正极发生氧化反应，负极发生还原反应

D. 原电池的电动势越大，电池反应的趋势越大

4. 已知 $\varphi^{\ominus}(Cu^{2+}/Cu^{+})=0.159\ V$，$\varphi^{\ominus}(Fe^{3+}/Fe^{2+})=0.771\ V$，$\varphi^{\ominus}(Co^{3+}/Co^{2+})=1.92\ V$，下

扫码看答案

Note

列还原型物质还原能力的强弱顺序是(　　)。

A. $Cu^{+}>Fe^{2+}>Co^{2+}$　　B. $Fe^{2+}>Co^{2+}>Cu^{+}$

C. $Co^{2+}>Cu^{+}>Fe^{2+}$　　D. $Cu^{+}>Co^{2+}>Fe^{2+}$

5. 对于电池反应 $Cu^{2+}+Zn \rightleftharpoons Cu+Zn^{2+}$,下列说法正确的是(　　)。

A. 当 $c(Cu^{2+})=c(Zn^{2+})$时,电池反应达到平衡

B. 当 $\varphi^{\ominus}(Zn^{2+}/Zn)=\varphi^{\ominus}(Cu^{2+}/Cu)$时,电池反应达到平衡

C. 当 Zn^{2+}、Cu^{2+} 处于平衡状态时,电池反应达到平衡

D. 当原电池的电动势为 0 时,电池反应达到平衡

6. 欲增加下列电池的电动势:$(-)Zn|Zn^{2+}(c_1)\parallel Cu^{2+}(c_2)|Cu(+)$,可采取的办法是(　　)。

A. 正极加入固体 $CuSO_4$　　B. 正极加入 $NH_3 \cdot H_2O$

C. 正极加入 Na_2S　　D. 负极增大 Zn^{2+} 的浓度

7. 下列两个电池反应:

(1) $1/2H_2+1/2I_2 \rightleftharpoons HI$　　(2) $2HI \rightleftharpoons I_2+H_2$

其标准电池电动势分别为 $E_1^{\ominus}$ 和 $E_2^{\ominus}$,则下列关系式正确的是(　　)。

A. $E_1^{\ominus}=E_2^{\ominus}$　　B. $E_1^{\ominus}=-E_2^{\ominus}$　　C. $E_1^{\ominus}=2E_2^{\ominus}$　　D. $E_1^{\ominus}=-2E_2^{\ominus}$

8. 下列两个电极反应:

(1) $2Hg^{2+}+2e^{-} \rightleftharpoons Hg_2^{2+}$　　(2) $1/2Hg_2^{2+} \rightleftharpoons Hg^{2+}+e^{-}$

其电极电势分别为 $\varphi_1^{\ominus}$ 和 $\varphi_2^{\ominus}$,则下列关系式正确的是(　　)。

A. $\varphi_1^{\ominus}=(\varphi_2^{\ominus})^2$　　B. $\varphi_1^{\ominus}=-\varphi_2^{\ominus}$　　C. $\varphi_1^{\ominus}=2\varphi_2^{\ominus}$　　D. $\varphi_1^{\ominus}=\varphi_2^{\ominus}$

9. 下列电极反应中,有关离子的浓度均减小一半时,电极电势将增大的是(　　)。

A. $Cl_2+2e^{-} \rightleftharpoons 2Cl^{-}$　　B. $Sn^{4+}+2e^{-} \rightleftharpoons Sn^{2+}$

C. $2Hg^{2+}+2e^{-} \rightleftharpoons Hg_2^{2+}$　　D. $2H^{+}+2e^{-} \rightleftharpoons H_2$

10. 某氧化还原反应的标准电动势 $E^{\ominus}>0$,则应有(　　)。

A. $\Delta_r G_m^{\ominus}>0, K^{\ominus}>1$　　B. $\Delta_r G_m^{\ominus}>0, K^{\ominus}<1$

C. $\Delta_r G_m^{\ominus}<0, K^{\ominus}<1$　　D. $\Delta_r G_m^{\ominus}<0, K^{\ominus}>1$

11. 指出下列化合物中划线元素的氧化值:$K_2\underline{Cr}_2O_7$、$Na_2\underline{S}O_3$、$K_2\underline{Mn}O_4$、$Na\underline{Cl}O$、$H_2\underline{O}_2$、$\underline{Hg}_2Cl_2$、$\underline{Cl}_2$、$Na\underline{H}$。

12. 配平下列反应方程式。

(1) $MnO_4^{-}+Fe^{2+}+H^{+} \rightleftharpoons Mn^{2+}+Fe^{3+}+H_2O$

(2) $H_2O_2+I^{-} \rightleftharpoons I_2+H_2O$

13. 应用标准电极电势数据,解释下列现象。

(1) 为使 Fe^{2+} 溶液不被氧化,常放入铁钉。

(2) 电子工业制备电路板用 $FeCl_3$ 溶液来溶解电路板上的铜。

14. 298.15 K 时,标准态下,判断下列反应自发进行的方向。

(1) $2Ag^{+}(aq)+Zn(s) \rightleftharpoons 2Ag(s)+Zn^{2+}(aq)$

(2) $2Hg(l)+Cu^{2+}(aq)+2Cl^{-}(aq) \rightleftharpoons Hg_2Cl_2(s)+Cu(s)$

15. 设溶液中 MnO_4^{-} 和 Mn^{2+} 浓度相等(其他离子均处于标准态),在下列酸度:①pH=0,②pH=6 时,MnO_4^{-} 能否氧化 I^{-} 和 Br^{-}?

16. 写出下列各电池的电极反应和电池反应方程式,并计算电池的电动势(298.15 K)。

Note

(1) $(-)Zn|Zn^{2+}(1.0\ mol \cdot L^{-1})\parallel IO_3^{-}(1.0\ mol \cdot L^{-1}), H^{+}(0.1\ mol \cdot L^{-1})|I_2(s)|Pt(s)$ $(+)$

(2) (－)Pt(s)|Sn^{2+}(1.0 mol·L^{-1}),Sn^{4+}(1.0 mol·L^{-1}) ‖ Cl^-(1.0 mol·L^{-1})|Hg_2Cl_2(s)|Hg(l)(＋)

17. 已知 298.15 K 时下列原电池的电动势为 0.3884 V,求 Cd^{2+} 的浓度。

(－)Zn(s)|Zn^{2+}(0.02 mol·L^{-1}) ‖ Cd^{2+}(x mol·L^{-1})|Cd(s)(＋)

18. 已知 $\varphi^{\ominus}(Cu^{2+}/Cu)=0.3419$ V,$\varphi^{\ominus}(Ag^{+}/Ag)=0.7996$ V,将铜片插入 0.10 mol·L^{-1} $CuSO_4$ 溶液中,银片插入 0.10 mol·L^{-1} $AgNO_3$ 溶液中组成原电池。

(1) 计算原电池的电动势;

(2) 写出电极反应、电池反应和电池组成式;

(3) 计算电池反应的平衡常数。

19. 电池(－)Pt(s)|H_2(100 kPa)|HA(0.05 mol·L^{-1}) ‖ Cl^-(1.0 mol·L^{-1})|AgCl(s)|Ag(s)(＋),298.15 K 时,测得电池的电动势为＋0.568 V,已知 $\varphi^{\ominus}(AgCl/Ag)=0.2227$ V,试计算一元弱酸 HA 的酸度常数 K_a。

20. 298.15 K 时,$Hg_2SO_4(s)+2e^- \rightleftharpoons 2Hg(l)+SO_4^{2-}(aq)$,$\varphi^{\ominus}=0.6125$ V;$Hg_2^{2+}(aq)+2e^- \rightleftharpoons 2Hg(l)$,$\varphi^{\ominus}=0.7973$ V。

试求 Hg_2SO_4 的溶度积常数 K_{sp}。

(李向华)

Note

第十章　原子结构和元素周期律

扫码看 PPT

学习目标

素质目标：通过对原子结构认识的不断发展，培养学生用辩证统一的观点思考问题的思维方式；通过元素周期律，认识由量变引起质变的规律，对学生进行辩证唯物主义教育；通过对元素的认识，引导学生树立可持续发展理念。

能力目标：通过对物质及其变化的宏观现象与微观本质之间相互联系的分析推理，培养学生的想象能力和抽象思维能力；培养学生对大量数据、事实进行分析、归纳和总结的能力。

知识目标：了解原子核外电子运动的基本特点；掌握四个量子数的意义、取值规则和近似能级顺序；掌握多电子原子核外电子排布的原则，并能根据电子组态判断元素在元素周期表中的位置；理解电负性的意义及周期性变化规律。

自然界中种类繁多、性质各异的物质是由一百多种化学元素的原子以不同种类、数目和方式结合而形成的。各种物质在性质上的差异是由物质内部结构不同引起的，而化学反应发生时，原子核并不发生变化，只涉及核外电子运动状态的改变。所以本章着重研究原子核外电子的运动状态即原子结构和元素性质周期性变化的规律。运用这些有关原子结构的基础知识，了解物质的内部结构和性质，正确理解共价键与分子间力（第十一章）、配位化合物（第十二章）的结构理论，有助于深入了解体内生物分子的结构和药物的生物学效应。

第一节　核外电子运动状态及特性

微观粒子是指光子、电子、原子、中子等基本粒子，它们的质量极小，但运动范围窄小，运动速度极快（相当于光速或接近光速）。因此，微观粒子的运动规律绝不同于宏观物体，而有其自身的量子化特征和波粒二象性。

一、氢原子光谱和 Bohr 理论

（一）微观粒子的量子化特征

1900 年，德国物理学家 M. Planck 为了解释黑体辐射的实验事实而提出了著名的量子论。他认为，在微观领域能量是不连续的，能量有一最小单位 E_0，物质吸收或辐射的能量一定是最小能量单位 E_0 的整数倍，即 $E=nE_0=nh\nu$。能量的这种不连续性称为能量量子化。其中 E_0 称为量子（quantum），h 是 Planck 常数（Planck constant），其值为 6.626×10^{-34} J·s。

Note

1905 年，Einstein 为了解释光电效应而提出了光子学说。他认为光能的最小单位是光量子，光的能量只能是光量子的整数倍，是不连续的。不仅如此，微观粒子其他物理量的变化也是不连

续的。微观世界能量(或其他物理量)变化的这种不连续性称为量子化。与微观世界相比，宏观物体的物理量很大，人们可以观测到它的连续变化，如宏观物体的电量是连续的库仑值变化，而微观粒子所带的电荷只能以电子电量 e 的整数倍变化。因此，**量子化是微观世界的特有属性**。

1911 年，英国物理学家 E. Rutherford 根据 α 粒子散射实验(图 10-1)提出了原子的有核模型(nuclear model)，用一束高速运动的 α 粒子轰击金箔时，大部分 α 粒子几乎不受阻碍地直线穿过，只有极少数 α 粒子发生大角度散射，甚至反射，这表明原子中绝大部分空间是空的，正电荷所占的空间很小。因此，当 α 粒子通过金箔时，只有极少数被质量较大的带正电荷的部分排斥，这个带正电荷的部分位于原子中心，这就是原子核。

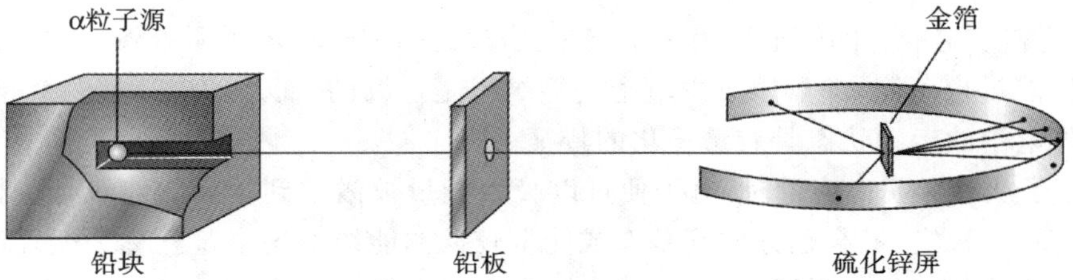

图 10-1 α 粒子散射实验

E. Rutherford 在 α 粒子散射实验的基础上，提出了"行星系式"原子模型。该模型认为，原子核好比太阳，电子好比绕太阳运动的行星。根据他的模型，绕核运动的电子会连续辐射电磁波，得到连续光谱，并且，电子能量不断减小，电子的绕核半径也将逐渐减小，最终会堕入原子核，导致原子毁灭。但这显然无法解释原子的线状光谱和原子的稳定性。

(二) 氢原子光谱和 Bohr 原子模型

当一束白光通过石英棱镜时，不同波长的光由于折射率不同，形成红、橙、黄、绿、蓝、紫等没有明显界线的彩色光谱，这种带状光谱称为连续光谱。将含有低压氢气的放电管所发出的光通过分光棱镜就可以得到氢原子光谱(图 10-2)。氢原子光谱是最简单的原子光谱。原子受激发所得光谱却是不连续的线状光谱(line spectrum)。从图 10-2 中可以看到，氢原子光谱在可见光区有 4 条比较明显的谱线，即 H_α、H_β、H_γ、H_δ，波长分别为 656.3 nm、486.1 nm、434.1 nm、410.2 nm，另外，其在红外区和紫外区也有一系列谱线。

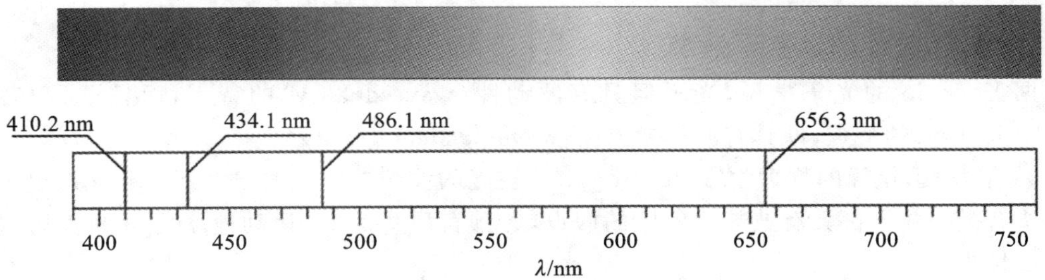

图 10-2 可见光区光的连续光谱与氢原子线状光谱

氢原子核外只有一个电子，现代量子力学理论对原子结构的研究首先从氢原子开始，并在此基础上进一步研究多电子原子、离子等复杂体系的结构。

为了解释氢原子线状光谱的事实，1913 年，丹麦物理学家 Bohr 综合 Planck 的量子论、Einstein 的光子学说和 Rutherford 的原子有核模型，提出了氢原子的模型。Bohr 氢原子模型有以下三项基本假定。

(1) 氢原子核外的电子不是在任意轨道上绕核运动的，而只能在某些特定的轨道上运动。电子在这些轨道上运动时并不吸收能量也不辐射能量，处于"能量稳定"状态，称为原子的定态

Note

(stationary state)。原子处于正常或稳定状态时，电子尽可能处于能量最低的轨道，这种状态称为基态(ground state)。除基态外，其他能量较高的各种状态均称为激发态(excited state)。

(2) 定态时，电子运动轨道的半径(r)与相应的能量(E)为

$$r = a_0 n^2 \tag{10-1}$$

$$E = -\frac{R_H}{n^2} \tag{10-2}$$

式中，a_0=52.9 pm，称为Bohr半径；R_H是常数，为2.18×10^{-18} J(或13.6 eV)；n只能取正整数1,2,3…，称为**量子数**。氢原子处于基态时，电子在$n=1$的轨道上运行，能量最低，为2.18×10^{-18} J。

Bohr将具有一定能量的轨道称为一个能级。显然，氢原子中电子所处轨道的n值不同，使得原子所具有的能量也不同，即氢原子中轨道的能级不是连续的，而是随着n值的变化被分为不同的能级。核外电子的运动状态具有**量子化**的特征。

(3) 当原子从外界获得能量时，电子便可以吸收能量被激发到较高的能级，此时原子处于激发态，能量较高，不稳定，又会迅速回到基态或能量较低的能级。这个过程称为跃迁(transition)，并以光子的形式释放能量。跃迁时，吸收或释放的光子能量大小取决于两个能级间的能量差：

$$h\nu = E_2 - E_1 \tag{10-3}$$

式中，ν是光子的频率；h为Planck常数。由于各能级的能量是确定的、不连续的，发出的光子的频率也是特定的、不连续的，Bohr由此计算的氢原子在可见光区的四条谱线的波长与实验值十分吻合。

Bohr成功抓住了微观世界中物理量普遍存在的量子化特征，成功地解释了氢原子的**稳定性和线状光谱**，对于原子结构理论的发展起到了很重要的作用。但是该理论未能深刻了解电子的本性，无法解释氢原子光谱的精细结构和多电子原子的光谱结构，更不能解释原子形成分子的化学键的本质。由于Bohr理论把电子看作沿固定轨道运动的微小的经典力学粒子，仍属于旧量子论，未能冲破经典物理学束缚，没有认识到微观粒子除具有量子化特征外，还具有波粒二象性，因此没有完全揭示微观粒子的特性及运动规律。现代量子力学则从电子的本性及运动规律入手，建立了描述氢原子核外电子运动状态的方法。

二、电子的波粒二象性

(一) 微观粒子的波粒二象性

根据Einstein的光子学说，光不但具有波动性(wave duality)的特点，而且还具有粒子性(particle duality)的特点，即具有波粒二象性(wave-particle duality)。

1923年，法国年轻的物理学家de Broglie L在光的波粒二象性的启发下大胆地提出了电子、原子等所有微观粒子都具有波粒二象性的假设，并预言质量为m、运动速率为v的实物粒子，其相应的波长为

$$\lambda = \frac{h}{p} = \frac{h}{mv} \tag{10-4}$$

上述关系式称为de Broglie关系式(de Broglie relation)。式中h为Planck常数，p为实物粒子的动量。de Broglie关系式把微观粒子的粒子性$p(m、v)$和波动性(λ)通过Planck常数h联系在一起。根据式(10-4)可以计算出子弹($m=1.0\times10^{-2}$ kg，$v=300$ m·s^{-1})的波长为10^{-2} pm；电子($m=9.1\times10^{-31}$ kg，$v=5.9\times10^6$ m·s^{-1})的波长为123 pm。结果表明，子弹物质波的波长太小，其波动性难以表现出来，所以像子弹这样的宏观物体只表现出粒子性，而电子物质波的波长则相当于X射线的波长范围(1～10000 pm)。

1927年，Davisson和Germer的电子衍射实验证实了de Broglie的假设。当电子束穿过一薄

Note

晶片(或晶体粉末)时,在底片上得到了与光的衍射图相类似的明暗相间的衍射环纹图(图 10-3(c))。由电子衍射图测得的电子波波长与根据式(10-4)计算的数值完全相符。电子衍射实验的结果说明电子运动与光相似,具有波动性。中子、质子、原子等微观粒子的波动性也在后来的实验中被证实。因此,**波粒二象性是微观粒子的基本属性**。

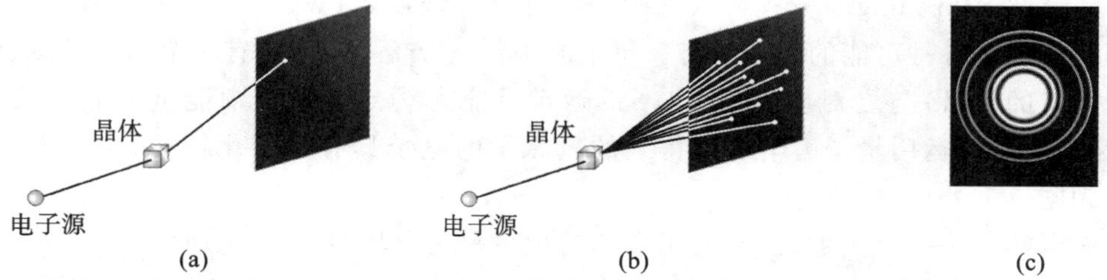

图 10-3 电子衍射图

(a)(b)弱电子流电子先后射出;(c)强电子流的衍射环纹图

电子的波动性绝不意味着电子是波浪式前进的粒子流,电子波(物质波)与机械波、电磁波不同,它没有明确的物理意义。在衍射实验中,用较强电子流可以在较短时间内得到衍射图,若电子流很微弱,几乎是一个一个地射出,如图 10-3(a)(b)所示,只要时间足够长,也可以获得与强电子流一样的衍射图。由此可见,电子的衍射(波动性)不是许多电子相互影响的结果,而是电子本身运动所固有的规律性。电子的波动性是大量电子个体运动或者单个电子多次相同实验的统计结果。波的衍射强度大的地方(电子波强度大的地方)就是电子出现概率大的地方,出现亮的环纹;波的衍射强度小的地方,电子出现的概率小,出现暗的环纹。即波的强度反映了电子出现的概率。因此,电子等实物粒子波是一种概率波。

(二)不确定性原理

1927 年,德国科学家 Heisenberg 提出,不可能同时准确地确定微观粒子运动的位置和动量,也就是说,它的位置测得越准,动量(或速率)测得就越不准;反之亦然。这就是著名的不确定性原理(uncertainty principle)。

$$\Delta x \cdot \Delta p_x \geqslant \frac{h}{4\pi} \qquad (10\text{-}5)$$

式中,x 为微观粒子在空间某一方向的位置坐标;Δx 为粒子在 x 方向上的位置误差;Δp_x 为动量在 x 方向上的误差,h 为 Planck 常数。

不确定性原理是微观粒子波动性的必然结果。它的运动不存在确定的运动轨迹,不符合经典力学规律。但是,微观粒子的运动规律可以用量子力学来描述,即表达它在空间出现的概率及其他全部特征。

第二节 氢原子的波函数

一、量子数

(一)波函数与原子轨道

既然电子波是概率波,那么就从概率的角度来研究电子的波动性。首先不得不考虑怎样来描述这种波动性。在经典物理学中,人们常采用函数式来描述波的运动状态。虽然微观粒子的

Note

波和经典的波有所不同,但凭其可以产生衍射现象及这种波所赋予的概率意义,也可以尝试用“波函数”这个概念描述微观粒子的波动性,以表示其运动状态。

1926年,奥地利物理学家Schrödinger运用偏微分方法,提出了描述核外电子运动状态的波动方程,即Schrödinger方程(Schrödinger equation)。这是量子力学中研究微观粒子最重要的基本方程。通过解Schrödinger方程可以得到一组合理的波函数(wave function,用希腊字母ψ表示),表示核外电子各种可能的运动状态。每个波函数ψ(方程的解)都有一个相应的E(微粒在这一运动状态时的能量)与之对应,因此电子的运动状态称为定态。其中能量最低的状态称为基态,其余为激发态。运用量子力学处理得到的氢原子的电子具有量子化特征,与Bohr模型推导结果完全相同。

虽然波函数仅是一个函数式,但波函数绝对值的平方却有明确的物理意义。$|\psi|^2$表示在原子核外空间某点$P(x,y,z)$电子出现的**概率密度**(probability density),即在该点微单位体积内电子出现的概率。对于某一个确定的波函数,可以计算出在这种运动状态下,核外空间各点的$|\psi|^2$值,那么电子在空间各点出现的概率密度的比值随之确定。由于电子在核外空间出现的概率为100%,因此,可以获得某状态下电子在各点出现的概率,并确定该状态对应的能量。可见,波函数并不仅仅是一个函数式,它隐含了电子在核外空间各点出现的概率分布。概率分布和能量是人们通过波函数了解有关电子绕核运动状态的主要内容之一。

扫码看答案

问题与思考10-1

为什么氢原子的波函数确定了,与其对应的能量随之确定?

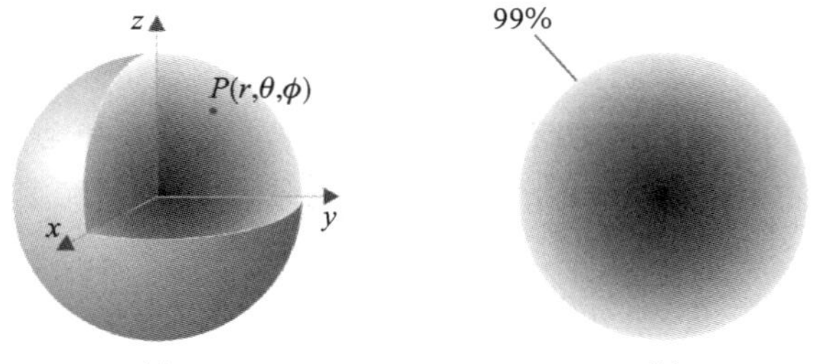

(a) (b)

图10-4 基态氢原子的电子云

(a)立体图;(b)剖面图

电子云(electron cloud)图可以直观、形象地显示电子的概率密度分布。图10-4(a)是基态氢原子$|\psi|^2$的立体图,图10-4(b)是它的剖面图。图10-4中黑色深浅度与$|\psi|^2$值成正比,黑色深的地方表示电子在该处出现的概率大,浅的地方概率小。可见电子云图并不代表众多电子弥散在核外空间。

因此,一个波函数ψ确定后,电子在核外空间的某种状态便已确定,也就可以确定电子离核的平均距离和能量。所以习惯上把波函数仍称为**原子轨道**(atomic orbital)。原子轨道仅仅是波函数的形象代名词,绝无经典力学中轨道的含义。

(二)量子数

通过解Schrödinger方程可得出氢原子的波函数ψ,Schrödinger方程在数学上有很多解,但并不是每个解都是合理的,为了得到合理的解,必须设置一些参数并使其满足一定整数条件。这些符合量子化条件的参数,称为量子数(quantum number)。当量子数按一定的规律取值并组合时,所得到的波函数才是合理的。这些参数用n、l、m表示,当n、l、m三个量子数取值一定时,就确定了一个原子轨道的波函数$\psi_{n,l,m}$,它们与另一个量子数s一同描述特定核外电子的运动状态。

量子数的取值限制和它们的物理意义如下。

1. 主量子数(principal quantum number) 用符号n表示,n可以取任意正整数,即1,2,3…。主量子数n决定电子在核外空间出现概率最大的区域离核的距离。在同一原子中,n相同的电子几乎在离核平均距离相近的空间范围内运动,所以也称**电子层**(electron shell)。当$n=1,2,3,$

Note

4，…时，分别称为第一，二，三，四……电子层，相应用光谱符号 K，L，M，N，…表示。

主量子数 n 还决定原子轨道的能量高低，是决定电子能量高低的主要因素。n 值越大，电子离核的平均距离越远，电子的能量越高。

2. 轨道角动量量子数(orbital angular momentum quantum number) 轨道角动量量子数简称角量子数，用符号 l 表示，角量子数 l 决定原子轨道(或电子云)的形状。l 的取值受主量子数 n 的限制，只能取小于 n 的正整数和 0，即 0，1，2，3，…，$(n-1)$，共 n 个数值，即有 n 种不同形状的轨道。按光谱学习惯，$l=0$ 时，用符号 s 表示，称 s 轨道，其轨道或电子云呈球形分布；$l=1$ 时，用符号 p 表示，称 p 轨道，其轨道或电子云呈哑铃形分布；$l=2$ 时，用符号 d 表示，称 d 轨道，其轨道或电子云呈花瓣形分布。

在多电子原子中，由于电子间的静电排斥作用，角量子数 l 和主量子数 n 共同决定电子的能量，故 l 又称**电子亚层**(electron subshell 或 electron sublevel)。当 n 确定时，即在同一电子层中，l 越大，轨道能量越高。量子数(n、l)组合与能级相对应。但是在氢原子或类氢原子中，原子轨道的能量与 l 无关，只与 n 有关。

3. 磁量子数(magnetic quantum number) 用符号 m 表示。它决定原子轨道的空间伸展方向。m 的取值受 l 的限制，取 $-l$ 到 $+l$ 间的整数和 0。即 $m=0，\pm1，\pm2，\pm3，\cdots，\pm l$，共 $2l+1$ 个值，即 l 亚层共有 $2l+1$ 个不同空间伸展方向的原子轨道。例如，对于 $l=1$ 的 p 亚层，m 可以取 0，+1 和 −1，共 3 个取值，表示 p 轨道有 3 种空间取向，或该亚层有 3 个不同取向的 p 轨道，分别沿 x 轴、y 轴、z 轴伸展，用 p_x、p_y、p_z 表示。

由于轨道能量与磁量子数 m 无关，由量子数 n、l 决定，故这 3 个 p 轨道的能量相等，处于同一能级，被称为**简并轨道或等价轨道**(equivalent orbital)。

从以上讨论可知，不必通过波函数复杂的数学形式，只要根据一组量子数的组合，就可以便捷地了解原子轨道的特点及性质。3 个量子数 n、l、m 的组合规律见表 10-1。n、l、m 这 3 个量子数可以确定 1 个原子轨道。当 $n=1$ 时，l 和 m 均只能取 0，量子数组合为(1，0，0)，说明 K(第一)电子层只有 1 个原子轨道 $\psi_{1,0,0}$ 或 ψ_{1s}，简称 1s 轨道。当 $n=2$ 时，l 可以取 0 和 1，所以 L 电子层有 2 个能级。当 $l=0$ 时，m 只能取 0，只有 1 个轨道 $\psi_{2,0,0}$ 或 ψ_{2s}；当 $l=1$ 时，m 可以取 0、±1，有 $\psi_{2,1,0}$、$\psi_{2,1,-1}$、$\psi_{2,1,1}$(或 ψ_{2p_x}、ψ_{2p_y}、ψ_{2p_z})3 个轨道。L 电子层共有 4 个轨道。以此类推，每个电子层的轨道数为 n^2。

表 10-1 3 个量子数的组合及对应的原子轨道

主量子数 (n)	角量子数 (l)	磁量子数 (m)	波函数 (ψ)	同层轨道数 (n^2)	容纳电子数 ($2n^2$)
1	0	0	ψ_{1s}	1	2
2	0	0	ψ_{2s}	4	8
	1	0	ψ_{2p_z}		
		±1	$\psi_{2p_x}\psi_{2p_y}$		
3	0	0	ψ_{3s}	9	18
	1	0	ψ_{3p_z}		
		±1	$\psi_{3p_x}\psi_{3p_y}$		
	2	0	$\psi_{3d_{z^2}}$		
		±1	$\psi_{3d_{xz}}\psi_{3d_{yz}}$		
		±2	$\psi_{3d_{xy}}\psi_{3d_{x^2-y^2}}$		

4. 自旋角动量量子数(spin angular momentum quantum number) 自旋角动量量子数简称自旋量子数(spin quantum number),用符号 s 表示。自旋量子数不是为解 Schrödinger 方程而设定的,与 n、l、m 无关。

1925 年,荷兰物理学家 Uhlenbeck 和 Goudsmit 提出电子具有不依赖轨道运动的固有磁矩,将该磁场看成由电子固有运动的角动量形成,而这个固有角动量被形象地称为电子的"自旋"运动角动量。参照定义轨道角动量的方式来处理自旋角动量,于是,就有**自旋角动量量子数 s**,它决定了自旋角动量、自旋磁矩在外磁场方向分量的大小。s 只能取 $+\frac{1}{2}$ 和 $-\frac{1}{2}$ 两个值,分别表示电子自旋的两种状态,自旋状态也可用符号"↑"和"↓"表示。两个电子自旋处于相同状态称为自旋平行,可用符号"↑↑"或"↓↓"表示;反之,为自旋反平行,用符号"↑↓"或"↓↑"表示。需要注意的是,对电子的自旋不能简单理解成类似宏观物体(如地球)的自旋。引进电子的自旋假设后,可以解释氢原子光谱的精细结构,并将核外电子的运动理解成包含电子的绕核轨道运动和自旋运动两部分,电子的运动状态则应由 n、l、m、s 四个量子数确定。由于每一个原子轨道最多可容纳自旋方向相反的两个电子,第 n 个电子层容纳的电子总数为轨道数的 2 倍,即 $2n^2$ 个。

(三) 氢原子的波函数与函数分布图

波函数是描述核外电子运动状态的函数。绘制原子轨道的图形对解释电子在原子核外空间分布的概率和能量高低有直观的效果,并有利于理解共价键的方向性和配位化合物的分子几何结构等实际图像问题。波函数 ψ 和其他任意函数一样,可以用图像来形象描述,但由于它是三维空间坐标(x,y,z)的函数,故很难用恰当而又简单的直观图形表示清楚。通常把直角坐标变换为空间坐标(r,θ,φ),则波函数变为空间坐标三个变量 r,θ,φ 的函数 $\psi_{n,l,m}(r,\theta,\varphi)$。

为了便于表示原子轨道的空间图像,可从不同的视角对原子轨道和电子云作图。首先可以对波函数 $\psi_{n,l,m}(r,\theta,\varphi)$进行变量分离,写成两个函数的乘积形式,即

$$\psi_{n,l,m}(r,\theta,\varphi) = R_{n,l}(r) \cdot Y_{l,m}(\theta,\varphi) \tag{10-6}$$

式中,$R_{n,l}(r)$是半径 r 的函数,称为**径向波函数**(radial wave function),只与主量子数 n 和角量子数 l 有关。$Y_{l,m}(\theta,\varphi)$是方位角 θ、φ 的函数,称为**角度波函数**(angular wave function),只与角量子数 l 和磁量子数 m 有关。通过径向和角度分布可以了解原子轨道的形状和方向。表 10-2 中列出了 K 电子层和 L 电子层原子轨道的径向波函数、角度波函数及对应的能量。

表 10-2 氢原子的波函数

轨道	$R_{n,l}(r)$	$Y_{l,m}(\theta,\varphi)$	能量/J
1s	$A_1 e^{-Br}$	$\sqrt{1/4\pi}$	-2.18×10^{-18}
2s	$A_2(2-Br)e^{-Br/2}$	$\sqrt{1/4\pi}$	$\frac{-2.18\times10^{-18}}{2^2}$
$2p_z$	$A_3 re^{-Br/2}$	$\sqrt{3/4\pi}\cos\theta$	
$2p_x$		$\sqrt{3/4\pi}\sin\theta\cos\varphi$	
$2p_y$		$\sqrt{3/4\pi}\sin\theta\sin\varphi$	

二、原子轨道的角度分布

原子轨道的角度分布图是角度波函数的图形,它描绘 $Y_{l,m}(\theta,\varphi)$值随方位角改变而变化的情况。由于角度波函数 $Y_{l,m}(\theta,\varphi)$只与角量子数 l 和磁量子数 m 有关,而与主量子数 n 无关,只要 l、m 相同,即使 n 不同,其角度分布图像也相同。

Note

(一) s 轨道和电子云角度分布图

原子的 s 轨道和电子云的角度分布图如图 10-5 所示,s 轨道的角度波函数是一个大于 0 的常

数。各方向(θ,φ)上离核距离相等的点在空间连成一个球面，球面上各点 Y 值相等，图上标有“+”号。图 10-5(a)所示为 s 轨道剖面图，图 10-5(b)所示为其立体图形。电子云角度分布函数 $Y_{l,m}^2(\theta,\varphi)$的图形也是球形，如图 10-5(c)所示，但图中没有“+”“-”号。

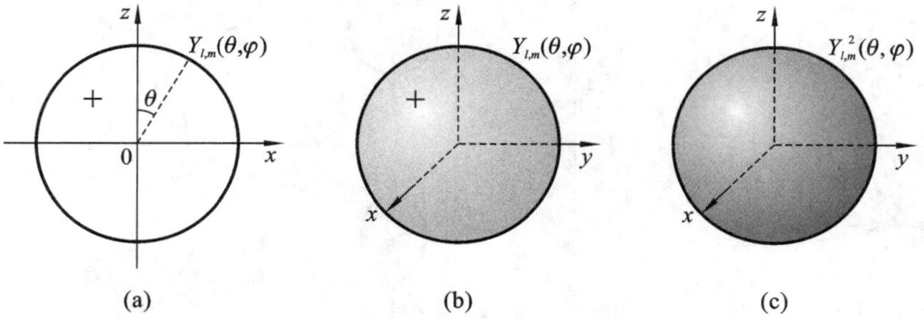

图 10-5　s 轨道和电子云的角度分布图

(a)s 轨道剖面图；(b)s 轨道立体图；(c)s 电子云立体图

(二) p 轨道和电子云分布图

p 轨道的角度波函数值随方位角的改变而改变。如 p_z 轨道的 Y_{p_z} 等于 $\sqrt{3/4\pi}\cos\theta$，将各种不同角 θ 代入这个函数，结果如表 10-3 所示。

表 10-3　不同 θ 对应的 Y_{p_z}

θ	0°	30°	60°	90°	120°	150°	180°
Y_{p_z}	0.489	0.423	0.244	0	−0.244	−0.423	−0.489

根据表 10-3 中数据，绘出图 10-6 所示的双波瓣形(lobe)，每一波瓣形成一个球体，两波瓣沿 z 轴方向伸展。在 x，y 平面上方的波瓣标“+”号，下方的波瓣标“-”号。两波瓣的波函数值相反，在 x、y 平面上波函数值为零，这个平面称为节面(nodal plane)。这些图形一般各有两个节面，原子轨道角度分布图中的正负号表示波函数角度部分 $Y_{l,m}(\theta,\varphi)$在这些特定方位角上取值的正负，也反映了电子的波动性，它不是指电性的正或负，而是与原子轨道的对称性有关，在阐明原子轨道成键时有重要意义。

p 轨道的角量子数 $l=1$，磁量子数 m 可取 0、+1、-1 三个值，表明轨道在空间有三个伸展方向。$m=0$ 的 p_z 轨道沿 z 轴方向伸展。$m=\pm1$ 时，可组合得到 p_x 和 p_y 轨道，其角度分布图形状和 p_z 轨道的相同，但两轨道分别沿 x 轴和 y 轴方向伸展。图 10-7(a)是 3 个 p 轨道的角度分布图，图 10-7(b)是它们电子云的角度分布图。电子云图形比相应角度波函数的图形“瘦”。

(三) d 轨道和电子云的角度分布图

d 轨道和电子云的角度分布分别如图 10-8(a)和图 10-8(b)所示。这些图形有四个橄榄形波瓣，各有两个节面。d_{xy}、d_{xz} 和 d_{yz} 的波瓣沿坐标轴夹角 45°方向伸展，包含坐标轴的平面如 xz、yz、yz 面为其节面。$d_{x^2-y^2}$ 分别沿 x 轴和 y 轴方向伸展，在 x 轴方向上为正，y 轴方向上为负。在坐标轴夹角 45°方向有其节面。d_{z^2} 的图形看起来很特殊，其形状犹如上、下两个“气球”嵌在中间的一个“轮胎”之中，两个节面分别在 $\theta=54°44'$ 及 $\theta=125°16'$ 方向上。电子云图形相对较“瘦”，且没有“+”“-”号。

三、原子轨道的径向分布

要了解离核不同距离处电子出现的可能性大小，还需利用径向分布函数 $D(r)$。将径向波函数的平方 $R_{n,l}^2(r)$与 r^2 之积定义为径向分布函数(radial distribution function)：

$$D(r) = 4\pi r^2 R_{n,l}^2(r) \qquad (10\text{-}7)$$

Note

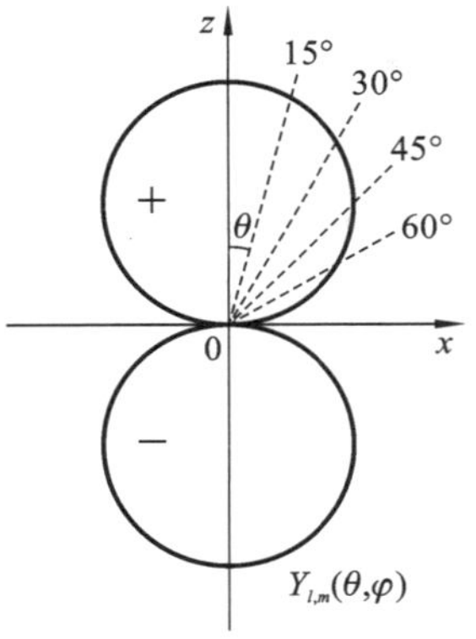

图 10-6　p_z 轨道角度分布图

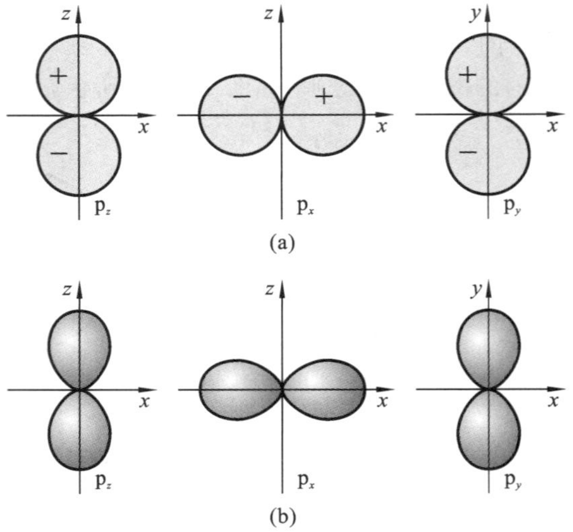

图 10-7　p 轨道(a)和电子云(b)的角度分布图

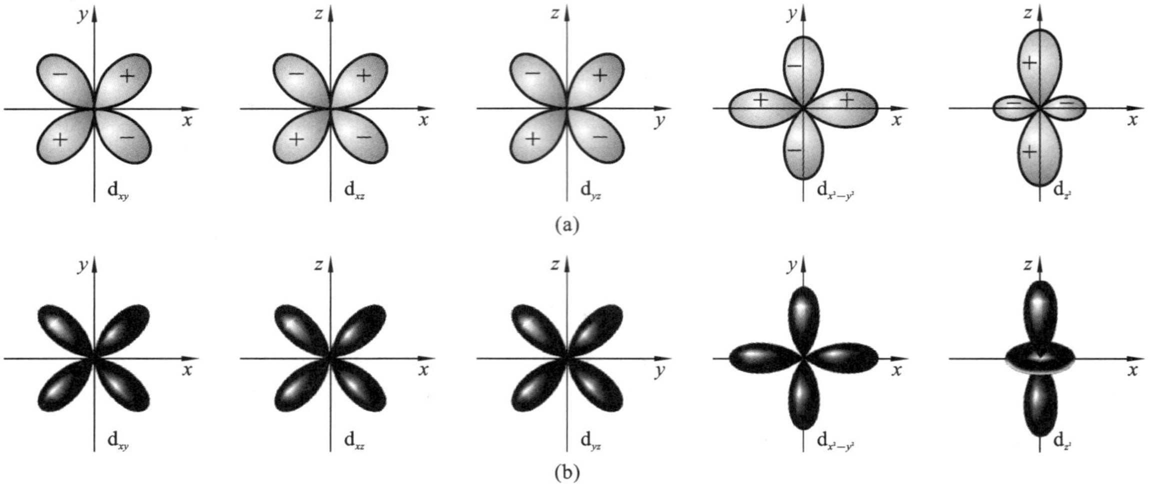

图 10-8　d 轨道(a)和电子云(b)的角度分布图

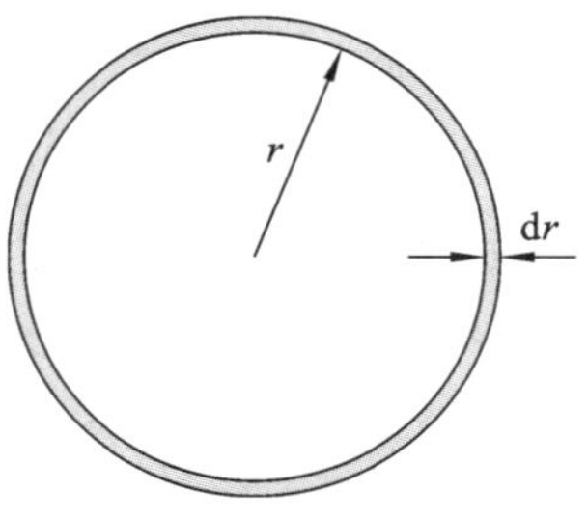

图 10-9　球形薄球壳夹层示意图

它表示电子在以原子核为中心，半径为 r，微分厚度为 dr 的同心圆薄球壳夹层内出现的概率(图 10-9)，即反映了氢原子核外电子在薄球壳层内出现的概率与离核距离 r 的关系。在核外某一取向(θ,φ)上，离核 r 处 $D(r)$有极大值时，说明电子在该处单位厚度球壳内出现的概率极大。但该处 $R_{n,l}(r)$值不一定极大。因此，径向分布函数 $D(r)$真正反映了电子在核外空间出现的概率与离核距离 r 的关系。

图 10-10 为 K、L、M 层原子轨道的径向分布函数图，从中可以看出以下规律。

(1) 在氢原子 1s 轨道的径向分布函数图中，$r=a_0$($a_0=52.9$ pm)处出现一个峰，表明电子在该处单位厚度球壳内出现概率极大值。与运用 Bohr 理论计算得到 $n=1$ 层的轨道半径相吻合，因此 $a_0=52.9$ pm 称为 Bohr 半径。概率极大值出现的地方与概率密度最大的地方不一致，这是因为概率密度是随半径 r 的增大而减小的，但球壳体积却是随半径 r 的增大而增大的，这两种变化趋势相反的因素结合在一起就会出现一个极大值。

Note

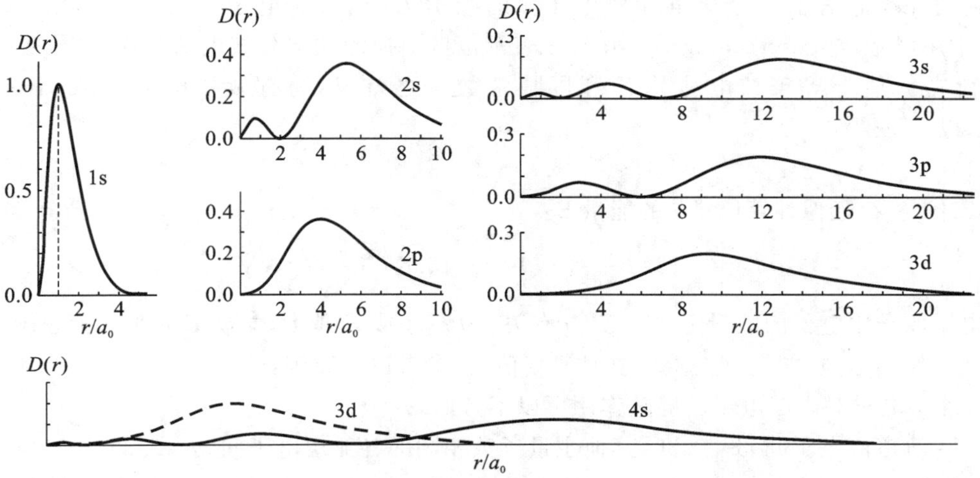

图 10-10　氢原子各原子轨道径向分布函数图

(2) 当 n、l 确定后，径向分布函数 $D(r)$ 应有 $(n-l)$ 个峰。每一个峰表示离核 r 处，电子出现一个概率极大值，主峰表示电子在该 r 处出现的概率最大。对于 l 相同的状态，当 n 越大时，主峰离核越远，可见现代量子力学还是肯定轨道有内、外之分的，但是它的次级峰可能出现在离核较近的空间，这样就产生了各轨道间相互渗透、交叉的现象，而这恰恰是微观粒子波动性的表现。当 n 一定时，l 越小，则峰数越多，而且它的第一个峰离核越近，或者说第一个峰钻得越深，这就是**轨道钻穿现象**。在多电子原子中，原子轨道的 n 和 l 都不相同时，情况较为复杂。例如，4s 的第一个峰甚至钻到比 3d 的主峰离核更近的距离之内。

综上所述，电子的径向分布函数不仅反映了电子出现的概率与距核距离 r 的关系，也反映出核外电子概率分布的层次性和穿透性，这是多电子原子发生能级交错的根本原因。

化学史话：
量子力学

第三节　多电子原子核外电子的排布

除氢原子和类氢原子以外，其他元素原子的核外电子都多于 1 个，这些原子称为多电子原子。在氢原子中，电子的能量只由主量子数 n 决定，与角量子数 l 无关。而在多电子原子中，除主量子数 n 外，角量子数 l 也影响着电子能量的高低。

在研究多电子原子的结构时，需要考虑电子间的排斥能，但由于电子的位置瞬息万变，精确求解多电子原子的波动方程困难较大。因此，用轨道近似或单电子近似的方法，处理多电子原子中电子的轨道运动，即假定多电子原子中每个电子都是在原子核的静电场及其他电子的有效平均负电场中“独立地”运动着。这样，既考虑了电子间的排斥位能，又在形式上把这种排斥位能变成与其他电子的相对位置无关，轨道波函数也仅与一个电子的空间坐标有关。人们就定义这种单电子波函数 ψ_i 为多电子原子中的原子轨道，其对应的能量 E_i 称为轨道能。因此，多电子原子的能级是近似能级。

一、多电子原子的能级

(一) 屏蔽效应

设想原子中其他电子对某电子 i 的排斥作用，与这些电子的瞬时位置无关，而是相当于它们

Note

屏蔽住原子核,抵消了部分核电荷对电子 i 的吸引力,称为对电子 i 的屏蔽作用(screening effect),常用屏蔽常数(screening constant)σ 表示被抵消掉的这部分核电荷。这样,能吸引电子 i 的核电荷在数值上等于核电荷数 Z 和屏蔽常数 σ 之差,称为有效核电荷(effective nuclear charge),以 Z' 表示:

$$Z' = Z - \sigma$$

以 Z' 代替 Z,近似计算电子 i 的能量 E:

$$E = -13.6\frac{Z'^2}{n^2}(\text{eV}) = -13.6\frac{(Z-\sigma)^2}{n^2}(\text{eV}) \quad (10\text{-}8)$$

多电子原子中电子的能量 E 与 n、Z、σ 有关。n 越小或 Z 越大,能量 E 越低。而 σ 越大,电子受到的屏蔽作用越强,能量 E 越高。在估算 σ 值时,参考以下原则:

(1) 外层电子对内层电子的屏蔽作用可以不考虑,$\sigma=0$。

(2) 1s 轨道两电子间,$\sigma=0.30$,其他主量子数相同的各亚层电子间,$\sigma=0.35$。

(3) 当被屏蔽电子为 ns 或 np 电子时,次内层($(n-1)$层)电子对它们的屏蔽常数为 0.85;小于次内层的电子,则 $\sigma=1.00$。

(4) 当被屏蔽电子为 nd 或 nf 电子时,即使是其同层 s 和 p 电子,对它们的屏蔽常数也视为 1.00。

综上所述,屏蔽作用主要来自内层电子。当 l 相同,n 不同时,n 越大,电子层数越多,外层电子受到内层电子的屏蔽作用越强,核对电子的吸引能力越弱,轨道能级越高:

$$E_{1s} < E_{2s} < E_{3s} < \cdots$$

$$E_{2p} < E_{3p} < E_{4p} < \cdots$$

$$\vdots$$

(二) 钻穿效应

由径向分布函数图(图 10-10)可知,$D(r)$ 有 $(n-l)$ 个峰。当 n 相同,l 不同时,l 越小的轨道,$D(r)$ 的峰越多,部分电子云穿过内层电子而离核更近,从而回避了其他电子对它的屏蔽作用,自身承受的有效核电荷数越多,这种现象称为钻穿效应(penetrating effect)。显然,第 1 个峰离核越近,电子的钻穿能力越强,离核越近,受到其他电子的屏蔽就越弱,能量越低。因此能级顺序是

$$E_{ns} < E_{np} < E_{nd} < E_{nf} < \cdots$$

电子的穿透性实际上就是电子波动性的反映。在多原子电子中,由于其波动性,每个电子都有屏蔽其他电子的作用,同时又有被其他电子所屏蔽和回避其他电子屏蔽的作用,钻穿效应使得电子在回避其他电子屏蔽的同时,也造成了对其他电子的屏蔽。因此,屏蔽效应和钻穿效应是两个相互联系而又相互区别的概念,正是由于这两种效应的影响,多原子电子的能级不仅取决于 n,而且与 l 有关。

n、l 都不同时,如 3d 和 4s 轨道,有时 $E_{4s} < E_{3d}$,有时 $E_{3d} < E_{4s}$,正好发生在 $_{20}$Ca 和 $_{21}$Sc 交界处,其他 4d 和 5s 轨道等也有类似情况。即在这些地方出现了能级的"交错"(或称"倒置")现象。可见在多电子原子中,轨道能量及其排序并非固定不变的,它会因原子核电荷数或电子数目的不同而发生变化。

美国化学家 Pauling 根据光谱数据给出了多电子原子的近似能级顺序,如图 10-11 所示。

$$E_{1s} < E_{2s} < E_{2p} < E_{3s} < E_{3p} < E_{4s} < E_{3d} < E_{4p} < \cdots$$

按能级的高低可以把原子轨道划分为若干个能级组。不同能级组的原子轨道之间能量差别较大,而同一能级组内各能级之间的能量差别较小。图 10-11 中每个方框代表一个能级组,每个圆圈代表一个原子轨道。1s 能级属于第 1 能级组。从 ns 到 np 能级构成第 n 能级组,$(n-1)$d 或 $(n-2)$f 也属于第 n 能级组。

Note

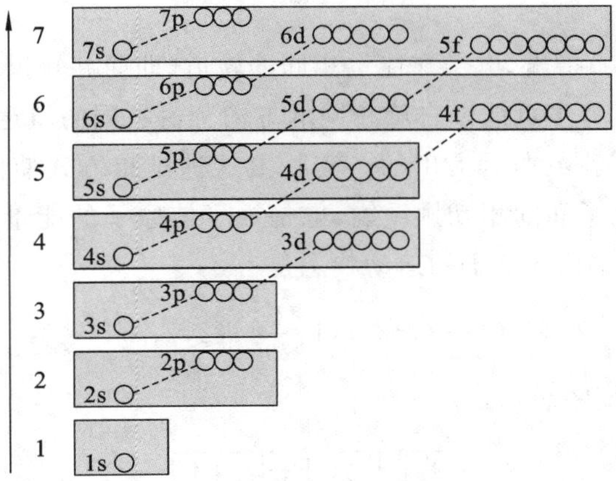

图 10-11　多电子原子的原子轨道近似能级图

我国化学家徐光宪教授，根据光谱实验数据，提出了基态多电子原子轨道能级高低的半定量方法，即用 $\boldsymbol{n+0.7l}$ 计算，其值越大，轨道能级越高。并把 $n+0.7l$ 值的第一位数字相同的各能级组合为一组称为某能级组(表 10-4)。这样计算的能级与 Pauling 近似能级顺序吻合。

表 10-4　用徐光宪公式计算的能级组

能　级	1s	2s	2p	3s	3p	4s	3d	4p	5s	4d	5p	6s	4f	5d	6p
$n+0.7l$	1.0	2.0	2.7	3.0	3.7	4.0	4.4	4.7	5.0	5.4	5.7	6.0	6.1	6.4	6.7
能级组	1	2		3			4			5			6		

二、原子的电子组态

原子核外电子的排布方式，称为原子的**电子组态**(electron configuration)。基态原子核外电子的排布遵守下面三条规律。

(一) 泡利不相容原理

1925 年，奥地利物理学家 Pauli 在总结大量实验事实后指出，在同一原子中不可能有 2 个电子具有 4 个完全相同的量子数，这条规则被称为泡利不相容原理(Pauli exclusion principle)。如果两个电子在同一个原子轨道中(具有相同的 n、l、m 值)，那么自旋量子数 s 必不同，即具有不同的自旋状态。由于电子的自旋状态只有两种，因此，一个原子轨道最多只能容纳两个电子。例如，基态$_{20}$Ca 原子 4s 轨道上两个电子的运动状态，用量子数(n,l,m,s)可表示为$(4,0,0,+\frac{1}{2})$和$(4,0,0,-\frac{1}{2})$。一个电子层有 n^2 个原子轨道，那么其最多可以容纳 $2n^2$ 个电子。

(二) 能量最低原理

在符合泡利不相容原理的前提下，原子核外电子排布的方式应尽可能使体系总能量最低，这就是能量最低原理，又称构造原理(building-up principle 或 aufbau principle)。依据图 10-11 所示近似能级顺序排布电子时，可以得到使整个原子能量最低的电子组态。例如，基态$_{3}$Li 原子在 1s 轨道占满 2 个电子后，第 3 个电子填充 2s 轨道，电子组态表示为 $1s^22s^1$。在 K、L、M 电子层填充了 18 个电子以后，其后的电子不是填充到 3d 轨道中，而是占据 4s 轨道，如基态$_{19}$K 原子的电子组态是 $1s^22s^22p^63s^23p^64s^1$。

扫码看答案

Note

问题与思考 10-2

核外电子只要尽量先占据低能量的轨道一定能使原子的总能量最低吗？

(三) Hund 规则

Hund 规则(Hund rule)指出,电子在能量相同的轨道(即简并轨道)上排布时,将尽可能分占不同的轨道,且自旋平行。即尽可能以自旋相同的方向分占不同的轨道。这是德国科学家 Hund 在 1925 年总结大量光谱实验数据后提出的。实际上这种排布方式使两个电子不必硬挤在同一个轨道上,因而可以减小电子间的相互排斥能,也是为了使原子的能量最低。例如,基态$_7$N 原子的电子组态是 $1s^2 2s^2 2p^3$,3 个 2p 电子的运动状态是

$$\left(2,1,0,\frac{1}{2}\right);\left(2,1,1,\frac{1}{2}\right);\left(2,1,-1,\frac{1}{2}\right)$$

也可以用原子轨道方框图表示:

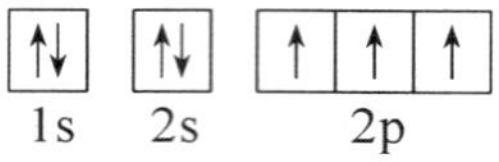

基态$_6$C 原子的电子组态用方框图表示如下:

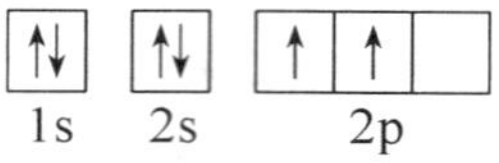

Hund 通过光谱实验还进一步提出了补充规则:简并轨道全充满(如 p^6、d^{10}、f^{14})、半充满(如 p^3、d^5、f^7,此时自旋平行的电子最多)或全空(如 p^0、d^0、f^0)的这些状态都是能量较低的稳定状态。因此,在第 4 周期中基态$_{26}$Cr 原子的电子组态是 $1s^2 2s^2 2p^6 3s^2 3p^6 3d^5 4s^1$ 而非 $1s^2 2s^2 2p^6 3s^2 3p^6 3d^4 4s^2$;基态$_{29}$Cu 原子的电子组态为 $1s^2 2s^2 2p^6 3s^2 3p^6 3d^{10} 4s^1$,而不是 $1s^2 2s^2 2p^6 3s^2 3p^6 3d^9 4s^2$。

在书写 20 号以后元素基态原子的电子组态时应注意,虽然电子按近似能级顺序进行填充,但电子组态必须按电子层排列。例如,基态$_{21}$Sc 原子的电子组态应写成 $1s^2 2s^2 2p^6 3s^2 3p^6 3d^1 4s^2$ 而不是 $1s^2 2s^2 2p^6 3s^2 3p^6 4s^2 3d^1$。填充电子时 4s 比 3d 能量低,但填满电子后,4s 的能量高于 3d,所以形成离子时,先失去 4s 电子,3d 仍然是内层轨道。故$_{21}$Sc$^+$ 的电子组态是 $1s^2 2s^2 2p^6 3s^2 3p^6 3d^1 4s^1$。

【例 10-1】 按电子排布规律,写出 22 号元素钛(Ti)的基态原子电子组态。

解:根据能量最低原理,从 1s 轨道开始填充 22 个电子,1s 轨道填入 2 个电子,第 3、第 4 个电子填入 2s 轨道,2p 能级有 3 个轨道,填 6 个电子,然后将 3s、3p 轨道填满共 18 个电子。在 3p 轨道后,根据近似能级顺序,后 4 个电子中应先将 2 个电子填入 4s 轨道,剩下的 2 个电子填入 3d 轨道。基态钛原子的电子组态为 $1s^2 2s^2 2p^6 3s^2 3p^6 3d^2 4s^2$。

为简化电子组态的书写,把原子内层中满足稀有气体电子层结构的部分,用稀有气体的元素符号加方括号简化表示,称为**原子芯**(atomic core)。例如,基态$_{20}$Ca 原子的电子组态为 $1s^2 2s^2 2p^6 3s^2 3p^6 4s^2$,简化为[Ar]$4s^2$;基态$_{26}$Fe 原子的电子组态为 $1s^2 2s^2 2p^6 3s^2 3p^6 3d^6 4s^2$,简化为[Ar]$3d^6 4s^2$。

原子芯写法的优点是简便,更主要的是指明了价层电子结构。在化学反应中原子芯部分的电子结构一般不发生变化,而原子芯以外的电子层结构易变化,进而引起元素氧化值的改变。因此,原子芯以外的这些电子常被称为**价电子**(valence electron),价电子所处的电子层称为**价电子层**或**价层**(valence shell)。如基态$_{47}$Ag 原子,电子组态为[Kr]$4d^{10} 5s^1$,其价层电子组态为$4d^{10} 5s^1$。可见电子组态的简化式能反映元素的价层电子结构。但对于最外层有 p 电子的原子,即使存在 $(n-1)$d 或 $(n-2)$f 电子结构,因其相当稳定,不属于价电子,故写价层电子组态时不包含 $(n-1)$d或 $(n-2)$f 电子。如电子组态为[Ar]$3d^{10} 4s^2 4p^2$ 的基态$_{32}$Ge 原子的价层电子组态为 $4s^2 4p^2$。

Note

离子的电子组态仿照原子电子组态的方式书写。例如，Fe^{2+}、Fe^{3+} 的电子组态分别为 [Ar]$3d^6 4s^0$、[Ar]$3d^5 4s^0$。

第四节　原子的电子组态与元素周期表

一、原子的电子组态与元素周期表

在自然界发现的化学元素中，其许多性质呈现周期性的变化规律。化学家根据元素大量光谱数据总结出来的原子电子组态，从微观角度揭示了元素性质周期性变化的规律，体现了元素周期表的本质。这是随着核电荷数的递增，原子的电子组态发生了周期性变化的结果，元素周期表把各种元素汇集在一起，是原子电子组态和元素性质周期性变化的表现形式。

（一）能级组与元素周期

从各元素原子的电子层结构可知，按能级的高低可以把原子轨道划分为若干个能级组。如图 10-11 所示，当主量子数 n 依次增加时，每增加 1 个数值就增加一个能级组，也就增加一个新的电子层，而每一个能级组对应元素周期表的一个周期（period）。即周期数等于能级组序数。第 1 能级组只有 1s，对应第 1 周期，其后，第 n 能级从 ns 能级开始到 np 能级结束，对应第 n 周期。

(1) 元素在元素周期表中所处的周期数就等于它的原子轨道所在能级组序数，也等于元素原子的最高能级组数。例如，第 4 周期元素电子层结构包括 1s、2s2p、3s3p、4s3d4p 四个能级组，最高能级组为 4s3d4p，正好为第 4 能级组。

(2) 元素所在周期等于该元素原子的电子层数，也等于最外层原子轨道主量子数 n。例如第 4 周期元素原子的外层电子组态始于 $4s^1$ 而止于 $4s^2 4p^6$，原子核外电子层数为 4，即最外层主量子数为 4。

(3) 各周期元素的数目与能级组最多能容纳的电子数目一致。各周期中原子的最外层电子结构从 ns^1 开始到 $ns^2 np^6$ 结束。例如，第 4 周期元素原子的外层电子组态始于 $4s^1$ 而止于 $4s^2 4p^6$，但第 4 能级组还有 3d 能级可以容纳 10 个电子，所以第 4 周期有 18 种元素。第 6、第 7 能级组出现 f 轨道，f 轨道可容纳 14 个电子，所以第 6、第 7 周期可有 32 种元素。各周期元素的数目按 2、8、8、18、18、32、32 的顺序增加，第 1 周期属于超短周期，第 2、第 3 周期是短周期，其后为长周期。

（二）价层电子组态与族

在元素周期表中，总体上将基态原子的价层电子组态相似的元素归为一列，称为族（group），元素周期表中共排成 18 个纵列，分为 16 个族，有主族（A 族）、副族（B 族）之分，主族 8 个，包括 8 个纵列；副族 8 个，包括 10 个纵列。主族和副族元素的性质差异与价层电子组态密切相关。

1. 主族　最后一个电子填充在 s、p 轨道的元素属于主族，包括第ⅠA～ⅧA 族，其中第ⅧA 族又称第 0 族。主族元素的内层轨道全填满，最外层电子组态从 ns^1、ns^2 到 $ns^2 p^{1\sim6}$，同时最外层又是价层。最外层电子总数等于族数（用罗马数字表示）。但 H 和 He 比较特殊，核外只有一个电子层，电子组态分别为 $1s^1$ 和 $1s^2$，H 属于第ⅠA 族，而 He 是稀有气体元素，属于 0 族。

2. 副族　最后一个电子填充在 d、f 轨道的元素属于副族，包括第ⅠB～ⅧB 族，其中第ⅧB 族又称为Ⅷ族。副族元素的电子结构特征一般是次外层 $(n-1)$d 或从外向内数第 3 层 $(n-2)$f 轨道上有电子填充，$(n-2)$f、$(n-1)$d 和 ns 电子都是副族元素的价层电子。

(1) 第 1、第 2、第 3 周期没有副族元素。

(2) 第 4、第 5 周期，副族元素的 3d、4d 轨道分别被电子填充，各有 10 个元素。

继第ⅠA、第ⅡA 族之后出现的副族是第ⅢB～ⅧB 族，族数等于 $(n-1)$d 及 ns 轨道上电子数的总和；第ⅧB 族有 3 列元素，其 $(n-1)$d 及 ns 轨道的电子数之和达到 8～10 个；最后出现的第ⅠB、第ⅡB 族元素，它们已经完成了 $(n-1)$d 电子结构；ns 电子数是 1 和 2，等于族数。

(3) 第 6、第 7 周期的第ⅢB 族是镧系或锕系元素，它们各有 15 个元素，其电子结构特征是 $(n-2)$f轨道被填充并最终被填满，$(n-1)$d 轨道上电子数大多为 1 或 0。第ⅣB 族到第ⅡB 族元素的 $(n-2)$f 轨道全填满，$(n-1)$d 和 ns 轨道的电子结构大体与第 4、第 5 周期相应副族元素的类似。

(三) 元素分区

根据价层电子组态的特征，可将元素周期表中的元素分为 5 个区(图 10-12)。

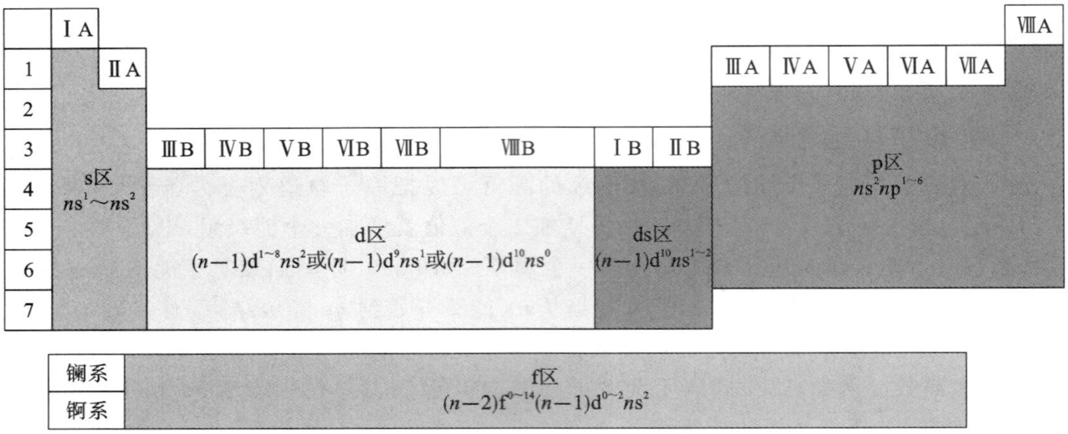

图 10-12 元素周期表中原子分区

1. s 区元素 价层电子组态是 ns^1 和 ns^2，包括第ⅠA 族和第ⅡA 族。除 H 以外都是金属，在化学反应中容易失去 1 个或 2 个 s 电子变成 +1 价或 +2 价离子。在化合物中它们没有可变的氧化值。H 在一般化合物中的氧化值是 +1，在金属氢化物中是 −1。

2. p 区元素 价层电子组态是 $ns^2p^{1\sim6}$(除 He 为 $1s^2$ 外)，包括第ⅢA～ⅧA 族，大部分是非金属元素。第ⅧA 族是稀有气体。p 区元素多有可变的氧化值，是化学反应中最活跃的成分。

3. d 区元素 价层电子组态是 $(n-1)d^{1\sim8}ns^2$ 或 $(n-1)d^9ns^1$ 或 $(n-1)d^{10}ns^0$，包括第ⅢB～ⅧB 族，都是金属元素，且在物理和化学性质方面表现出很多共性，每种元素都有多种氧化值，大都含有未充满的 d 轨道，易成为配位化合物中不可缺少的中心原子。

4. ds 区元素 价层电子组态为 $(n-1)d^{10}ns^{1\sim2}$，包括第ⅠB 和第ⅡB 族。不同于 d 区元素，ds 区元素次外层轨道是充满的。它们都是金属，有可变氧化值。

5. f 区元素 价层电子组态一般为 $(n-2)f^{0\sim14}(n-1)d^{0\sim2}ns^2$，包括镧系和锕系元素。它们的最外层电子数目、次外层电子数目大都相同，只有 $(n-2)$f 亚层电子数目不同，因此，镧系或锕系内各元素化学性质极为相似。它们都是金属，也有可变氧化值，常见氧化值为 +3。

【例 10-2】 已知某元素的原子序数为 25，试写出该元素基态原子的电子组态，并指出该元素在元素周期表中所属周期、族和区。

解：该元素的原子有 25 个电子，电子组态为 $1s^22s^22p^63s^23p^63d^54s^2$ 或写成[Ar]$3d^54s^2$。其中最外层电子的主量子数 $n=4$，3d、4s 能级的 $n+0.7l$ 值分别为 4.4、4.0，故属于第 4 能级组，因此该元素在第 4 周期。最外层 s 电子和次外层 d 电子总数为 7，因此它属于第ⅦB 族，是 d 区元素。

Note

(四) 过渡元素和稀土元素

过渡元素(transition element)最初指第ⅧB 族元素，后来扩大到全部副族元素，分布在 d 区、

ds区和f区。其中镧系和锕系元素称为内过渡元素(inner transition element),因为它们有电子填充在内层的($n-2$)f轨道上。镧系元素及与之在化学性质上相近的钪(Sc)和钇(Y)共17个元素总称为稀土元素(rare earth element)。

除46号钯(Pd)以外,过渡元素原子的最外层有1～2个s电子,都是金属元素。此外,它们的($n-1$)d轨道未填满或填满,($n-2$)f轨道也未填满,所以在化合物中常有多种氧化值。它们的性质与主族元素有较大的差别。

原子的电子组态与元素在元素周期表中的位置关系密切。一般可以根据元素的原子序数,写出该原子基态的电子组态并推断它在元素周期表中的位置;或者根据元素在元素周期表中的位置,推知它的原子序数和电子组态,进而预测它的价态和性质。

元素性质的变化规律与原子结构的周期性递变有关。原子半径、元素电离能、电子亲和势和电负性等,都随原子中电子结构的变化而呈现周期性变化。

二、元素性质的周期性变化规律

(一) 原子半径

由于原子核外电子以一定概率出现于整个空间,仅在离核无穷远处概率为零,所以没有一个清楚的界面,也就不存在严格意义上的精确半径。单个孤立原子无法测量它的半径。通常所说的原子半径(atomic radius)实验测定值是根据晶体或气态分子中两个相邻原子核之间距离来确定的。因此,同一种元素的原子可以有多种半径。如**共价半径**(covalent radius)、**金属半径**(metallic radius)、**范德瓦耳斯半径**(van der Waals radius)和**离子半径**(ionic radius)。当两个同种原子以共价键结合时原子核间距离的一半即为该原子的共价半径;金属半径是指金属单质的晶体中相邻两个原子核间距离的一半;范德瓦耳斯半径指两分子因范德瓦耳斯力接近到一定距离时,两相邻原子核间距离的一半;离子半径由在离子晶体中阴、阳离子核间距离与已知原子半径计算得出。例如,钠元素处于钠蒸气状态时,它以双原子分子(Na_2)形式存在,就有一个共价半径;当它以固体状态存在时,它以密堆积方式互相接触,就有一个金属半径;当它以Na^+形式和Cl^-形成NaCl晶体时,根据Na^+和Cl^-的核间距离和Cl^-的半径可知Na^+的离子半径。其中,共价半径和金属半径是原子处于键合状态的半径,比范德瓦耳斯半径要小得多。共价键还有单键、双键、三键之分,且相应的共价半径并不相等。例如,碳原子的共价半径包括r(单键)=77 pm,r(双键)=67 pm,r(三键)=60 pm。

Cl原子和Na原子4种半径的比较见表10-5。

表10-5 Cl原子和Na原子4种半径的比较

原　子	共价半径/pm	金属半径/pm	离子半径/pm	范德瓦耳斯半径/pm
Cl原子	99	—	181	198
Na原子	157	186	99	231

原子半径的周期性变化规律与原子的有效核电荷及电子层数目密切相关。

1. 同一周期元素原子半径的变化规律

(1) 同一周期的主族元素,随原子序数的增加,新增电子填在最外层的s或p轨道上。相邻两种元素,原子序数增加1,即增加1个核电荷,最外层电子的屏蔽常数增加0.30或0.35,有效核电荷至少增加0.65,对外层电子的吸引力增加迅速,使原子半径明显逐次减小。

(2) 同一周期的过渡元素,随原子序数的增加,新增电子大多填在价层的($n-1$)d或($n-2$)f轨道上,原子序数增加1,对应增加1个核电荷,对外层电子的屏蔽常数增加0.85或1.00,有效核电荷最多增加0.15,对外层电子的吸引力增加较少,使原子半径随原子序数增大而减小的幅度变小。内过渡元素随原子序数的增加,有效核电荷变化不大,原子半径几乎不变。

同一周期中相邻两种元素的原子半径减小的平均幅度是

Note

非过渡元素(约 10 pm)>过渡元素(约 5 pm)>内过渡元素(约 1 pm)

2. 同一主族元素原子半径的变化规律

(1) 同一主族的元素,从上到下电子层数增多,最外层电子离核越来越远,且由于内层电子的屏蔽效应,有效核电荷增加缓慢,导致原子半径明显增大。

(2) 同一副族的元素,从上到下与主族元素一样随电子层数的增加而半径增大,但实际上第 5 和第 6 周期同族过渡元素的原子半径相近。这一现象导致这些元素在矿石中共生,难以分离。

(二) 元素的电离能和电子亲和能

元素的**电离能**(ionization energy)用于衡量元素原子或离子失去电子的难易程度。通常用元素的第一电离能(I_1)来比较原子失去电子的倾向,它是气态的基态原子失去一个电子,变成气态的+1 价离子所需要的最低能量。各元素原子的 I_1 也呈周期性变化。总体上,同一周期元素从左到右,原子半径减小,有效核电荷递增,I_1 逐渐增加。但也有例外,譬如,N 原子最外层 2p 轨道上 3 个电子正好半充满,根据 Hund 规则,半充满稳定,结果 N 原子的 I_1 反而比 O 原子的高,这种反常情况同样发生在 Be 和 B 之间。同一主族元素自上而下,电子层数增加,外层电子离核更远,而有效核电荷增加不多,故外层电子受核吸引力反而减小,最外层电子的电离变得容易,I_1 逐渐减小。

气态的基态原子结合一个电子形成−1 价气态离子所放出的能量,称为**电子亲和能**(electron affinity),它反映原子结合电子的能力。电子亲和能的变化与元素周期相关。总的来说,卤族元素的原子结合电子放出能量较多,易与电子结合;金属元素原子结合电子放出能量较少甚至吸收能量,难与电子结合形成阴离子。

(三) 电负性

元素的电离能和电子亲和能只从一个方面反映原子失电子或得电子的能力。实际上有的原子既难失去电子又难得到电子,如 C、H 原子。所以单独用电离能或电子亲和能反映元素的金属、非金属活泼性有一定局限性,必须将元素化合时得、失电子的能力综合考虑。1932 年,Pauling 综合考虑电离能和电子亲和能,首先提出了元素电负性(electronegativity)的概念,用符号 X 表示,用电负性的大小量度分子中原子对成键电子吸引能力的相对大小。电负性大者,原子在分子中吸引成键电子的能力强,反之就弱。Pauling 假定 F 的电负性最大,$X_{\mathrm{F}}=4$,并将其作为确定其他元素电负性的相对标准,根据热力学数据和分子键能计算出电负性的相对数值,见图 10-13(该图采用的是经过其他科学家修正的 Pauling 电负性数值)。

H 2.18																	He
Li 0.98	Be 1.57											B 2.04	C 2.55	N 3.04	O 3.44	F 3.98	Ne
Na 0.93	Mg 1.31											Al 1.61	Si 1.90	P 2.19	S 2.58	Cl 3.16	Ar
K 0.82	Ca 1.00	Sc 1.36	Ti 1.54	V 1.63	Cr 1.66	Mn 1.55	Fe 1.80	Co 1.88	Ni 1.91	Cu 1.90	Zn 1.65	Ga 1.81	Ge 2.01	As 2.18	Se 2.55	Br 2.96	Kr
Rb 0.82	Sr 0.95	Y 1.22	Zr 1.33	Nb 1.60	Mo 2.16	Tc 1.90	Rh 2.28	Ru 2.20	Pd 2.20	Ag 1.93	Cd 1.69	In 1.73	Sn 1.96	Sb 2.05	Te 2.10	I 2.66	Xe
Cs 0.79	Ba 0.89	La 1.10	Hf 1.30	Ta 1.50	W 2.36	Re 1.90	Os 2.20	Ir 2.20	Pt 2.28	Au 2.54	Hg 2.00	Tl 2.04	Pb 2.33	Bi 2.02	Po 2.00	At 2.20	Rn

Note

图 10-13 元素电负性

图 10-13 的数据表明，元素电负性是随原子序数变化而发生周期性变化的。同一周期主族元素从左至右电负性逐渐增大；同一主族元素从上到下电负性逐渐减小。副族元素的电负性没有明显的变化规律。电负性大的元素集中在元素周期表的右上角，如 F、O、Cl、N、Br、S 等非金属元素；电负性小的元素位于元素周期表的左下角，如 Cs、Rb、Ba 等碱金属、碱土金属元素。电负性等于 2 是判断金属元素与非金属元素的近似分界点。

元素的电负性应用广泛，除比较元素金属性和非金属性的相对强弱外，还可以帮助理解共价键的极性，解释或预测物质的某些物理性质和化学性质等。

第五节　生命中的化学元素

随着人们生活水平的提高，社会的发展和科学的进步，生命科学越来越引起人们的关注。在生命科学中，元素与人们的生理、病理、生长、发育、遗传、健康等都有关系。研究化学元素与人体关系，尤其是微量元素与人体健康的关系，对于了解生命现象具有十分重要的意义。

一、常量元素和微量元素

迄今已经命名了 118 种元素，其中 92 种存在于自然界，93～118 号为人工合成元素。在人体内含有自然界中存在的 92 种元素中的 80 余种，它们在人体内的分布和含量有着较大的差异，各自发挥着不同的生理功能，总称为生命元素（biological element）。按元素在人体内含量多少划分，占人体质量 0.05%以上的元素被称为常量元素（macro element），有 11 种（表 10-6），常量元素集中在元素周期表中前 20 种元素，有钠、钾、钙、镁 4 种金属元素；含量低于 0.05%的元素为微量或痕量元素（micro element 或 trace element）。微量元素中大部分为过渡金属元素。人体中元素的含量与元素在环境中的丰度有一定关系。20 世纪 70 年代初，著名英国地球化学家 Hamilton 等就发现将人体血液与海水相比，元素的组成及各元素的丰度分布趋势有很大的相似性。

表 10-6　人体所含常量元素

元素	含量* /mg	占体重比例/(%)	在人体中的分布状况
O	45000	64.3	水、有机物的组成成分
C	12600	18	有机物的组成成分
H	7000	10	水、有机物的组成成分
N	2100	3	有机物的组成成分
Ca	1420	2	同上；骨骼、牙、肌肉、体液
P	700	1	同上；骨骼、牙、磷脂、磷蛋白
S	175	0.25	含硫氨基酸、头发、指甲、皮肤
K	245	0.35	细胞内液
Na	105	0.15	细胞外液、骨

Note

续表

元素	含量*/mg	占体重比例/(%)	在人体中的分布状况
Cl	105	0.15	脑脊液、胃肠道、细胞外液、骨
Mg	35	0.05	骨、牙、细胞内液、软组织

* 含量指 70 kg 人体中的元素质量。

二、必需元素和非必需元素

(一)必需元素和非必需元素

按元素在人体正常生命活动中的作用还可将元素分为必需元素(essential element)和非必需元素(nonessential element)。必需元素包括11种常量元素(表10-6)和18种微量元素(表10-7)。多数必需微量元素居于元素周期表中第4周期。

表 10-7 人体所含必需微量元素

元素	含量*/mg	血浆浓度/(μmol·L^{-1})	主要存在部位	确证时间
Fe	2800～3500	10.75～30.45	红细胞、肝、骨髓	17世纪
F	3000	0.63～0.79	骨骼、牙齿	1971年
Zn	2700	12.24～21.42	肌肉、骨骼、皮肤	1934年
Cu	90	11.02～23.6	肌肉、结缔组织	1928年
V	25	0.2	脂肪组织	1971年
Sn	20	0.28	脂肪、皮肤	1970年
Se	15	1.39～1.9	肌肉(心肌)	1957年
Mn	12～20	0.15～0.55	骨骼、肌肉	1931年
I	12～24	0.32～0.63	甲状腺	1850年
Ni	6～10	0.07	肝	1974年
Mo	11	0.04～0.31	—	1953年
Cr	2～7	0.17～1.06	肺、肾、胰	1959年
Co	1.3～1.8	0.003	骨髓	1935年
Br	<12	—	—	—
As	<117	—	头发、皮肤	1975年
Si	18000	—	淋巴结、指甲	1972年

Note

续表

元素	含量*/mg	血浆浓度/(μmol·L^{-1})	主要存在部位	确证时间
B	<12	—	脑、肝、肾	1982年
Sr	320	0.44	骨骼、牙齿	—

* 含量指70 kg人体中的元素质量。

(二) 人体必需元素的生物学效应简介

人体必需元素涉及生命组成及活动的各个方面。

(1) 构成人体组织的最主要成分。氢、氧、碳、氮、硫、磷是生物高分子蛋白质、核酸、糖、脂肪的主要构成元素，是生命活动的基础。钙、磷、镁是骨骼、牙齿的重要成分。

(2) 参与组成某些具有特殊功能的物质。如铁是血红蛋白的组分，碘是甲状腺激素的必需成分，铬存在于葡萄糖耐量因子(GTF)中，钴是维生素 B_{12} 的中心原子，微量存在的锌、钼、锰、铜可作为酶的活性中心，有的可作为某些酶的激活剂或抑制剂。

(3) 维持体液的渗透压平衡和电解质平衡。

(4) 保持机体的酸碱平衡。

(5) 维持神经和肌肉的应激性。

应该注意，"必需"和"非必需"的界限是相对的。例如，1974年联合国卫生组织公布的必需微量元素只有Fe、I、Co、F、Zn、Cu、Cr、Mo、Se这9种，后来又相继发现Mn、V、Sn、Si、B、Ni、Ge、As等也是人体必需微量元素。随着检测手段和诊断方法的进步与完善，今天认为是非必需的元素，明天可能会被发现是必需的。如砷，过去一直被认为是有害元素，1975年才认识到它的必需性。目前很多研究结果表明，铷($Z=37$)与生命过程有关，并已经具备必需微量元素的基本条件。但要得到人们的公认，还需做进一步的研究。

人体必需微量元素的不同价态会对生物体产生不同的作用。Cr^{3+} 具有很强的配位能力，在生物体内能与较弱的有机配体或无机配体结合而发挥生理作用。但 Cr^{6+}(主要以铬酸盐的形式存在)可渗入红细胞，在被还原成 Cr^{3+} 的过程中，抑制谷胱甘肽还原酶的活性，同时，使血红蛋白转化为高铁血红蛋白，导致红细胞携带氧的机能发生障碍，使血中氧含量降低，导致机体产生各种中毒症状。

此外，具有合适化合价的必需元素在体内也有一个最佳营养浓度。另外，一种元素有毒无毒也不是绝对的，有严格的量的范围，即使是必需元素，摄入过量也会变得有毒。元素的过量或不足都不利于人体健康，过量甚至有害，上述提到的 Cr^{3+} 在体内浓度过高时也会产生毒性。

元素的生物效应与其在元素周期表中的位置也有密切关系。总体上，s区、p区元素对生命体的作用，从上到下、从左到右，都是营养作用减弱、毒性增强。

【例10-3】 碘是甲状腺激素的必需成分，缺碘会出现甲状腺肿和克汀病(呆小病)，造成智力低下，防治碘缺乏最简单、最有效的方法是食用加碘盐。请指出碘在元素周期表中的位置。该族所有非金属元素的氢化物中哪一个还原性最强？

解：碘在元素周期表中的位置是第5周期，第ⅦA族，p区。

第ⅦA族中的非金属元素为F、Cl、Br、I，其对应氢化物为HF、HCl、HBr、HI，其中I的电负性最小，最易失去电子，故HI还原性最强。

Note

三、有毒有害元素

在对人体健康产生危害的有毒或有害元素(poisonous or harmful element)中,铅、汞、镉、铊等金属元素对环境的污染问题日益引起人们的重视。其毒性机制是抑制生物高分子活性必需基团的功能,取代生物高分子中的必需金属离子,或者改变生物高分子的活性构象,从而破坏人体免疫系统、产生神经毒性。

1. 铅 1994年第一次国际儿童铅中毒预防大会警告,工业区铅超标儿童占85%。我国有关部门也指出,我国城市儿童铅中毒流行率达51.6%。铅金属和铅化合物均有剧毒。它们主要危害造血系统、神经系统,伤害肾脏,对儿童智能产生不可逆的影响。铅污染是危害儿童健康的头号环境因素,其主要来源于使用含四乙基铅防爆剂汽油的汽车尾气,我国许多城市已禁止使用含铅汽油。

人体摄入过量铅,会引起中枢神经系统损伤,出现疲惫、头痛、痉挛、精神障碍等。过量铅可损害骨骼造血系统,引起贫血,主要是由于过量铅干扰血红蛋白代谢造成的。过量铅作用于心血管系统时会引起动脉硬化、心肌损害。胃肠铅中毒则表现为胃肠黏膜出血、肠管痉挛。长期低浓度的接触(如长期食用含铅较高的食物或环境污染)可引起慢性中毒。其症状有食欲不振、口中有金属味、失眠、头痛、头昏、腹痛和贫血,其中贫血是铅中毒的早期特征。除此之外,铅中毒还可以引起肾病、高血压、脑水肿等。特别需要指出的是铅对儿童的危害,儿童由于代谢和排泄功能不完善,血脑屏障功能不完善,所以对铅有特殊的易感性,低浓度铅即可导致儿童生长迟缓、智力降低。儿童对铅的吸收率比成人高出4倍以上,且体内缺铁、缺钙的儿童更易摄入铅,吸收铅的速率也更快。儿童铅中毒时常会引起脑病综合征,具有呕吐、嗜睡、昏迷、运动失调、活动过度等神经病学症状,重者失明、失聪,乃至死亡。

多吃含铁丰富的食品,使血中铁含量升高,增强铁和血红素的亲和作用,同时促使血红素与铅的解离,具有一定的排铅效果。在饮食中还可以多吃一些大蒜,因为大蒜中含元素硒量较多,对铅的毒性有拮抗作用。

2. 汞 我国明代宋应星就记录了对汞中毒的预防。汞及其大部分化合物都有毒。有机汞的毒性大于无机汞。

存在于环境中的汞及其化合物可经呼吸由肺、经溶解由皮肤、由饮食进入消化道等途径进入人体,还可由母体胎盘、乳汁进入胎儿、婴儿体内。汞离子与细胞膜中含巯基的蛋白质有特殊的亲和力,从而能直接损害这类蛋白质和酶。汞离子与某些蛋白质蓄积于人体内,特别是肾脏和肝脏中,因此,肾功能障碍是汞中毒的首要标志。

汞的毒性因化学形态不同而有很大差别。有机汞通常是高毒性的。有机汞中苯汞、甲氧基-乙基汞的毒性较小,而烷基汞是剧毒的,其中甲基汞的毒性大,危害最普遍。甲基汞与红细胞中血红素分子的巯基结合,它们蓄积在细胞内和脑室中,滞留时间长,导致中枢神经和全身性中毒。震惊世界的日本熊本县水俣镇1956年发生的水俣病,就是由甲基汞中毒引起的。污染源是一家氮肥工厂,工厂废水中的有机汞造成鱼中毒,通过食物链造成人中毒。

对于慢性重度汞中毒患者,可使用大量三磷酸腺苷制剂、烟酸、维生素 B_1、维生素 B_{12}、维生素E等治疗。

3. 镉 第二次世界大战后,日本富山县神通川流域发生的骨通病是由镉造成的。患者258人,死亡128例,发病年龄30～70岁,几乎全是女性,以47～54岁绝经前后发病者最多。患者全身关节、骨骼疼痛难忍。死者骨中镉的含量比正常人高出159倍。污染源是上游一家锌冶炼厂,它的含镉废水污染了稻田，居民吃了“镉米”而发生慢性中毒。治疗手段除排镉外，可服用维生素D和钙剂。

镉进入人体与蛋白质分子中的巯基相结合，对磷有很强的亲和力，进入人体能将骨质磷酸钙中的钙置换出来，从而引起骨质疏松、软化、发生变形和骨折。在一定条件下镉可以取代锌，从而干扰某些含锌酶的功能，使多种酶的活性受到抑制，破坏正常生化反应，干扰人体正常的代谢功能，使人体重减轻。同时进入人体中的镉，可与金属硫蛋白结合，再经血液输送到肾，当它在肾中积累时，会损坏肾小管，使肾功能出现障碍，从而影响维生素D的活性，导致骨骼生长代谢受阻，使骨骼软化、骨骼畸形、骨折等从而引发各种骨骼病变，还可引起骨软化症或“痛痛病”（背下部和腿部剧烈疼痛）。镉中毒的典型病症是肾功能受到破坏，肾小管对小分子蛋白质再吸收功能发生障碍，糖、蛋白质代谢紊乱，尿蛋白、尿糖增多，引发糖尿病。镉进入呼吸道可引起肺炎、肺气肿。进入消化系统则可引起胃肠炎。镉中毒者常伴有贫血症，还可能患骨癌、直肠癌、食管癌和胃癌。

4. 铊 铊处于元素周期表中第6周期第ⅢA族。铊是剧毒金属，其化合物也有毒。铊为强烈的神经毒物，对肝、肾有损害作用。吸入、口服可引起急性中毒；铊可经皮肤吸收。铊中毒的原因有医源性、食物性、职业性和环境性。头发、阴毛脱落是铊中毒的典型表现。慢性铊中毒主要症状有神经衰弱综合征、脱发、纳差，可有周围神经病、球后视神经炎、视神经萎缩、眼睛失明，可发生肝损害。急性铊中毒会出现恶心、呕吐、腹部绞痛、厌食等。3～5天后出现多发性颅神经和周围神经损害。出现感觉障碍及上行性肌麻痹。中枢神经损害严重者，可发生中毒性脑病。脱发为其特异表现。皮肤出现皮疹，指（趾）甲有白色横纹，可损害肝、肾。

有效排毒剂为普鲁士蓝，普鲁士蓝具有离子交换剂的作用，铊可置换普鲁士蓝上的钾，随粪便排出。

思政课堂：我国稀土元素的发展与重金属元素的危害

本章小结

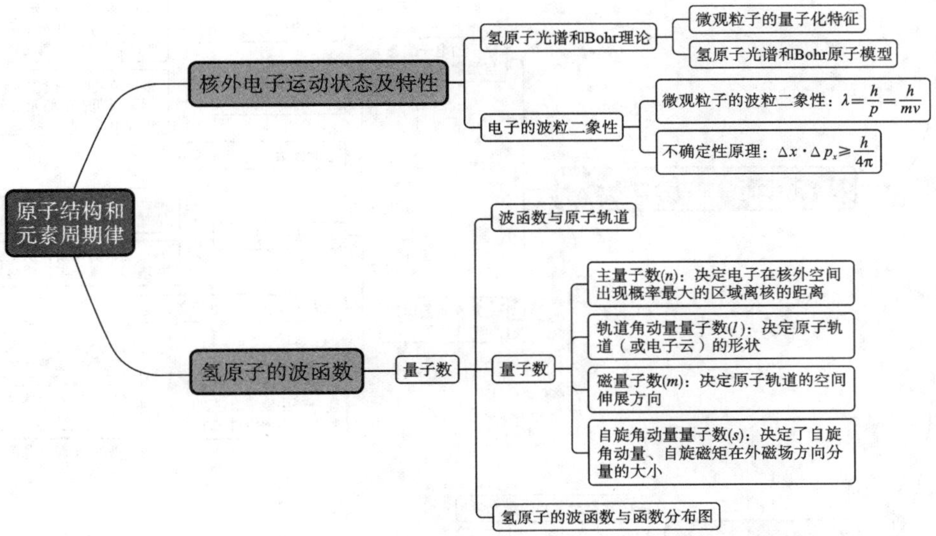

- **原子结构和元素周期律**
  - **氢原子的波函数**
    - 原子轨道的角度分布
      - s轨道和电子云角度分布图
        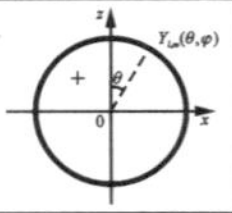
      - p轨道和电子云分布图
        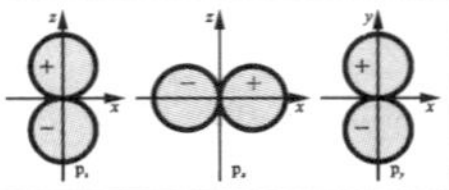
      - d轨道和电子云的角度分布图
        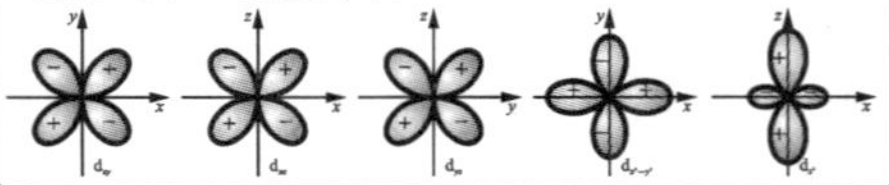
    - 原子轨道的径向分布
      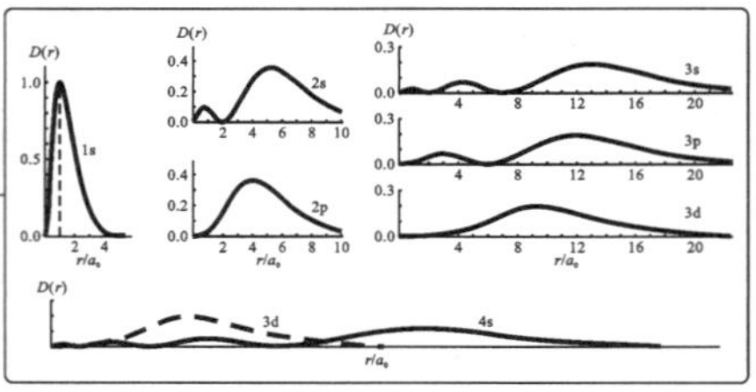
  - **多电子原子核外电子的排布**
    - 多电子原子的能级
      - 屏蔽效应
      - 钻穿效应
      - 多电子原子的近似能级顺序
        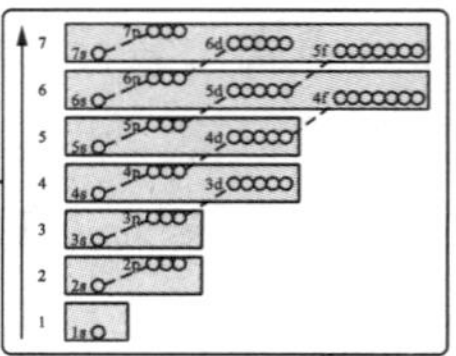
    - 原子的电子组态
      - 基态原子核外电子的排布遵守下面三条规律
        - 泡利不相容原理
        - 能量最低原理
        - Hund规则
  - **原子的电子组态与元素周期表**
    - 原子的电子组态与元素周期表
      - 能级组与元素周期
        - 第n能级从ns能级开始到np能级结束，对应第n周期
      - 价层电子组态与族
        - 分为16个族，有主族（A族）和副族（B族），主族8个，包括8个纵列；副族8个，包括10个纵列
      - 元素分区
        - 根据价层电子组态的特征，可将元素周期表中的元素分为5个区：s区、p区、d区、ds区、f区
      - 过渡元素和稀土元素
    - 元素性质的周期性变化规律
      - 原子半径
        - 同一周期的主族元素，随原子序数增加，原子半径明显逐次减小
        - 同一主族的元素，从上到下电子层数增多，原子半径明显增大
      - 元素的电离能和电子亲和能
      - 电负性：电负性的大小量度分子中原子对成键电子吸引能力的相对大小
        - 同一周期主族元素从左至右电负性逐渐增大
        - 同一主族元素从上到下电负性逐渐减小
        - 副族元素的电负性没有明显的变化规律
  - **生命中的化学元素**
    - 常量元素和微量元素
    - 必需元素和非必需元素
    - 有毒有害元素

Note

学科发展与医学应用综述题

1. 肿瘤放射治疗是利用放射线治疗肿瘤的一种常规、局部治疗方法，容易对人体产生较大的副作用。质子和重离子技术是放射治疗中的一种，为什么该技术对人体健康组织的伤害极小？

2. 微量元素在人体中的含量虽然很低，却具有不可忽视的作用。各种微量元素在体内相互影响，存在着复杂的激动或拮抗关系。综述人体内微量元素的平衡对生命活动的重要意义。

能力检测

扫码看答案

1. 判断下列说法是否正确？

(1) s 电子轨道是绕核旋转的一个圆圈，p 电子轨道是哑铃形的；

(2) 电子云图中黑点越密之处表示电子数越多；

(3) 主量子数为 4 时，有 4s，4p，4d，4f 四条轨道；

(4) 多电子原子轨道能级与氢原子的能级相同。

2. 氧原子中有 8 个电子，试写出各电子的 4 个量子数。

3. 已知某元素原子的电子具有下列量子数，试排列出它们能量高低的次序。

(1) $3,2,+1,+\frac{1}{2}$　(2) $2,1,+1,-\frac{1}{2}$　(3) $3,0,0,+\frac{1}{2}$

(4) $4,0,0,-\frac{1}{2}$　(5) $3,1,0,+\frac{1}{2}$　(6) $2,0,0,-\frac{1}{2}$

4. 写出下列各能级或轨道的名称：

(1) $n=3$，$l=2$　(2) $n=4$，$l=1$　(3) $n=5$，$l=3$

(4) $n=4$，$l=0$　(5) $n=3$，$l=0$

5. 在多电子原子中，决定电子能量的量子数为(　　)。

A. n　B. n 和 l　C. n，l 和 m　D. l

6. 基态$_{19}$K 原子最外层电子的 4 个量子数应该是(　　)。

A. $4,1,0,+\frac{1}{2}$　B. $4,1,1,+\frac{1}{2}$　C. $3,1,1,-\frac{1}{2}$　D. $4,0,0,-\frac{1}{2}$

7. 某元素-2价离子的电子构型和氩(Ar)的电子构型相同，该元素为(　　)。

A. Ca　B. P　C. S　D. Cl

8. 下列电子组态中，哪种属于基态？哪种属于激发态？哪种是错误的？

(1) $1s^2 2s^1 2p^2$　(2) $1s^2 2s^2 2p^6 3s^2$　(3) $1s^2 2s^2 2d^1$

(4) $1s^2 2s^2 2p^4 3s^1$　(5) $1s^2 2s^3 2p^1$　(6) $1s^2 2s^2 2p^6 3s^1$

9. 基态$_{24}$Cr 的电子组态是(　　)。

A. [Ar]$4s^2 3d^4$　B. [Kr]$3d^4 4s^2$　C. [Ar]$3d^5 4s^1$

D. [Xe]$4s^1 3d^5$　E. [Xe]$3d^4 4s^2$

10. 已知某元素$+3$价离子的电子组态为 $1s^2 2s^2 2p^6 3s^2 3p^6 3d^5$，该元素在元素周期表中属于哪一族？(　　)

A. ⅠA　B. ⅢA　C. ⅢB　D. ⅧB

11. 已知 M^{2+} 的 3d 轨道中有 5 个电子，试指出：

(1) 基态 M 原子的核外电子组态；

(2) 基态 M 原子的最外层和最高能级组中电子数；

Note

(3) M元素在元素周期表中的位置。

12. 下列哪组元素的电负性大小顺序是正确的?(　　)

A. O>N>P>F　　B. Si>P>N>O　　C. O>S>P>Si　　D. N>O>P>Si

13. 铁在人体内的运输和代谢需要铜的参与。在血浆中,铜以铜蓝蛋白形式存在,催化氧化Fe^{2+}成Fe^{3+},从而使铁被运送到骨髓。试用原子结构的基本理论解释为什么Fe^{3+}比Fe^{2+}要稳定得多?

14. 硒与健康关系密切,硒在体内的活性形式为含硒酶和含硒蛋白。缺硒会引起克山病、大骨节病、白内障等。根据硒在元素周期表中的位置,推测硒的最高价氧化物。

(刘秀芳)

Note

第十一章　共价键与分子间力

扫码看 PPT

学习目标

素质目标：通过我国科学家实现氢键的实空间成像，引导学生认识到任何开拓性的发现和杰出的成果都需要矢志不渝的努力，激发学生合作创新、勇于探索的精神。

能力目标：培养学生自主学习、思考探究、归纳总结和创新的能力。

知识目标：掌握共价键的方向性和饱和性，键和键的特征；杂化轨道理论的基本要点及对分子形状的解释；分子轨道理论要点；范德瓦耳斯力和氢键的概念、特点及对物质性质的影响；键参数。

分子是由原子按照一定的排列顺序发生相互作用而结合在一起的整体，是保持物质化学性质的基本微粒，也是参与化学反应的基本单元。分子的性质既取决于其组成元素的原子，也取决于分子的电子结构。

分子内或晶体中相邻两原子或离子间强烈的相互作用称为化学键(chemical bond)，包括离子键、共价键和金属键，其打破这种引力需要的能量称为键能，常为几十到几百千焦每摩尔。生命体内绝大多数化合物分子的原子间是以共价键相结合的。另外分子与分子之间也存在各种作用力，主要有范德瓦耳斯力(van der Waals force)和氢键(hydrogen bond)等，总称为分子间力(intermolecular force)，其作用力通常比化学键小 1～2 个数量级。本章将重点介绍共价键理论和分子间力。

第一节　现代价键理论

1916 年美国物理化学家 Lewis 就提出了共价键理论，他认为，同种原子或电负性相近的原子间可以通过共用电子对，达到稀有气体的稳定外层电子构型，这种原子间通过共用电子对形成的化学键称为共价键(covalent bond)，形成的分子称为共价分子。如果用黑点代表原子的价电子，则可用 Lewis 结构式来描述 HF 的共价键形成过程：

$$\mathrm{H}\cdot + \cdot\underset{\cdot\cdot}{\overset{\cdot\cdot}{\mathrm{F}}}\!: \longrightarrow \mathrm{H}\,:\!\underset{\cdot\cdot}{\overset{\cdot\cdot}{\mathrm{F}}}\!:$$

H 原子与 F 原子之间的两个电子为两个原子共有，从而使两个原子都具有稀有气体的稳定结构，整个体系能量降低生成稳定的 HF 分子。这种形成共价键的电子对称为成键电子对(bonding pair electrons)。原子中未参与成键的电子对称为孤对电子(lone pair electrons)。

Lewis 结构式的这种写法称八隅体规则(octet rule)。两个原子共用一对电子时形成单键(single bond)，共用两对或三对电子时形成双键(double bond)或三键(triple bond)。Lewis 共价键概念初步解释了一些简单非金属原子间共价分子的形成及其与离子键的区别，但是该理论把

Note

成键电子局限在两个原子核之间静止不动，因而无法解释为什么两个带负电荷的电子不相互排斥反而相互配对，也无法说明共价键的方向性。对一些分子的中心原子最外层电子数尽管少于 8（如 BF_3）或多于 8（如 PCl_5）却仍能稳定存在的事实，也不能做出合理的解释。

1927 年德国化学家海特勒（Heitler）和伦敦（London）运用量子力学成功处理了 H_2 分子结构，初步揭示了共价键的本质，人们开始对共价键有了理性认识，并在此基础上逐渐建立了现代价键理论（valence bond theory）。

一、共价键的本质

H_2 分子是最简单、最典型的共价分子，海特勒和伦敦用量子力学来处理 H 原子形成 H_2 分子的过程，通过近似求解氢分子的 Schrödinger 方程，得到 H_2 分子的能量（E）与核间距离（r）的关系曲线，如图 11-1 所示。结果表明，原子间的相互作用和成键电子的自旋方向密切相关。当两个 H 原子的电子自旋方向相同，它们彼此靠近时，系统能量总是高于两个独立存在的 H 原子能量之和，不能形成稳定的化学键，这种不稳定的状态称为 H_2 分子的排斥态。而当两个 H 原子的电子自旋方向相反，远离的两个 H 原子彼此靠近时，随着核间距离的减小，电子运动的空间轨道发生重叠，电子在两核间出现的机会较多，核间的电子云密度增大，整个系统的能量低于两个独立的 H 原子能量之和。当两核间距离 r 达到平衡距离 87 pm（实验值 74 pm）时，系统能量最低，两个原子核强烈地吸引在一起，形成稳定的 H_2 分子。随着两个原子核间距离进一步减小，原子核间的排斥力迅速增大，此时原子之间的相互作用力以排斥力为主，从而使原子重新回到平衡位置，形成稳定的 H_2 分子。海特勒和伦敦第一次把量子力学应用于处理 H_2 分子的结构，揭示了共价键的本质。

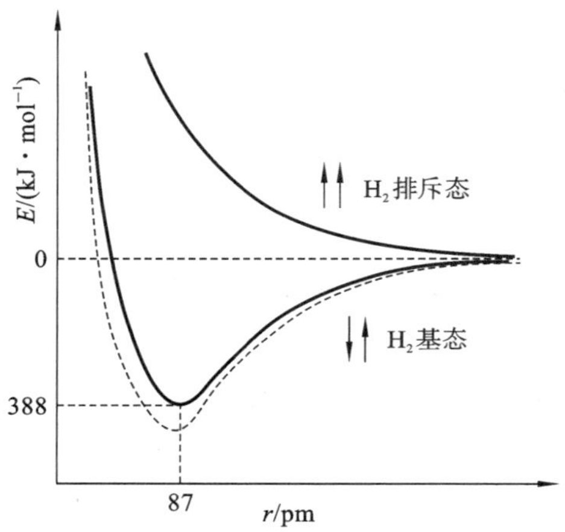

图 11-1　H_2 分子能量变化曲线图

二、现代价键理论的基本要点

将 H_2 分子形成共价键的研究结果推广到其他双原子分子或多原子分子，可归纳出价键理论的要点，其基本要点如下。

共价键的形成需要成键原子提供自旋方向相反的未成对电子，电子云密集于两核之间，系统能量降低，形成稳定的共价键。因此，一个原子能形成共价键的数目取决于该原子中未成对电子的数目，当未成对电子配对成键后，就不能再与其他原子的单电子配对成键，这说明共价键具有饱和性。

成键时原子轨道重叠程度越大，电子在两核间出现的概率越大，系统能量越低，形成的共价键越牢固。这称为原子轨道最大重叠原理。

在形成共价键时，原子间应尽可能沿着原子轨道最大限度重叠的方向成键。由于原子轨道在空间有一定的取向，除 s 轨道呈球形对称外，p、d 等轨道在空间都有特定的伸展方向。形成共价键时，各原子轨道总是尽可能沿着电子出现概率最大的方向重叠成键，以降低体系能量，这种轨道重叠方式的要求和原子轨道在核外空间的取向决定了共价键具有明显的方向性。

例如，HCl 分子成键时，H 原子的 1s 轨道与 Cl 原子的 $3p_x$ 轨道沿 x 轴接近，以实现轨道间最大限度的重叠，形成稳定的共价键（图 11-2(a)）。其他方向的重叠（图 11-2(b) 和图 11-2(c)）均不能实现轨道间的最大重叠，故不能成键。

Note

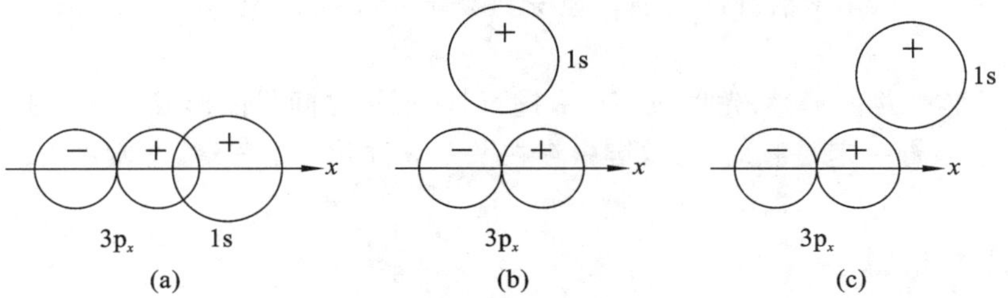

图 11-2 HCl 分子三种方向重叠示意图

三、共价键的类型

(一) σ 键和 π 键

根据共价键成键时原子轨道重叠方式不同，共价键可分为 σ 键和 π 键。

1. σ 键 如图 11-3 所示，s 轨道和 s 轨道沿 x 轴方向以“头碰头”的方式进行重叠，重叠后电子云围绕键轴呈圆柱形对称分布，如果将原子轨道沿键轴旋转 180°，轨道的图形和符号均不发生变化，以这种方式形成的共价键称作 σ 键。同样，s 轨道和 p_x 轨道、p_x 轨道和 p_x 轨道重叠形成的共价键都是 σ 键。

2. π 键 如图 11-4 所示，当两个原子轨道以“肩并肩”的方式重叠时，形成的共价键称作 π 键。量子力学计算表明，原子轨道形成共价键时，π 键的重叠程度小于 σ 键的重叠程度，因此 π 键的键能通常比 σ 键的键能小，稳定性也相对低一些。

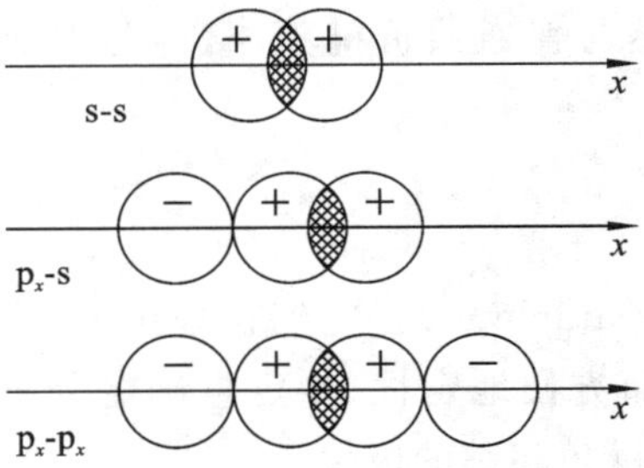

图 11-3 σ 键的形成

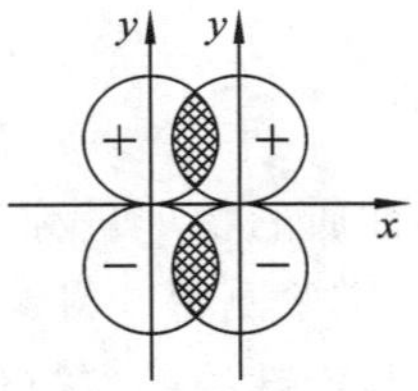

图 11-4 π 键的形成

以 N_2 分子为例，说明 σ 键和 π 键在分子中的相互关系(图 11-5)。N 原子的电子组态为 $1s^2 2s^2 2p_x^1 2p_y^1 2p_z^1$，其中三个单电子分别占据三个相互垂直的 2p 轨道。当两个 N 原子沿 x 轴相互靠近时，两个 $2p_x$ 轨道沿键轴方向以“头碰头”方式重叠形成一个 σ 键，而两个 $2p_y$ 轨道和两个 $2p_z$ 轨道只能以“肩并肩”方式重叠，形成两个 π 键。共价键用“—”表示，N_2 分子结构式可写成N≡N。

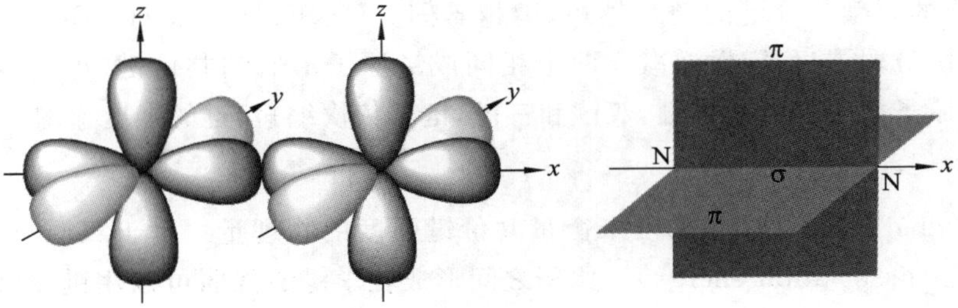

图 11-5 N_2 分子成键示意图

通常 σ 键比 π 键牢固，即 σ 键的键能一般比 π 键大。此外，由于 π 键不能自由旋转，受到外力作用时，比较容易断裂，化学活泼性更强。但 π 键是分子结构之刚性产生的原因，对分子性质具有更重要的意义。

当两个原子形成共价键时，先形成一个 σ 键，但两原子之间只能形成一个 σ 键，然后才能形成 π 键。因此，共价单键一定是 σ 键，而双键中存在一个 σ 键和一个 π 键，三键中有一个 σ 键和两个 π 键。

（二）配位共价键

根据成键原子提供电子形成共用电子对方式的不同，共价键可以分为普通共价键和配位共价键。如果共价键是由两个原子各提供一个单电子成键的，则称为普通共价键（normal covalent bond），如 H_2、HF 等分子中的共价键。如果共价键是由两个原子中的一个原子单独提供电子对与另一个原子提供的空轨道共用而成键的，则称为配位共价键（coordinate-covalent bond），简称配位键（coordination bond）。为区别于普通共价键，配位键常用“→”表示，箭头从提供电子对的原子指向接受电子对的原子。以 CO 分子的成键过程为例，C 原子的电子组态为 $1s^2 2s^2 2p_x^1 2p_y^1 2p_z^0$，$2p_x$ 和 $2p_y$ 轨道各有一个单电子，$2p_z$ 轨道没有电子，是空轨道；O 原子的电子组态为 $1s^2 2s^2 2p_x^1 2p_y^1 2p_z^2$，$2p_x$ 和 $2p_y$ 轨道各有一个单电子，$2p_z$ 轨道有一对电子。形成 CO 分子时，两个 $2p_x$ 轨道以“头碰头”方式重叠形成一个 σ 键，两个 $2p_y$ 轨道则以“肩并肩”方式重叠形成一个 π 键。除此之外，O 原子提供一对孤对电子与 C 原子提供的 $2p_z$ 空轨道同样以“肩并肩”方式重叠，形成另一个 π 键，但其电子对只由一方提供，因此是配位键。CO 分子的结构式可写成 C$\leftleftarrows$O。

由此可见，配位键的生成需要满足两个条件：一个原子的价电子层存在孤对电子，另一个原子的价电子层有空轨道。配位键的形成方式虽然与普通共价键不同，但是形成以后，两者并无区别。

四、键参数

表征共价键性质的物理量称为键参数（bond parameter）。它们在理论上可以由量子力学计算而得，也可以由实验测得。键参数可用来粗略而方便地定性、半定量确定分子的形状，解释分子的某些性质。共价键的键参数包括键长、键能、键角和键的极性。

（一）键长

键长（bond length）是分子中成键的两原子核之间的平衡距离，单位为 pm。键长的数据可通过分子光谱、X 射线衍射、电子衍射等实验方法测得，也可用量子力学的近似方法计算而得。实验结果表明，同一种键在不同分子中的键长几乎相等。因而可以用其平均值即平均键长作为该键的键长。如 C—C 单键的键长在金刚石中为 154.2 pm，在乙烷中为 153.3 pm，在丙烷中为 154 pm，在环己烷中为 153 pm，因此将 C—C 单键的键长定为 154 pm。

两原子形成的同型共价键的键长越短，键越牢固。H—F、H—Cl、H—Br、H—I 键长依次增大，键的强度依次减弱，热稳定性递减。两个相同成键原子形成的共价键，单键和多重键的键长并不相等，如碳原子之间可形成单键、双键和三键，键长依次缩短，键的强度递增。

（二）键能

键能（bond energy）是从能量角度来衡量共价键强度的物理量。对于双原子分子，键能就等于分子的解离能（dissociation energy）。原子之间形成化学键的强弱可以用键断裂时所需能量的大小来衡量。

Note

在 100 kPa 和 298.15 K 下，将 1 mol 理想气态双原子分子 AB 拆开成为气态的 A 原子和 B 原子，所需的能量称为 A—B 键的解离能，常用 D(A—B) 表示，单位为 $kJ \cdot mol^{-1}$。例如 H_2 分子中 H—H 键的解离能 D(H—H)＝436 kJ·mol^{-1}。对双原子分子来说，键能 E(H—H)＝D(H—H)＝436 kJ·mol^{-1}。

对多原子分子来说，同一种键的键能和解离能并不完全等同，键的解离能是指解离分子中某一特定键所需的能量，而二元多原子分子中某种键的键能，实际上指的是某种键多次解离所需能量的平均值。

以 H_2O 分子为例：

$$H_2O(g) \longrightarrow H(g) + OH(g) \qquad D_1 = 501.87\ kJ \cdot mol^{-1}$$

$$OH(g) \longrightarrow H(g) + O(g) \qquad D_2 = 423.38\ kJ \cdot mol^{-1}$$

根据能量守恒定律，两次解离能的和应该为键能的 2 倍，即键能为两次解离能的平均值。因此，H_2O 分子中 O—H 的键能为 462.62 kJ·mol^{-1}。

同样的键在不同的多原子分子中键能数据会稍有不同，这是由于分子中的键能不仅取决于成键原子本身的性质，而且与分子中存在的其他原子的种类有关，表 11-1 中列出的仅仅是平均键能数据。一般键能越大，表明该键越牢固，由该键组成的分子越稳定。例如 H—F、H—Cl、H—Br、H—I 键长逐渐增大，键能逐渐减小，因此可以推断出 H—I 不如 H—F 稳定。

表 11-1 常见共价键的平均键长和键能

共价键	平均键长/pm	键能/(kJ·mol^{-1})	共价键	平均键长/pm	键能/(kJ·mol^{-1})
H—H	74	436	F—F	142	155
H—F	92	565	Cl—Cl	199	240
H—Cl	127	431	Br—Br	228	190
H—Br	141	362	O—O	148	146
H—I	161	295	C═C	134	610
H—O	96	459	C═O	120	728
C—C	154	346	O═O	120	495
C—H	109	411	C≡C	120	835
S—H	134	363	N≡N	110	942

（三）键角

键角(bond angle)是指多原子分子中相邻两个化学键之间的夹角。键角是反映分子空间结构的重要参数。原则上，键角也可以用量子力学近似方法算出，但是对于复杂分子，目前仍然需要通过光谱、衍射等结构实验求得键角。根据共价键的键角，可以推测分子的空间结构。如水分子中两个 O—H 键的夹角为 104°45′，表明水分子呈 V 形结构；CO_2 分子中两个 C—O 键的夹角为 180°，表明 CO_2 为直线形分子。一般情况下，在给出键长和键角的测定值后就能确定分子的空间构型。

不同分子的键角不同。对同一类分子，键角越小，排斥力越强，体系的能量越高，分子的稳定性越差；相反，键角越大，分子的稳定性越好。

（四）键的极性

两个成键原子电负性不同时会导致键具有极性(polarity)。当两个成键原子电负性相同时，电子云重叠部分位于两原子核的中间位置，原子核形成的正电荷中心和共用电子对形成的负电荷中心刚好完全重合，这样形成的共价键称为非极性共价键(nonpolar covalent bond)，如 H—H、C—C、O—O 等。当两个成键原子电负性不同时，电子云重叠部分偏向于电负性较大的原子一端，使其带部分负电荷，电负性较小的原子一端带部分正电荷，致使共价键的正、负电荷中心不重

Note

合，这样形成的共价键称为极性共价键（polar covalent bond），如 C—H、O—H 等。

一般情况下，成键原子的电负性相差越大，键的极性就越大。当成键原子的电负性相差很大时，就会形成离子键，从某种意义上说，极性共价键是离子键和非极性共价键之间的一种过渡类型。表 11-2 列出了键型和成键原子电负性差值的关系。

表 11-2　键型与成键原子电负性差值的关系

物　质	NaCl	HF	HCl	HBr	HI	Cl_2
电负性差值	2.23	1.90	0.98	0.78	0.48	0
键型	离子键	极性共价键				非极性共价键

第二节　杂化轨道理论

价键理论成功地说明了共价键的形成，解释了共价键的方向性和饱和性，但是用它来阐明多原子分子的空间构型却遇到了困难。例如，基态 C 原子的价层电子组态为 $2s^2 2p_x^1 2p_y^1$，其中 $1s^2$ 电子在原子的内层不参与成键，外层有两个未成对的 2p 电子，似乎只能形成两个共价键，而且键角应当为 90°。但实验事实指出，在 CH_4 中，中心 C 原子分别与 4 个 H 原子形成了 4 个性质完全等同的共价键，CH_4 为正四面体形，键角均为 109°28′。也不能解释 H_2O 分子中 2 个 O—H 键的键角为什么不是 90°，而是 104°45′，而 NH_3 分子中 H—N—H 的键角也不等于 90°，实际测得为 107°18′。为了解释许多只用电子配对法不能说明的实验事实，美国化学家 Pauling 和 Slater 在 1931 年提出了“杂化轨道”的概念，作为价键理论的补充和发展，这种价键理论常被称作杂化轨道理论（hybrid orbital theory）。

一、杂化轨道理论要点

杂化轨道理论认为，H_2O 分子、NH_3 分子和 CH_4 分子中的氧原子、氮原子和碳原子并不是简单地以 2p 轨道与氢原子的 1s 轨道成键的，而是在成键形成分子时，为了增强成键能力，中心原子能量相近的不同类型的原子轨道重新组合，形成能量、形状和方向与原轨道不同的新原子轨道。这种在同一原子中原子轨道重新组合的过程称为原子轨道的杂化（hybridization），杂化后所形成的新原子轨道称为杂化轨道（hybrid orbital）。杂化是一个能量的均化过程，经过能量均化后的杂化轨道，在形成共价键时其形状更有利于轨道间的重叠，形成的共价键更稳定。

杂化轨道理论的要点概括如下。

（1）原子在形成分子时，同一原子中能量相近、类型不同的原子轨道才能进行杂化，孤立的原子轨道不可能发生杂化。因此，常见的杂化方式有 ns-np 杂化、ns-np-nd 杂化和 $(n-1)$d-ns-np 杂化。

（2）杂化前后原子轨道的数目保持不变，但是原子轨道在空间的伸展方向发生了改变。

（3）杂化轨道不同于杂化前的原子轨道，各个杂化轨道的能量相等。

（4）杂化轨道的成键能力比杂化前的原子轨道的成键能力更强，形成的共价键更稳定。

二、轨道杂化类型及实例

Note

按参与杂化的原子轨道的类型不同，可将轨道的杂化分为 sp 型和 spd/dsp 型。本章主要介绍 sp 杂化。同一电子层的 s 轨道和 p 轨道间的杂化称为 sp 杂化。根据参与杂化的 s 轨道和 p

轨道数目的不同，sp 杂化又可分为 sp^3、sp^2 和 sp 三种杂化方式。

（一）sp^3 杂化

由中心原子中 1 个 s 轨道和 3 个 p 轨道组合成 4 个 sp^3 杂化轨道的过程称为 sp^3 杂化。每个 sp^3 杂化轨道含有 1/4 的 s 轨道成分和 3/4 的 p 轨道成分。为降低轨道间的排斥能，4 个 sp^3 杂化轨道会尽可能相互远离，指向正四面体的四个顶点，轨道间夹角为 109°28′（图 11-6）。4 个 sp^3 杂化轨道可分别与其他原子的具有单电子的轨道重叠成键，形成的分子具有四面体的空间结构。

CH_4 分子具有正四面体的空间构型（图 11-7）。CH_4 分子中 C 原子轨道的杂化过程如图 11-8 所示。中心原子 C 原子的价层电子组态为 $2s^22p^2$，基态 C 原子 2s 轨道上的 1 个电子被激发到 2p 空轨道上，随后 C 原子的 1 个 2s 轨道和 3 个 2p 轨道发生 sp^3 杂化，形成 4 个等同的 sp^3 杂化轨道，4 个 sp^3 杂化轨道分别与 H 原子的 1s 轨道重叠后生成 4 个完全相同的 $\sigma_{sp^3\text{-}s}$ 共价键。

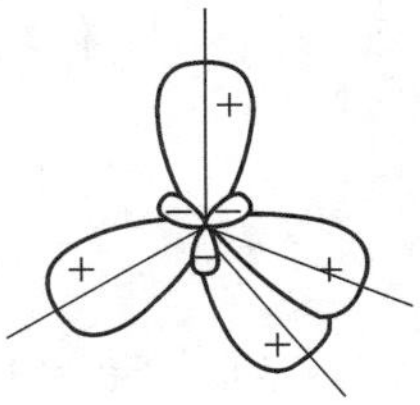

图 11-6 sp^3 杂化轨道示意图

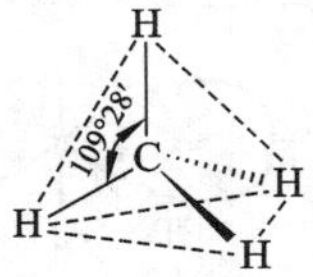

图 11-7 CH_4 分子的空间构型

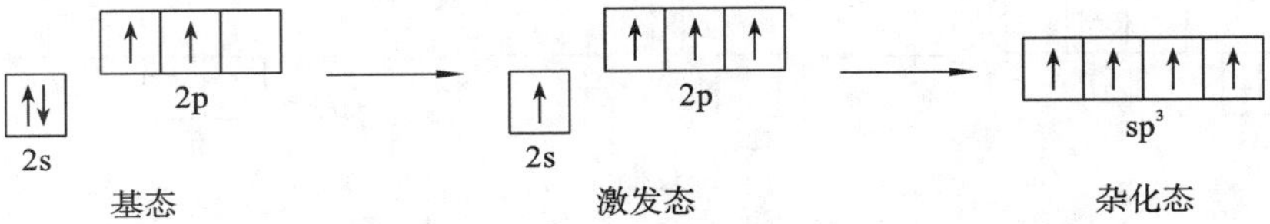

图 11-8 CH_4 分子中 C 原子的 sp^3 杂化过程

（二）sp^2 杂化

由 1 个 s 轨道与 2 个 p 轨道组合成 3 个等同的 sp^2 杂化轨道的过程称为 sp^2 杂化，所形成的 3 个杂化轨道称为 sp^2 杂化轨道（图 11-9）。每个 sp^2 杂化轨道含有 1/3 的 s 轨道成分和 2/3 的 p 轨道成分。3 个 sp^2 杂化轨道呈正三角形分布，夹角为 120°。当 3 个 sp^2 杂化轨道分别与其他原子的轨道成键时，分子呈平面三角形（图 11-10）。

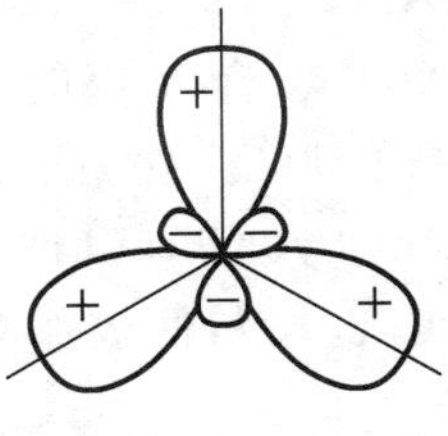

图 11-9 sp^2 杂化轨道示意图

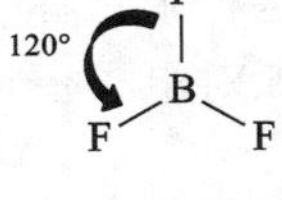

图 11-10 BF_3 分子空间构型

实验测得 BF_3 分子中存在 3 个完全相同的 B—F 键，键角为 120°，呈正三角形。B 原子轨道的杂化过程如图 11-11 所示。B 原子的价层电子组态为 $2s^22p^1$，基态 B 原子 2s 轨道上的 1 个电子被激发到 2p 空轨道上，一个 2s 轨道与两个 2p 轨道进行杂化，形成夹角为 120°的 3 个完全等同的 sp^2 杂化轨道。当 3 个 sp^2 杂化轨道分别与 F 原子中含有单电子的 2p 轨道重叠时，生成 3 个完全相同的 $\sigma_{sp^2\text{-}p}$ 键，剩余 1 个未参与杂化的 2p 空轨道。

（三）sp 杂化

由 1 个 s 轨道和 1 个 p 轨道组合成 2 个等同的 sp 杂化轨道的过程称为 sp 杂化，所形成的轨

Note

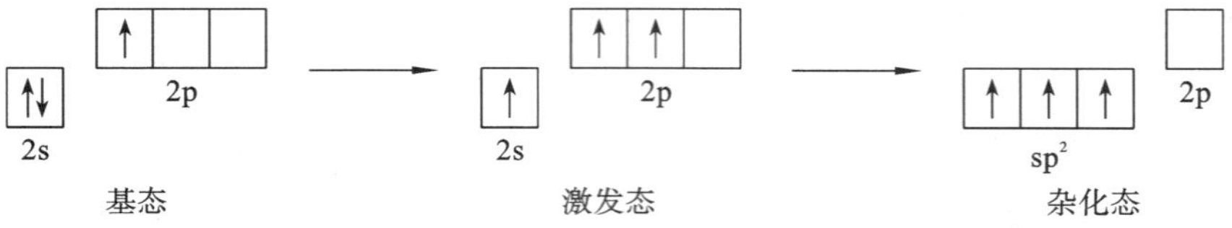

图 11-11　BF_3 分子中 B 原子的 sp^2 杂化过程

道称为 sp 杂化轨道(图 11-12)。每个 sp 杂化轨道均含有 1/2 的 s 轨道成分和 1/2 的 p 轨道成分。为使 2 个杂化轨道间的排斥能最低,轨道间的夹角是 180°。分子在空间上呈直线形结构。

例如,实验表明,$BeCl_2$ 分子存在两个完全相同的 Be—Cl 键,键角为 180°,分子的空间构型为直线形,与杂化轨道理论的预测相符(图 11-13)。Be 原子轨道的杂化过程如图 11-14 所示。Be 原子的价层电子组态为 $2s^22p^0$,基态 Be 原子 2s 轨道上的 1 个电子被激发到 2p 空轨道上,一个 2s 轨道与一个 2p 轨道杂化成 2 个完全等同的 sp 杂化轨道。当 2 个 sp 杂化轨道分别与 Cl 原子中含有单电子的 2p 轨道重叠时,形成 $\sigma_{sp\text{-}p}$ 键,生成 $BeCl_2$ 分子。

图 11-12　sp 杂化轨道示意图

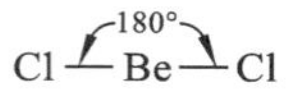

图 11-13　$BeCl_2$ 分子的空间构型

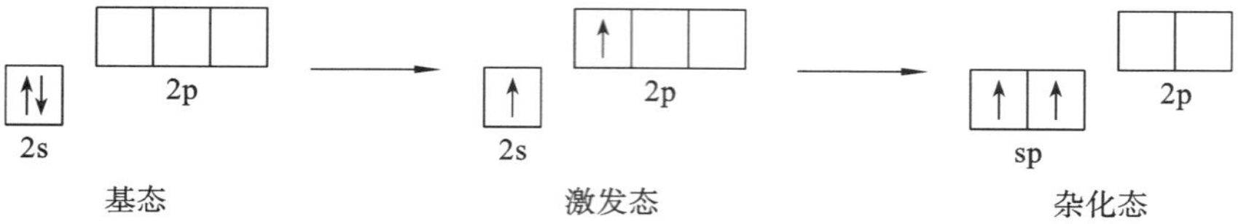

图 11-14　$BeCl_2$ 分子中 Be 原子的 sp 杂化过程

(四)等性杂化和不等性杂化

轨道的杂化并不限于排布未成对电子的原子轨道,排布孤对电子的原子轨道和空的原子轨道也可以参与杂化。因此,轨道的杂化又分为等性杂化和不等性杂化。

由原子轨道组合成一组简并杂化轨道的杂化过程称为等性杂化(equivalent hybridization)。一般来说,完全由排布未成对电子的原子轨道或完全由空的原子轨道参与的杂化是等性杂化,前文所述 CH_4、BF_3、$BeCl_2$ 分子形成时,中心原子 C、B、Be 分别采用 sp^3、sp^2、sp 等性杂化,如甲烷分子的 sp^3 杂化,杂化时 1 个 s 轨道和 3 个 p 轨道都含有一个单电子,形成的杂化轨道能量是平均化的,每个杂化轨道的能量都为原轨道能量的 1/4。如果原子轨道杂化后所得到的一组杂化轨道的能量不完全相同,这种杂化称为不等性杂化(nonequivalent hybridization)。参与杂化的原子轨道中,某个轨道已被孤对电子占据,杂化轨道的能量就会出现分裂,使被孤对电子占据的杂化轨道能量降低。

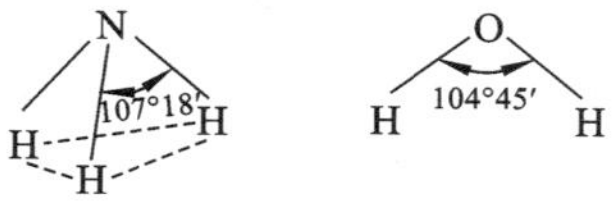

图 11-15　NH_3 分子和 H_2O 分子的空间构型

如 NH_3 分子为三角锥形,N—H 键键角为 107°18′(图 11-15)。N 原子的价电子层结构是 $2s^22p_x^12p_y^12p_z^1$。N 原子的 2s 轨道与 3 个 2p 轨道采取 sp^3 杂化形成 4 个 sp^3 杂化轨道,其中 1 个轨道被孤对电子占据,其他 3 个轨道分别被 3 个单电子占据。由于这个含有孤对电子的杂化轨道不参与后来的成键,其能量不能在成键后降低,因此在 4 个杂化轨道中,其轨道能量比另外 3 个杂化轨道的能量略低。因此,N 原子的 sp^3 杂化是不等性杂化。3 个含有单电子的 sp^3 杂化轨道各与一个氢原子的 1s 轨道重叠,形成 3 个 σ 键。由于孤对电子对成键电子的排斥作

Note

用比成键电子对成键电子的排斥作用更大，因此 N—H 键键角被压缩至 107°18′。而在 H_2O 分子的形成过程中，O 的价电子层结构是 $2s^2 2p_x^2 2p_y^1 2p_z^1$。1 个 2s 轨道和 3 个 2p 轨道形成 4 个 sp^3 杂化轨道，其中 2 个杂化轨道各被一对孤对电子占据，它们不参与成键，另外 2 个杂化轨道各有一个成单电子，这 2 个杂化轨道分别与 2 个氢原子的 1s 轨道形成 2 个共价键。由于 2 对孤对电子的轨道在原子核周围所占空间位置比较大，它们排斥挤压成键电子时，使得 H_2O 分子中相邻共价键的夹角压缩至 104°45′，因此，H_2O 分子的空间构型为 V 形（图 11-15）。

第三节　价层电子对互斥理论

杂化轨道理论可以对分子的成键过程做出合理的解释，但在预测分子的空间构型时过于麻烦。1940 年英国化学家西奇威克（Sidgwick）提出了价层电子对互斥理论（valence-shell electron pair repulsion theory，简称 VSEPR theory）。

价层电子对互斥理论适用于主族元素间形成的 AB_n 型分子或离子。该理论认为，一个共价分子或离子的几何构型主要取决于中心原子的价层电子对数及电子对之间的排斥作用。价层电子对间应尽可能远离，以使彼此间的排斥能最低。这里价层电子对包括成键电子对和孤对电子。

价层电子对互斥理论是一个用来预测单个共价分子形态的化学理论模型。通过计算中心原子的价层电子对数和配位数来预测分子的几何构型，并构建一个合理的 Lewis 结构式来表示分子中所有键和孤对电子的位置。同时，也是一种较简便地判断共价分子几何形状的方法，该理论紧紧抓住中心原子价层电子对数这一关键因素，运用分子的几何构型取决于价层电子对数这一假设，成功解释并推测了许多简单分子的几何形状。

价层电子对互斥理论预测 AB_n 型分子空间构型步骤如下：

1. 确定中心原子的价层电子对数　常用的计算方法是，中心原子的价层电子数和配体所提供的共用电子数的总和加上或减去离子所带电荷数除以 2，即为中心原子的价层电子对数。确定中心原子价层电子对数时，遵循如下规则：①作为配体，卤素原子和氢原子提供 1 个电子，氧族元素的原子不提供电子；②作为中心原子，卤素原子按提供 7 个电子计算，氧族元素的原子按提供 6 个电子计算；③对于复杂离子，在计算价层电子对数时，还应加上阴离子的电荷数或减去阳离子的电荷数；④计算价层电子对数时，若剩余 1 个电子，亦当作 1 对电子处理；⑤双键、三键等多重键作为 1 对电子看待。

2. 判断分子的空间构型　根据中心原子的价层电子对数，从表 11-3 中找出相应的价层电子对构型后，根据价层电子对中的孤对电子数，确定电子对的排布方式和分子的空间构型。需要注意的是，中心原子的价层电子对构型是指价层电子对在中心原子周围的空间排布方式，而分子的空间构型是指分子中配位原子的空间排布，不包括孤对电子。当孤对电子数目为 0 时，二者完全一致，存在孤对电子时，分子的空间构型将发生相应的变化。

表 11-3　理想的价层电子对构型和分子构型

价层电子对数	价层电子对构型	孤对电子数	分子类型	分子构型	实　例
2	直线	0	AB_2	直线形	$HgCl_2$
3	平面正三角形	0	AB_3	平面正三角形	BF_3
		1	AB_2	V 形	SO_2

续表

价层电子对数	价层电子对构型	孤对电子数	分子类型	分子构型	实　例
4	正四面体	0	AB_4	正四面体形	CCl_4
		1	AB_3	三角锥形	NH_3
		2	AB_2	V形	H_2O
5	三角双锥	0	AB_5	三角双锥形	PCl_5
		1	AB_4	变形四面体形	SF_4，$TeCl_4$
		2	AB_3	T形	ClF_3
		3	AB_2	直线形	XeF_2
6	正八面体	0	AB_6	正八面体形	SF_6
		1	AB_5	四方锥形	IF_5
		2	AB_4	平面正方形	XeF_4

例如PCl_5分子的空间构型：在PCl_5分子中，P是中心原子，按规定，中心原子P有5个价电子，每个Cl提供1个电子，所以P的价层电子对数为(5+5)/2=5，其排布方式为三角双锥形，由于价层电子对中无孤对电子，所以PCl_5分子构型为三角双锥形。

再如H_2O的空间构型：在H_2O分子中，O是中心原子，按规定，它有6个价电子，与O化合的2个H各提供1个电子，所以O的价层电子对数为(6+2)/2=4，其排布方式为正四面体形，由于价层电子对中有2对孤对电子，配位数为2，所以H_2O分子构型为V形。

例如SO_4^{2-}的空间构型：SO_4^{2-}的负电荷为2，按规定，中心原子S有6个价电子，O原子不提供电子，所以S原子的价层电子对数为(6+2)/2=4，价层电子对构型为正四面体。由于配位原子数也为4，这说明价层电子对中无孤对电子，故SO_4^{2-}应为正四面体构型。

再如HCHO的空间构型：HCHO分子中有1个C═O，看作1对成键电子，2个C—H单键为2对成键电子，C的价层电子对数为3，且无孤对电子，其排布方式为平面正三角形，由于3个配位原子不完全相同，所以HCHO分子构型为平面三角形。

再如HCN的空间构型：HCN分子的结构式为H—C≡N，含有1个C≡N，看作1对成键电子，1个C—H单键为1对成键电子，故C原子的价层电子对数为2，且无孤对电子，所以HCN分子构型为直线形。

第四节　分子轨道理论简介

价键理论着眼于成键原子间最外层轨道中未成对电子在形成化学键时的贡献，成功地解释了共价分子的空间构型，因而得到广泛的应用。但是，有些实验事实是价键理论无法解释的。例如，O_2分子表现出顺磁性，说明O_2中含有单电子，而价键理论认为O原子的2个单电子已经配对成键，O_2中不存在单电子。同样，价键理论无法解释为什么存在氢分子离子(H_2^+)，1个电子并没有配对成键却也能使2个氢原子之间形成化学键，即存在单电子键。1932年美国化学家马利肯(Mulliken)和德国化学家洪特(Hund)提出分子轨道理论(molecular orbital theory)。分子轨道理论更完整地应用量子力学，从深层次揭示了分子的完整结构，从而解释了一些价键理论无法解决的问题。该理论考虑到了分子的整体性，能更好地说明多原子分子的结构，因此在现代价键理论中占有很重要的地位。

Note

一、分子轨道理论的要点

(1) 分子轨道理论把分子作为一个整体来处理，在分子中电子不是属于某个特定的原子的，而是在多电子、多原子核组成的势能场中运动，因此没有明确的“键”的概念。在讨论原子结构时曾用波函数 ψ 来描述电子在原子中的运动状态，并把 ψ 称为原子轨道。同样，也可用 ψ 来描述电子在分子中的运动状态，用 ψ^2 描述电子在分子中空间各处出现的概率密度，并把分子中每个电子的空间运动状态的波函数 ψ 称为分子轨道(molecular orbital)。

分子轨道和原子轨道的主要区别在于：①在原子中，电子的运动只受1个原子核的作用，原子轨道是单核系统；而在分子中，电子在所有原子核势能场的作用下运动，分子轨道是多核系统。②原子轨道的名称用 s、p、d 符号表示，而分子轨道的名称则相应地用 σ、π、δ 符号表示。

(2) 分子轨道可以由分子中原子轨道线性组合(linear combination of atomic orbitals, LCAO)得到。有几个原子轨道进行组合，就形成几个分子轨道，其中有一半分子轨道分别由正、负号相同的两个原子轨道叠加而成，两核间电子的概率密度增大，其能量比原来的原子轨道能量低，有利于成键，称为成键分子轨道(bonding molecular orbital)，如 σ、π 轨道(轴对称轨道)；另一半分子轨道分别由正、负号不同的两个原子轨道叠加而成，两核间电子的概率密度很小，其能量比原来的原子轨道能量高，不利于成键，称为反键分子轨道(antibonding molecular orbital)，如 σ^*、π^* 轨道(镜面对称轨道，反键轨道的符号上常加 * 以便与成键轨道区别)。在组合产生的分子轨道中，成键分子轨道的能量降低，反键分子轨道的能量升高。若组合得到的分子轨道的能量与组合前的原子轨道能量没有明显差别，所产生的分子轨道称作反键分子轨道。

(3) 为了有效地组合成分子轨道，参与组合的原子轨道必须满足以下三条原则。

①对称性匹配原则(symmetry-adapted rule)：只有对称性匹配的原子轨道才能组合形成分子轨道。所谓对称性匹配，可以理解为两个原子轨道以两个原子核连线为轴旋转 180°时，原子轨道的角度分布的正、负号都发生改变或都不发生改变。

原子轨道有 s、p、d 等各种类型，从它们的角度分布函数的几何图形可以看出，它们对于某些对称元素具有不同的空间对称性。对称性是否匹配，取决于两个原子轨道的角度分布图中波瓣的正、负号相对于键轴(设为 x 轴)或相对于含键轴的某一平面的对称性。

进行线性组合的原子轨道 1s 和 1s 分别相对于 x 轴呈圆柱形对称，属于对称性匹配，如图 11-16(a)所示；参加组合的原子轨道 2p 和 2p 分别相对于 xy 平面呈反对称，它们属于对称性匹配，可以组合形成分子轨道，如图 11-16(b)所示；若参加组合的两个原子轨道 2p 和 2p 相对于 xy 平面一个呈对称而另一个呈反对称时，则二者属于对称性不匹配，不能有效组合形成分子轨道，如图 11-16(c)所示。

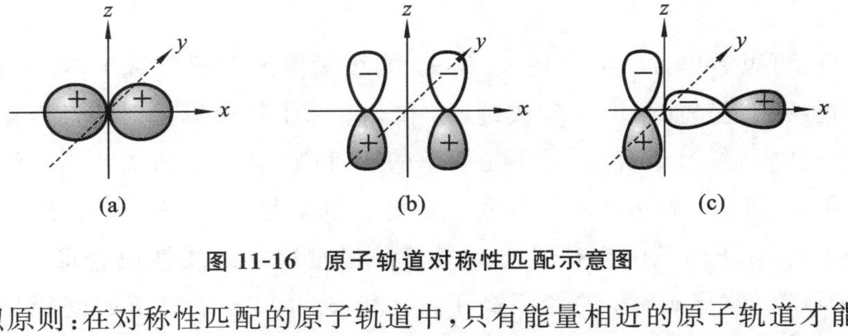

图 11-16 原子轨道对称性匹配示意图

②能量近似原则：在对称性匹配的原子轨道中，只有能量相近的原子轨道才能组合成有效的分子轨道，而且能量越相近越好，组合成的分子轨道也越有效。此原则对于确定两种不同类型的

原子轨道能否有效地组合成分子轨道尤为重要。

③轨道最大重叠原则:能量相近、对称性匹配的两个原子轨道进行线性组合成分子轨道时,应尽可能使原子轨道重叠程度最大,则组合成的分子轨道的能量尽可能降低,所形成的化学键更牢固。

在上述三条原则中,对称性匹配原则是首要的,它决定了原子轨道有无组合成分子轨道的可能性。在符合对称性匹配原则的前提下,能量近似原则和轨道最大重叠原则决定分子轨道组合的效率。

(4) 电子在分子轨道中的排布同样遵循原子轨道电子排布的原则,即能量最低原理、泡利不相容原理和 Hund 规则。具体排布时,应先知道分子轨道的能级顺序。目前这个顺序主要通过分子光谱实验来确定。

(5) 在分子轨道中,用键级表示键的牢固程度。键级定义如下:

$$键级=\frac{1}{2}(成键轨道电子数-反键轨道电子数)$$

键级可以是整数或分数。一般来说,键级越高,键能越大,键就越牢固。键级为零,则表示原子没有结合成分子。

二、分子轨道理论的应用

(一) 同核双原子分子的轨道能级图

把分子中各分子轨道按能量由高到低顺序排列起来就可以得到分子轨道能级图。按照原子 2s 轨道和 2p 轨道能量差的大小,分子轨道的能级顺序大致可以分为两种情况。

以第 2 周期元素的原子生成同核双原子分子为例来说明分子轨道的能级顺序。利用紫外光电子能谱实验或分子轨道理论可以得到第 2 周期同核双原子分子的分子轨道能级,分子轨道能级的高低主要取决于参与线性组合的原子轨道自身的能级。例如,由于 $2p_x$ 轨道的能量比 2s 轨道的能量高,因此 σ_{2p_x} 分子轨道的能级比 σ_{2s} 分子轨道的能级高。影响分子轨道能级高低的另一个因素是原子轨道之间的重叠程度。例如,σ_{2p_x} 分子轨道有较大的轨道重叠,所以 σ_{2p_x} 能级低于 π_{2p_y} 和 π_{2p_z} 的能级。在原子轨道线性组合形成分子轨道时,成键轨道降低的能量等于反键轨道升高的能量,$\sigma_{2p_x}^*$ 能量升高较多,所以 $\sigma_{2p_x}^*$ 的能级高于 $\pi_{2p_y}^*$ 和 $\pi_{2p_z}^*$ 的能级。由能量与对称性相同的原子轨道线性组合产生的同核双原子分子的分子轨道能级顺序为 $\sigma_{1s}<\sigma_{1s}^*<\sigma_{2s}<\sigma_{2s}^*<\sigma_{2p_x}<\pi_{2p_y}=\pi_{2p_z}<\pi_{2p_y}^*=\pi_{2p_z}^*<\sigma_{2p_x}^*$。分子中的电子同样依次排布在能量最低的分子轨道(能量最低原理),每个分子轨道中最多只能容纳 2 个自旋方向相反的电子(泡利不相容原理),电子在简并轨道上排布时保持自旋方向相同(Hund 规则)。如图 11-17(a)所示,O_2 和 F_2 分子符合此能级顺序。

由图 11-17(b)可以看出,N_2 中出现 σ_{2p} 和 π_{2p} 能级颠倒的情况。对于 N_2 来说,它们的 2s 和 $2p_x$ 原子轨道的能级相近。如果沿 x 轴成键,2s 和 $2p_x$ 原子轨道满足对称性匹配原则。因此,当两个 N 的原子轨道进行线性组合时,并不是简单的 2s 和 2s 轨道之间或者 $2p_x$ 和 $2p_x$ 轨道之间形成分子轨道,而在 2s 和 $2p_x$ 轨道之间同样发生重叠。也就是说,σ_{2s} 和 σ_{2s}^* 分子轨道中有 $2p_x$ 轨道的贡献,而 σ_{2p_x} 和 $\sigma_{2p_x}^*$ 分子轨道中含有部分 2s 轨道。经过这样的线性组合形成的 σ_{2p_x} 分子轨道,重叠的电子云密度降低,导致 σ_{2p_x} 的能级高于 π_{2p_y} 和 π_{2p_z},其分子轨道的能级顺序变化为 $\sigma_{1s}<\sigma_{1s}^*<\sigma_{2s}<\sigma_{2s}^*<\pi_{2p_y}=\pi_{2p_z}<\sigma_{2p_x}<\pi_{2p_y}^*=\pi_{2p_z}^*<\sigma_{2p_x}^*$。$Li_2$、$Be_2$、$B_2$、$C_2$ 和 N_2 等分子都符合此能级顺序。

Note

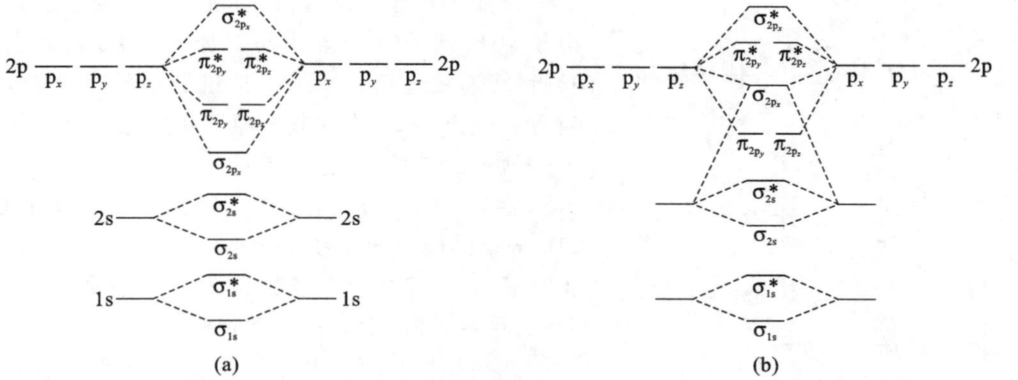

图 11-17 两种同核双原子分子的分子轨道能级

分子轨道中有单电子的分子具有顺磁性，无单电子的则具有反磁性。分子轨道理论能够很好地说明 O_2 分子的顺磁性。O 原子的电子组态为 $1s^2 2s^2 2p^4$，如果按照价键理论考虑，O 原子中有 2 个未成对的 2p 电子，两两配对成键，所以 O_2 分子中没有单电子。但是，磁性实验证明 O_2 是顺磁性物质，而且分子中有 2 个单电子。在 O_2 的分子轨道模型中，2 个 O 原子构成 O_2 后共有 16 个电子，这些电子依次排布在不同能级的分子轨道上。首先填入 σ_{2p_x} 及二重简并的 π_{2p_y} 和 π_{2p_z} 分子轨道，最后 2 个电子满足 Hund 规则，保持自旋平行，分别排布在简并的 $\pi^*_{2p_y}$ 和 $\pi^*_{2p_z}$ 分子轨道上。基态 O_2 分子的电子组态可表示为 $(\sigma_{1s})^2(\sigma^*_{1s})^2(\sigma_{2s})^2(\sigma^*_{2s})^2(\sigma_{2p_x})^2(\pi_{2p_y})^2(\pi_{2p_z})^2(\pi^*_{2p_y})^1(\pi^*_{2p_z})^1$。$O_2$ 的第一电离能 1164 $kJ \cdot mol^{-1}$ 低于 O 的第一电离能 1314 $kJ \cdot mol^{-1}$，这也说明分子中最高能级的电子在反键轨道上。分子轨道理论成功地解释了 O_2 的顺磁性。

分子轨道理论也可以解释为什么惰性气体是单原子分子。He 原子的电子组态为 $1s^2$，两个 He 原子组合成分子时，分子轨道式为 $(\sigma_{1s})^2(\sigma^*_{1s})^2$，键级为 $(2-2)/2=0$。也就是说，成键分子轨道 σ_{1s} 和反键分子轨道 σ^*_{1s} 均填满 2 个电子，成键分子轨道降低的能量与反键分子轨道升高的能量相互抵消，体系总能量没有改变，净成键作用为零，所以 He_2 双原子分子不能稳定存在。

N_2 的分子轨道符合图 10-17(b)给出的能级顺序。分子中的 14 个电子依次填入分子轨道，分子轨道式为 $KK(\sigma_{2s})^2(\sigma^*_{2s})^2(\pi_{2p_y})^2(\pi_{2p_z})^2(\sigma_{2p_x})^2$，其中 KK 是全充满的 K 层的 2 个分子轨道。N_2 分子的键级为 $(8-2)/2=3$，含有三键，因此 N_2 分子很稳定。3 个成键轨道里有一个 σ 键和两个 π 键，这与价键理论的结论相同。

（二）异核双原子分子的轨道能级图

异核双原子分子和同核双原子分子一样，可通过原子轨道的线性组合形成分子轨道。成键原子不同，相对应的原子轨道能量就不同。

对于第 2 周期元素的异核双原子分子或离子，可近似地用第 2 周期的同核双原子分子的方法处理。如 CO 同 N_2、NO 同 O_2；若为不同周期的异核双原子分子，如 HF，其分子轨道能级图和分子轨道电子排布式则不同于同核双原子分子。但不论哪种情况，均遵循原子轨道线性组合成分子轨道的三条原则。

用分子轨道理论处理异核双原子分子时，要注意以下几点。

(1) 异核双原子分子的两个原子的相应原子轨道具有不同的能量，只有对称性匹配且能量相近的原子轨道才能有效地组合成分子轨道。

(2) 异核双原子分子没有对称中心。

(3) 分子轨道理论在解释不同周期的异核双原子分子时，通常很难标注轨道的来源，所以直接按顺序标注为 1σ、2σ、3σ、…、1π、2π、3π 等。

Note

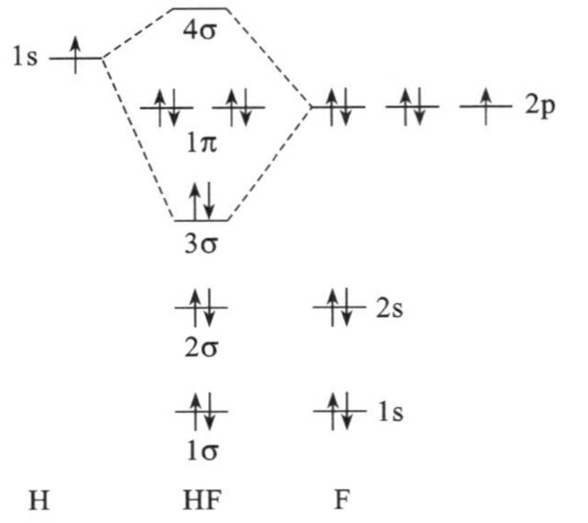

图 11-18 HF 的分子轨道能级及电子排布

例如 HF 分子,根据分子轨道组合的三条原则,HF 分子中 H 原子的 1s 轨道与 F 原子的 2p 轨道能级非常接近,可有效地组合成一个成键分子轨道 3σ 和一个反键分子轨道 4σ,F 中的其余原子轨道几乎全部保留着原原子轨道的性质,尽管在 HF 分子中也叫分子轨道。又因这些轨道不起成键作用,故称之为反键分子轨道。HF 分子的能级图如图 11-18 所示,1σ、2σ 和 1π 均为反键分子轨道,净成键电子数为 2,分子的键级为(2－0)/2＝1,可见,分子中只有一个 σ 键。

某些异核双原子分子与同核双原子分子电子总数相同,在元素周期表中的位置相近,它们的分子轨道、成键电子排布也大致相同,即等电子原理。CO 由 1 个 C 和 1 个 O 组成。基态 C 的电子组态为 $1s^2 2s^2 2p^2$,基态 O 的电子组态为 $1s^2 2s^2 2p^4$。由于 C 的 2s、2p 轨道和 O 的 2s、2p 轨道能量相近,可以组合成 CO 的分子轨道。CO 与 N_2 就属于等电子体系,故 CO 的成键状况也与 N_2 类似。CO 中,C 与 O 的 1s 轨道能量相差大,故 1σ 轨道实际为 O 的 1s 轨道,2σ 轨道为 C 的 1s 轨道,均属于反键分子轨道。因 C、O 的 2s、2p 轨道能量都较接近,故共同组成 3σ、4σ、5σ、6σ 轨道。3σ 轨道成分主要源于 O 的 2s 原子轨道,是弱成键的,4σ 是弱反键的,5σ 是弱成键的,1π 则是 2 个成键的简并轨道,依据电子排布可知,CO 的键级应近似为 3。在 CO 的 6 个成键电子中,O 提供 4 个,而 C 只提供 2 个,相当于由 O 向 C 提供共用电子对,从而抵消了 C 与 O 之间由电负性差引起的极性,故 CO 是一个偶极矩很小的分子,实验测得为 $C^- O^+$。又因最外层的 5σ 上的电荷密度中心极偏向于 C,较金属易于形成端基络合物,可表示为 M←C≡O。

分子轨道理论和价键理论两者都建立在量子力学基础之上,从不同的角度来阐明分子的形成过程,是从不同角度解释共价键形成的两个基本理论。两者都是为反映实际情况而设想的一种模型以及为解释某些实验现象所采取的方法。价键理论强调原子轨道重叠,电子自旋配对,简单易懂。特别是 Pauli 引入杂化轨道的概念,成功地解释了许多分子的键合情况和性质,原子轨道线性组合形成分子轨道,成功地解释了价键理论无法解释的现象。

分子轨道理论和价键理论在某些方面相互渗透。在分子轨道理论中,虽认为构成分子的所有原子的原子轨道都参与组成分子轨道,但在具体处理时,也认为内层电子对成键作用贡献很小,主要考虑的是价电子的成键作用。分子轨道是离域化的,遍及整个分子,但是分子轨道理论也认为在分子轨道上所有电子运动的总结果是两原子核间电子出现的概率密度最大,与价键理论中成键电子对定域在两原子核间的结果一致。需要指出的是,任何理论和方法都必须依靠实验结果去验证和进一步完善。

第五节　分 子 间 力

化学键是原子间强烈的相互作用力,键能为 100～500 kJ·mol^{-1},是决定物质化学性质的主要因素。但是仅仅从化学键还不能说明物质全部的性质及状态,如气体在一定条件下可以凝结为液体,甚至可以凝结成固体,这说明在分子与分子间还存在一种比较弱的相互作用力,即分子间力。分子间力的强度较弱,为化学键键能的 1/100～1/10。分子间力主要影响物质的物理性质,如熔点、沸点、溶解度等。由于分子间力是由荷兰物理学家 van der Waals 在 1873 年提出的,因此也称为范德瓦耳斯力(van der Waals force)。分子间力除了与分子的结构有关外,也与分子的极性有关。

一、分子的极性与分子的极化

根据分子中正、负电荷重心是否重合，分子可分为极性分子和非极性分子。正、负电荷重心重合的分子是非极性分子(nonpolar molecule)，正、负电荷重心不重合的分子是极性分子(polar molecule)。

对于双原子分子，共价键的极性就是分子的极性。如 Cl_2、H_2、O_2、F_2、N_2 等分子都是由非极性共价键形成的非极性分子。HF、HCl、HBr、HI 都是由极性共价键形成的极性分子。

对于多原子分子，分子的极性不仅取决于键的极性，还与分子的空间构型紧密相关。如 CH_4 分子，虽然 C—H 是极性共价键，但是由于 CH_4 分子呈正四面体的空间构型，键的极性刚好相互抵消，因此 CH_4 是由极性共价键形成的非极性分子。CO_2 也是由极性共价键形成的非极性分子。而 H_2O 和 NH_3 都是由极性共价键形成的极性分子，这是由于 V 形的 H_2O 和三角锥形的 NH_3 结构不对称，键的极性不能相互抵消，正、负电荷重心不重合，因此它们是极性分子。对极性分子而言，其极性的大小可用电偶极矩(electric dipole moment)来衡量。分子的电偶极矩简称偶极矩，偶极矩(μ)的定义为

$$\mu = q \cdot d$$

式中，q 为正电荷重心或负电荷重心上的电量；d 为正、负电荷重心之间的距离；μ 的单位为C · m。偶极矩是一个矢量，在化学中一般规定其方向从正电荷重心指向负电荷重心。偶极矩为零的分子是非极性分子；偶极矩越大，分子的极性越大。偶极矩数据由实验给出，表 11-4 列出了部分分子的偶极矩实验值。

表 11-4 部分分子的偶极矩实验值

分　子	$\mu/(\times 10^{-30}$ C · m)	分　子	$\mu/(\times 10^{-30}$ C · m)
H_2	0	HCl	3.44
CO_2	0	H_2S	3.67
CO	0.40	SO_2	5.34
HI	1.27	H_2O	6.17
HBr	2.64	HCN	7.00

非极性分子偶极矩为零，但在外加电场作用下，正、负电荷重心发生位移，分子发生变形，从而产生诱导偶极(induced dipole)；极性分子本身存在一个永久偶极，在外加电场作用下，正、负电荷重心之间的距离进一步增大，分子的偶极矩也随之增大，极性增强。这种在外加电场作用下，使分子变形产生诱导偶极矩或使偶极矩增大的现象称为分子的极化(polarization)。

分子的极化不仅在外加电场的作用下产生，分子间相互作用时也可以产生，这正是分子间存在相互作用的重要因素。

二、范德瓦耳斯力

范德瓦耳斯力来源于分子的极性，本质上也是一种静电作用。按照其产生的原因和特点不同，可以将范德瓦耳斯力分为取向力、诱导力和色散力三种。

(一) 取向力

取向力(orientation force)发生在极性分子之间，是极性分子间的静电引力。当两个具有永

久偶极的分子接近时，一个分子的正极必然与另一个分子的负极相互吸引，分子将发生一定幅度的旋转，趋向按异极相邻的状态排列（图 11-19）。在含有大量极性分子的体系内，由于取向力的存在，所有分子呈现定向排列。

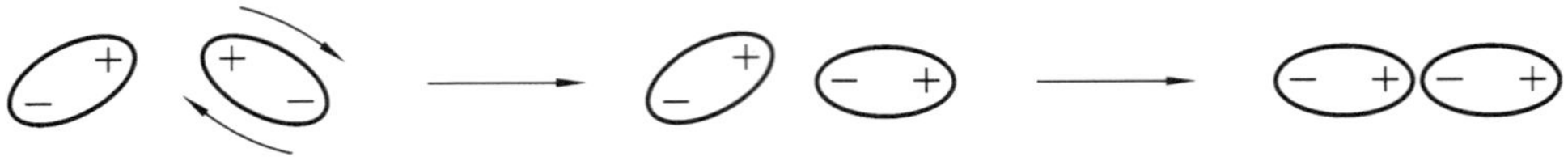

图 11-19　两个极性分子间的相互作用示意图

（二）诱导力

当极性分子与非极性分子靠近时，极性分子的永久偶极所产生的电场，使非极性分子的正、负电荷重心不再重合，产生一个诱导偶极（图 11-20）。极性分子的永久偶极与非极性分子的诱导偶极之间的相互作用力是诱导力。在极性分子之间，由于它们的相互作用，每个分子也会由于变形而产生诱导偶极，使极性分子极性增加，从而使分子间的相互作用力也进一步增强。因此，极性分子之间除存在取向力外还存在着诱导力。

图 11-20　极性分子与非极性分子相互作用示意图

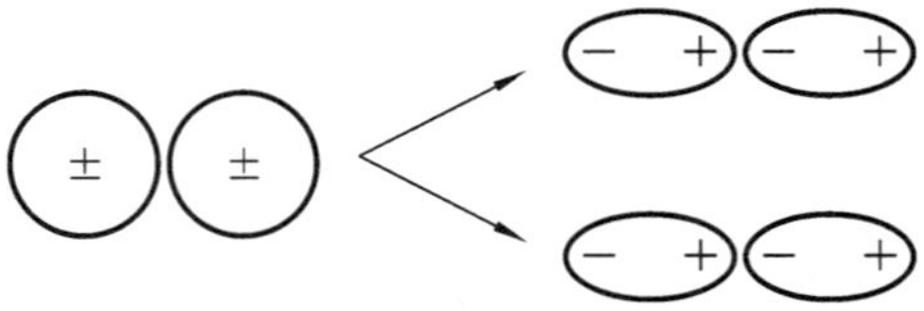

图 11-21　色散力产生示意图

（三）色散力

由于分子内部电子的不断运动与原子核的不断振动，分子的正、负电荷重心在某一瞬间发生相对位移而产生瞬间偶极。瞬间偶极又可以诱使邻近的分子极化，因此，非极性分子之间可以靠瞬间偶极相互吸引产生分子间力，由于从量子力学导出的这种力的理论公式与光的色散公式相似，因此把这种力称为色散力（dispersion force），如图 11-21 所示。因为所有分子都会产生瞬间偶极，所以色散力存在于各种分子之间，并且在范德瓦耳斯力中占有相当大的比重。

综上所述，在非极性分子与非极性分子之间只存在色散力；在极性分子与非极性分子之间，既有诱导力，又有色散力；在极性分子与极性分子之间，存在取向力、诱导力和色散力。

范德瓦耳斯力与物质的理化性质密切相关。例如，分子晶体熔融成液体或液体蒸发成气体，都必须通过加热增加分子的动能来克服范德瓦耳斯力。范德瓦耳斯力越强，物质的熔点、沸点就越高。

溶质在溶剂中的溶解度与范德瓦耳斯力密切相关。例如，稀有气体在溶剂中的溶解，主要依靠溶质与溶剂之间的瞬间偶极相互吸引（即色散力），即使在极性溶剂中，诱导偶极的作用也很小。从 Xe 到 He，原子半径依次减小，分子的变形性也依次减弱，因此，在溶剂中的溶解度也会逐渐减小。

三、氢键

同主族元素，氢化物的熔点和沸点随着相对分子质量的增大而升高，但 HF 的沸点却比 HCl 的沸点高，这说明在 HF 之间除了存在范德瓦耳斯力外，还存在其他的作用力。这就是氢键。NH_3 在氮族氢化物中，H_2O 在氧族氢化物中都有类似情况，而 CH_4 在碳族氢化物中则不然。上述“特殊性”即缘于 H_2O、NH_3、HF 分子间存在着氢键。

Note

(一) 氢键的形成

当 H 与电负性较大且半径较小的 X 原子(如 F、O、N)形成共价键时,共用电子对会强烈地偏向 X 原子,使 H 原子几乎变成裸露的质子,而具有大的正电荷场强。此时,H 原子会与另一个电负性较大且半径较小,含有孤对电子的 Y 原子(如 F、O、N)产生定向吸引作用,形成 X—H…Y 结构,其中 H 和 Y 原子之间形成的静电作用力称为氢键(hydrogen bond)。

氢键的作用力比化学键弱很多,但比范德瓦耳斯力强,一般在 10～40 $kJ \cdot mol^{-1}$ 范围内,氢键的强度与 X 原子和 Y 原子的电负性及半径有关,X、Y 原子的电负性越大,半径越小,形成的氢键越牢固。常见氢键的强弱顺序为

$$F—H\cdots F > O—H\cdots O > N—H\cdots F > N—H\cdots O > N—H\cdots N$$

氢键具有饱和性和方向性。由于 H 较小,一个 H 形成 1 个共价键后,一般只能再形成 1 个氢键,同时为了最大限度减小 X 原子和 Y 原子的静电斥力,X、H、Y 三个原子应尽可能在一条直线上,以便形成稳定的氢键。

氢键形成的条件是,H 与电负性较大且半径较小的原子形成共价键,另外有一个电负性较大、半径较小且含有孤对电子的原子靠近 H,产生静电吸引力。

(二) 氢键的类型

氢键可分为分子间氢键和分子内氢键。HF、$NH_3 \cdot H_2O$ 分子之间形成的是分子间氢键,如图 11-22 所示。硝酸(HNO_3)、邻硝基苯酚($C_6H_4OHNO_2$)则可形成分子内氢键,如图 11-23 所示。分子内氢键不在同一条直线上,但可以生成稳定的环状结构。

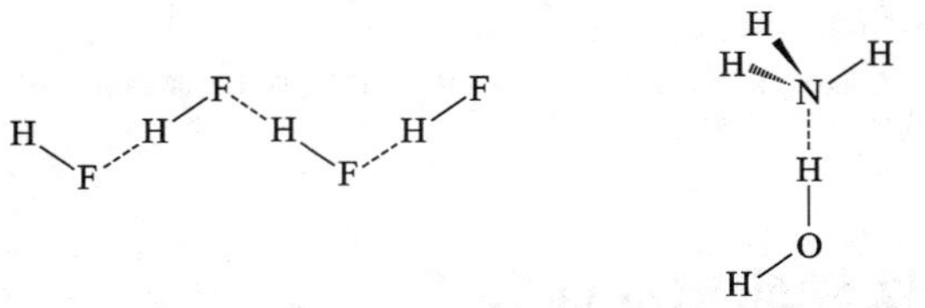

图 11-22 分子间氢键

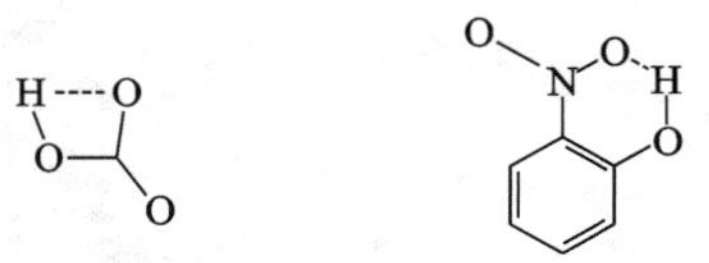

图 11-23 分子内氢键

(三) 氢键对物质性质的影响

尽管氢键比共价键弱得多,但比范德瓦耳斯力强并具有方向性和饱和性,因此会对物质的物理性质产生较大的影响。物质的熔点、沸点、溶解度、密度、黏度等都与氢键的形成相关。

1. 溶解度 绝大部分有机物是不溶于水的,但酒精(乙醇)和甘油(丙三醇)可以与水以任意比例互溶,是由于乙醇和丙三醇可以与水形成分子间氢键。如果溶质分子能够和溶剂分子形成氢键,溶质在溶剂中的溶解度将会增大。

2. 熔点和沸点 若要使固体熔化,液体汽化,则必须克服分子间力。分子间形成氢键后,分子间力增强,其熔、沸点升高。如 HF 的熔、沸点比 HCl 高,H_2O 的熔、沸点比 H_2S 高,都是由于分子间氢键的形成。相反,分子内氢键常使其比同类化合物的熔、沸点更低。例如,存在分子内氢键的邻硝基苯酚的熔点是 318 K,而存在分子间氢键的对硝基苯酚的熔点为 387 K,利用水蒸气蒸馏法可将邻硝基苯酚从两者的混合物中分离出来。

3. 酸性 HF、HCl、HBr、HI 的酸性依次增强,HCl、HBr、HI 均为强酸,HF 为弱酸。这是由于 F 原子电负性大,半径小,对 H 吸引力较强,不容易失去 H^+,所以 HF 酸性较弱。此外,HF 形成分子间氢键,增强了 F 对 H 的束缚,不容易给出 H^+,从而表现出弱酸性。

思政课堂：首次“看到”氢键！

本章小结

- 共价键与分子间力
  - 共价键
    - 现代价键理论
      - 价键理论要点
        - 自旋方向相反单电子的原子轨道波函数发生正向重叠，形成稳定的共价键，每个单键包含一对电子（方向性）
        - 各原子轨道总是尽可能沿着电子出现概率最大的方向重叠成键（方向性）
      - 共价键的类型
        - 按原子轨道重叠方式
          - σ 键：以“头碰头”方式形成的共价键，可沿键轴旋转，较牢固
          - π 键：以“肩并肩”方式形成的共价键，不能自由旋转，容易断裂
        - 按成键原子提供电子形成共用电子对方式
          - 普通共价键
          - 配位共价键：一个原子提供一对电子，另一个原子提供空轨道而成键
      - 键参数
        - 键长
        - 键能
        - 键角
        - 键的极性
    - 杂化轨道理论
      - 杂化轨道理论要点
      - 轨道杂化类型
        - sp^3杂化——甲烷分子形成
        - sp^2杂化化——三氟化硼分子形成
        - sp杂化化——氯化铍分子形成
        - 等性杂化和不等性杂化
    - 价层电子对互斥理论：对于中心原子为主族元素的A_{Bn}型分子，可根据中心原子的价层电子对数和孤对电子数目，确定分子的空间构型
    - 分子轨道理论：原子在形成分子时，必须满足对称性匹配原则、能量近似原则和最大重叠原则。所形成的共价键牢固程度可用键级表示
  - 分子间力
    - 范德瓦耳斯力
      - 取向力
      - 诱导力
      - 色散力
      - 非极性分子与非极性分子之间只存在色散力；极性分子与非极性分子之间，既有诱导力，又有色散力；极性分子与极性分子之间，存在取向力、诱导力和色散力
    - 氢键
      - 氢键的形成和结构特点：X—H…Y（X=F、O、N等电负性大而半径很小的原子）
      - 氢键对物质性质的影响：分子间氢键的形成会使物质（如NH_3、H_2O、HF等）的熔点和沸点明显升高，相反，分子内氢键常使其比同类化合物的熔点和沸点更低

学科发展与医学应用综述题

一款新药的研发从实验室研究到最终上市需要经过漫长的时间和耗费数十亿美元的费用，基于分子结构的药物设计，即结合药物和靶点的结构信息，精确预测药物分子与靶点的交互作用是开发副作用更少、治疗效果更显著的新药的有效方法。请分小组搜集资料，试列举出一些药物-靶点相互作用的实例。

能力检测

扫码看答案

1. 按照原子轨道重叠方式的不同，共价键通常有两种类型，正确的是(　　)。

A. σ 和 π　　B. σ 和 μ　　C. σ 和 ε

D. σ 和 μ　　E. σ 和氢键

2. 下述说法错误的是(　　)。

A. π 键比 σ 键牢固　　B. σ 键是构成分子的骨架，π 键不能单独存在

C. 共价键具有饱和性和方向性　　D. σ 键的形成需要原子轨道“头碰头”重叠

3. 关于 PF_5 分子的极性和键的极性，下列说法正确的是(　　)。

A. 键和分子都是极性的　　B. 键是极性的，分子是非极性的

C. 键和分子都是非极性的　　D. 键是非极性的，分子是极性的

Note

4. 下列分子的中心原子以 sp^2 杂化的是(　　)。

A. C_2H_2　　B. CO_2　　C. C_2H_6　　D. BF_3

5. 下列物质中，分子间仅存在色散力的是（　　）。

A. NH_3　　B. H_2O　　C. HCl　　D. CH_4

6. 用VB法和MO法处理O_2分子结构，其结果是（　　）。

A. 键能不同　　B. 键长不同　　C. 磁性不同　　D. 极性不同

7. DNA分子的两条链之间通过氢键结合。DNA分子复制前首先将双链解开，则DNA分子双链解开的过程可视为（　　）。

A. 化学变化　　B. 物理变化

C. 既有物理变化又有化学变化　　D. 一种特殊的生物变化

8. 试比较和评价用价层电子对互斥理论或杂化轨道理论来确定分子几何构型的优缺点。并用价层电子对互斥理论预测BF_3和NF_3分子的空间构型，再用杂化轨道理论解释各自的空间构型。

9. 温度接近沸点时，乙酸蒸气的实测分子量明显高于用原子量和乙酸化学式计算出来的相对分子质量。为什么？预测一下，乙醛会不会也有这种现象？

10. 元素X和Y与地壳中含量最多的元素位于元素周期表中的同一周期。X的最高正氧化值绝对值与最低负氧化值绝对值相等，它与非金属元素Y形成XY_4。则X、Y分别位于元素周期表中哪一族，是什么元素？XY_4分子的极性如何？

11. 试画出下列各分子的路易斯结构式。

(1) HCl　　(2) F_2　　(3) N_2

(4) CO_2　　(5) CO　　(6) HNO_3

12. 下列每对分子中，哪个分子的极性较强？试简单说明原因。

(1) HCl和HI　　(2) H_2O和H_2S　　(3) NH_3和PH_3

(4) CH_4和SiH_4　　(5) CH_4和$CHCl_3$　　(6) BF_3和NF_3

13. 指出下列各分子中各个C原子的杂化类型。

(1) CH_4　　(2) $CH_2=CH_2$　　(3) $CH\equiv CH$

(4) HCOOH　　(5) HCHO　　(6) C_6H_6

14. 试用杂化轨道理论说明下列分子或离子的中心原子可能采取的杂化类型及分子或离子的空间构型。

(1) PH_3　　(2) BF_3　　(3) NH_4^+

15. 试用价层电子对互斥理论，判断下列分子或离子的空间构型。

(1) CO_3^{2-}　　(2) H_2S　　(3) PCl_5　　(4) SF_4

(5) SF_6　　(6) O_3　　(7) ICl_4^-　　(8) NH_4^+

16. 按沸点由低到高的顺序依次排列下列物质，并说明理由。

(1) H_2, CO, Ne, HF　　(2) CI_4, CF_4, CBr_4, CCl_4

(3) CH_4, NH_3, H_2O, HF　　(4) CH_3OH, C_2H_5OH, CH_3OCH_3

17. 说明下列各组物质中存在哪几种分子间力。

(1) 苯和四氯化碳　　(2) 乙醇和苯　　(3) 乙醇和水　　(4) 液氨

18. 解释以下现象：

(1) 邻羟基苯甲酸的熔、沸点低于对羟基苯甲酸；

(2) NH_3极易溶于水，而CH_4难溶于水。

Note

（彭玉龙）

第十二章　配位化合物

扫码看 PPT

学习目标

素质目标：引入戴安邦的生平和游效曾对配位化学的贡献，培养学生的科技人文情怀，培养科学兴趣，培养学生的创新思维与思辨精神，通过科学家的探究精神和爱国精神，培养学生科学的发展观和社会责任感。

能力目标：通过了解配位化合物的价键理论及配位化合物在医药上的应用，培养学生分析问题、解决问题的能力，培养学生的创新思维。

知识目标：掌握配位化合物的组成和命名，配位化合物的基本概念；配位化合物的价键理论；螯合效应，配位化合物的颜色与 d 电子跃迁的关系，酸碱平衡、沉淀平衡和氧化还原平衡对配位平衡的影响；配位化合物在医药学中的应用。

配位化合物(coordination compound)简称配合物，亦称络合物。它是数量众多、结构复杂、应用极为广泛的一类化合物。1893 年瑞士化学家维尔纳(Werner)在总结前人研究的基础上，提出了研究配合物结构和组成的新理论。近一个世纪以来，配合物理论被不断充实与完善，已形成了独立的分支学科——配位化学。

配位化学在分析科学、功能材料、生物制药和生产实践等领域都具有十分重要的理论意义和实用价值。如血液中的血红蛋白是铁的配合物，它起着运输氧气的作用；植物中的叶绿素是镁的配合物；配合物与医药学的关系也非常密切，人体许多生理和病理过程涉及配合物的作用。许多药物本身就是配合物或者靠在体内形成配合物才能起效。一系列金属配合物具有杀菌、抗病毒和抑制癌细胞的生理作用。因此研究配合物的结构、组成及作用，对了解生命的进程、疾病的发生与治疗等都是非常重要的。

第一节　配位化合物的基本概念

一、配合物的定义

如果在硫酸铜溶液中逐滴加入氨水，边加边摇，开始有淡蓝色碱式硫酸铜($Cu_2(OH)_2SO_4$)沉淀生成，继续加入过量的氨水，蓝色沉淀消失，最终得到深蓝色透明溶液。在此深蓝色透明溶液中加入乙醇，有深蓝色晶体析出，经分析证明该深蓝色晶体为$[Cu(NH_3)_4]SO_4$。

$$CuSO_4 + 4NH_3 \cdot H_2O \rightleftharpoons [Cu(NH_3)_4]SO_4 + 4H_2O$$

Note

将$[Cu(NH_3)_4]SO_4$晶体溶于纯水中，加入少量 NaOH 溶液，既无淡蓝色的 $Cu(OH)_2$ 沉淀生成，也无明显的氨臭，只在加入 $BaCl_2$ 溶液时有白色 $BaSO_4$ 沉淀生成。实验表明，$[Cu(NH_3)_4]SO_4$

溶液中有 SO_4^{2-}，但没有 Cu^{2+} 和 NH_3 的存在。也就是说，在此溶液中除了 SO_4^{2-} 外，还存在由 1 个 Cu^{2+} 和 4 个中性 NH_3 分子以配位键结合而形成的稳定复杂离子 $[Cu(NH_3)_4]^{2+}$：

$$Cu^{2+} + 4NH_3 \rightleftharpoons [Cu(NH_3)_4]^{2+}$$

分析 $[Cu(NH_3)_4]^{2+}$ 的结构可知，每个 NH_3 中的 N 均提供一对孤对电子，进入 Cu^{2+} 外层的空轨道，形成 4 个配位键。这类含有配位键的复杂化合物就是配合物，配合物与简单化合物的本质区别是分子中含有配位键。一个阳离子（或原子）与一定数目的阴离子或中性分子以配位键结合所形成的复杂分子或离子称为配位个体，含有配位个体的化合物称为配合物。例如 $[Ag(NH_3)_2]^+$、$[Cu(NH_3)_4]^{2+}$、$[Fe(CN)_6]^{3-}$ 等是一些简单配合物。它们既不同于简单化合物如 HCl、H_2O、NH_3、$CuSO_4$ 等，也不同于明矾（$KAl(SO_4)_2 \cdot 12H_2O$）、光卤石（$KMgCl_3 \cdot 6H_2O$）等复盐。在简单化合物中，原子间由共价键或离子键相结合；复盐在水溶液中可全部电离成简单离子，例如 $KMgCl_3 \cdot 6H_2O$ 解离成 K^+、Mg^{2+} 和 Cl^- 等；而配合物在溶液中以配位个体的形式存在，很难解离为简单离子。

配位个体可以是带电荷的离子，也可以是中性分子。不带电荷的中性配位个体也称配位分子，配位分子本身就是配合物，如 $[Ni(CO)_4]$、$[Pt(NH_3)_2Cl_2]$。带电荷的配位个体称为配离子，其中带正电荷的配离子称为配阳离子，如 $[Ag(NH_3)_2]^+$；带负电荷的配位个体称为配阴离子，如 $[Fe(CN)_6]^{3-}$。配位分子和含有配离子的化合物统称配合物。

问题与思考 12-1

明矾（$KAl(SO_4)_2 \cdot 12H_2O$）因为含有配位键，所以称为配合物吗？

扫码看答案

二、配合物的组成

（一）内界和外界

配合物在组成上一般包括内界和外界两部分。配位个体是配合物的特征部分，也称为配合物的内界（inner sphere），由中心原子和配体构成，写在化学式的方括号内；配合物中除内界以外的其他离子称为配合物的外界（outer sphere），写在方括号外。配位分子只有内界，没有外界。现以 $[Cu(NH_3)_4]SO_4$ 为例将其组成表示如下：

$[Cu$	$(NH_3)_4]^{2+}$	SO_4^{2-}
中心原子	配体	
内界		外界
配合物		

配合物的内界与外界之间是以离子键结合的，配合物在水溶液中容易电离出外界离子，而内界（配位个体）很难发生电离。

（二）中心原子

中心原子是配合物的核心部分，位于配离子的中心，其特征如下：①具有空的价层电子原子轨道；②能接受孤对电子；③可与配体形成配位键的阳离子或原子。中心原子一般是金属离子，特别是过渡金属离子。另外，少数金属原子和高氧化值的非金属元素的原子也是比较常见的中心原子，如 $[Ag(NH_3)_2]^+$、$[Ni(CO)_4]$、$[SiF_6]^{2-}$ 和 $[BF_4]^-$ 中的 Ag^+、Ni、Si(Ⅳ) 和 B(Ⅲ)。

（三）配体和配位原子

在配位个体中，与中心原子以配位键相结合的离子或分子称为配位体（简称配体，ligand），配体中能提供孤对电子并直接与中心原子相连的原子叫配位原子，例如 $[Ag(NH_3)_2]^+$ 中的 NH_3 是

Note

配体,而 NH_3 中的 N 是配位原子。配位原子的最外电子层中都含有孤对电子,一般常见的配位原子多是电负性较大的非金属元素的原子,如 C、N、O、S、P 和卤素等。

根据配体中配位原子的数目,可将配体分为单齿配体(monodentate ligand)和多齿配体(polydentate ligand)两类。只含有 1 个配位原子的配体称为单齿配体,如 NH_3、H_2O、CO、X^-、CN^- 和 NO_2^- 等;含有 2 个或 2 个以上配位原子的配体称为多齿配体,如 $H_2N—CH_2CH_2—NH_2$(乙二胺,缩写为 en)、EDTA(乙二胺四乙酸,缩写为 H_4Y 或 Y^{4-})等。

与多齿配体不同,有些配体中虽然也含有 2 个或 2 个以上能提供孤对电子的原子,但 1 个配体只能与中心原子形成 1 个配位键,这类配体称为两可配体。如 SCN^- 和 NO_2^- 是常见的两可配体。

常用的配体列于表 12-1。

表 12-1 常用的配体

类型	配位原子	举例
单齿	C	CN^-、CO、C_2H_4、CNR(R 代表烃基)
	N	NH_3、NH_2^-、NO_2^-、NO、NR_3、RNH_2、R_2NH、C_5H_5N、SCN^-
	O	SO_4^{2-}、CO_3^{2-}、$S_2O_3^{2-}$、H_2O、OH^-、ROH、ONO^-、$C_2O_4^{2-}$、$RCOO^-$
	P	PH_3、PR_3、PX_3、PR_2^-
	S	R_2S、RSH、SCN^-(硫氰酸根)
	X	F^-、Cl^-、Br^-、I^-
双齿	N	$H_2N—CH_2—CH_2—NH_2$(乙二胺(en))
	O	$^-OOC—COO^-$(草酸根)、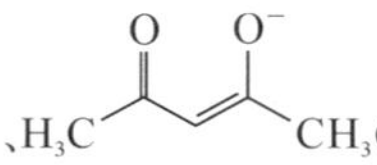(乙酰丙酮基)
	N,O	$H_2N—CH_2—COO^-$(氨基乙酸根)
三齿	N	$H_2N—CH_2—CH_2—NH—CH_2—CH_2—NH_2$(二乙基三胺)
四齿	N,O	$CH_2—COO^-$ N—$CH_2—COO^-$ (氨基三乙酸根) $CH_2—COO^-$
五齿	N,O	$CH_2—COO^-$ $^-OOC—CH_2—NH—CH_2—CH_2—N$ (乙二胺三乙酸根) $CH_2—COO^-$
六齿	N,O	$^-OOC—CH_2$ $CH_2—COO^-$ $N—CH_2—CH_2—N$ (乙二胺四乙酸根(EDTA)) $^-OOC—CH_2$ $CH_2—COO^-$

(四) 配位数

配位个体中直接与中心原子以配位键结合的配位原子的总数称为中心原子的配位数(coordination number)。若配体是单齿配体,则配体的数目与中心原子的配位数相等。例如,$[Ag(NH_3)_2]^+$ 中的配体是 NH_3,NH_3 是单齿配体,则 Ag 的配位数是 2;在 $[Co(H_2O)(NH_3)_5]^{3+}$ 中 Co^{3+} 的配位数是 6。如果配体中有多齿配体,则中心原子的配体数小于配位数。如 $[Pt(en)_2]Cl_2$ 中的配体 en(代表乙二胺)是双齿配体,即每一个 en 有 2 个氮原子同中心原子 Pt^{2+} 配位,因此

Note

Pt^{2+}的配位数是 4 而不是 2。同理，在$[Co(en)_3]Cl_3$中Co^{3+}的配位数是 6 而不是 3。

与元素的化合价一样，原子的配位数也是可变的。配位数的大小主要取决于中心原子和配体的电荷数、体积、电子层构型以及配合物形成时的温度和反应物的浓度。

1. 电荷数 中心原子电荷数的增加和配体电荷数的减少，对于形成配位数较大的配合物都是有利的。中心原子所带电荷数越多，对配体的静电吸引力越强，配位数越大。例如，Ag^+的电荷数小于Ag^{2+}的电荷数，它们与I^-分别形成$[AgI_2]^-$和$[AgI_4]^{2-}$的配离子。而配体所带的电荷数越多，带有相同电荷的配体之间的互相排斥力就越大，不利于配体与中心原子的结合，故配位数越小。例如，不带电荷的中性NH_3分子与Ni^{2+}可以形成配位数为 6 的$[Ni(NH_3)_6]^{2+}$，而带有负电荷的CN^-只能形成配位数为 4 的$[Ni(CN)_4]^{2-}$。

2. 体积 相同电荷的中心原子的半径越大，结合的配体越多，配位数越大。例如，中心离子Al^{3+}和F^-可以形成配位数为 6 的$[AlF_6]^{3-}$，而半径小的中心原子B^{3+}就只能形成配位数为 4 的$[BF_4]^-$。对于相同的中心原子，配体的半径越小，配位数越大。如Al^{3+}与半径较大的Cl^-配合时，就只能形成配位数为 4 的$[AlCl_4]^-$，如图 12-1 所示。

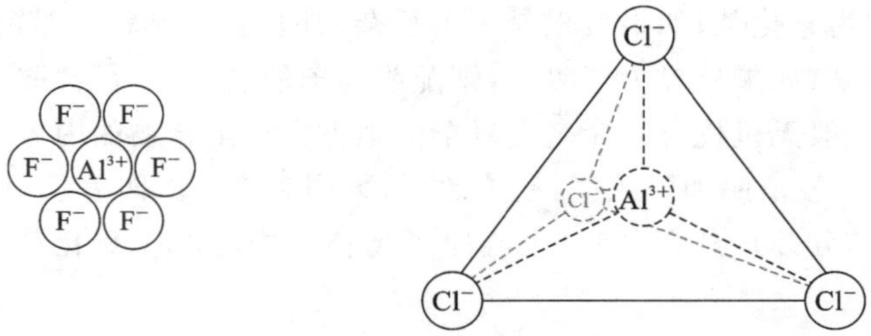

图 12-1 配体体积与配位数的关系

3. 中心原子的电子层构型 第 2 周期元素的价电子层轨道为 2s 和 2p，其中 2s 轨道可以容纳 1 对电子，2p 轨道可以容纳 3 对电子，所以 2s 和 2p 轨道一起最多可以容纳 4 对电子，其配位数最大为 4。例如，$[BeCl_4]^-$和$[BF_4]^-$。第 3 周期和第 3 周期以后的元素，价电子轨道为$(n-1)d$、ns、np、nd，其配位数为 4 和 6，最高可达 12。

在配合物中，中心原子的配位数常常是其元素电荷数的 2～3 倍。一般中心原子的配位数以 2、4、6 较为常见。现将常见金属阳离子的配位数列于表 12-2 中。

表 12-2 常见金属阳离子的配位数

金属离子	电荷数	配位数	实例
Ag^+、Cu^+、Au^+	+1	2	$[Ag(NH_3)_2]^+$、$[Cu(CN)_2]^-$
Pt^{2+}、Cu^{2+}、Zn^{2+}、Hg^{2+}、Ni^{2+}、Pb^{2+}	+2	4	$[Pt(NH_3)_2Cl_2]$、$[Cu(NH_3)_4]^{2+}$、$[Zn(CN)_4]^{2-}$
Fe^{3+}、Fe^{2+}、Co^{3+}、Co^{2+}、Pt^{4+}、Ni^{2+}、Cr^{3+}、Al^{3+}	+2、+3 或+4	6	$[Fe(CN)_6]^{3-}$、$[Fe(CN)_6]^{4-}$、$[PtCl_6]^{2-}$、$[Cr(NH_3)_4Cl_2]^+$

（五）配离子的电荷数

配离子的电荷数等于中心原子和配体电荷数的代数和。已知中心原子的电荷数（或氧化值）及配位数，就可以推算出配离子的电荷数和配合物的化学式。例如，配离子$[Zn(CN)_4]^{2-}$的电荷数是$(+2)+(-1)\times4=-2$；$[Cr(NH_3)_4Cl_2]^+$的电荷数是$(+3)+4\times0+2\times(-1)=+1$。同理，根据配合物或配离子的化学式，也可推算出中心原子的电荷数（或氧化值）。例如，在$[Cu(NH_3)_4]^{2+}$中，铜的氧化值为$(+2)-4\times0=+2$；$[Fe(CN)_6]^{3-}$中铁的氧化值为$(-3)-6\times(-1)=+3$。

Note

另外,由于配合物是电中性的,因此也可根据外界离子的电荷数来确定配离子的电荷数,它们的数值互为相反数。例如,$K_3[Fe(CN)_6]$和$K_4[Fe(CN)_6]$中配离子的电荷数分别为−3和−4。

扫码看答案

问题与思考 12-2

配合物均含有内界和外界吗?

扫码看答案

问题与思考 12-3

为什么$[Cu(en)_2]^{2+}$的配位数为4而不为2?

三、配合物的命名

1. 遵循无机化合物命名原则 配合物的命名遵循一般无机化合物的命名原则。如果外界是一个简单阴离子,则称为某化某;如果酸根是一个复杂的阴离子,则称为某酸某;如果外界是氢氧根离子,则称为氢氧化某;如果外界为氢离子,则配阴离子的名称之后用"酸"字结尾。

配合物的命名比一般无机化合物命名更复杂的地方在于配合物的内界。

2. 内界的命名 一般依照如下顺序:配体数(倍数词头二、三、四表示)→配体名称(不同配体名称之间以中圆点"·"分开)→"合"字→中心原子名称→中心原子氧化值(加圆括号,用罗马数字注明)。例如:

$[Co(NH_3)_6]Cl_3$　三氯化六氨合钴(Ⅲ)

$[Cu(NH_3)_4]SO_4$　硫酸四氨合铜(Ⅱ)

$[Ag(NH_3)_2]OH$　氢氧化二氨合银(Ⅰ)

$H_2[PtCl_6]$　六氯合铂(Ⅳ)酸

$K_4[Fe(CN)_6]$　六氰合铁(Ⅱ)酸钾

$[Co(NH_3)_6]^{3+}$　六氨合钴(Ⅲ)配阳离子

对于比较复杂的配体,倍数词头所标的配体名称应写在括号内,读时在配体后加"合"字。如:$[Cu(en)_2]^{2+}$命名为二(乙二胺)合铜(Ⅱ)配离子。

3. 不同配体的命名顺序 配位个体中的配体不止一种,在命名时不同配体列出的先后顺序遵循下列原则。

(1) 在配体中如既有无机配体又有有机配体,无机配体排在前,有机配体排在后。如:$[CoCl_2(en)_2]^+$命名为二氯二(乙二胺)合钴(Ⅲ)配离子。

(2) 在有多种无机配体或有机配体时,先列出阴离子配体的名称,后列出中性分子配体。如:$[Co(NH_3)_2(en)(NO_2)CN]NO_3$命名为硝酸氰·硝基·二氨·乙二胺合钴(Ⅲ)。

(3) 若都为同类配体,按配位原子元素符号的英文字母顺序排列。如:$[Co(NH_3)_5(H_2O)]Cl_3$命名为三氯化五氨·水合钴(Ⅲ)。

(4) 同类配体中,若配位原子相同,则将含较少原子数的配体排在前面,含较多原子数的配体排在后面。如:$[PtNO_2NH_3NH_2OH(Py)]Cl$命名为氯化硝基·氨·羟氨·吡啶合铂(Ⅱ)。

(5) 同类配体中若配位原子相同,配体中含配位原子的数目也相同,则按在结构式中与配位原子相连的原子的元素符号的英文字母顺序排列。如:$[Pt(NH_3)_2NH_2NO_2]$命名为氨基·硝基·二氨合铂(Ⅱ)。

Note

两可配体的不同配位原子也可以用不同的名称来表示,如"硫氰酸根"表示SCN^-,S为配位原子,"异硫氰酸根"表示NCS^-,N为配位原子;"亚硝酸根"表示ONO^-,O为配位原子,"硝基"

表示—NO_2，N 为配位原子。若配位原子尚不清楚，则应当用"硫氰酸根""亚硝酸根"。如：$[Co(ONO)(NH_3)_5]SO_4$命名为硫酸亚硝酸根·五氨合钴(Ⅲ)。

对于一些常见的配合物，通常用习惯上的简单叫法。如$[Ag(NH_3)_2]^+$为银氨配离子，$[Cu(NH_3)_4]^{2+}$为铜氨配离子，$K_3[Fe(CN)_6]$为铁氰化钾，$K_4[Fe(CN)_6]$为亚铁氰化钾，H_2SiF_6为氟硅酸等。

第二节　配位化合物的化学键理论

配合物之所以显示出独特的性质，与中心原子和配位原子之间的特殊结合方式密切相关。1893 年，瑞士年仅 26 岁的化学家维尔纳(Werner)首先提出了配位理论，他被称为配位化学的奠基人，并因此获得诺贝尔化学奖。目前配合物的化学键理论主要有四种，即价键理论、晶体场理论、配位场理论和分子轨道理论。本章主要讨论价键理论和晶体场理论。

一、配合物的价键理论

(一) 配合物价健理论的要点

1931 年鲍林(Pauling)将杂化轨道理论应用于说明配合物中的化学键，创立了配合物的价键理论(valence bond theory)。价键理论的核心是中心原子空轨道进行杂化，配体的配位原子提供电子进入杂化轨道，形成配位键。配合物价键理论的主要内容如下。

(1) 在配位个体中，中心原子与配位原于通过杂化了的共价配位键相结合。

(2) 为了形成配位键，配体的配位原子必须含有至少一对未成键的孤对电子，中心原子必须有空的价电子轨道，以接受配位原子提供的孤对电子。

(3) 在形成配合物时，为了提高成键能力，中心原子所提供的空轨道首先进行杂化，形成数目相等、能量相同、具有一定伸展方向的杂化轨道。每一个空的杂化轨道与配位原子的含有孤对电子的原子轨道在一定方向上相互靠近，发生最大限度重叠，形成配位键。

(4) 配合物的空间构型、中心原子的配位数及配位个体的稳定性等主要取决于中心原子所提供的杂化轨道的数目和采用的杂化轨道类型。表 12-3 中列出了常见配合物中心原子的杂化轨道类型及空间构型。

表 12-3　常见配合物中心原子的杂化轨道类型及空间构型

配位数	杂化轨道类型	空间构型	实例
2	sp	直线形	$[Ag(NH_3)_2]^+$、$[Ag(S_2O_3)_2]^{3-}$、$[Cu(NH_3)_2]^+$、$[Cu(CN)_2]^-$
3	sp^2	平面三角形	$[AgCl_3]^{2-}$、$[HgI_3]^-$、$[CuCl_3]^{2-}$
4	sp^3	正四面体形	$[Zn(NH_3)_4]^{2+}$、$[Ni(NH_3)_4]^{2+}$、$[Ni(CO)_4]$、$[BF_4]^-$
4	dsp^2	平面正方形	$[PtCl_4]^{2-}$、$[Ni(CN)_4]^{2-}$、$[Cu(NH_3)_4]^{2+}$
6	sp^3d^2	正八面体形	$[FeF_6]^{3-}$、$[Fe(H_2O)_6]^{2+}$、$[Ni(NH_3)_6]^{2+}$
6	d^2sp^3	正八面体形	$[Fe(CN)_6]^{3-}$、$[Co(CN)_6]^{3-}$

(二) 外轨配合物和内轨配合物

根据配合物中心原子杂化时所提供空轨道所属电子层的不同，配合物分为外轨配合物和内轨配合物。

1. 外轨配合物　中心原子全部采用最外层空轨道(如 ns、np、nd)参与杂化成键，形成的配合

Note

物称为外轨配合物(outer orbital coordination compound)。中心原子采取 sp 杂化、sp^3 杂化和 sp^3d^2 杂化,与配位原子以配位键结合生成配位数为 2、4、6 的配合物,都是外轨配合物。

例如,外轨配离子$[Fe(H_2O)_6]^{2+}$,基态 Fe^{2+} 的电子组态是$[Ar]3d^6$,3d 能级上有 6 个电子(用"↑"表示),排布在 5 个 d 轨道中:

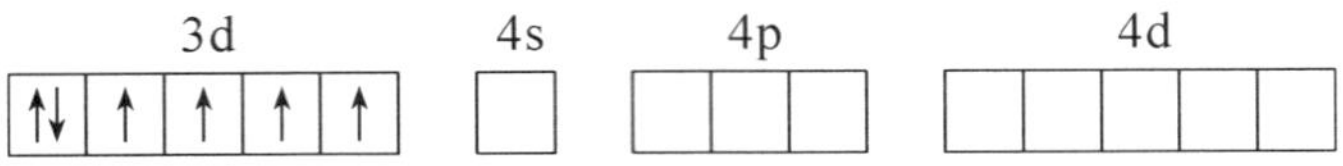

当 Fe^{2+} 与 H_2O 接近时,在 H_2O 的影响下,Fe^{2+} 用 1 个 4s 空轨道、3 个 4p 空轨道和 2 个 4d 空轨道进行 sp^3d^2 杂化,形成 6 个能量相等的 sp^3d^2 杂化轨道。6 个 H_2O 分子中的配位原子 O 提供的 6 对孤对电子进入 Fe^{2+} 的 6 个 sp^3d^2 杂化轨道形成 6 个配位键,从而形成$[Fe(H_2O)_6]^{2+}$。

$[Fe(H_2O)_6]^{2+}$的结构如下("·"表示配位原子的孤对电子):

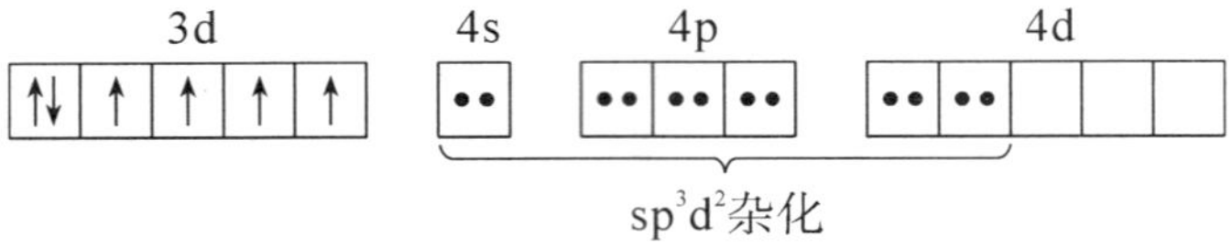

由于中心原于参与成键的全部是最外层空轨道,因此所形成的$[Fe(H_2O)_6]^{2+}$为外轨配离子。

2. 内轨配合物 中心原子用次外层部分$(n-1)$d 空轨道,与最外层 ns、np 轨道进行杂化成键,形成的配合物称为内轨配合物(inner orbital coordination compound)。如中心原子采用 dsp^2 杂化和 d^2sp^3 杂化,与配体键合生成配位数为 4 和 6 的配合物,是内轨配合物。例如,$[Fe(CN)_6]^{4-}$形成内轨配合物时,当 Fe^{2+} 与 CN^- 接近时,在 CN^- 的影响下,Fe^{2+} 的 6 个 3d 电子进行重排,偶合成对,占据 3 个 d 轨道,空出的 2 个$(n-1)$d 轨道与 1 个 ns 空轨道、3 个 np 空轨道进行 d^2sp^3 杂化,形成 6 个能量相等的 d^2sp^3 杂化轨道,6 个 CN^- 的孤对电子分别进入这 6 个杂化轨道,形成 6 个配位键,故形成了$[Fe(CN)_6]^{4-}$。$[Fe(CN)_6]^{4-}$的结构如下:

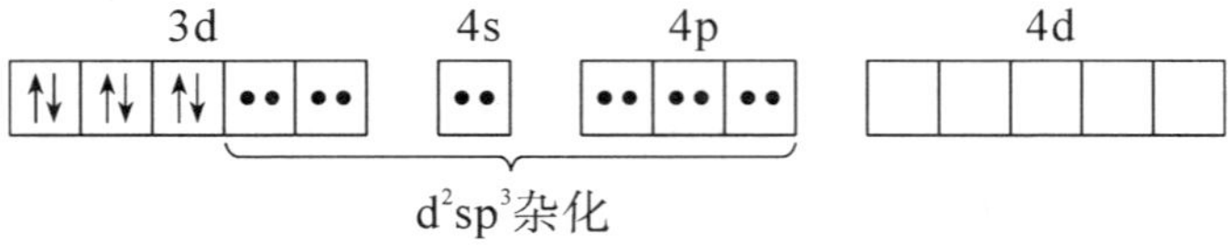

由于内轨配合物中的次外层 d 轨道参与杂化成键,能量相对较低,所以通常同一中心原子所形成的内轨配合物比外轨配合物要稳定。

中心原子与配体成键时,什么情况下生成内轨配合物?什么情况下生成外轨配合物?这主要取决于中心原子的电子构型、配位原子的电负性大小和离子的电荷数。

(1) d^{10}电子构型的离子,如第ⅠB 族的+1 价离子、第ⅡB 族的+2 价离子,中心原子的$(n-1)$d 轨道全充满,没有可利用的$(n-1)$d 空轨道,只能形成外轨配合物。$[Zn(NH_3)_4]^{2+}$、$[Zn(CN)_4]^{2-}$、$[Ag(CN)_2]^-$、$[HgCl_4]^{2-}$等都是外轨配离子。

(2) 当中心原子$(n-1)$d 轨道的电子数为 1~3 时,至少有 2 个$(n-1)$d 空轨道,所以易形成内轨配合物。如 Cr^{3+} 和 Ti^{3+} 分别有 3 个和 1 个 3d 电子,所以形成的$[Cr(H_2O)_6]^{3+}$和$[Ti(H_2O)_6]^{3+}$都是内轨配离子。

(3) 当中心原子$(n-1)$d 轨道的电子数为 4~8 时,既可能形成内轨配合物,也可能形成外轨配合物,形成哪种配合物由配体的性质决定。配位原子的电负性是决定配合物类型的主要因素。一般来说,电负性大的配位原子(如 F、O 等)与中心原子配位时,不易给出孤对电子,中心原子与配体之间成键的电子云靠近配位原子一方,有利于以中心原子的最外层 d 轨道与配体成键,因此常形成外轨配合物。如$[Fe(H_2O)_6]^{2+}$是外轨配离子。电负性较小的配位原子(如P、As等)容易给出孤对电子,对中心原子$(n-1)$d轨道上的电子影响较大,使中心原子d电子发生重排,空出$(n-1)$d轨道形成内轨配合物。而N、Cl等配位原子有时生成外轨配合物,有时生成内轨配合物。

(4) 中心原子电荷数增加,有利于形成内轨配合物。例如$[Co(NH_3)_6]^{2+}$为外轨配合物,而$[Co(NH_3)_6]^{3+}$为内轨配合物。

(三) 配合物的磁矩

根据磁学理论,配合物中如有一个或多个未成对电子,每个电子相当于一个小磁体,在外磁场作用下,其磁性随外磁场加强而增强,它的磁化方向与外磁场方向一致,表现为顺磁性,未成对电子越多,磁矩就越大。如果配合物中电子都已成对,产生闭合磁场,在外磁场作用下,出现诱导磁场,其方向与外磁场方向相反,因此具有反磁性。

形成配合物后,中心原子内层$(n-1)$d轨道中未成对的电子数可能发生变化,因此顺磁性也随之发生变化。可通过测定配合物的磁矩(μ),按下列经验公式计算出配合物中心原子的未成对电子数(N):

$$\mu \approx \sqrt{N(N+2)}\mu_B \tag{12-1}$$

式中,$\mu_B = 9.27 \times 10^{-24}\ A \cdot m^2$,为玻尔磁子。表12-4列出了未成对电子数为0～5时配位个体的磁矩理论值。

表12-4 未成对电子数为0～5时配位个体的磁矩理论值

N	0	1	2	3	4	5
$\mu/(\times\mu_B)$	0.00	1.73	2.83	3.87	4.90	5.92

因此测定配合物的磁矩,可确定中心原子的未成对电子数N,若N与中心原子基态的未成对电子数相同,则为外轨配合物,不同则为内轨配合物。例如$[FeF_6]^{3-}$,实验测得磁矩为$5.90\mu_B$,与根据上式$N=5$时所计算出的磁矩理论值$5.92\mu_B$接近,由此可推知$[FeF_6]^{3-}$应有5个未成对电子,与Fe^{3+}的电子构型相同,所以它是以sp^3d^2杂化轨道与F^-形成外轨配合物。又如$[Fe(CN)_6]^{3-}$,实测磁矩为$2.0\mu_B$,与$N=1$时所计算出的磁矩理论值$1.73\mu_B$接近,有1个未成对电子,与Fe^{3+}的电子构型不同,表明在成键过程中未成对的d电子数由原来的5个减少到1个,它以d^2sp^3杂化轨道与CN^-形成了内轨配合物。上述结果也说明了同一中心原子外轨配合物磁矩较大,内轨配合物磁矩较小。

综上所述,价键理论成功地解释了形成配合物时中心原子的配位数、配合物的空间构型,并且可较好地解释配合物的磁性和化学稳定性,但价键理论毕竟是一个定性的理论,不能定量或半定量地说明配合物的性质。由于它只能反映配合物基态的情况,因此在解释与激发态有关的配合物的颜色等性质时遇到了困难,无法做出满意的解释。

二、配合物的晶体场理论

晶体场理论(crystal-field theory)是由皮塞于1929年首先提出的,直到20世纪50年代,人们利用晶体场理论成功地解释了金属配合物的吸收光谱,此理论才得到迅速发展。

(一) 晶体场理论的基本要点

(1) 中心原子是带正电的点电荷,配体(阴离子或中性分子)是带负电的点电荷,它们之间靠静电作用结合在一起。

(2) 在配体所形成的负电场的作用下,中心原子原来能量相同的5个简并d轨道能级发生分裂,有些d轨道能量升高,有些d轨道能量降低。

(3) 由于d轨道能级发生分裂,中心原子d轨道上的电子进行重新排布,所以系统的总能量

Note

降低,配合物更加稳定。

(二) 中心原子的 d 轨道在正八面体场中的能级分裂

中心原子的配位数为 6 的正八面体场中,6 个配体位于正八面体的 6 个顶点,如图 12-2 所示。

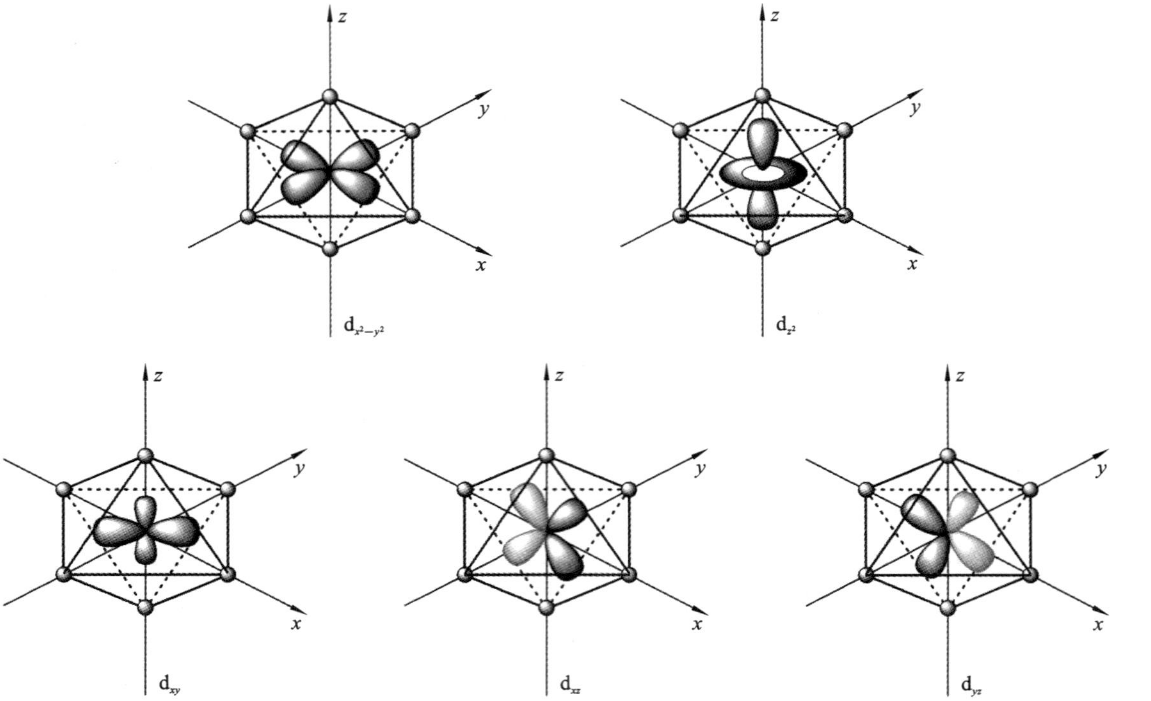

图 12-2 正八面体场中的 d 轨道和配体的相对位置

中心原子的 5 个简并 d 轨道的空间取向不同,所以在正八面体场中,中心原子 d 轨道的能级分裂成两组:一组为高能量的 $d_{x^2-y^2}$ 和 d_{z^2},二重简并轨道,称为 d_γ 能级;另一组为低能量的 d_{xy}、d_{xz} 和 d_{yz} 三重简并轨道,称为 d_ε 能级。中心原子的 5 个简并 d 轨道的能量在正八面体场中的变化如图 12-3 所示。

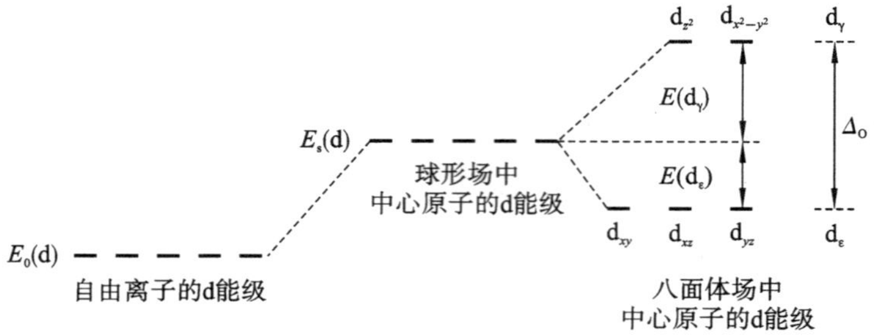

图 12-3 中心原子 d 轨道在正八面体场中的能级分裂

(三) 分裂能及其影响因素

在正八面体场中,中心原子 d 轨道能级分裂后的高能量轨道与低能量轨道之间的能量差称为晶体场分裂能,用符号 Δ_O 表示。电子在分裂后的 d 轨道中的排布不仅遵循多电子排布的三原则(能量最低原理、泡利不相容原理和 Hund 规则),还需考虑 d 轨道分裂能 Δ_O 和电子成对能 P 的高低,电子按能量最低的形式进行排布。电子的成对能 P 是电子克服与原有电子自旋配对而产生的排斥作用所需的能量。

Note

在正八面体场中，如果晶体场分裂能较小，即 $\Delta_O < P$，则电子排斥作用阻止电子自旋配对，使电子进入能级较高的能量轨道；这种电子排布方式往往具有较多的单电子，形成高自旋配合物。反之，如果晶体场分裂能较大，即 $\Delta_O > P$，电子进入低能量轨道；这种电子排布往往形成低自旋配合物。

分裂能的大小不仅与中心原子的半径、电荷、所处的周期有关，还与配体有关。

（四）晶体场理论的应用：配离子的颜色

中心原子的最外层有 1～9 个 d 电子的金属离子，所生成的配离子一般是有颜色的，可以应用晶体场理论解释配离子的不同颜色。配离子的中心原子的 d 轨道没有充满，电子吸收光产生 d-d 跃迁，d-d 跃迁所需的能量（晶体场分裂能）一般为 1～3 eV，相当于可见光的能量。所以配离子所显示的颜色是 d-d 跃迁的能量正好为可见光中某波长的光，吸收该波长的光而显示出的该光的互补色，不同的配离子晶体场分裂能不同，从而吸收不同可见光区的光而呈现不同的颜色。如 $[Cu(NH_3)_4]^{2+}$ 主要吸收可见光区的黄绿色光，从而显示互补色——蓝色。如果中心原子的外层没有 d 电子或有 10 个 d 电子，则不能产生 d-d 跃迁，所以配离子是无色的。

由此可见，配离子要呈现不同的颜色，应该具备以下条件。

(1) 中心原子的外层 d 轨道未充满。

(2) 该配离子的晶体场分裂能大小在可见光区的能量范围之内。

第三节 配位平衡

实验证明，中心原子与配体形成配位个体的反应为可逆反应，最终会达到化学平衡。这种在水溶液中存在的配位个体生成与解离间的平衡称为配位平衡（coordination equilibrium）。

一、配位平衡常数

在 $CuSO_4$ 溶液中加入过量氨水生成深蓝色的配离子 $[Cu(NH_3)_4]^{2+}$，称为配位反应；同时，极少部分 $[Cu(NH_3)_4]^{2+}$ 在溶液中可逆向生成 Cu^{2+} 和 NH_3，称为解离反应。当 $[Cu(NH_3)_4]^{2+}$ 的生成速率等于其解离速率时，则在溶液中建立了如下配位平衡：

$$Cu^{2+} + 4NH_3 \rightleftharpoons [Cu(NH_3)_4]^{2+}$$

上述可逆反应的平衡常数表达式为

$$K_s = \frac{[[Cu(NH_3)_4]^{2+}]}{[Cu]^{2+}[NH_3]^4}$$

式中，K_s 为 $[Cu(NH_3)_4]^{2+}$ 的稳定常数。

对于配位数相同的配离子，稳定常数的大小直接反映了配离子稳定性的大小。K_s 越大，表示生成配离子的倾向越大，配离子解离得越少，配离子的稳定性也越大。根据 K_s 的数值可以直接比较相同类型（配位数相同）配离子的稳定性。如 $[Ag(CN)_2]^-$ 的 K_s 为 2.48×10^{20}，$[Ag(NH_3)_2]^+$ 的 K_s 为 1.67×10^7，可见在水溶液中 $[Ag(CN)_2]^-$ 远比 $[Ag(NH_3)_2]^+$ 稳定。当两种配离子浓度相同时，K_s 大的 $[Ag(CN)_2]^-$ 溶液中游离的 Ag^+ 浓度小。

配离子的稳定性除了用 K_s 表示以外，还可以用不稳定常数 K_{is} 表示。

例如，$[Cu(NH_3)_4]^{2+}$ 的解离反应方程式表示为

$$[Cu(NH_3)_4]^{2+} \rightleftharpoons Cu^{2+} + 4NH_3$$

其平衡常数表达式为

Note

$$K_{is}=\frac{[Cu]^{2+}[NH_3]^4}{[[Cu(NH_3)_4]^{2+}]}$$

式中,K_{is}称为配离子的不稳定常数。

配离子的不稳定常数 K_{is}越大,解离达到平衡时中心原子和配体的浓度越大,配离子越容易解离,其稳定性就越小。稳定常数 K_s 和不稳定常数 K_{is}之间存在如下关系:

$$K_s=\frac{1}{K_{is}}$$

在溶液中配离子的生成实际上是分步进行的。因此,溶液中存在一系列的配位平衡,每一步平衡都有一个稳定常数,称为逐级稳定常数(分步稳定常数)。例如:

$$Cu^{2+}+NH_3 \rightleftharpoons [Cu(NH_3)]^{2+}$$

$$K_{s_1}=\frac{[[Cu(NH_3)]^{2+}]}{[Cu^{2+}][NH_3]}=1.41\times10^4$$

$$[Cu(NH_3)]^{2+}+NH_3 \rightleftharpoons [Cu(NH_3)_2]^{2+}$$

$$K_{s_2}=\frac{[[Cu(NH_3)_2]^{2+}]}{[[Cu(NH_3)]^{2+}][NH_3]}=3.17\times10^3$$

$$[Cu(NH_3)_2]^{2+}+NH_3 \rightleftharpoons [Cu(NH_3)_3]^{2+}$$

$$K_{s_3}=\frac{[[Cu(NH_3)_3]^{2+}]}{[[Cu(NH_3)_2]^{2+}][NH_3]}=7.76\times10^2$$

$$[Cu(NH_3)_3]^{2+}+NH_3 \rightleftharpoons [Cu(NH_3)_4]^{2+}$$

$$K_{s_4}=\frac{[[Cu(NH_3)_4]^{2+}]}{[[Cu(NH_3)_3]^{2+}][NH_3]}=1.39\times10^2$$

由此可见,Cu^{2+} 和 NH_3 反应生成$[Cu(NH_3)_4]^{2+}$是分四步进行的。K_{s_1}、K_{s_2}、K_{s_3}、K_{s_4}是配离子的逐级稳定常数。一般情况下,配离子的逐级稳定常数逐级减小,这是由配体之间存在排斥作用和空间位阻作用造成的。配离子的逐级稳定常数的乘积等于该配离子的稳定常数(积累稳定常数)K_s。

$$K_{s_1}\cdot K_{s_2}\cdot K_{s_3}\cdot K_{s_4}=K_s$$

K_s 的大小与配位个体的本性、温度有关,与浓度无关。利用 K_s 可以计算出配离子溶液中有关离子的平衡浓度。

【例 12-1】 计算 NH_3 的浓度为 1.0 mol·L^{-1}的 0.10 mol·L^{-1}$[Ag(NH_3)_2]^+$溶液中 Ag^+ 的浓度。

解:查表得 $K_s=1.12\times10^7$,Ag^+ 与 NH_3 反应生成$[Ag(NH_3)_2]^+$的配位反应方程式为

$$Ag^++2NH_3 \rightleftharpoons [Ag(NH_3)_2]^+$$

$[Ag(NH_3)_2]^+$的稳定常数表达式为

$$K_s=\frac{[[Ag(NH_3)_2]^+]}{[Ag^+][NH_3]^2}$$

代入数据得

$$1.12\times10^7=\frac{0.10}{[Ag^+]\times1.0^2}$$

解得溶液中 Ag^+ 浓度为$[Ag^+]=8.93\times10^{-9}$ mol·L^{-1}。

二、配位平衡的移动

Note

配位平衡是一个动态平衡,通过改变外界条件,可使平衡发生移动,从而改变配离子的稳定性。

（一）溶液 pH 的影响

从酸碱质子理论的角度来看，很多配体是碱。当溶液的 pH 减小时，配体可以接受溶液中的质子(H^+)生成对应的共轭酸，造成配位平衡与酸碱平衡的相互竞争，从而使配位平衡发生移动，导致配离子解离。如：

$$\begin{array}{c} Ag^+ + 2NH_3 \rightleftharpoons [Ag(NH_3)_2]^+ \\ + \\ 2H^+ \\ \big\Updownarrow \\ 2NH_4^+ \end{array}$$

增大溶液的$[H^+]$，使配位平衡发生移动，导致配离子解离的作用称为酸效应(acid effect)。溶液的 pH 越小，越容易使配离子解离，酸效应越明显。

配合物的中心原子多为过渡金属离子，在水溶液中能发生不同程度的水解作用。当溶液中的 pH 增大时，中心原子可以与溶液中的 OH^- 结合生成难溶的电解质，使配位平衡发生移动，导致配离子解离。如：

$$\begin{array}{c} [FeF_6]^- \rightleftharpoons Fe^{3+} + 6F^- \\ + \\ 3OH^- \\ \big\Updownarrow \\ Fe(OH)_3 \end{array}$$

这种因$[OH^-]$增大，金属离子与溶液中 OH^- 结合而导致配离子解离的作用称为水解效应(hydrolytic effect)。溶液的 pH 越大，配离子解离越容易，水解效应越明显。

在溶液中，酸效应和水解效应同时存在，都不利于配离子的稳定。为了保持配离子的稳定性，应综合考虑溶液中配离子的稳定常数、配体的碱性强弱以及中心原子氢氧化物的溶解度等因素。通常在不生成氢氧化物沉淀的前提下，适当提高溶液的 pH，以保持配离子的稳定性。

（二）沉淀平衡的影响

配合物的中心原子可与多种沉淀剂形成卤化物沉淀、硫化物沉淀等。加入的沉淀剂会破坏配位平衡，使配位平衡向解离的方向移动。例如，在$[Cu(NH_3)_4]^{2+}$溶液中加入 Na_2S 溶液时，由于能够生成另一种更稳定的沉淀化合物 CuS，Cu^{2+} 的浓度降低，从而促使$[Cu(NH_3)_4]^{2+}$发生解离。

配离子的稳定性越低(K_s 越小)，沉淀物的溶度积越小(K_{sp}越小)，配离子越容易解离而形成沉淀，反应向生成沉淀的方向移动。配离子的稳定性越高(K_s 越大)，即配体的配位能力越强，沉淀物的溶度积越大(K_{sp}越大)，越易形成配离子，反应向生成配离子的方向移动。

（三）配位平衡与氧化还原平衡的关系

配合物中心原子的氧化数较大时，可作为氧化剂。在此溶液中加入还原剂，可使溶液中原有的配位平衡向解离的方向移动。当溶液中同时存在氧化还原平衡和配位平衡时，两种平衡可以互相转化。例如，在$[FeCl_4]^-$溶液中加入 KI 溶液，I^- 可以还原 Fe^{3+}，使 Fe^{3+} 的浓度降低，导致$[FeCl_4]^-$不断解离。

$$2[FeCl_4]^- + 2KI \rightleftharpoons 2FeCl_2 + I_2 + 2KCl + 2Cl^-$$

这是氧化还原平衡对配位平衡的影响。反之，配位平衡对氧化还原平衡同样具有影响。若在溶液中加入 F^-，则生成较稳定的$[FeF_6]^{3-}$，使溶液中 Fe^{3+} 的浓度降低，导致 Fe^{3+}/Fe^{2+} 的电极

Note

电势降低，从而使反应逆向进行，氧化还原平衡转变为配位平衡。形成的配离子越稳定，溶液中金属离子的浓度就越低，其相应的电极电势越小。由此得出结论：形成配合物后，金属离子的氧化能力减弱。

第四节 螯 合 物

一、螯合物的结构特点

螯合物（chelate）也称内配合物，是由配合物的中心原子和多齿配体所形成的具有环状结构的配合物。凡具有上述环状结构的配合物，不论它是中性分子还是带有电荷的离子，都称为螯合物。例如，乙二胺分子（$NH_2CH_2CH_2NH_2$）是一种双齿配体，每个分子上有 2 个氨基（$—NH_2$），当乙二胺分子和 Cu^{2+} 配位时，2 个氨基上的 2 个氮原子可各提供 1 对孤对电子与中心原子键合，形成 2 个配位键。在乙二胺分子中 2 个氨基被 2 个碳原子隔开，乙二胺分子和 Cu^{2+} 形成一个由 5 个原子组成的环状结构，称为五元环。2 个乙二胺分子与 Cu^{2+} 配合形成具有 2 个五元环的稳定的螯合物$[Cu(en)_2]^{2+}$，可形象地看作 2 个乙二胺"螃蟹"的两个"螯钳"将 Cu^{2+} 钳在中间，稳定性大大增强。

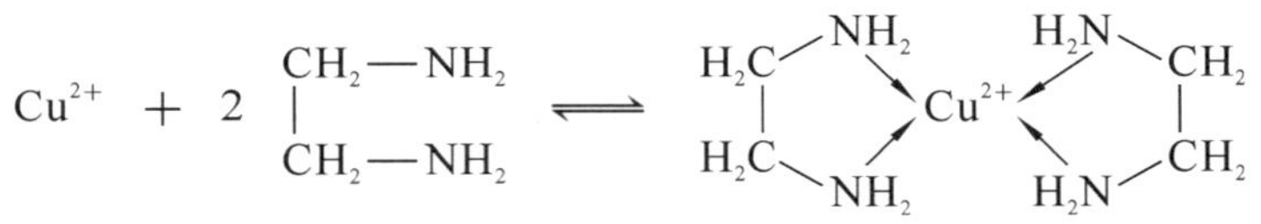

能与中心原子形成螯合物的多齿配体称为螯合剂（chelating agent），如上述的乙二胺。螯合物通常是含有 N、O、S、P 等配位原子的有机物，一般具有下列结构特点。

（1）1 个配体必须含有 2 个或 2 个以上能给出孤对电子的配位原子（主要是 O、N、S 等原子），以便与中心原子配合成环状结构。

（2）配体的配位原子之间必须被 2 个或 3 个其他原子隔开，以便能形成稳定的五元环或六元环。

最常用的螯合剂是氨酸类螯合剂，其分子中含有氨基和羧基，氨基中的氮原子和羧基中的氧原子为配位原子。氨羧类螯合剂中最重要和应用最广泛的是乙二胺四乙酸（EDTA，医学上称为依地酸），其结构式为

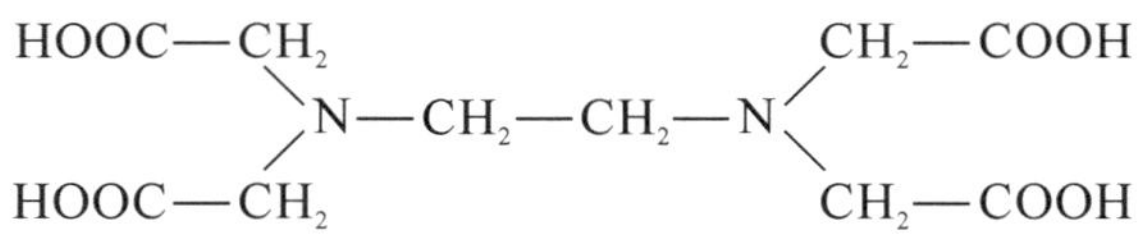

EDTA 是一个六齿配体，含有 6 个配位原子，其中 4 个羧基的氧原子和 2 个氨基的氮原子共提供 6 对孤对电子，与中心原子可同时形成 5 个五元环，因此配位能力非常强，可与绝大多数金属离子形成稳定的、易溶于水的螯合物。如 Ca^{2+} 和 Mg^{2+} 一般不易形成配位个体，但与 EDTA 在碱性溶液中能形成稳定的螯合物。Ca^{2+} 与 EDTA 形成的螯合物 CaY^{2-} 的空间结构如图 12-4 所示。

二、影响螯合物稳定性的因素

金属螯合物与组成、结构相近的非螯合物相比，具有特殊的稳定性，很少出现逐渐解离的现

象。这种特殊的稳定性是由于螯合物具有环状结构，称为螯合效应(chelate effect)。例如，$[Ni(NH_3)_6]^{2+}$和$[Ni(en)_3]^{2+}$的中心原子、配位原子相同，配位原子数和配位数也相等，但由于在$[Ni(en)_3]^{2+}$中可以形成3个螯合环，其稳定常数K_s为2.03×10^{18}，远远大于$[Ni(NH_3)_6]^{2+}$的$K_s(8.97\times10^8)$。

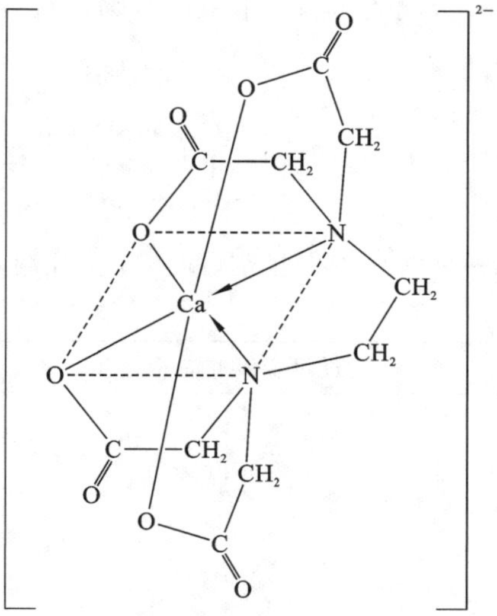

图 12-4　CaY^{2-}的空间结构

螯合物的稳定性与螯合环的大小及螯合环的数目有关。在大多数情况下，以五元环、六元环较稳定，其中五元环的稳定性最强，因为此时环的空间张力最小。多于五元环或六元环的螯合物一般都是不稳定的，而且很少见。

如果多齿配体的配位原子得到充分的利用，双齿配体与金属离子就可形成1个螯合环；三齿配体可形成2个螯合环；四齿配体可形成3个螯合环……实验证明，对组成和结构相似的多齿配体而言，与同一中心原子形成的螯合环数目越多，稳定性越大。这是因为螯合环越多，配体所用的配位原子就越多，同一配体与中心原子形成的配位键就越多，中心原子与配体越不容易脱离，故越稳定。

第五节　配位化合物在医学中的应用

配合物已广泛应用于各个领域，其与医学的关系极为密切，生物体内必需的金属离子绝大多数以金属配合物的形式存在。它们或与生物分子形成具有生物活性的化合物，或参与代谢反应。此外，在药学领域，配合物也受到越来越多的关注和应用。

一、重要的配合物

(一) 一些药物本身就是配合物

因为微量必需金属元素在生物体内各种代谢反应中具有重要作用，所以必须从体外及时予以补充。如果以自由离子的形式补充金属元素，不仅吸收率低，而且对胃肠道有刺激。而以金属配合物或螯合物的形式补充金属元素，既能避免对胃肠道的过分刺激，也利于金属元素在肠壁细胞内形成中性的配合物，从而进入组织蛋白供机体利用。例如缺铁性贫血，临床上较少使用硫酸亚铁而常用葡萄糖酸铁、血红素铁等；缺锌可服用乳酸锌和氨基酸螯合锌；缺钴可服用维生素B_{12}；缺铜可服用葡萄糖酸铜；缺钙可服用乳酸钙或葡萄糖酸钙；治疗血吸虫病用酒石酸锑钾等。

(二) 金属离子的促排剂

无论是生命体的必需金属元素还是有毒金属元素，当其含量超过一定范围时，都会对生物体产生危害，其中临床上遇到的大多数是有毒金属元素(如重金属或类金属汞、砷)取代了重要的微量必需元素而导致中毒的情况。金属离子的排出主要通过肾脏进行，其中以配离子形式的清除率较高。所以现代医学常利用配体与金属离子形成稳定配合物的特性和配位平衡原理，选择合适的配体或螯合剂，与有害金属离子进行配位结合而使其排出体外，这种方法称为配位疗法或螯合疗法，所用的配体或螯合剂称为促排剂(或解毒剂)。如汞、镉中毒时，这些金属离子常与酶的活性中心—SH结合，从而破坏酶的结构，使酶失去正常的生理功能，可以通过服用2,3-二巯丙醇

Note

使这些金属离子与其形成配合物而从肾脏排出。

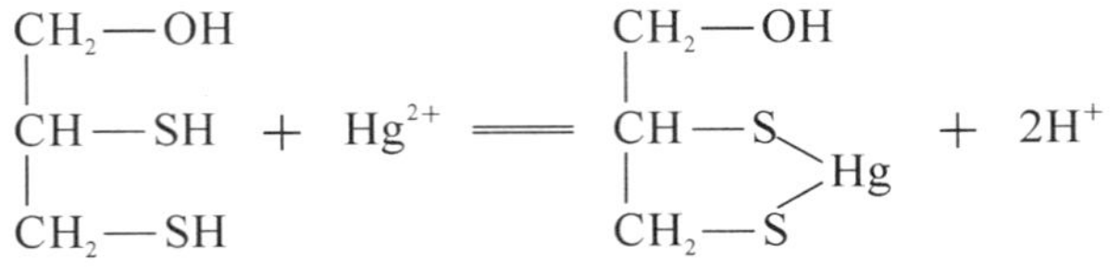

一些常用的促排剂(配体或螯合剂)列于表 12-5 中。

表 12-5　常用的促排剂(配体或螯合剂)

过量金属或有毒金属	配体或螯合剂
Ca	EDTA(乙二胺四乙酸)
Fe	去铁草酰胺
Ti	二苯硫腙
Cu、Pb	D-青霉胺或 $Na_2[CaY]$
Hg、Ag、Cr、Cd	硫蛋白(MT)
Sb、As、Te、Hg、Cd	2,3-二巯丙醇(BAL)
Co、Zn、U	$Na_2[CaY]$

作为药物的促排剂(解毒剂),必须具备以下条件。

(1) 促排剂本身及促排剂与金属离子形成的配合物对人体无毒副作用,同时不因服用方式而被破坏。

(2) 促排剂与目标金属离子选择性高、配位能力强、化学反应速率大,形成的配合物的稳定性大于该金属离子与体内生物配体形成的配合物的稳定性。

(3) 促排剂与金属离子形成的配合物易溶于水,易排出体外。

例如,广泛使用的螯合剂 EDTA 可与多种金属离子螯合,特别是容易与重金属离子螯合,EDTA 的钙盐 $Na_2[CaY]$常被用于治疗职业性铅中毒,这是由于$[PbY]^{2-}$($K_s=2\times10^{18}$)的稳定性大于$[CaY]^{2-}$($K_s=1\times10^{11}$)的稳定性,$[CaY]^{2-}$中的 Ca^{2+} 可被 Pb^{2+} 取代,成为无毒的可溶性螯合物,经肾脏排出体外。传统的排铁螯合剂是去铁草酰胺,它易溶于水,对 Fe^{3+} 有很强的配位能力,而对其他大多数金属离子的配位能力比较弱。

(三) 具有杀菌、抗病毒作用的配合物

多数抗微生物的药物属于配体,和金属配位后往往能增强其活性。例如,丙基异烟肼与一些金属离子生成的配合物的抗结核分枝杆菌能力比纯配体强。β-羟基喹啉和铁形成的配合物有很强的抗菌作用,而它们单独存在时均无抗菌活性。

某些金属配合物有抗病毒的活性,病毒的核酸和蛋白质均可以作为配体,与金属阳离子形成稳定的生物金属配合物,或占据细胞表面防止病毒的吸附,或防止病毒在细胞内的再生,从而阻止病毒的繁殖。抗病毒的配合物一般以二价的ⅦB、Ⅷ族过渡金属作为中心原子,以 1,10-菲罗啉或其他乙酰丙酮作为配体。

(四) 抗癌金属配合物

金属铂类化合物是目前临床上应用较为广泛的一类抗癌药物,其抗癌机制一般是破坏癌细胞膜结构或直接与癌细胞 DNA 作用。例如顺铂(顺式二氯·二氨合铂)对人体泌尿生殖系统、头颈部以及其他软组织的恶性肿瘤有显著疗效,与其他抗癌剂联合作用时有明显的协同作用。顺铂之所以能抗癌,是由于其中的 Pt(Ⅱ)能与癌细胞核中 DNA 上的碱基氮配位,直接影响癌细胞 DNA 合成,阻碍 DNA 复制,从而抑制癌细胞的分裂。另一种新的 Pt(Ⅱ)配合物

顺-[$PtCl_2(C_5H_9NH_2)_2$]在抑制血浆细胞癌方面，作用比顺铂高 30～40 倍。研究表明，凡具有顺式结构的[Pt(Ⅱ)A_2X_2](A 为胺类，X 为酸根)均具有抗癌活性。

金属茂类化合物是一类具有很好的抗癌活性的化合物，如二氯二茂钛，不仅能与癌细胞DNA 磷酸基团结合使 DNA 收缩，而且还与 DNA 的碱基键合，导致 DNA 二级结构改变、双螺旋解开甚至变性；通式为 $R_2SnL_2X_2$ 的有机锡配合物(R 为脂肪族或芳香族烃基，L 为 1,10-菲罗啉或联吡啶含氮双齿配体，X 为卤离子)对白血病、肝癌、结肠癌等具有高效、广谱抗癌活性。其抗癌机制是有机锡配合物通过与癌细胞 DNA 磷酸基团结合，导致其局部构象改变，致使 DNA 丧失生理功能。

综上所述，随着人们对生物体金属大分子配合物的进一步研究，从仿生学的观点来看，配合物的前景会更加广阔。

二、生命化学中的配合物

(一) 生物体内许多蛋白质可形成配合物

在生物体内能用作配体的生物大分子有很多，如蛋白质、核酸、多糖、磷脂等。它们与金属离子形成具有特定生物活性或生理作用的配合物，在人体内起着特定的作用。例如，铁在生物体内是血红蛋白和肌红蛋白的组成成分，参与氧的运输和储存。铁在血红蛋白、肌红蛋白分子中都以 Fe^{2+} 与卟啉环形成高分子配合物的形式存在。Fe^{2+} 的配位数是 6，它与卟啉环中 4 个 N 原子及蛋白质碳链中组氨酸咪唑基的 N 原子形成四方锥体状配合物，而第六配位位置空着，可由 O_2 配位形成氧合血红蛋白，结合示意图如图 12-5 所示。载氧的血红蛋白随血液流动将 O_2 输送到生物体的各部分。除 O_2 外，CO、CN^- 以及含 S 的毒气也能与血红蛋白中的 Fe^{2+} 结合，它们的结合力甚至更强，从而取代 O_2 的位置，致使血液及组织缺氧，导致死亡。另外，人体中的铁缺乏时，可出现贫血。

图 12-5　血红素氧合示意图

金属元素锰以 Mn^{2+} 和 Mn^{3+} 的形式存在于输锰蛋白质中，大部分形成结合态的金属蛋白质配合物存在于肌肉、骨骼、肝脏和血液中，主要参与造血过程，影响血液的运输和代谢。

(二) 金属酶

生物体内的生物催化剂——酶，与金属离子按一定几何构型配位结合，形成金属-酶配合物，在生物体的生化过程中控制着新陈代谢过程中的所有化学反应。目前发现的 2000 多种酶中，很多是一个或几个金属离子与生物高分子结合形成的牢固的配合物，金属离子参与了酶的组成，使酶表现出活性。若失去金属离子或被其他金属离子取代，酶的生物活性会下降或丧失，如锌酶、铜酶等。

生物体内的锌参与许多酶的组成，使酶表现出生物活性，生物体内重要代谢物的合成和降解都需要锌酶的参与，可以说锌参与生命全过程。例如，对调节物质代谢有重要作用的胰岛素是含锌的配合物，还有 DNA 聚合酶、RNA 合成酶、碱性磷酸酶、碳酸酐酶、超氧化物歧化酶等，这些酶能促进生物体生长发育，促进细胞正常分化和发育。当人体缺乏锌时，各种锌酶的活性降低，胱氨酸、亮氨酸、赖氨酸的代谢发生紊乱；谷胱甘肽、DNA、RNA 的合成减少，结缔组织蛋白的合成受到干扰，肠黏液蛋白内氨基己糖的含量下降，可导致生长迟缓、食欲不振、贫血、肝脾大、免疫功能下降等不良后果。

铜在生物体中的含量仅次于铁和锌，是许多金属酶的辅助因子。它是细胞色素氧化酶、过氧化氢酶、酪氨酸酶、单胺氧化酶、超氧化物歧化酶及抗坏血酸氧化酶等的活性组分。例如，铜是酪氨酸酶的催化中心，每个酶分子中配有 2 个 Cu^{2+}，当机体缺乏铜时，酪氨酸酶转变成黑色素的过程变缓或停止，造成毛发脱色症，因此，缺铜是引起白癜风的重要原因。先天缺乏酪氨酸酶可导致白化病。

维生素 B_{12} 又名钴胺素，是 Co^{3+} 与卟啉环形成的复杂大环配合物，其中 Co^{3+} 的配位数为 6。维生素 B_{12} 有很强的生血功能，对恶性贫血有良好的疗效，所以又称抗恶性贫血维生素。维生素 B_{12} 不是单一的一种化合物，根据 Co^{3+} 配位羟基的基团不同，可组成各种化合物，如羟钴胺素、甲基钴胺素等。

除此之外，硒、镁、锰、铬、镍、钒等都以金属酶的形式存在，参与各种代谢过程。例如，硒是心肌和肝脏内一种过氧化物酶——谷胱甘肽过氧化物酶的组成成分，参与辅酶 Q 和辅酶 A 的合成。谷胱甘肽过氧化物酶能催化还原谷胱甘肽，使其变为氧化型谷胱甘肽，同时使有毒的过氧化物还原成无害、无毒的羟基化合物，使 H_2O_2 分解，保护细胞膜的结构及功能不受氧化物的损害，因此硒的配合物能保护心血管和心脏处于正常状态。缺硒可导致以心肌变性坏死、纤维化为主要表现的克山病。如精氨酸酶需要 Mn^{2+} 作为激活剂；铬缺乏时，可引起糖尿病、动脉硬化等。

上述微量金属元素不仅对生物体的正常生长发育是必需的，而且对生物体的其他生命活动有着极为重要的作用。因此研究它们的配合物的性能和结构有着十分重要的意义。

思政课堂：
戴安邦、
游效曾

本章小结

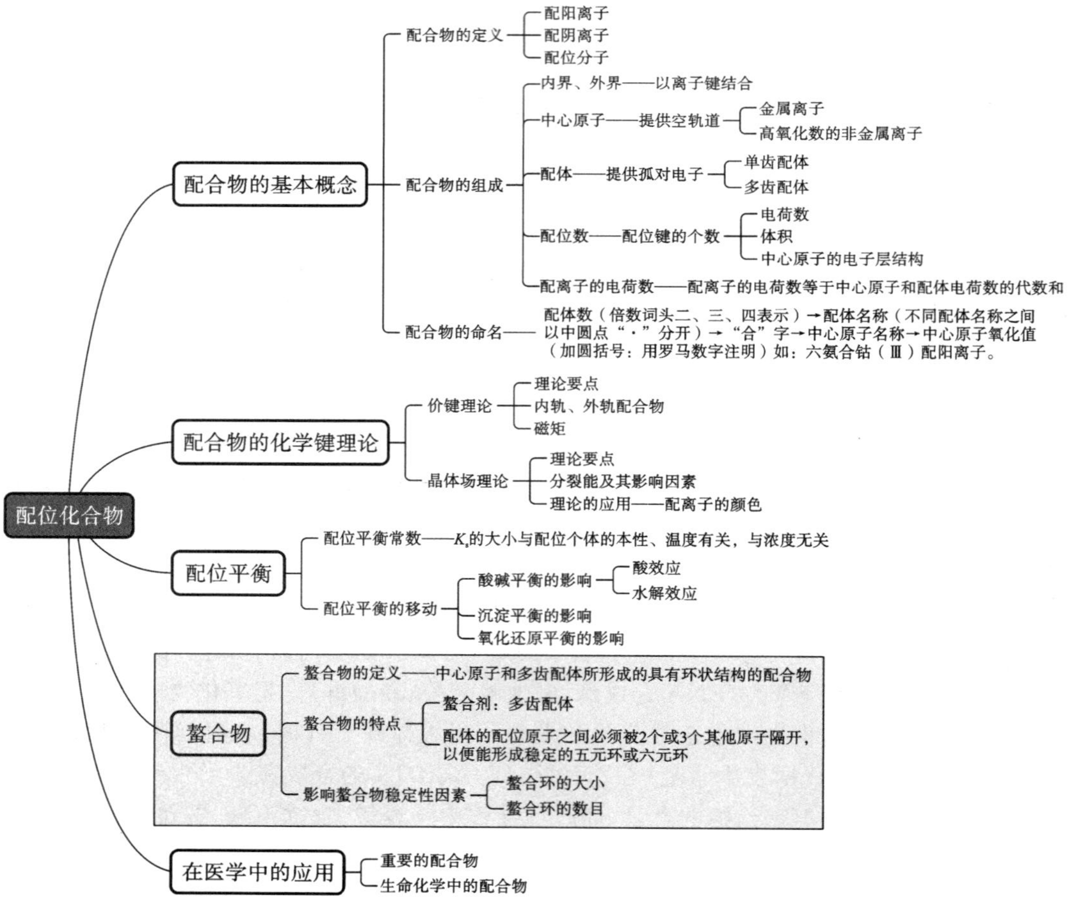

Note

学科发展与医学应用综述题

配位化学是依据阿尔弗雷德·维尔纳理论发展起来的。生物体中的金属以配合物的形式存在，对人体有特殊生理功能的微量元素有 Mn、Fe、Co、Mo、Zn、Mg 等，均以配合物的形式存在于人体中。Fe、Cu 是许多酶和一些蛋白质的关键成分。

自从发现顺铂，即顺式二氯二氨合铂抗肿瘤活性以来，单铂类目前上市的药有 3 类：顺铂、卡铂和奥沙利铂。它们通过破坏 DNA 分子结构与功能，对卵巢癌、睾丸癌、膀胱癌等多种肿瘤均有效。

请阐述配合物在医学中有哪些应用？

能力检测

扫码看答案

1. 判断下列说法是否正确。

(1) 在正八面体场中，中心原子 d 轨道的能级分裂成 d_ε 和 d_γ 两组，d_γ 的能量比该离子在球形场中 d 轨道的能量高，d_ε 的能量则低于该离子在球形场中 d 轨道的能量。

(2) 当配体是质子碱时，溶液 pH 降低导致配离子解离的作用，称为酸效应。

(3) 25 ℃时，0.10 mol·L^{-1} $H[Ag(CN)_2]$溶液中的 H^+ 浓度大于 0.10 mol·L^{-1} HCN 溶液中的 H^+ 浓度，那么 0.10 mol·L^{-1} $H[Ag(CN)_2]$溶液中的 CN^- 浓度大于 0.10 mol·L^{-1} HCN 溶液中的 CN^- 浓度。

(4) 25 ℃时，0.10 mol·L^{-1} $H[Al(OH)_4]$溶液中的 OH^- 浓度是 H^+ 浓度的 4 倍。

(5) 已知 $K_s\{[AgCl_2]^-\}=1.1\times10^5$，$K_s\{[AgI_2]^-\}=5.5\times10^{11}$，则下列反应向右进行。

$$[AgCl_2]^-(aq)+2I^-(aq)\rightleftharpoons[AgI_2]^-(aq)+2Cl^-(aq)$$

(6) 在螯合滴定中，金属原子与 EDTA 形成螯合物时的配比均为 1∶1。

(7) $[V(NH_3)_6]^{3+}$中的 V^{3+} 和$[Co(NH_3)_6]^{3+}$中的 Co^{3+} 均采用 d^2sp^3 杂化与 NH_3 分子中的 N 原子成键，并且都为内轨配离子，所以两种配离子的稳定性相同。

2. 在$[Co(en)(C_2O_4)_2]^-$中，Co^{3+} 的配位数是（　　）。

A. 2　　B. 3　　C. 4　　D. 5　　E. 6

3. 已知某配合物的组成为 $CoCl_3\cdot5NH_3\cdot H_2O$，其水溶液呈弱酸性，加入强碱并加热至有氨放出，同时产生 Co_2O_3 沉淀；于另一份该配合物溶液中加入 $AgNO_3$，有 AgCl 沉淀生成，过滤后再加 $AgNO_3$ 时无变化，但加热至沸又产生 AgCl 沉淀，沉淀量为第一次沉淀量的 $\frac{1}{2}$，该配合物的化学式为（　　）。

A. $[CoCl_2(NH_3)_5]Cl\cdot H_2O$　　B. $[Co(NH_3)_5H_2O]Cl_3$

C. $[CoCl(NH_3)_5]Cl_2\cdot H_2O$　　D. $[CoCl_2(NH_3)_4]Cl\cdot NH_3\cdot H_2O$

E. $[CoCl_3(NH_3)_3]\cdot(NH_3)_2\cdot H_2O$

4. 已知$[Ni(CO)_4]$中，Ni 以 dsp^2 杂化轨道与 C 原子成键，$[Ni(CO)_4]$的空间构型应为（　　）。

A. 三角锥形　　B. 正四面体形　　C. 直线形　　D. 八面体形　　E. 平面正方形

5. $[Co(NH_3)_6]^{3+}$是内轨配离子，则 Co^{3+} 未成对电子数和杂化轨道的类型是（　　）。

A. 4，sp^3d^2　　B. 0，sp^3d^2　　C. 4，d^2sp^3　　D. 0，d^2sp^3　　E. 6，d^2sp^3

6. 下列分子或离子能用作螯合剂的是（　　）。

A. $H_2N—NH_2$　　B. $NH_2—OH$　　C. CH_3COO^-

D. HO—OH　　E. $H_2NCH_2—CH_2NH_2$

7. 下列同一浓度的溶液中，所含粒子数最多的是（　　）。

A. $FeSO_4$　　B. $(NH_4)_2Fe(SO_4)_2$　　C. $(NH_4)_3[Fe(CN)_6]$

Note

D. $Fe_2[Fe(CN)_6]$　　E. $Fe[Fe(CN)_6]$

8. 对 K_s 的描述正确的是(　　)。

A. 配离子的 K_s 越大,配离子越不稳定

B. 可利用 K_s 直接比较同种类型配离子的稳定性

C. 一般来说,K_s 与温度有关,而与配离子的种类、配体的种类无关

D. K_s 的倒数值越大,配离子越稳定

E. K_s 是各级累积稳定常数之和

9. 若使 AgBr 溶于水中,可以加入(　　)。

A. H_2O　　B. $AgNO_3$　　C. NH_3　　D. NaOH　　E. $Na_2S_2O_3$

10. 下列配合物中,属于弱电解质的是(　　)。

A. $[CrCl(NH_3)_5]SO_4$　　B. $K_3[FeCl_6]$　　C. $H[Ag(CN)_2]$

D. $[Cu(NH_3)_4](OH)_2$　　E. $[PtCl_2(NH_3)_2]$

11. 下列配离子都具有相同的配体,其中属外轨配离子的是(　　)。

A. $[_{30}Zn(CN)_4]^{2-}$　　B. $[_{26}Fe(CN)_6]^{3-}$　　C. $[_{28}Ni(CN)_4]^{2-}$

D. $[_{27}Co(CN)_6]^{3-}$　　E. $[_{26}Fe(CN)_6]^{4-}$

12. 下列配离子中没有颜色的是(　　)。

A. $[_{28}Ni(CN)_4]^{2-}$　　B. $[_{30}Zn(NH_3)_4]^{2+}$　　C. $[_{24}Cr(H_2O)_6]^{3+}$

D. $[_{23}V(H_2O)_6]^{3+}$　　E. $[_{27}Co(NH_3)_4]^{2+}$

13. 已知$[_{25}Mn(SCN)_6]^{4-}$的 $\mu=6.1\mu_B$,该配离子属于(　　)。

A. 外轨配离子、高自旋　　B. 外轨配离子、低自旋　　C. 内轨配离子、高自旋

D. 内轨配离子、低自旋　　E. 以上说法均错误

14. 配合物$[Cr(en)(H_2O)(C_2O_4)(OH)]$的名称为________,配位数为________,中心原子氧化数为________,配合物的内层是________。

15. 配合物"硝酸氯·硝基·二(乙二胺)合钴(Ⅲ)"的化学式是________,它的外层是________。

16. 若中心原子分别采用 sp^3 和 dsp^2 杂化与配体中的配位原子成键,则中心原子的配位数均为________,形成的配合物类型分别是________和________,形成的配合物的空间构型分别为________和________。

17. 螯合物是指中心原子与________结合形成的具有________的配合物;螯合物比________要稳定,其稳定性大小与________和________有关。

18. $0.10\ mol\cdot L^{-1}$的 $AgNO_3$ 溶液 30 mL 与 30%氨水($d=0.89\ kg\cdot L^{-1}$)20 mL 混合。$[Ag(NH_3)_2]^+$的 $K_s=1.12\times10^7$,AgCl 的 $K_{sp}^{\ominus}=1.77\times10^{-10}$。

(1) 计算混合液中 Ag^+ 的浓度;

(2) 在 8 mL 上述溶液中加入 $0.01\ mol\cdot L^{-1}$ KCl 溶液 2 mL,此时有无 AgCl 沉淀产生?

19. 已知 $K_{sp}^{\ominus}\{Cr(OH)_3\}=6.3\times10^{-31}$,反应 $Cr(OH)_3+OH^- \rightleftharpoons [Cr(OH)_4]^-$ 的平衡常数 K 为 0.40。

(1) 计算 Cr^{3+} 完全沉淀时溶液的 pH;

(2) 若将 0.10 mol $Cr(OH)_3$ 刚好溶解在 1.0 L NaOH 溶液中,则 NaOH 溶液的初始浓度至少应为多少?

(3) 计算$[Cr(OH)_4]^-$的稳定常数 K_s。

Note

(额尔敦)

第十三章　滴定分析

学习目标

素质目标：通过教学活动，培养学生的自主学习能力和探究精神，探索滴定分析在相关专业领域的应用，培养学生具有精益求精的新时代工匠精神。

能力目标：掌握滴定分析的基本原理，具有相关定量分析计算的能力。学会应用四大滴定的基础理论知识分析和解决医学领域中相关的定性定量问题。

知识目标：掌握滴定分析的基本概念，滴定分析的分类，标准溶液的配制，误差的分类，有效数字的判断、修约及计算，各种滴定分析的基本原理及其应用。

扫码看 PPT

第一节　滴定分析概述

一、滴定分析的基本概念

滴定分析(titrimetric analysis)是一种将已知准确浓度的试剂溶液装入滴定管，由滴定管将其滴加到被测的试样溶液中，直到加入的试剂溶液与被测组分刚好完全反应，然后根据试剂溶液的浓度及所消耗的体积来确定被测组分含量的分析方法。它是经典的定量分析方法之一。通常将已知准确浓度的试剂溶液称为**标准溶液**(standard solution)**或滴定剂**(titrant)；将标准溶液从滴定管滴加到试样溶液中的操作过程称为**滴定**(titration)；当滴入标准溶液的量与被测组分的量恰好满足一定的化学反应计量关系时，称为**反应到达化学计量点**(stoichiometric point)，简称**计量点**，用 sp 表示。在计量点时，反应溶液可能没有直观的外部特征变化，因此需要适宜的方法指示计量点的到达。在化学滴定分析中，在试样溶液中加入一种辅助试剂，借助它的颜色变化作为计量点到达的指示信号，这种能在计量点附近发生颜色变化的试剂称为**指示剂**(indicator)。在滴定过程中指示剂发生颜色变化时停止滴定，此时称为**滴定终点**(titration end point)，简称**终点**(end point)，用 ep 表示。滴定终点与计量点往往不能完全一致，由此引起的误差称为**滴定终点误差**(titration end point error)，简称**终点误差**(end point error)，又称**滴定误差**(titration error)，用 TE 表示，是滴定分析误差的主要来源之一。

滴定分析具有设备简单、结果准确、操作简便、测定快速和应用广泛的特点。通常用于常量组分的测定，其准确度可达到 99.9%，滴定的相对误差可小于 0.1%；有时其也可用于一些含量较低的组分的测定，是分析化学中基本的方法之一，在生产实践和科学实验中具有很大的实用价值。

Note

二、滴定分析的分类

滴定分析按标准溶液与被测组分之间所发生的化学反应的类型不同，可分为以下四类。

（一）酸碱滴定法

酸碱滴定法是以质子转移反应为基础的滴定分析。例如，用 NaOH 标准溶液测定醋酸时，其主要反应如下式：

$$OH^- + HAc \rightleftharpoons Ac^- + H_2O$$

（二）沉淀滴定法

沉淀滴定法是以沉淀反应为基础的滴定分析。例如，用 $AgNO_3$ 标准溶液测定 Cl^- 时，其主要反应如下式：

$$Ag^+ + Cl^- \rightleftharpoons AgCl\downarrow$$

（三）配位滴定法

配位滴定法是以配位反应为基础的滴定分析。例如，用 EDTA 标准溶液（Y^{4-}）测定 Mg^{2+} 时，其主要反应如下式：

$$Mg^{2+} + Y^{4-} \rightleftharpoons MgY^{2-}$$

（四）氧化还原滴定法

氧化还原滴定法是以氧化还原反应为基础的滴定分析。例如，用 $KMnO_4$ 标准溶液测定 Fe^{2+} 时，其主要反应如下式：

$$MnO_4^- + 5Fe^{2+} + 8H^+ \rightleftharpoons Mn^{2+} + 5Fe^{3+} + 4H_2O$$

上述四种类型方法是滴定分析的基本方法，是滴定分析学习的重点。

三、滴定方式

滴定方式包括直接滴定、剩余滴定、置换滴定和间接滴定。

（一）直接滴定（direct titration）

如果标准溶液与被测组分间的反应符合滴定分析对化学反应的要求，就可用标准溶液直接滴定试样溶液中的被测组分，这种方式称为直接滴定。直接滴定是滴定分析中最常用和最基本的滴定方式，它的优点是快捷方便、引入误差小等。如以 HCl 溶液为标准溶液滴定 NaOH，以 $KMnO_4$ 溶液为标准溶液滴定 Fe^{2+} 或 $H_2C_2O_4$ 等，都属于直接滴定。当反应不符合直接滴定的要求时，则应考虑采用以下几种滴定方式。

（二）剩余滴定（residue titration）

当试样溶液中被测组分与标准溶液反应的速度较慢时，或被测组分难溶于水时，可先向试样溶液中加入定量过量的 A 标准溶液（$n_{A总}$），使其与试样中被测组分进行反应，待反应完全后，再用另一种适当的标准溶液 T 滴定反应剩余的 A 标准溶液，通过（$n_{A总} - n_{A剩余}$）即可求出与被测组分反应的 A，进而求得被测组分的含量，这种滴定方式称为剩余滴定，也称返滴定（back titration）或回滴定。例如，由于被测组分 $CaCO_3$ 难溶于水，不能用 HCl 标准溶液直接滴定，所以采用剩余滴定。即先在 $CaCO_3$ 中加入定量过量的 HCl 标准溶液（$n_{HCl总}$），待 $CaCO_3$ 与 HCl 定量反应完全后，用 NaOH 标准溶液滴定剩余的 HCl，根据（$n_{HCl总} - n_{HCl剩余}$）与 $CaCO_3$ 的反应计量关系，求出 $CaCO_3$ 的含量。

Note

（三）置换滴定（replacement titration）

对于不能按一定反应方程式进行或伴有副反应发生的反应，可先用过量的某试剂 S 与试样中被测组分 B 充分发生反应，将被测组分定量置换为某生成物 A，然后用适当的 T 标准溶液滴定此生成物 A，进而求得被测组分 B 的含量，这种滴定方式称为置换滴定。例如，由于强氧化剂 $K_2Cr_2O_7$ 在酸性溶液中能够将 $S_2O_3^{2-}$ 氧化成 $S_4O_6^{2-}$ 及 SO_4^{2-} 等的混合物，$K_2Cr_2O_7$ 与 $S_2O_3^{2-}$ 之间没有准确的化学计量关系，所以不能采用直接滴定进行测定。但是 $K_2Cr_2O_7$ 在酸性溶液中能与 KI 发生定量反应，加入过量的 KI 后，待测的 $K_2Cr_2O_7$ 定量地生成 I_2 而被置换，然后用 $Na_2S_2O_3$ 标准溶液直接滴定生成的 I_2，从而计算出 $K_2Cr_2O_7$ 的含量。

（四）间接滴定(indirect titration)

当被测组分不能与标准溶液直接反应时，可将试样通过一定的试剂处理，使被测组分转化为可用标准溶液直接滴定的形式，这种滴定方式称为间接滴定。例如，Ca^{2+} 在溶液中没有可变的价态，无法直接与 $KMnO_4$ 标准溶液反应，可先加入过量$(NH_4)_2C_2O_4$，使 Ca^{2+} 定量沉淀为 CaC_2O_4，然后用 H_2SO_4 溶解，再用 $KMnO_4$ 标准溶液滴定与 Ca^{2+} 结合的 $C_2O_4^{2-}$，从而可间接计算出 Ca^{2+} 的含量。

在滴定分析中由于采用了剩余滴定、置换滴定、间接滴定等滴定方式，从而扩大了滴定分析的应用范围，使滴定分析的应用更加广泛。

四、滴定分析对滴定反应的要求

滴定反应是指标准溶液和被测组分之间发生的化学反应，化学反应很多，但并不都能用于滴定分析。能直接用于滴定分析的化学反应，必须符合下列要求。

1. 反应具有一定的计量关系 在滴定过程中，除主反应外，最好无副反应发生。若有副反应发生，要采取适当的方法进行消除，或保证副反应的进行对主反应的影响程度很小。这是定量计算的基础。如 $tT+bB \xlongequal{} cC+dD$，即 t mol 的 T 物质与 b mol 的 B 物质恰好能作用完全。

2. 反应必须定量完成 被测组分与标准溶液的反应必须按确定的反应方程式进行完全，通常要求反应的完全程度不低于 99.9%，这是保证分析准确的前提。即当上述反应中 t、b、c、d 均为 1，反应物的浓度为 c，到达计量点时，则要求$[T]=[B]\leqslant 0.1\%c$，$[C]=[D]\geqslant 99.9\%c$。

3. 反应速度要快 被测组分与标准溶液的滴定反应能够在瞬间完成，这是保证终点判断准确的前提。对于反应速度较慢的化学反应，可采取适当的措施（加热、加入催化剂等）来加快反应速度。

4. 有合适的方法确定终点 能够找到合适的指示剂或其他简便可靠的方法确定终点。

凡能满足上述要求的滴定反应，都可以用标准溶液进行滴定分析。

五、基准物质

基准物质(standard substance)是指能用来直接配制标准溶液或标定标准溶液浓度的物质。基准物质必须具备下列条件。

1. 纯度高 所含杂质的量应不影响滴定分析结果的准确度，纯度一般要求在 99.9%以上。

2. 组成固定且与化学式完全相符 若含结晶水，如二水合草酸 $H_2C_2O_4 \cdot 2H_2O$、硼砂 $Na_2B_4O_7 \cdot 10H_2O$ 等，其结晶水的含量也应与化学式相符。

3. 性质稳定 在保存或称量过程中组成与质量应不变，即见光、加热、干燥时不分解，不易吸收空气中的水分和 CO_2，不易被空气氧化等。

4. 具有较大的摩尔质量 相同物质的量条件下，摩尔质量较大的物质需要称量的质量更大，可以减小称量误差。

在滴定分析中，常用的基准物质有 $Na_2B_4O_7 \cdot 10H_2O$、$Na_2C_2O_4$、$KHC_8H_4O_4$（邻苯二甲酸氢钾）、Na_2CO_3 等。基准物质必须以适宜方法进行干燥处理并妥善保存，常用基准物质及其干燥方

Note

法和应用范围见表 13-1。

表 13-1　常用基准物质及其干燥方法和应用范围

基准物质		干燥后的组成	干燥或保存方法	标定对象
名称	化学式			
无水碳酸钠	Na_2CO_3	Na_2CO_3	270～300 ℃	酸
硼砂	$Na_2B_4O_7 \cdot 10H_2O$	$Na_2B_4O_7 \cdot 10H_2O$	置于有 NaCl 和蔗糖饱和溶液的干燥器中	酸
二水合草酸	$H_2C_2O_4 \cdot 2H_2O$	$H_2C_2O_4 \cdot 2H_2O$	室温空气干燥	碱或 $KMnO_4$
邻苯二甲酸氢钾	$KHC_8H_4O_4$	$KHC_8H_4O_4$	105～110 ℃	碱或 $HClO_4$
草酸钠	$Na_2C_2O_4$	$Na_2C_2O_4$	130 ℃	氧化剂
三氧化二砷	As_2O_3	As_2O_3	室温(干燥器中保存)	氧化剂
重铬酸钾	$K_2Cr_2O_7$	$K_2Cr_2O_7$	140～150 ℃	还原剂
溴酸钾	$KBrO_3$	$KBrO_3$	150 ℃	还原剂
碘酸钾	KIO_3	KIO_3	130 ℃	还原剂
锌	Zn	Zn	室温(干燥器中保存)	EDTA
氧化锌	ZnO	ZnO	800 ℃	EDTA
氯化钠	NaCl	NaCl	500～600 ℃	$AgNO_3$
硝酸银	$AgNO_3$	$AgNO_3$	280～290 ℃	NaCl

六、标准溶液的配制

配制标准溶液需要试剂,而试剂有许多级别与规格,只有符合一定级别与规格的试剂才能用于配制标准溶液。试剂的级别与规格是根据试剂自身的纯度及试剂中所含杂质的限量来划分的,国产试剂的规格见表 13-2。

表 13-2　国产试剂的规格

品　　级	规　　格	符　　号	瓶签颜色	用　　途
一级品	保证试剂(优级纯)	GR	绿色	精密分析工作
二级品	分析试剂(分析纯)	AR	红色	一般分析工作
三级品	化学纯试剂	CP	蓝色	一般教学工作
四级品	实验室试剂	LR	棕色	一般教学工作

此外,还有色谱纯试剂、光谱纯试剂、生物试剂等。试剂的等级划分及有关名词术语在国内外尚未统一。分析工作者应对试剂规格有明确的认识,应根据分析工作的要求选用适当级别的试剂,做到合理使用,既不超规格造成浪费,又不随意降低规格而影响分析结果的准确度。

标准溶液的配制通常有两种方法,即直接法和间接法。

(一) 直接法

凡符合基准物质条件的试剂,均可用直接法配制标准溶液。直接法配制标准溶液的一般过程如下:准确称取一定量的基准物质,然后用适量溶剂溶解,完全转移至容量瓶中,洗涤烧杯和玻璃棒 2～3 次,再用溶剂稀释至标线(即稀释至一定体积)。根据被称取试剂的质量、摩尔质量和溶液的体积,即可计算出该标准溶液的准确浓度(物质的量浓度)。

Note

【例 13-1】 准确称取基准物质 $K_2Cr_2O_7$ 1.4710 g,溶解后定量转移至 250.0 mL 容量瓶中。

请问这样配制的 $K_2Cr_2O_7$ 标准溶液的浓度是多少？（$M_{K_2Cr_2O_7}=294.19\ g \cdot mol^{-1}$）

解：$c_{K_2Cr_2O_7}=\dfrac{m_{K_2Cr_2O_7}}{M_{K_2Cr_2O_7} \cdot V_{K_2Cr_2O_7}}=\dfrac{1.4710\times 1000}{294.19\times 250.0}=0.02000(mol \cdot L^{-1})$

（二）间接法

对于不符合基准物质条件的试剂，如 HCl、NaOH 等，可用间接法配制其标准溶液。配制过程如下：先配成近似一定浓度的试剂溶液，然后用基准物质或其他标准溶液来确定它的准确浓度。这种用基准物质或其他标准溶液来确定某溶液准确浓度的操作过程称为标定(standardization)。

标定标准溶液浓度的方法有两种。

1. 用基准物质标定 准确称取一定量的基准物质，溶解后用待标定溶液进行滴定，然后根据基准物质的质量、摩尔质量及待标定溶液所消耗的体积，即可计算出待标定溶液的准确浓度。

2. 与其他标准溶液进行比较 准确吸取一定量的某标准溶液，用待标定溶液进行滴定；也可以准确吸取一定量的待标定溶液，用某标准溶液进行滴定。根据两种溶液消耗的体积和某标准溶液的浓度，即可计算出待标定溶液的准确浓度。

标定时，无论采用哪种方法，一般规定要平行测定 3～4 份，并且相对平均偏差不大于 0.2%。标定好的标准溶液要妥善保存，对不稳定的溶液还要定期进行标定。例如，见光易分解的 $AgNO_3$、$KMnO_4$ 等标准溶液应储存在棕色瓶中，并放置于暗处；NaOH、$Na_2S_2O_3$ 等不稳定的标准溶液放置 2～3 个月后，应重新标定。

综上所述，凡是基准物质均可用直接法配制标准溶液，凡不是基准物质均应采用间接法配制标准溶液。

第二节 滴定分析的计算

当标准溶液与被测组分反应完全到达化学计量点时，两者物质的量之间的关系应符合化学反应式的化学计量关系，此即滴定分析计算的依据。若标准溶液 T 与被测组分 B 的滴定反应通式为 $tT+bB = cC+dD$，反应到达化学计量点时，t mol 的标准溶液 T 恰好与 b mol 的被测组分 B 完全作用，生成 c mol 的 C 物质和 d mol 的 D 物质。则到达化学计量点时，标准溶液 T 与被测组分 B 的物质的量有下列基本关系：

$$n_T : n_B = t : b \tag{13-1}$$

式中，$t : b$ 为反应方程式中两物质的计量系数之比，通常称为摩尔比；n_T、n_B 分别表示 T、B 的物质的量。

【例 13-2】 用 0.2036 g 无水 Na_2CO_3 作基准物质，以甲基橙为指示剂，标定 HCl 溶液时，需要 HCl 溶液 36.06 mL，试计算 HCl 溶液的浓度。（$M_{Na_2CO_3}=105.99\ g \cdot mol^{-1}$）

解：甲基橙的变色范围是 pH 3.1～4.4，其变色时，Na_2CO_3 与 HCl 的反应计量关系为 1∶2，反应方程式如下：

$$Na_2CO_3+2HCl = 2NaCl+H_2O+CO_2\uparrow$$

$n_{Na_2CO_3} : n_{HCl}=1 : 2$，即 $n_{HCl}=2n_{Na_2CO_3}$，则有

$$c_{HCl} \cdot V_{HCl}=2\times \frac{m_{Na_2CO_3}}{M_{Na_2CO_3}}$$

$$c_{HCl}=\frac{2\times m_{Na_2CO_3}}{M_{Na_2CO_3}\times V_{HCl}}=\frac{2\times 0.2036\times 1000}{105.99\times 36.06}=0.1065(mol \cdot L^{-1})$$

Note

定量分析的任务是测定试样中有关组分的相对含量。不准确的分析结果可能导致生产上的损失、资源上的浪费,甚至在科学上得出错误的结论。但是在分析过程中,即使是技术很娴熟的人,对某一试样用同一种方法仔细地进行多次分析测定时,所得到的分析结果也不可能完全一致,即会产生一定的误差。由此可见,分析过程中的误差不可避免、客观存在。因此,在进行定量分析时,不仅要对试样认真分析,还要对分析过程中的每一个环节仔细研究,掌握误差产生的原因及其规律,以采取相应的有效措施来减小误差,使分析结果尽可能接近真值。

一、分析结果的误差

测量值与真值之间的差值称为误差(error)。

(一) 误差的分类

根据误差的性质和产生的原因不同,可将误差分为系统误差(systematic error)和偶然误差(accidental error)两类。

1. 系统误差 系统误差是由某些比较确定的原因所引起的,一般它有固定的大小和方向(正或负),重复测定时可重复出现。因此它对分析结果的影响比较恒定,在同一条件下重复测定时会重复地显示出来,使分析结果系统性偏高或偏低。这种误差的大小、正负是可以测定的,所以又称为可测误差(determinate error)。根据其来源,系统误差可分为方法误差、仪器误差、试剂误差及操作误差。

(1) 方法误差:方法误差是由方法本身不完善所引起的误差。如干扰物的共沉淀,沉淀溶解损失及滴定终点与化学计量点不相符等。

(2) 仪器误差:仪器误差是由仪器不够准确所引起的误差。如等臂天平两臂不相等,天平砝码缺损及滴定管刻度不准确等。

(3) 试剂误差:试剂误差是由试剂不纯所引起的误差。如蒸馏水不合格,标准溶液浓度不准确及试剂中含有微量被测组分或干扰杂质等。

(4) 操作误差:操作误差是由操作不规范所引起的误差。如沉淀过分洗涤,称量速度太慢引起试样吸潮及辨别滴定终点的颜色习惯偏深等。

2. 偶然误差 偶然误差是由某些偶然因素所引起的误差。这种误差的值时大时小、时正时负,难以测定,所以又称为不可测误差或随机误差(random error)。偶然误差的来源很多,如温度、气压、湿度或电压的微小波动,滴定管读数估计不够准确及仪器的稳定性稍差等。

偶然误差的出现表面上似乎没有规律,但大量的实践发现,偶然误差有以下规律。

(1) 绝对值小的误差出现概率大,绝对值大的误差出现概率小,特大误差的出现概率更小。

(2) 大小相近的正误差和负误差出现概率大致相等。

实验证明,可以通过增加平行实验测定次数求平均值的方法,来减小分析结果中的偶然误差。

(二) 误差的表示

误差可用绝对误差(absolute error)和相对误差(relative error)来表示。

1. 绝对误差(δ) 绝对误差是指测量值 x 与真值 μ 之差,即

$$\delta = x - \mu \tag{13-2}$$

【例 13-3】 用分析天平称得两物体的质量分别为 2.0132 g 和 0.2011 g,若二者真实质量分别为 2.0134 g 和 0.2013 g,求二者称量的绝对误差。

解:

$$\delta_1 = x_1 - \mu_1 = 2.0132 - 2.0134 = -0.0002(\text{g})$$

$$\delta_2 = x_2 - \mu_2 = 0.2011 - 0.2013 = -0.0002(\text{g})$$

Note

绝对误差以测量值的单位为单位,可以是正值、负值或零,即测量值可能大于、小于或等于真

值。测量值越接近真值，绝对误差越小；反之，则绝对误差越大。

2. 相对误差(E_r) 相对误差是指绝对误差 δ 在真值 μ 中所占的比例，即

$$E_r = \frac{\delta}{\mu} \times 100\% \tag{13-3}$$

【例 13-4】 求上例中，二者称量的相对误差。

解：

$$E_{r1} = \frac{\delta_1}{\mu_1} \times 100\% = \frac{-0.0002}{2.0134} \times 100\% = -0.01\%$$

$$E_{r2} = \frac{\delta_2}{\mu_2} \times 100\% = \frac{-0.0002}{0.2013} \times 100\% = -0.1\%$$

由此可知，两物体称量的绝对误差虽然相等，但称取量不同，其相对误差也就不同，称取量越大，相对误差绝对值越小，准确度越高。因此，用相对误差来表示分析结果的准确度更为确切。

（三）偏差与其表示方法

单次测量值与多次测量结果平均值之间的差值称为偏差(deviation)。

偏差可表示为绝对偏差、平均偏差、相对平均偏差、标准偏差和相对标准偏差等。

1. 绝对偏差(absolute deviation, d) 各单次测量值与多次测量结果平均值之差为绝对偏差。设一组测量值为 $x_1, x_2, x_3, \cdots, x_n$，其平均值 $\overline{x}$ 为

$$\overline{x} = \frac{\sum_{i=1}^{n} x_i}{n} \tag{13-4}$$

$$\begin{aligned} d_1 &= x_1 - \overline{x} \\ d_2 &= x_2 - \overline{x} \\ &\vdots \\ d_i &= x_i - \overline{x} \end{aligned} \tag{13-5}$$

很明显，在这些偏差中，一部分为正偏差，一部分为负偏差，还有一部分可能为零。如果将各单次测量值的绝对偏差相加，则其和必将等于零或接近零。

2. 平均偏差(average deviation, $\overline{d}$) 平均偏差是各单次绝对偏差的绝对值的平均值。

$$\overline{d} = \frac{\sum_{i=1}^{n} |d_i|}{n} = \frac{\sum_{i=1}^{n} |x_i - \overline{x}|}{n} \tag{13-6}$$

应当注意，平均偏差没有负值。

3. 相对平均偏差(relative average deviation, $\overline{d}_r$) 相对平均偏差是平均偏差与测量结果平均值的比值。

$$\overline{d}_r = \frac{\overline{d}}{\overline{x}} \times 100\% \tag{13-7}$$

【例 13-5】 测定芒硝中的水分含量时，三次测定结果分别为 52.36%、52.47% 和 52.43%，试计算测量结果的平均偏差和相对平均偏差。

解：

$$\overline{x} = \frac{1}{n}\sum_{i=1}^{n} x_i = \frac{52.36\% + 52.47\% + 52.43\%}{3} = 52.42\%$$

$$d_1 = x_1 - \overline{x} = 52.36\% - 52.42\% = -0.06\%$$

$$d_2 = x_2 - \overline{x} = 52.47\% - 52.42\% = 0.05\%$$

$$d_3 = x_3 - \overline{x} = 52.43\% - 52.42\% = 0.01\%$$

$$\overline{d} = \frac{1}{n}\sum_{i=1}^{n} |d_i| = \frac{|-0.06\%| + |0.05\%| + |0.01\%|}{3} = 0.04\%$$

Note

$$\overline{d}_r=\frac{\overline{d}}{\overline{x}}=\frac{0.04\%}{52.42\%}=0.0008=0.08\%$$

用平均偏差和相对平均偏差来表示精密度比较简单、方便，常规分析中经常采用。但在一组测定中，若小偏差占多数、大偏差占少数，则用绝对偏差绝对值之和除以测定次数所得的平均偏差必然偏小，故不能反映一组数据的波动情况，即分散程度。近年来化学中广泛采用标准偏差和相对标准偏差来表示分析结果的分散程度。

4. 标准偏差(standard deviation，*s*)和相对标准偏差(relative standard deviation，RSD) 用统计学方法处理数据时，广泛采用标准偏差和相对标准偏差来衡量数据的分散程度。标准偏差是指各单次绝对偏差的平方和除以测定次数减1后的平方根，即

$$s=\sqrt{\frac{\sum_{i=1}^{n}d_i^2}{n-1}}=\sqrt{\frac{\sum_{i=1}^{n}(x_i-\overline{x})^2}{n-1}} \tag{13-8}$$

式中，$n-1$称为自由度，常用f表示。它表明在n次测定中，只有$n-1$个可变的偏差，因为在平均值确定后，如果知道了其中$n-1$个数的值，第n个数的值也就确定了。这里，平均值相当于1个限制条件，由于加了这个限制条件，标准偏差的自由度为$n-1$。

相对标准偏差是指标准偏差在平均值中所占的比例，即

$$\text{RSD}=\frac{s}{\overline{x}}\times100\% \tag{13-9}$$

标准偏差和相对标准偏差能够更好地反映两组数据精密度上的差异。原因在于计算标准偏差时，先将单次绝对偏差取平方后求和，这样不仅避免了各单次绝对偏差相加时的正负抵消，而且能使大偏差变得更大，更好地将数据的分散程度凸显出来，故在科研中普遍采用相对标准偏差来表示分析结果的精密度。

(四) 准确度和精密度

1. 准确度 准确度是指测量值与真值接近的程度。因此，可用误差来衡量准确度的高低。误差越小，说明测量值与真值越接近，准确度越高。

2. 精密度 精密度是指平行实验测定中，单次测量值与多次测量结果平均值相互接近的程度，即指各测量值之间相互接近的程度。因此，常用偏差来衡量精密度的高低。偏差表示数据的离散程度，偏差越小，数据越集中，说明各测量值之间越接近，精密度越高。

3. 准确度与精密度的关系 准确度和精密度虽然在概念上有严格的区别，但相互之间又有密切的联系，准确度高时精密度一定高，而精密度高时，准确度不一定高。

二、有效数字

(一) 有效数字的概念

有效数字(significant figure)是指在分析工作中实际上能测量得到的、有实际意义的数字。在记录测量数据时，只允许保留一位欠准确的数，即末位数，其误差是末位数的±1个单位。记录的有效数字不仅反映了数值的大小，而且与测量仪器的精密度直接相关。因此记录的有效数字必须与使用的方法、仪器的准确度相适应，任意增加或减少所记录有效数字的位数都是错误的。例如，用分析天平读出某物体的质量为0.4960 g，在这一数据中，0.496是准确的，最后一位“0”是欠准的，有±1个单位的误差，即表示该物体的实际质量为(0.4960±0.0001)g，即四位有效数字，此时称量的绝对误差为±0.0001 g。如果将上述数据记录为0.496 g，则表示该物体的质量为(0.496±0.001)g，此时称量的绝对误差为±0.001 g；如果将上述数据记录为0.49600 g，此时称量的绝对误差为±0.00001 g。由此可知，记录时少写一位或多写一位“0”，对其数值没有多大影

Note

响，但测量准确度无形被缩小或增大了10倍。又如：用50 mL量筒量取25 mL溶液时，由于该规格量筒有±1 mL的误差，因此应记录为25 mL，即两位有效数字；而用50 mL滴定管量取25 mL溶液时，由于滴定管能准确量至±0.01 mL，因此应记录为25.00 mL，即四位有效数字。

（二）有效数字的位数

1. “0”的作用 数据中的“0”可能是有效数字，也可能不是有效数字而只起定位作用，故应做具体分析。例如，某物体经分析天平称得其质量为0.5080 g，此数据中5与8中间的0和数字8后面的0都是有效数字，而数字5前面的0则不是有效数字。值得注意的是，有效数字位数在指数表示形式中并未改变，变换单位时有效数字的位数也必须保持不变。

2. 测定次数、倍数或分数的位数 因为测定次数、倍数或分数非测量所得，故它们的有效数字位数不受限制，可以认为是无穷多位。

3. 常数(如π、e等)的位数 常数的有效数字位数可视为无穷多位，在计算中需要几位就可以取几位。

4. 对数的位数 如pH、p*K*、pM、lg*c*、lg*K*等对数的有效数字位数只取决于小数部分的位数，其整数部分只代表原值的幂次。例如pH=4.36，其有效数字的位数为两位，而不是三位，因为其$[H^+]=4.4\times10^{-5}$ mol·L^{-1}，有效数字位数为两位。

问题与思考13-1

请判断下面各数的有效数字位数。

43.283　10.82　1.00　pH=5.26　0.05

0.53472　2.163×10^{-3}　0.324　0.0020　2×10^5

扫码看答案

（三）有效数字的修约规则

在处理数据的过程中，涉及的各测量值的有效数字位数可能不同，即各测量值的准确度不同。如果能将有效数字位数较多(误差较小)的测量值按一定规则舍弃多余的数字，这样既可以简化计算，又不会影响计算结果的准确度。这种舍弃多余数字的过程称为数字修约。现在多采用“四舍六入五留双”的修约规则，可以使由“五”本身引起的舍入误差自相抵消。

1. “四舍六入五留双”规则 数据中被修约的那个数小于或等于4时，应将该数舍去；数据中被修约的那个数等于或大于6时，应将该数进位；数据中被修约的那个数等于5时，若其后还有不为0的任何数，则该5应进位；若其后的数均为0，则看该数前是奇数还是偶数，如果是奇数就将该5向前进位，如果是偶数，则将该5舍去。

问题与思考13-2

请将下列数据修约为四位有效数字。

6.2344　2.03482　39.04503　0.74556　0.0310850　10.305　1.03549

扫码看答案

2. 一次性修约 对要进行修约的数据采取一次性修约，不能分次修约。例如，将数据2.3456修约到两位有效数字，应一次性修约为2.3；不能先修约到2.346，再修约到2.35，最后修约为2.4。

3. 标准偏差及相对标准偏差的修约 修约标准偏差及相对标准偏差时，只进不舍。

4. 运算中可多保留一位有效数字 在大量运算中，可以将参与运算的数据及阶段性计算结果多保留一位有效数字，经运算后再将最终的计算结果修约到应有的有效数字位数，以确保最终结果的准确度。

Note

(四)有效数字的运算规则

在计算分析结果时,不是保留的有效数字位数越多越准确,必须按照一定的运算规则进行,合理地取舍各数据的有效数字位数。这样既能正确地反映测量的准确度,又可节省时间,还能避免因计算麻烦引起的差错。

有效数字的运算规则如下。

1. 加减法 当几个数据相加减时,和或差的有效数字位数的保留,应以引入绝对误差最大的数据为依据,即以小数点后数字位数最少为依据进行修约。例如:

$$10.375+31.34+0.0223=10.375+31.34+0.022=41.737=41.74$$

2. 乘除法 当几个数据相乘除时,积或商的有效数字位数的保留应以引入相对误差最大的数据为依据,即以有效数字位数最少为依据进行修约。例如:

$$10.38\times31.3467\times0.0217=10.38\times31.35\times0.0217=7.061=7.06$$

第三节 酸碱滴定法

一、酸碱指示剂

在酸碱滴定分析中,常用酸碱指示剂颜色的突变来指示反应终点。

(一)酸碱指示剂的变色原理和变色范围

酸碱指示剂一般是有机弱酸或弱碱,它们的共轭酸碱对具有不同结构而呈现不同颜色。当溶液的pH改变时,酸碱指示剂得到质子,由碱式转变为共轭酸式,或失去质子,由酸式转变为共轭碱式,由于其结构的转变而发生颜色的变化。

例如酚酞(phenolphthalein,PP)为有机弱酸,是一种单色指示剂。在酸性溶液中,酚酞主要以酸式结构存在,溶液呈无色;在碱性溶液中,酚酞由酸式结构转变为共轭碱式结构(醌式),溶液呈红色。但在较浓的强碱性溶液中,酚酞又会进一步变为羧酸盐式结构,溶液呈无色。

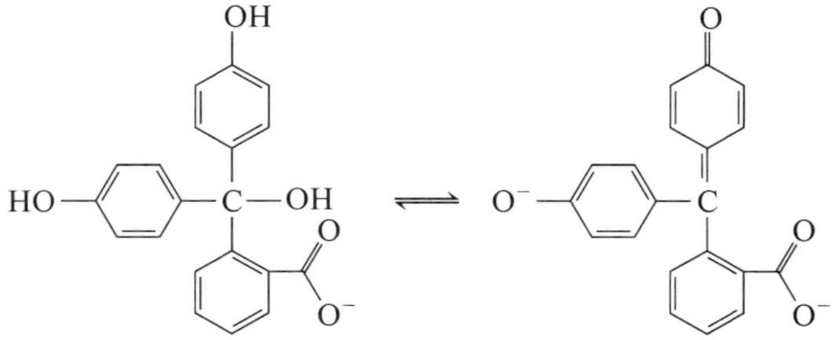

酸式(无色) 碱式(红色)

又如甲基橙(methyl orange,MO)是一种有机弱碱,是一种双色指示剂。在酸性溶液中,甲基橙主要以醌式结构存在,溶液呈红色;降低溶液酸度,平衡向左移动至一定程度,甲基橙主要以偶氮结构存在,溶液呈黄色。

Note

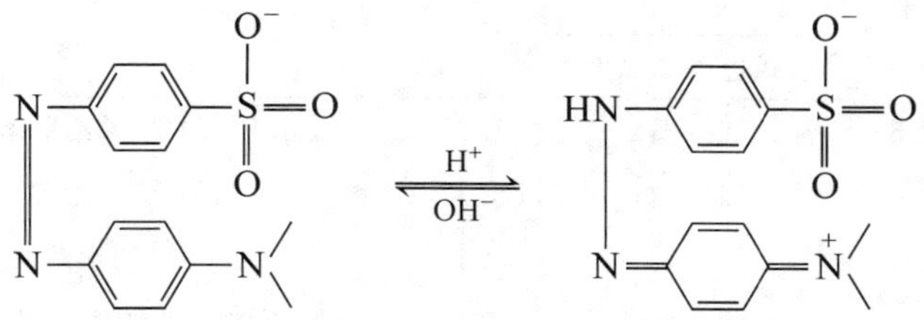

碱式（黄色）　　　　酸式（红色）

由此可见，酸碱指示剂的变色与溶液的 pH 有关。下面以 HIn 代表酸碱指示剂的酸式型体，其产生的颜色称为酸式色；以 In^- 代表酸碱指示剂的碱式型体，其产生的颜色称为碱式色，讨论酸碱指示剂颜色变化与溶液 pH 的关系。酸碱指示剂在溶液中存在如下解离平衡：

$$HIn \rightleftharpoons H^+ + In^-$$

其解离平衡常数又称为指示剂常数(indicator constant)，在一定温度下为常数。

$$K_{HIn}=\frac{[H^+][In^-]}{[HIn]}$$

可改写为

$$\frac{K_{HIn}}{[H^+]}=\frac{[In^-]}{[HIn]}$$

式中，$[In^-]$代表碱式型体的浓度，也代表其碱式色的深度；[HIn]代表酸式型体的浓度，也代表酸式色的深度。二者的比值决定了酸碱指示剂的颜色。从上式可知，该比值是由两个因素决定的，一个是 K_{HIn}，另一个是溶液中$[H^+]$。K_{HIn}是由酸碱指示剂本质决定的，对于某种酸碱指示剂，在一定温度下，它是一个常数。因此某种酸碱指示剂的颜色变化完全取决于溶液中$[H^+]$，即在一定的 pH 条件下，溶液有一定的颜色，当 pH 改变时，溶液颜色也就相应地发生变化。

显然，溶液中酸碱指示剂的两种颜色同时存在，溶液的颜色应该是两种颜色的混合色。通常由于人眼对颜色的分辨能力有一定限度，当两种颜色所代表的酸碱指示剂型体的浓度之比为 10 或以上时，只能看到浓度较大的型体所呈现的颜色。也就是说，当$[In^-]/[HIn]\geqslant 10$ 时，看到 In^- 的颜色，如甲基橙为黄色、酚酞为红色。当$[In^-]/[HIn]\leqslant 1/10$ 时，看到 HIn 的颜色，如甲基橙为红色、酚酞为无色。当 $1/10<[In^-]/[HIn]<10$ 时，我们看到的是两种颜色的混合色。

因此，酸碱指示剂并不是突然从一种颜色变为另一种颜色，当 pH 由 $pK_{HIn}-1$ 到 $pK_{HIn}+1$ 时，两种颜色浓度的变化范围$\frac{[In^-]}{[HIn]}=\frac{1}{10}\sim 10$，我们能在此浓度比范围内看到酸碱指示剂从碱式色转变到酸式色的这一颜色变化。因此 $pH=pK_{HIn}\pm 1$ 称为酸碱指示剂的变色范围(colour change interval)。各种酸碱指示剂由于其 K_{HIn}不同，变色范围也不同。当$[In^-]=[HIn]$、$pH=pK_{HIn}$时，溶液中的酸式型体与碱式型体浓度相等，呈现酸碱指示剂的过渡颜色，这是酸碱指示剂变色的最灵敏点，称为酸碱指示剂的理论变色点。

（二）常用的酸碱指示剂

各种不同的酸碱指示剂具有不同的变色范围，有的在酸性溶液中变色，如甲基橙、甲基红等；有的在中性附近变色，如中性红、苯酚红等；有的则在碱性溶液中变色，如酚酞、百里酚酞等。几种常用的酸碱指示剂见表 13-3。

Note

表 13-3 几种常用的酸碱指示剂

酸碱指示剂	变色范围(pH)	颜色变化 酸式色～碱式色	pK_{HIn}	浓度	用量/滴(每10 mL)
百里酚蓝	1.2～2.8	红～黄	1.7	0.1%的20%乙醇溶液	1～2
甲基黄	2.9～4.0	红～黄	3.3	0.1%的90%乙醇溶液	1
甲基橙	3.1～4.4	红～黄	3.4	0.05%的水溶液	1
溴酚蓝	3.0～4.6	黄～紫	4.1	0.1%的20%乙醇或其钠盐水溶液	1
溴甲酚绿	3.8～5.4	黄～蓝	4.9	0.1%的20%乙醇或其钠盐水溶液	1～3
甲基红	4.4～6.2	红～黄	5.0	0.1%的60%乙醇或其钠盐水溶液	1
溴百里酚蓝	6.2～7.6	黄～蓝	7.3	0.1%的20%乙醇或其钠盐水溶液	1
中性红	6.8～8.0	红～黄橙	7.4	0.1%的60%乙醇溶液	1
苯酚红	6.7～8.4	黄～红	8.0	0.1%的60%乙醇或其钠盐水溶液	1
酚酞	8.0～10.0	无～红	9.1	0.5%的90%乙醇溶液	1～3
百里酚酞	9.4～10.6	无～蓝	10.0	0.1%的90%乙醇溶液	1～2

二、强碱滴定强酸

在酸碱滴定中,需要考虑待测物质能否被准确滴定,如何选择合适的酸碱指示剂来确定滴定终点并使滴定分析得到准确结果,而这些都与滴定过程中溶液 pH 的变化,尤其是化学计量点附近的 pH 变化有关。由于各种不同类型的酸碱滴定过程中 pH 的变化规律不尽相同,因此以下将分别讨论各种类型的酸碱滴定过程中溶液 pH 随滴定剂加入的变化情况,再根据 pH 的变化规律及影响因素来讨论滴定分析的可行性及酸碱指示剂的选择原则。

强酸、强碱在水溶液中是完全电离的,滴定的基本反应为

$$H^+ + OH^- = H_2O$$

(一) 滴定曲线

现以 0.1000 mol·L^{-1} NaOH 溶液滴定 20.00 mL 0.1000 mol·L^{-1} HCl 溶液为例,讨论滴定过程中溶液 pH 的变化。滴定过程可分为以下四个阶段。

1. 滴定开始前 溶液中仅有 HCl 存在,HCl 是强酸,完全解离。所以溶液的 pH 取决于 HCl 溶液的原始浓度,即

$$[H^+]=0.1000\ \text{mol}\cdot\text{L}^{-1}\quad pH=1.00$$

2. 滴定开始至到达化学计量点前 由于滴加入 NaOH,部分 HCl 被中和,组成 HCl+NaCl 溶液,溶液的 pH 取决于剩余的 HCl 量和溶液的总体积。例如,当加入 19.98 mL(19.98/20.00×100%=99.9%)NaOH 溶液时,还剩余 0.02 mL HCl 溶液(−0.1%)未被中和,这时溶液中的 $[H^+]$为

$$[H^+]=\frac{0.1000\times(20.00-19.98)}{20.00+19.98}=5.00\times10^{-5}(\text{mol}\cdot\text{L}^{-1})$$

$$pH=4.30$$

3. 到达化学计量点时 当加入 20.00 mL NaOH 溶液时,HCl 被 NaOH 全部中和,生成 NaCl 溶液,这时 pH=7.00。

4. 到达化学计量点后 过了化学计量点,再加入 NaOH 溶液,则构成 NaOH+NaCl 溶液,其 pH 取决于过量的 NaOH 量和溶液的总体积。例如,当加入 20.02 mL(20.02/20.00×100%=100.1%)NaOH 溶液时,NaOH 溶液过量 0.02 mL(+0.1%),过量 NaOH 的$[OH^-]$为

Note

$$[OH^-]=\frac{0.1000\times(20.02-20.00)}{20.00+20.02}=5.00\times10^{-5}(mol\cdot L^{-1})$$

$$pOH=4.30\quad pH=9.70$$

如此逐一计算滴定过程中各阶段的 pH，把计算所得结果列于表 13-4 中。以加入的滴定剂 NaOH 溶液的体积为横坐标，对应的溶液 pH 为纵坐标，绘制的关系曲线，称为滴定曲线(titration curve)，又称 pH-V 曲线。

表 13-4　用 0.1000 mol · L^{-1} NaOH 溶液滴定 20.00 mL HCl 溶液(0.1000 mol · L^{-1})时的 pH 变化

加入的 NaOH 溶液		剩余的 HCl 溶液（或过量的 NaOH 溶液）		$[H^+]$ /(mol · L^{-1})	pH
百分比/(%)	体积/mL	百分比/(%)	体积/mL		
0.0	0.00	100.0	20.00	1.00×10^{-1}	1.00
90.0	18.00	10.0	2.00	5.26×10^{-3}	2.28
99.0	19.80	1.0	0.20	5.03×10^{-4}	3.30
99.9	19.98	0.1	0.02	5.00×10^{-5}	4.30
100.0	20.00	0.0	0.00	1.00×10^{-7}	7.00
100.1	20.02	0.1	0.02	5.00×10^{-5}*	9.70
101.0	20.20	1.0	0.20	4.98×10^{-4}*	10.70

注：* 表示此时所示浓度为$[OH^-]$。

从表 13-4 和图 13-1 可以看出，在滴定开始时，溶液中还存在较多的 HCl，因此 pH 升高得十分缓慢。随着滴定的不断进行，溶液中 HCl 减少，pH 的升高逐渐增快。滴定接近化学计量点时，溶液中剩余的 HCl 已极少，pH 升高极快。当加入的 NaOH 溶液从 19.98 mL(化学计量点前 0.1%)增加至 20.02 mL(化学计量点后 0.1%)时，体积差仅为 0.04 mL(约为 1 滴溶液)，溶液的 pH 却从 4.30 突然升高到 9.70，增加了 5.40 个 pH 单位，溶液由酸性突变为碱性。这种化学计量点前后 pH 的突变称为滴定突跃，突跃所在范围称为滴定突跃范围。此后，继续加入 NaOH 溶液，溶液 pH 的变化逐渐减小，曲线趋于平坦。

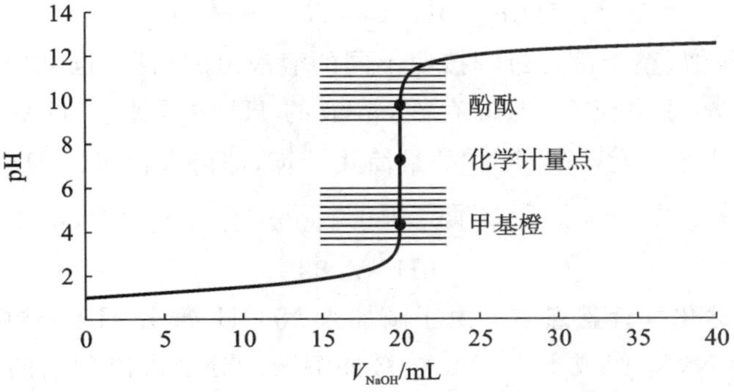

图 13-1　用 0.1000 mol · L^{-1} NaOH 溶液滴定 20.00 mL 0.1000 mol · L^{-1} HCl 溶液的滴定曲线

滴定突跃有重要的实际意义，它是衡量酸碱滴定是否可行的依据，也是选择酸碱指示剂的依据。凡是变色范围全部或部分区域落在滴定突跃范围内的酸碱指示剂都可以用来指示滴定终点。

如果用 0.1000 mol · L^{-1} HCl 溶液滴定 20.00 mL 0.1000 mol · L^{-1} NaOH 溶液，则滴定曲线的形状与图 13-1 所示的曲线对称，pH 变化方向相反。

(二) 影响滴定突跃范围的因素

以上讨论的是 0.1000 mol · L^{-1} NaOH 溶液滴定 0.1000 mol · L^{-1} HCl 溶液的情况。如果

Note

溶液浓度发生改变，到达化学计量点时溶液的 pH 依然是 7，但化学计量点附近滴定突跃范围的大小却不相同。从图 13-2 可以看出，对于强酸与强碱的滴定，滴定突跃范围的大小取决于酸和碱的浓度。强酸、强碱浓度增大 10 倍，滴定突跃范围增加 2 个 pH 单位；若浓度降低为原浓度的 1/10，则滴定突跃范围减小 2 个 pH 单位。例如，当用 0.1 $mol \cdot L^{-1}$ NaOH 溶液滴定 0.1 $mol \cdot L^{-1}$ HCl 溶液时，滴定突跃范围为 4.30～9.70；当用 0.01 $mol \cdot L^{-1}$ NaOH 溶液滴定 0.01 $mol \cdot L^{-1}$ HCl 溶液时，滴定突跃范围为 5.30～8.70。但若溶液的浓度太高，即使在化学计量点附近加入 1 滴滴定剂，物质的量较大，引入的误差也较大。故在酸碱滴定中一般不采用浓度高于 1 $mol \cdot L^{-1}$ 或低于 0.01 $mol \cdot L^{-1}$ 的溶液，常用的浓度为 0.1～0.5 $mol \cdot L^{-1}$。

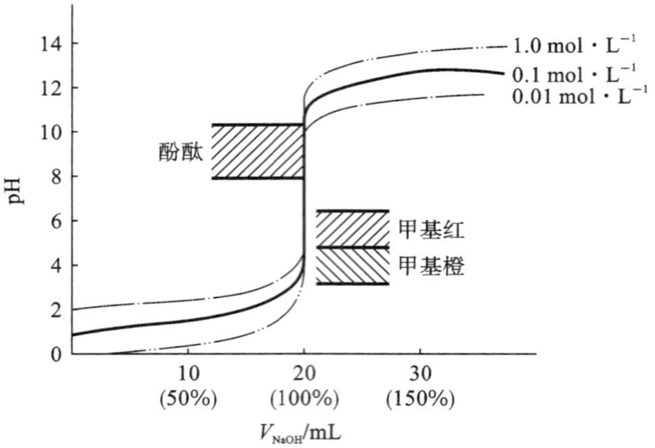

图 13-2　不同浓度 NaOH 溶液滴定不同浓度 HCl 溶液的滴定曲线

三、强碱滴定弱酸（强酸滴定弱碱）

对于一元弱酸的滴定，在实际工作中，总是以强碱为滴定剂来进行的。现以 NaOH 溶液（0.1000 $mol \cdot L^{-1}$）滴定 20.00 mL HAc 溶液（0.1000 $mol \cdot L^{-1}$）为例进行讨论，滴定过程中发生下列滴定反应：

$$HAc + OH^{-} \rightleftharpoons Ac^{-} + H_2O$$

与强碱滴定强酸相似，整个滴定过程按照不同的溶液组成情况，也可分为四个阶段。

1. 滴定开始前　溶液中仅有 HAc 存在，溶液的 H^{+} 主要来自 HAc 的解离，由于 $c_aK_a > 20K_w$、$c_a/K_a > 500$，按计算一元弱酸 $[H^{+}]$ 的最简式计算，即可求得 $[H^{+}]$ 及其相应的 pH。

$$[H^{+}] = \sqrt{K_a c_a} = \sqrt{1.7 \times 10^{-5} \times 0.1000} = 1.30 \times 10^{-3} (mol \cdot L^{-1})$$

$$pH = 2.88$$

2. 滴定开始至到达化学计量点前　由于滴加入 NaOH，部分 HAc 被中和，溶液中未反应的弱酸 HAc 及反应产物 NaAc 组成 HAc-NaAc 缓冲溶液。分别求出剩余的 HAc 和生成的 NaAc 的浓度 c_a 和 c_b（注意体积变化的影响），根据缓冲溶液 pH 的计算公式，可求得此时的 pH。

$$[H^{+}] = K_a \frac{c_a}{c_b}$$

$$pH = pK_a + \lg \frac{c_b}{c_a}$$

例如，当加入 19.98 mL（19.98/20.00 × 100% = 99.9%）NaOH 溶液时，还剩余 0.02 mL（−0.1%）HAc 溶液未被中和，则有

$$[HAc] = \frac{0.1000 \times (20.00 - 19.98)}{20.00 + 19.98} = 5.00 \times 10^{-5} (mol \cdot L^{-1})$$

Note

$$[Ac^-]=\frac{0.1000\times19.98}{20.00+19.98}=5.00\times10^{-2}(mol\cdot L^{-1})$$

$$pH=pK_a+\lg\frac{c_b}{c_a}=4.76+\lg\frac{5.00\times10^{-2}}{5.00\times10^{-5}}=7.76$$

3. 到达化学计量点时 当加入 20.00 mL NaOH 溶液时，HAc 被 NaOH 全部中和，生成 NaAc 溶液，按一元弱碱的计算公式求得解离的$[OH^-]$和相应的 pH。

$$[OH^-]=\sqrt{c_bK_b}=\sqrt{0.0500\times\frac{1.0\times10^{-14}}{1.8\times10^{-5}}}=5.3\times10^{-6}(mol\cdot L)$$

$$pOH=5.28\qquad pH=8.72$$

4. 到达化学计量点后 过了化学计量点，再加入 NaOH 溶液，则构成 NaOH+NaAc 溶液，其 pH 取决于过量的 NaOH 量和溶液的总体积，计算方法与强碱滴定强酸相同。例如，加入 20.02 mL(20.02/20.00×100%=100.1%)NaOH 溶液时，NaOH 溶液过量 0.02 mL(+0.1%)，则有

$$pOH=4.30\qquad pH=9.70$$

应当指出，虽然用最简式求得的溶液$[H^+]$与用精确式计算的$[H^+]$相比有百分之几的误差，但当换算成 pH 时，往往在小数点后第二位才显示出差异。对于滴定曲线上各点的计算，这个差异是允许的，也不影响酸碱指示剂的选择。因此，通常用最简式计算即可。如此逐一计算滴定过程中各阶段的 pH，把计算所得结果列于表 13-5 中。

表 13-5 用 0.1000 mol·L^{-1} NaOH 溶液滴定 20.00 mL HAc 溶液(0.1000 mol·L^{-1})时的 pH 变化

加入的 NaOH 溶液		剩余的 HAc 溶液（或过量的 NaOH 溶液）		计算式	pH
百分比/(%)	体积/mL	百分比/(%)	体积/mL		
0.0	0.00	100.0	20.00	$[H^+]=\sqrt{K_ac_a}$	2.88
50.0	10.00	50.0	10.00		4.75
90.0	18.00	10.0	2.00	$[H^+]=K_a\frac{c_{HAc}}{c_{Ac^-}}$	5.71
99.0	19.80	1.0	0.20		6.75
99.9	19.98	0.1	0.02		7.76
100.0	20.00	0.0	0.00		8.72
100.1	20.02	0.1	0.02	$[OH^-]=\sqrt{K_bc_b}$	9.70
101.0	20.20	1.0	0.20		10.70

由表 13-5 可以看出强碱滴定弱酸有如下特点。

(1) 由于 HAc 是弱酸，部分解离，滴定开始前溶液中$[H^+]$较低，pH 较 NaOH-HCl 滴定时高。滴定开始后 pH 升高得较快，这是由于生成的少量 Ac^- 产生同离子效应，抑制了 HAc 的解离，$[H^+]$降低得较快。

(2) 继续滴入 NaOH 溶液后，由于 NaAc 不断生成，在溶液中形成弱酸及其共轭碱（HAc-Ac^-）的缓冲体系，pH 升高得较慢。当滴定接近化学计量点时，由于溶液中剩余的 HAc 已很少，溶液的缓冲能力显著减弱。随着 NaOH 溶液的不断滴入，溶液的 pH 变化逐渐加快，到达化学计量点时，在其附近出现一个较为短小的滴定突跃。这个滴定突跃的 pH 为 7.76～9.70，处于碱性范围内。这是由于到达化学计量点时溶液中存在着大量的 NaAc，溶液显弱碱性。

(3) 根据化学计量点附近滴定突跃范围，用酚酞或百里酚蓝指示终点是合适的，也可以用百里酚酞指示终点。但在酸性溶液中变色的酸碱指示剂，如甲基橙之类则完全不适用。

Note

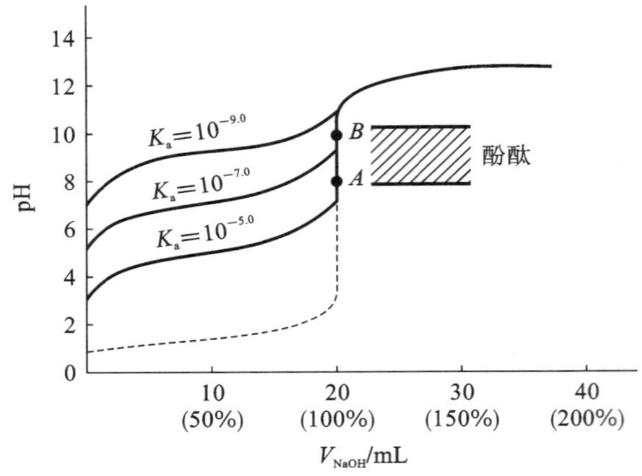

图 13-3　NaOH 溶液($0.1000\ mol \cdot L^{-1}$)滴定不同强度酸的滴定曲线

酸的强弱是影响滴定突跃范围大小的重要因素,化学计量点前 0.1% 的 pH 取决于 pK_a,pK_a 越小,滴定突跃范围越大。醋酸的解离常数 $K_a=1.8\times10^{-5}$,滴定突跃范围约为 2 个 pH 单位。如果滴定解离常数为 10^{-7} 左右的弱酸,则滴定到达化学计量点时溶液的 pH 升高,化学计量点附近的滴定突跃范围更小(图 13-3)。在这种滴定中用酚酞指示终点已不合适,应选用变色范围 pH 更高的酸碱指示剂,例如百里酚酞(变色范围为 pH 9.4～10.6)就较合适。

由于化学计量点附近滴定突跃范围的大小,不仅与被测酸的 K_a 有关,也和浓度有关,用较浓的标准溶液滴定较浓的试液,可使滴定突跃范围适当增大,滴定终点较易判断。但这一途径也存在着一定的限度,对于 $K_a\approx10^{-9}$ 的酸,即使用 $1\ mol \cdot L^{-1}$ 的标准碱也难以直接滴定。一般来讲,当弱酸溶液的浓度 c 和弱酸的解离常数 K_a 的乘积 $c_aK_a\geqslant10^{-8}$ 时,可出现≥0.3 个 pH 单位的滴定突跃,这时人眼能够借助酸碱指示剂颜色的改变准确判断出终点,滴定就可以直接进行,而终点误差也在允许的±0.1%以内。

强酸滴定弱碱的过程类似强碱滴定弱酸。

四、酸碱滴定法的应用

(一) 药用氢氧化钠的滴定

药用氢氧化钠易吸收空气中的 CO_2,使部分 NaOH 变成 Na_2CO_3,形成混合碱。测定 NaOH 和 Na_2CO_3 的含量,有如下两种滴定方法。

1. 连续滴定法(双指示剂法)　准确称取一定量样品溶解后,以酚酞为指示剂,用 H_2SO_4 标准溶液滴定至红色消失,记录消耗的 H_2SO_4 标准溶液体积(V_1)。这时 Na_2CO_3 被中和为 $NaHCO_3$,而 NaOH 全部被中和。再向溶液中加入甲基橙作为指示剂,继续用 H_2SO_4 标准溶液滴定至橙色,记录消耗的 H_2SO_4 标准溶液体积(V_2),V_2 是滴定 $NaHCO_3$ 所消耗的体积。

Na_2CO_3 被滴定至 $NaHCO_3$ 与 $NaHCO_3$,被滴定至终点所消耗的 H_2SO_4 的物质的量相等,故与 NaOH 反应所消耗的 H_2SO_4 标准溶液的体积为 V_1-V_2。因此,可得

$$\omega_{Na_2CO_3}=\frac{\frac{1}{2}cV_2\times\frac{M_{Na_2CO_3}}{1000}}{S}\times100\%$$

$$\omega_{NaOH}=\frac{\frac{1}{2}c(V_1-V_2)\times\frac{M_{NaOH}}{1000}}{S}\times100\%$$

式中,S 代表样品质量,c 为硫酸的物质的量浓度。

2. 氯化钡法　准确称取一定量样品溶解后,先取一定体积试样溶液,以甲基橙为指示剂,用 HCl 标准溶液滴至橙色,此时,NaOH 和 Na_2CO_3 都被滴定,记录消耗的 HCl 标准溶液的体积(V_1)。

另取一份等体积试样溶液,加入过量的 $BaCl_2$ 溶液,使 Na_2CO_3 变成 $BaCO_3$ 沉淀析出,沉淀滤出后,以酚酞为指示剂,用 HCl 标准溶液滴定至红色消失,记录消耗的 HCl 标准溶液的体积(V_2),此即为滴定混合物中 NaOH 所消耗的体积。则有

Note

$$\omega_{NaOH}=\frac{cV_2\times\frac{M_{NaOH}}{1000}}{S}\times100\%$$

$$\omega_{Na_2CO_3}=\frac{\frac{1}{2}c(V_1-V_2)\times\frac{M_{Na_2CO_3}}{1000}}{S}\times100\%$$

（二）铵盐和含氮有机物中氮的测定

1. 铵盐中氮的测定(甲醛法) NH_4Cl、$(NH_4)_2SO_4$ 等无机铵盐中，NH_4^+ 的 K_a 为 5.7×10^{-10}，不能直接滴定分析。可采用甲醛法，先将铵盐与甲醛作用，生成质子化六次甲基四铵和 H^+：

$$4NH_4^++6HCHO═(CH_2)_6N_4H^++3H^++6H_2O$$

再以酚酞为指示剂，用 NaOH 标准溶液滴定至红色。按下式计算氮的含量：

$$\omega_N=\frac{c_{NaOH}V_{NaOH}\times\frac{M_{NaOH}}{1000}}{S}\times100\%$$

2. 含氮有机物中氮的测定 常采用凯氏(Kjeldahl)定氮法测定氨基酸、生物碱蛋白质等含氮有机物中的氮含量。将样品与浓硫酸共煮，常加入 $CuSO_4$ 作催化剂、加入 K_2SO_4 提高沸点，促进样品中氮消解转变为 NH_4^+：

$$C_mH_nN\xrightarrow{CuSO_4(H_2SO_4)}CO_2+H_2O+NH_4^+$$

在样品溶液中加入过量的饱和 NaOH 溶液，加热将 NH_3 蒸馏出来，NH_3 用 2%～4%的硼酸(H_3BO_3)溶液吸收，再用 HCl 标准溶液滴定。也可以用一定量的 HCl 标准溶液吸收 NH_3，再以甲基橙或甲基红为指示剂，用 NaOH 标准溶液返滴定过量的酸。H_3BO_3 吸收固氮方法的反应过程如下：

$$NH_3+H_3BO_3═NH_4BO_2+H_2O$$
$$NH_4BO_2+HCl+H_2O═NH_4Cl+H_3BO_3$$

H_3BO_3 起固定氮的作用，由于 H_3BO_3 的酸性极弱，不会对滴定结果产生干扰。

（三）硼酸的测定

硼酸是极弱酸，不能用 NaOH 标准溶液直接滴定。但硼酸与多元醇(乙二醇、丙三醇、甘露醇等)配位生成酸后酸度增加，即可用 NaOH 标准溶液直接滴定。

第四节 氧化还原滴定法

一、概述

氧化还原滴定法(oxidation-reduction titration)是以氧化还原反应为基础的滴定分析。能用于滴定分析的氧化还原反应很多，习惯上根据标准溶液所用氧化剂名称的不同，将氧化还原滴定法分为高锰酸钾滴定法、碘量法、重铬酸钾滴定法等。

物质的氧化还原能力可以用有关电对的电位来表征。电对的电位越高，其氧化型物质的氧化能力越强；电对的电位越低，其还原型物质的还原能力越强。故可根据有关电对的电位判断氧化还原反应进行的方向和程度。

(一) 影响氧化还原反应速率的因素

氧化还原反应的速率除取决于氧化剂和还原剂本身的性质外，还与外界因素有关。

1. 浓度对反应速率的影响 由于氧化还原反应机理比较复杂，不同的氧化还原反应，反应速率差别很大。故不能由总的氧化还原反应方程式来判断浓度对反应速率的影响程度。但一般来说，增加反应物的浓度，都能增大反应速率。例如，一定量的 $K_2Cr_2O_7$ 在酸性溶液中与 KI 的反应如下：

$$Cr_2O_7^{2-} + 6I^- + 14H^+ \longrightarrow 2Cr^{3+} + 3I_2 + 7H_2O$$

此反应速率较小，增大 I^- 的浓度或提高溶液酸度都可增大反应速率。注意，此反应的酸度过高会加速空气中 O_2 对 I^- 的氧化而产生误差，故此反应通常将酸度控制在$[H^+]=0.5\ mol \cdot L^{-1}$。

2. 温度对反应速率的影响 对于大多数反应，提高反应体系的温度可以增大反应速率。这是因为升高温度不仅增加了反应物之间的碰撞概率，而且活化分子或活化离子在反应物中的比例增高。通常温度每升高 10 ℃，反应速率增大 2～4 倍。例如，$KMnO_4$ 与 $Na_2C_2O_4$ 在酸性溶液中的反应如下：

$$2MnO_4^- + 5C_2O_4^{2-} + 16H^+ \longrightarrow 2Mn^{2+} + 10CO_2\uparrow + 8H_2O$$

此反应速率较小，若将溶液加热至 65 ℃，则反应速率显著增大。若温度超过 90 ℃，将会引起 $H_2C_2O_4$ 分解而产生误差。

必须注意，不是任何情况下都可以用加热的办法来增大反应速率。有的物质(如 I_2)易挥发，若将溶液加热，则会引起挥发损失，故必须根据具体情况确定适宜的温度条件。

3. 催化剂的作用 催化反应的机理也很复杂。改变催化剂只能影响反应速率，不能改变反应总的平衡状态。

(1) 催化作用：在分析化学中，经常利用催化剂来改变反应速率。正催化剂可增大反应速率；负催化剂则减小反应速率，又称阻化剂。例如，测定 $SnCl_2$ 时，常加入多元醇作负催化剂，阻止空气中 O_2 对 $SnCl_2$ 的氧化。

(2) 自身催化：有些反应开始时由于没有催化剂存在，反应速率较小；随着反应的进行，作为催化剂的生成物从无到有，浓度逐渐增大，反应速率也逐渐增大；然后由于反应物的浓度越来越小，反应速率又逐渐减小。例如，MnO_4^- 与 $C_2O_4^{2-}$ 的反应速率较小，若加入 Mn^{2+} 作催化剂，则能加速反应进行。但由于生成物中有 Mn^{2+}，因此反应开始后生成物也能加速反应的进行。

(二) 氧化还原滴定曲线

1. 滴定曲线 在氧化还原滴定中，随着滴定剂的加入，溶液中相应的氧化型物质和还原型物质的浓度发生变化，在化学计量点附近产生突跃。以反应电对的电位为纵坐标、以加入的滴定剂的体积或百分数为横坐标，可以绘制出滴定曲线，称为氧化还原滴定曲线。现以 25 ℃时，在硫酸溶液(1 mol · L^{-1})中，用硫酸铈溶液(0.1000 mol · L^{-1})滴定 20.00 mL 硫酸亚铁溶液(0.1000 mol · L^{-1})为例，说明滴定过程中电位的变化情况。其反应如下：

$$Ce^{4+} + Fe^{2+} \rightleftharpoons Ce^{3+} + Fe^{3+}$$

因为 $\Delta\varphi^{\ominus} = \varphi^{\ominus}_{Ce^{4+}/Ce^{3+}} - \varphi^{\ominus}_{Fe^{3+}/Fe^{2+}} = 1.44 - 0.68 = 0.76(V) > 0.4\ V$，故该氧化还原反应能进行完全。其滴定过程中四个阶段的电位变化可计算如下。

(1) 滴定开始前：溶液中可能有痕量的 Fe^{2+} 被空气和介质氧化，从而组成 Fe^{3+}/Fe^{2+} 电对，但由于 Fe^{3+} 浓度无法准确知道，故此时的电位无法计算。

(2) 滴定开始后至到达化学计量点前：滴定开始后，溶液中同时存在 Fe^{3+}/Fe^{2+} 和 Ce^{4+}/Ce^{3+} 两种电对。根据氧化还原反应平衡的性质可知，在滴定过程中的任一时刻，反应达平衡后，两电对的电位必须相等。故可根据任一电对来计算溶液的电位。在这一阶段，由于 Ce^{4+} 浓度不易求得，故采用 Fe^{3+}/Fe^{2+} 电对的浓度比来计算其电位。

Note

$$\varphi=\varphi^{\ominus}_{Fe^{3+}/Fe^{2+}}+0.059\lg\frac{c_{Fe^{3+}}}{c_{Fe^{2+}}}$$

例如，滴入 19.98 mL 硫酸铈溶液时，其电位为

$$\varphi=0.68+0.059\lg\frac{(0.1000\times19.98)\div(20.00+19.98)}{(0.1000\times0.02)\div(20.00+19.98)}\approx0.68+0.059\times3=0.86(\text{V})$$

(3) 到达化学计量点时：当滴入 20.00 mL 硫酸铈溶液时，即到达化学计量点。

令到达化学计量点时的电位为 φ_{sp}，则有

$$\varphi_{sp}=\varphi^{\ominus}_{Ce^{4+}/Ce^{3+}}+0.059\lg\frac{c_{Ce^{4+}}}{c_{Ce^{3+}}}$$

$$\varphi_{sp}=\varphi^{\ominus}_{Fe^{3+}/Fe^{2+}}+0.059\lg\frac{c_{Fe^{3+}}}{c_{Fe^{2+}}}$$

将上二式相加，得

$$2\varphi_{sp}=\varphi^{\ominus}_{Ce^{4+}/Ce^{3+}}+\varphi^{\ominus}_{Fe^{3+}/Fe^{2+}}+0.059\lg\frac{c_{Ce^{4+}}c_{Fe^{3+}}}{c_{Ce^{3+}}c_{Fe^{2+}}}$$

因到达化学计量点时，$c_{Ce^{4+}}=c_{Ce^{3+}}$，$c_{Fe^{3+}}=c_{Fe^{2+}}$，故可得

$$\varphi_{sp}=\frac{\varphi^{\ominus}_{Ce^{4+}/Ce^{3+}}+\varphi^{\ominus}_{Fe^{3+}/Fe^{2+}}}{2}=\frac{1.44+0.68}{2}=1.06(\text{V})$$

(4) 到达化学计量点后：Ce^{4+} 过量后，可用 Ce^{4+}/Ce^{3+} 电对的浓度比计算其电位。

$$\varphi=\varphi^{\ominus}_{Ce^{4+}/Ce^{3+}}+0.059\lg\frac{c_{Ce^{4+}}}{c_{Ce^{3+}}}$$

例如，滴入 20.02 mL 硫酸铈溶液时，其电位为

$$\varphi=1.44+0.059\lg\frac{(0.1000\times0.02)\div(20.00+20.02)}{(0.1000\times20.00)\div(20.00+20.02)}\approx1.44-0.059\times3=1.26(\text{V})$$

用同样的方法可以计算化学计量点前后各点的电位。将计算结果列入表 13-6 中，并以电位为纵坐标、以滴入硫酸铈溶液的体积为横坐标作图，其滴定曲线见图 13-4。

表 13-6 在 1 mol·L^{-1} 硫酸溶液中硫酸铈溶液滴定硫酸亚铁溶液的电位变化

滴入硫酸铈溶液的体积/mL	滴定百分数/(%)	φ/V
0.00	0	—
18.20	91	0.74
19.80	99	0.80
19.98	99.9	0.86
20.00	100	1.06
20.02	100.1	1.26
20.20	101	1.32
22.00	110	1.38
40.00	200	1.44

2. 滴定突跃范围及其影响因素

(1) 滴定突跃范围：化学计量点前后 0.1%溶液的电位有一个突变，称为滴定突跃。

通过以上讨论可得，氧化还原滴定突跃范围的通式如下：

$$\varphi_2+\frac{0.059\times3}{n_2}\sim\varphi_1-\frac{0.059\times3}{n_1}\tag{13-10}$$

只有当 $n_1=n_2$ 时，突跃中点才与化学计量点一致，而当 $n_1\neq n_2$ 时，化学计量点的电位偏向 n 值较大的电对一方。在选择氧化还原指示剂时应该注意这一点，应使指示剂的变色点尽量靠近化学计量点。

Note

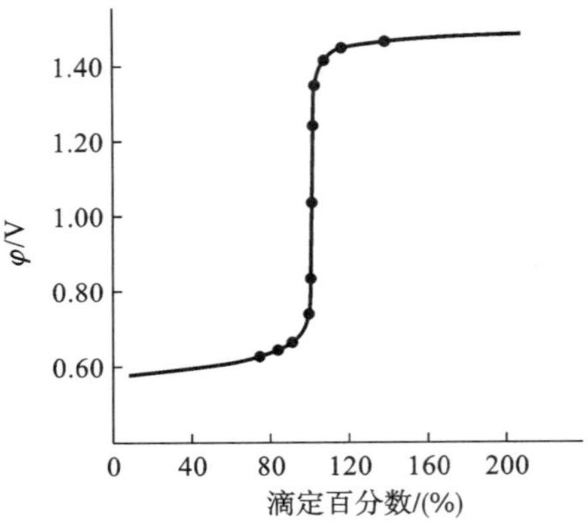

图 13-4　在硫酸溶液($1\ mol \cdot L^{-1}$)中硫酸铈溶液滴定硫酸亚铁溶液的滴定曲线

(2) 影响滴定突跃范围的因素:从滴定曲线可以看出,影响氧化还原滴定突跃范围的主要因素是两电对的电位差 $\Delta\varphi$。$\Delta\varphi$ 越大,滴定突跃范围越大,可选择的指示剂的品种越多,变色越敏锐,越易准确滴定。实践证明,$\Delta\varphi \geqslant 0.4$ V 时,用氧化还原指示剂可得到比较满意的滴定终点。

(三) 氧化还原滴定中的指示剂

在氧化还原滴定法中,常用指示剂有三类。

1. 自身指示剂　自身指示剂(self indicator)是指有些标准溶液本身具有颜色,滴定时无须再加指示剂,只要标准溶液稍微过量一点,根据标准溶液本身颜色的出现或消失,即可指示滴定终点的到达。例如:用 $KMnO_4$ 标准溶液在酸性溶液中滴定无色或浅色的样品溶液时,当滴定达化学计量点后,微过量的 $KMnO_4$ 可使溶液呈粉红色以指示滴定终点。

2. 特殊指示剂　有些指示剂本身不具备氧化还原性,但可以与氧化剂或还原剂作用产生特殊的颜色,从而指示滴定终点,这类指示剂称为特殊指示剂(specific indicator)。例如淀粉指示剂,该指示剂在碘量法中使用最多,当碘液浓度达到 $10^{-5}\ mol \cdot L^{-1}$时,能被淀粉指示剂吸附而显深蓝色。

3. 氧化还原指示剂

(1) 氧化还原指示剂的变色原理和变色点:氧化还原指示剂是一类本身具有氧化还原性质的有机试剂,其氧化型与还原型具有不同的颜色。在滴定中,其因为被氧化或被还原而发生颜色突变来指示滴定终点。

$$In(Ox) + ne^- \rightleftharpoons In(Red)$$

$$\varphi = \varphi'_{In} \pm \frac{0.059}{n} \lg \frac{c_{In(Ox)}}{c_{In(Red)}} \quad (25\ ℃) \tag{13-11}$$

式中,φ'_{In}为指示剂在一定条件下的条件电位。

当浓度比$\frac{c_{In(Ox)}}{c_{In(Red)}} > 10$ 时,溶液呈现氧化型的颜色。

当浓度比$\frac{c_{In(Ox)}}{c_{In(Red)}} < 0.1$ 时,溶液呈现还原型的颜色。

当浓度比 $0.1 < \frac{c_{In(Ox)}}{c_{In(Red)}} < 10$ 时,能明显观察到溶液颜色的变化。

理论变色范围:

$$\Delta\varphi = \varphi'_{In} \pm \frac{0.059}{n} \tag{13-12}$$

由于变色范围很小,故常直接选条件电位处于滴定突跃范围内的氧化还原指示剂。常用的氧化还原指示剂如表 13-7 所示。

表 13-7　常用的氧化还原指示剂

指　示　剂	φ'_{In}/V (pH=0)	颜色变化	
		还原型	氧化型
亚甲蓝	0.36	无色	绿蓝色
次甲基蓝	0.53	无色	蓝色

Note

续表

指　示　剂	φ'_{In}/V (pH=0)	颜色变化	
		还原型	氧化型
二苯胺	0.76	无色	紫色
二苯胺磺酸钠	0.84	无色	红紫色
邻苯氨基苯磺酸	0.89	无色	红紫色
邻二氮菲亚铁	1.06	红色	淡蓝色
硝基邻二氮菲亚铁	1.25	红色	淡蓝色

(2) 选择氧化还原指示剂的原则：氧化还原指示剂的变色范围应在滴定突跃范围(化学计量点前后 0.1%)之内，并尽量使之与化学计量点电位 φ_{sp} 一致，以保证终点误差不大于 0.1%。由于氧化还原指示剂本身具有氧化还原作用，也要消耗一定量的标准溶液。当标准溶液浓度较大时，其影响可以忽略不计，但在较精确测定或标准溶液的浓度小于 0.01 $mol \cdot L^{-1}$ 时，则需做空白实验以校正指示剂误差。

二、高锰酸钾滴定法

(一) 高锰酸钾滴定法的原理

$KMnO_4$ 是一种强氧化剂，其氧化能力与溶液的酸度有关。

在强酸性溶液中，$KMnO_4$ 表现为强氧化剂。

$$MnO_4^- + 8H^+ + 5e^- \rightleftharpoons Mn^{2+} + 4H_2O \qquad \varphi^{\ominus} = 1.51\ V$$

在中性或弱酸性溶液中：

$$MnO_4^- + 4H^+ + 3e^- \rightleftharpoons MnO_2(\text{沉淀}) + 2H_2O \qquad \varphi^{\ominus} = 1.70\ V$$

在强碱性溶液中，$KMnO_4$ 是较弱的氧化剂。

$$MnO_4^- + e^- \rightleftharpoons MnO_4^{2-} \qquad \varphi^{\ominus} = 0.56\ V$$

此法通常在强酸溶液中进行。常用硫酸调节溶液酸度，不用盐酸和硝酸，因盐酸中 Cl^- 具有还原性，而硝酸具有氧化性。通常用 $KMnO_4$ 作自身指示剂，其浓度较低时，也可选用氧化还原指示剂。

此法可以直接或间接测定许多无机物和有机物。但试剂中常含有少量的杂质，使 $KMnO_4$ 易与水和空气中某些还原性物质发生反应，导致标准溶液不够稳定，不宜长期使用。

问题与思考 13-3

请简述高锰酸钾滴定法中，调节溶液酸度时选用硫酸而不能选用盐酸或硝酸的原因。

扫码看答案

(二) $KMnO_4$ 标准溶液

市售 $KMnO_4$ 中常含有二氧化锰等杂质，不宜用直接法配制。配制 $KMnO_4$ 溶液的水中也常含有少量还原性杂质，而热、光、酸或碱能促使 $KMnO_4$ 分解，且还原产物 MnO_2 有催化作用，能加速 $KMnO_4$ 分解。故配制时需将溶液煮沸，使 $KMnO_4$ 与还原性杂质反应完全，以免储藏过程中 $KMnO_4$ 浓度改变，并用垂熔玻璃滤器过滤，滤除还原产物 MnO_2，储藏于另一带玻璃塞的棕色瓶中，密闭保存。

标定 $KMnO_4$ 溶液可用还原剂作基准物质，如草酸钠、草酸、硫酸亚铁铵、三氧化二砷和铁等。其中草酸钠因易精制、不含结晶水、吸湿性小和热稳定性好，故常用。其标定反应如下：

Note

$$2MnO_4^- + 16H^+ + 5C_2O_4^{2-} = 2Mn^{2+} + 10CO_2\uparrow + 8H_2O$$

标定时应注意以下几个问题。

(1) 酸度:一般在硫酸溶液中进行,其浓度为 0.5～1 mol·L^{-1}。酸度过低易生成 MnO_2,酸度过高又会促使 $H_2C_2O_4$ 分解。

$$C_2O_4^{2-} + 2H^+ \rightleftharpoons H_2C_2O_4 \rightleftharpoons H_2O + CO_2\uparrow + CO\uparrow$$

(2) 温度:在室温下反应速率较小,通常一次加入大部分 $KMnO_4$ 溶液,待褪色后,加热至 65 ℃,促使反应加速进行。若温度超过 90 ℃,易引起草酸分解;若温度低于 55 ℃,则反应过慢。

(3) 滴定速度:由于反应产物 Mn^{2+} 有催化作用,滴定速度可加快,但不宜过快,否则 $KMnO_4$ 在热的酸性溶液中发生分解。近终点时,$C_2O_4^{2-}$ 浓度已很低,更应小心滴定,以免影响标定精确度。

(4) 滴定终点:$KMnO_4$ 为自身指示剂。因空气中的还原性气体和尘埃均能使 $KMnO_4$ 缓慢分解而褪色,故滴定至溶液显微红色并保持 30 s 不褪色即为终点。

(三) 应用与示例

双氧水中 H_2O_2 含量的测定:H_2O_2 在实际生产中主要用作氧化剂,它可用作皮革、毛发、绒布的漂白剂。其稀溶液在医药上可用于洗伤口和用作漱口剂。在某些情况下,它又是还原剂,可被 $KMnO_4$ 氧化。

在酸性介质中,用 $KMnO_4$ 标准溶液直接滴定,H_2O_2 能还原 MnO_4^-,并释放出 O_2,其反应为

$$2MnO_4^- + 5H_2O_2 + 6H^+ = 2Mn^{2+} + 5O_2\uparrow + 8H_2O$$

待反应产生 Mn^{2+} 后,反应速率增大。

三、碘量法

(一) 碘量法的原理与分类

碘量法是以 I_2 为氧化剂,或以 KI 为还原剂,进行氧化还原滴定分析的一种方法。其半电池反应为

$$I_2 + 2e^- \rightleftharpoons 2I^- \qquad \varphi^{\ominus}_{I_2/I^-} = 0.5355\ V$$

I_2 在水中的溶解度很小(25 ℃时为 0.0018 mol·L^{-1}),为增大其溶解度,通常将 I_2 溶解在 KI 溶液中,使 I_2 以 I_3^- 的形式存在,其半反应式为

$$I_3^- + 2e^- \rightleftharpoons 3I^- \qquad \varphi^{\ominus}_{I_3^-/I^-} = 0.5360\ V$$

由于两者标准电位相差很小,为了简便,习惯上仍以前者表示。

从 I_2/I^- 电对的标准电位可以看出,I_2 是不太强的氧化剂,I^- 是不太弱的还原剂。因此,用碘量法测定物质含量时,应根据待测组分的氧化性或还原性的强弱,选择不同的方法进行滴定。常用的有直接碘量法、间接碘量法(剩余碘量法和置换碘量法)两种滴定方式。

1. 直接碘量法 凡是标准电位或条件电位比 $\varphi^{\ominus}_{I_2/I^-}$ 低的还原性物质,都可以直接用碘标准溶液滴定。直接碘量法应在弱酸性、中性或弱碱性溶液中进行。如果溶液的 pH>9,则会发生副反应:

$$3I_2 + 6OH^- = IO_3^- + 5I^- + 3H_2O$$

2. 间接碘量法(滴定碘法) 间接碘量法是以碘和 $Na_2S_2O_3$ 发生如下反应为基础的氧化还原滴定分析方法。

$$I_2 + 2S_2O_3^{2-} = 2I^- + S_4O_6^{2-}$$

凡是标准电位高于 $\varphi^{\ominus}_{I_2/I^-}$ 的电对,其氧化型可将加入的 I^- 氧化成 I_2,待反应完全后,再用 $Na_2S_2O_3$ 标准溶液滴定生成的 I_2。这种滴定方式称为置换滴定法。

Note

凡是标准电位低于 $\varphi^{\ominus}_{I_2/I^-}$ 的电对,其还原型可与过量的 I_2 作用,待反应完全后,再用 $Na_2S_2O_3$

标准溶液滴定剩余的 I_2。这种滴定方式称为剩余滴定法或返滴定法。这两种滴定方式习惯上统称为间接碘量法或滴定碘法。

间接碘量法必须在中性或弱酸性溶液中进行。在碱性溶液中，除发生上述反应外，还发生如下副反应：

$$S_2O_3^{2-}+4I_2+10OH^- = 2SO_4^{2-}+8I^-+5H_2O$$

若在强酸溶液中，$S_2O_3^{2-}$ 易分解，I^- 也易被空气中的氧缓慢氧化。

$$S_2O_3^{2-}+2H^+ = H_2S_2O_3 = S\downarrow+SO_2\uparrow+H_2O$$

$$4I^-+O_2+4H^+ = 2I_2+2H_2O$$

（二）碘量法指示剂

碘量法中用得最多的是淀粉指示剂。淀粉溶液遇 I_2 显深蓝色，反应可逆并极其灵敏，即使在 $10^{-6}\sim10^{-5}\ mol\cdot L^{-1}$ 的 I_2 溶液中亦能看出，可根据其深蓝色的出现或消失指示终点。植物淀粉中含有直链淀粉和支链淀粉两种淀粉。直链淀粉能与 I_2 结合成蓝色吸附化合物；支链淀粉只能蓬松地吸附 I_2，形成一种红紫色产物。实践证明，直链淀粉遇 I_2 变蓝必须有 I^- 存在，并且 I^- 浓度越大，显色的灵敏度越高。

（三）碘量法标准溶液

1. I_2 标准溶液 可用升华法制得纯碘，但碘具有挥发性和腐蚀性，不宜在分析天平上称量，故仍用间接法配制。

I_2 在水中很难溶解，应加入碘化钾，使其生成 I_3^-，这样不但能助溶，还能降低 I_2 的挥发性。为了防止碘在碱性溶液中发生自身氧化还原反应、中和 $Na_2S_2O_3$ 溶液中用作稳定剂的碳酸钠和去掉碘中微量 KIO_3 杂质，配制碘液时应加入少量盐酸。另外，为了防止少量未溶解的 I_2 影响浓度，配制后还需用垂熔玻璃滤器过滤后再标定。

I_2 标准溶液的准确浓度可通过与 $Na_2S_2O_3$ 标准溶液比较求得，常用基准物质三氧化二砷标定。三氧化二砷难溶于水，可加 NaOH 溶液使生成亚砷酸钠而溶解。如欲使 I_2 氧化 AsO_3^{3-} 的反应定量进行，通常加入 $NaHCO_3$ 使溶液呈弱碱性（pH≈8），其反应如下：

$$As_2O_3+6OH^- = 2AsO_3^{3-}+3H_2O$$

$$AsO_3^{3-}+I_2+2HCO_3^- = AsO_4^{3-}+2I^-+2CO_2\uparrow+H_2O$$

I_2 标准溶液有腐蚀性，应避免与橡皮塞、软木塞等接触；见光、受热时易氧化，故应置于带玻璃塞的棕色玻璃瓶中，密闭在阴凉处保存。

2. $Na_2S_2O_3$ 标准溶液 $Na_2S_2O_3$ 结晶易风化或溶解，且含有少量杂质，故不易用直接法配制。$Na_2S_2O_3$ 溶液不稳定，且易分解，其原因有如下几点。

溶解在水中的 CO_2 的作用：

$$S_2O_3^{2-}+CO_2+H_2O = S\downarrow+HSO_3^-+HCO_3^-$$

被水中溶解的 O_2 氧化而分解：

$$2S_2O_3^{2-}+O_2 = 2S\downarrow+2SO_4^{2-}$$

嗜硫细菌的作用：

$$S_2O_3^{2-} = S\downarrow+SO_3^{2-}$$

基于上述原因，配制 $Na_2S_2O_3$ 标准溶液时通常采用下述步骤：称取比计算用量稍多的 $Na_2S_2O_3\cdot5H_2O$ 试剂，溶于新煮沸放冷的蒸馏水（除去水中的 CO_2 和 O_2，并灭菌）中，加入少量 Na_2CO_3 保持弱碱性以抑制微生物的生长，于棕色瓶中放置 7～10 天，滤掉 S，再标定其浓度，这样配制的溶液比较稳定。如果发现溶液变质则应过滤后再标定其浓度，变质严重时应弃去重配。

Note

标定 $Na_2S_2O_3$ 溶液的基准物质很多，如重铬酸钾、亚铁氰化钾等，其中重铬酸钾最常用，其标定反应如下：

$$Cr_2O_7^{2-}+6I^-+14H^+ \xlongequal{} 2Cr^{3+}+3I_2+7H_2O$$

$$I_2+2S_2O_3^{2-} \xlongequal{} 2I^-+S_4O_6^{2-}$$

$$Cr_2O_7^{2-} \sim 6I^- \sim 3I_2 \sim 6S_2O_3^{2-}$$

$$c_{Na_2S_2O_3}=6\times\frac{1000m_{K_2Cr_2O_7}}{V_{Na_2S_2O_3}M_{K_2Cr_2O_7}}$$

(四) 应用与示例

维生素 C(药片)的测定:维生素 C 又称为抗坏血酸,其分子式为 $C_6H_8O_6$,相对分子质量为 176.12。由于维生素 C 分子中的烯二醇基具有较强的还原性,它能被 I_2 定量地氧化成二酮基,其反应为

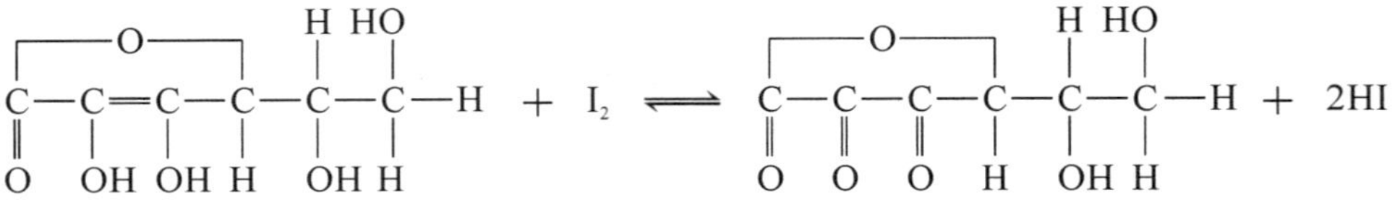

维生素 C 含量的测定方法:准确称取维生素 C(药片)试样,溶解在新煮沸而冷却的蒸馏水中,以醋酸酸化,加入淀粉指示剂,迅速用 I_2 标准溶液滴定至终点(呈现稳定的蓝色)。

第五节　配位滴定法

配位滴定法(complexometric titration),又称络合滴定法,是以金属离子与配位剂发生配位反应为基础建立起来的一种滴定分析方法,主要用于金属离子的测定,也可以用于许多阴离子和有机物的测定。药物分析、食品和生物制品分析及环境监测中常用到配位滴定法。

配位剂分为无机配位剂和有机配位剂两类。其中,无机配位剂很少应用于实际滴定分析中。大多数无机配位剂和金属离子形成的 ML_n 型配合物不够稳定,不符合滴定反应的要求。20 世纪 40 年代起,许多有机配位剂,特别是氨羧类配位剂广泛应用于配位滴定法,使配位滴定法得到迅速发展,成为广泛应用的分析方法。氨羧类配位剂是以氨基二乙酸[$—N(CH_2COOH)_2$]为基体的配位剂,其中最常用的是乙二胺四乙酸,即 EDTA。本节主要讨论以 EDTA 为配位剂滴定金属离子的配位滴定法。

EDTA 是四元酸,可用 H_4Y 表示。EDTA 在水中的溶解度很小,也难溶于酸和一般的有机溶剂,故实际使用时常用其二钠盐,即乙二胺四乙酸二钠盐($Na_2H_2Y\cdot 2H_2O$),一般也简称 EDTA。在 EDTA 的结构中,两个羧基上的 H^+ 可转移到 N 原子上,形成双偶极离子,结构如下:

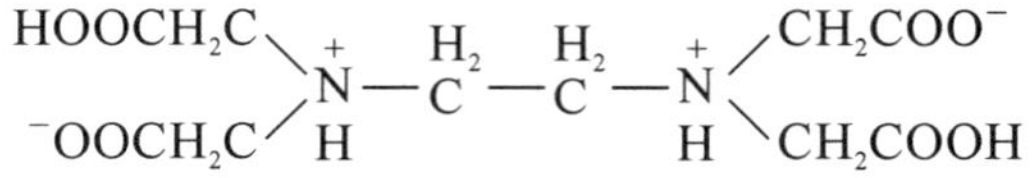

若 EDTA 溶于酸度很高的溶液中,它的两个羧基可以再接受两个 H^+ 而形成 H_6Y^{2+},相当于形成一个六元酸,其在水溶液中的六级解离平衡的解离常数 $pK_{a_1}\sim pK_{a_6}$ 分别为 0.90、1.60、2.00、2.67、6.16、10.26。在水溶液中,EDTA 总是以 H_6Y^{2+}、H_5Y^+、H_4Y、H_3Y^-、H_2Y^{2-}、HY^{3-} 和 Y^{4-} 七种形式存在。从各型体的分布系数与溶液 pH 的关系可知,EDTA 中各种存在形式间的浓度比例取决于溶液的 pH。EDTA 各种存在形式的分配情况与 pH 之间的分布曲线如图 13-5 所示。当 pH 大于 10.26 时,EDTA 主要以 Y^{4-} 形态存在,Y^{4-} 为 EDTA 的最佳配位型体。

与金属离子生成配合物的 EDTA 的主要形态是 Y^{4-}。EDTA 具有六个可供配位的配位原

子，可与金属离子配位形成多个具有五元环状结构的配合物，稳定性高，如图 13-6 所示 CaY^{2-} 配合物。配位比一般为 1∶1，反应的定量关系明确。配合物大多带电荷、水溶性好，反应速率较大，而且无色金属离子与 EDTA 生成的配合物仍为无色、有色金属离子与 EDTA 生成的配合物颜色加深。上述特点说明 EDTA 和金属离子的配位反应符合滴定分析对反应的要求。

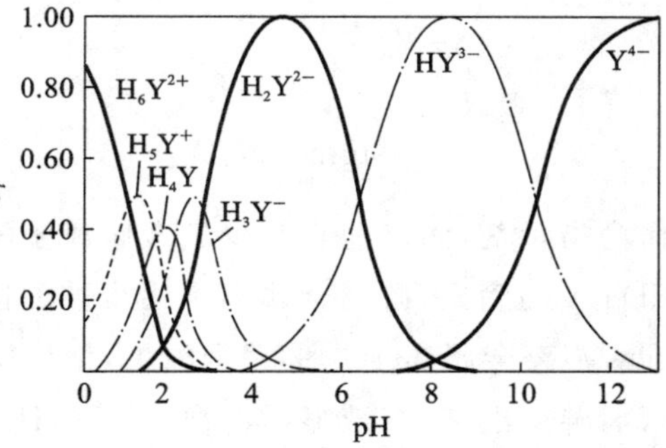

图 13-5　EDTA 各种存在形式在不同 pH 时的分布曲线

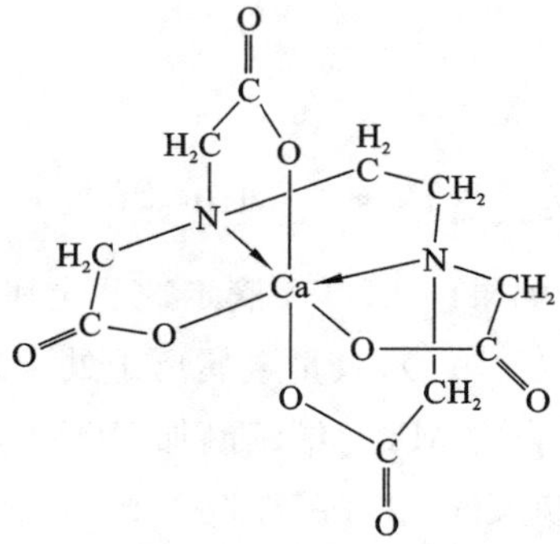

图 13-6　EDTA-Ca 配合物立体结构

一、配位滴定法的基本原理

与酸碱滴定情况相似，在配位滴定过程中，被滴定的金属离子随着滴定剂 EDTA 的不断加入，浓度不断减小，到达化学计量点附近时，溶液的 pM′（$-\lg[M']$）发生突变，产生滴定突跃现象。根据滴定突跃的 pM′范围，选用适当的指示剂可以指示滴定终点。

1. 滴定曲线　设待测金属离子 M 的初始浓度为 c_M、体积为 V_M，用浓度为 c_Y 的 EDTA 溶液滴定，在滴定过程中加入 EDTA 溶液的体积为 V_Y。则滴定液中 M 及 Y 的总浓度有如下关系：

$$K'_{MY}=\frac{[MY']}{[M'][Y']}$$

$$[M']+[MY']=\frac{V_M}{V_M+V_Y}c_M$$

$$[Y']+[MY']=\frac{V_Y}{V_M+V_Y}c_Y$$

求解方程组，可得配位滴定曲线方程：

$$[M']^2+\left(\frac{V_Y c_Y}{V_M+V_Y}K'_{MY}+1\right)[M']-\frac{V_M c_M}{V_M+V_Y}=0$$

在滴定过程中，条件稳定常数（K'_{MY}）、c_M、V_M、c_Y、V_Y 都是已知的，可计算出任一阶段的$[M']$，求得 pM′。以 pM′对滴定百分数作图可绘制滴定曲线。配位滴定的滴定突跃范围大小取决于 K'_{MY} 和 c_M 两个因素。K'_{MY} 越大，滴定突跃范围越大；c_M 越大，滴定曲线起点越低，滴定突跃范围越大。一般情况下，$\lg K'_{MY}<8$ 时，没有明显的滴定突跃，不能用配位滴定法测定含量。

2. 金属指示剂　与其他滴定一样，判断配位滴定终点的方法有多种，其中最常用的是以金属指示剂判断滴定终点的方法。配位滴定中，通常利用一种能与金属离子生成有色配合物的有机染料来指示滴定过程中金属离子浓度的变化。这种因颜色改变指示金属离子浓度变化的有机染料称为金属离子指示剂（metal ion indicator），简称金属指示剂。

(1) 金属指示剂作用原理：金属指示剂是可与金属离子形成有色配合物的有机弱酸或有机弱碱，其配合物颜色与游离指示剂的颜色不同，因而能指示滴定过程中金属离子浓度的变化情况。如常用的金属指示剂铬黑 T(EBT)，在 pH 7～10 的溶液中呈蓝色（HIn^{2-}，代表金属指示剂阴离子),而其与 Ca^{2+}、Mg^{2+}、Zn^{2+} 等金属离子形成的配合物呈红色(MIn^-)。

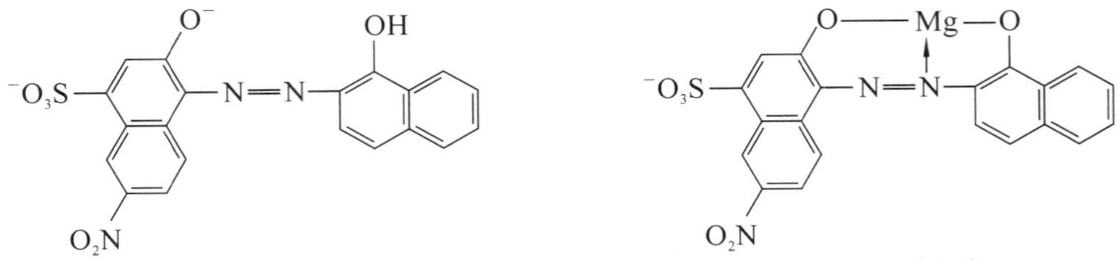

HIn^{2-}(蓝)　　　　$MgIn^-$(红)

如果用 EDTA 滴定这些金属离子,加入 EBT 作为指示剂,滴定前它与少量金属离子配位呈红色(MIn^-),大量金属离子处于游离状态。随着 EDTA 的滴入,游离金属离子逐步被配位而形成配合物 MY。继续滴加 EDTA,在化学计量点附近,游离金属离子几乎完全配位,浓度降至很低,滴入的 EDTA 夺取 MIn^- 中的金属离子,将指示剂游离出来,溶液显示游离 EBT(HIn^{2-})的蓝色,指示滴定终点的到达。如 Mg^{2+} 的滴定反应过程如下。

滴定前,$Mg^{2+} + HIn^{2-} \rightleftharpoons MgIn^- + H^+$,溶液为红色。

滴定中,$Mg^{2+} + H_2Y^{2-} \rightleftharpoons MgY^{2-} + 2H^+$,$Mg^{2+}$ 逐渐减少。

到达终点时,$MgIn^- + H_2Y^{2-} \rightleftharpoons HIn^{2-} + MgY^{2-} + H^+$,溶液变为蓝色。

由以上讨论可知,金属指示剂应具备以下条件。

①与金属离子形成的配合物 MIn 和指示剂 In 的颜色显著不同。

金属指示剂多是有机弱酸,颜色变化受溶液 pH 影响。因此,滴定必须控制在适宜的 pH 范围内,使游离指示剂和指示剂-金属离子配合物的颜色有显著差别,这样才能使终点颜色变化明显。如 EBT 在 $pH<6.3$ 时呈紫红色,在 $6.3<pH<11.6$ 时呈蓝色,在 $pH>11.6$ 时呈橙色。为使颜色变化明显,使用 EBT 时溶液的 pH 应控制在 6.3～11.6 的范围内,实际工作中,最常用的是 pH 9～10.5 的范围。

②指示剂与金属离子形成的配合物要有适当的稳定性。

指示剂-金属离子配合物的稳定性必须小于 EDTA-金属离子配合物的稳定性,这样在滴定到达化学计量点时,指示剂才能被 EDTA 置换出来而显示终点的颜色变化。通常要求 $\frac{K'_{MY}}{K'_{MIn}}>10^2$。如果 K'_{MIn} 太大,指示剂与金属离子形成极稳定的配合物而不能被 EDTA 置换,导致在化学计量点时指示剂不变色,或变色不敏锐,以致无法确定终点,这种现象称为指示剂的封闭。例如 EBT 能被 Fe^{3+}、Al^{3+}、Cu^{2+}、Co^{2+} 和 Ni^{2+} 等离子封闭。在测定其他离子时,如果有这些封闭离子存在,会对其产生封闭现象,对滴定结果造成干扰。为了消除封闭现象,常加入某种配位试剂,使封闭离子不能再与指示剂配位以消除干扰,这种试剂称为掩蔽剂。Fe^{3+}、Al^{3+} 对 EBT 的封闭干扰可以用三乙醇胺作掩蔽剂消除。

③指示剂与金属离子形成的配合物应易溶于水,有良好的变色可逆性。

如果指示剂或指示剂-金属离子配合物 MIn 溶解度太小,在滴定时指示剂与 EDTA 的置换反应速度缓慢,终点拖长,颜色转变不明显,这种现象称为指示剂的僵化。例如用 PAN 作指示剂,在温度较低时,易发生僵化。可以加入有机溶剂或将溶液加热,以增大溶解度。

(2) 常用金属指示剂:常用金属指示剂有 EBT、二甲酚橙(xylenol orange,XO)、1-(2-吡啶-偶氮)-2-萘酚(1-(2-pyridylazo)-2-naphthol,PAN)、磺基水杨酸(2-hydroxy-5-sulfobenzoic acid)和钙指示剂(calcon carboxylic acid,NN)等(表 13-8)。

Note

表 13-8 常用金属指示剂

指示剂	适用 pH 范围	颜色变化 In	颜色变化 MIn	直接滴定的离子	配制事项	封闭离子	掩蔽剂/注意事项
EBT	7～10	蓝	红	Mg^{2+}、Zn^{2+}、Cd^{2+}、Pb^{2+}、Hg^{2+}、Mn^{2+}	1∶100 NaCl（固体）；0.2 g∶15 mL 三乙醇胺（液体）	Fe^{3+}、Fe^{2+}、Al^{3+}、Cu^{2+}、Co^{2+}、Ni^{2+}	三乙醇胺、KCN、NH_4F
XO	＜6	亮黄	红紫	pH＜1，ZrO^{2+}；pH 1～3.5，Bi^{3+}、Th^{4+}；pH 5～6，Zn^{2+}、Pb^{2+}、Cd^{2+}、Hg^{2+}、稀土元素离子	5 g·L^{-1} 水溶液	Fe^{3+}、Al^{3+}、Ni^{2+}、Cu^{2+}、Co^{2+}、	NH_4F
PAN	2～12	黄	红	pH 2～3，Th^{4+}、Bi^{3+}；pH 4～5，Cu^{2+}、Ni^{2+}、Cd^{2+}、Zn^{2+}	1 g·L^{-1} 乙醇溶液		为防止 PAN 僵化，滴定时须加热
磺基水杨酸	1.5～3	无色	紫红	Fe^{3+}	10% 水溶液		
NN	12～13	蓝	紫红	Ca^{2+}	1∶100 NaCl（固体）	Fe^{3+}、Fe^{2+}、Al^{3+}、Cu^{2+}、Co^{2+}、Ni^{2+}	三乙醇胺，KCN

3. EDTA 标准溶液的配制和标定 通常应用的 EDTA 标准溶液浓度是 0.01～0.05 mol·L^{-1}。由于 EDTA 在水中溶解度小，仅为 0.02 g/100 mL（22 ℃），所以常用其二钠盐（$Na_2H_2Y\cdot 2H_2O$）配制 EDTA 标准溶液。配制时常采用间接法。取 $Na_2H_2Y\cdot 2H_2O$ 19 g，用 300 mL 温蒸馏水溶解，冷却后稀释至 1 L，摇匀即得。该溶液可过滤，但不能煮沸，以防分解，储存于硬质玻璃瓶中，待准确标定后使用。

标定 EDTA 标准溶液的基准物质有 Zn、ZnO、Cu、$CaCO_3$、$ZnSO_4\cdot 7H_2O$ 等，多用 ZnO 或 Zn 作基准物质。

如以 ZnO 为基准物质，称取在 800 ℃灼烧至恒重的 ZnO 0.12 g，精密称定。加稀 HCl 3 mL 使其溶解，加蒸馏水 25 mL，再加甲基红 1 滴，溶液显红色，滴加 NH_3 试液至溶液呈微黄色，再加蒸馏水 25 mL、$NH_3\cdot H_2O$-NH_4Cl 缓冲溶液 10 mL 和 EBT 粉末少许，溶液变为紫红色，用 EDTA 溶液滴定至纯蓝色即为终点。

在配位滴定中，采用指示剂指示滴定终点时，化学计量点与指示剂的变色点不可能完全一致，$\Delta pM'$通常有±0.2～±0.5 的误差。假设 $\Delta pM''$为±0.2，用等浓度的 EDTA 溶液滴定初始浓度为 c 的金属离子 M，若 $\lg c_{M(sp)}\cdot K'_{MY}$分别为 8、6、4，计算的终点误差分别为 0.01%、0.1%、1%。可见当 $\lg c_{M(sp)}\cdot K'_{MY}\geqslant 6$ 或 $c_{M(sp)}\cdot K'_{MY}\geqslant 10^6$ 时，终点误差在滴定分析允许的 0.1%左右。因 $c_{M(sp)}$常在 0.01 mol·L^{-1}左右，只有当 $K'_{MY}\geqslant 10^8$ 时才能进行配位滴定分析。总之，通常采用下式作为配位滴定能准确进行的条件。

$$\lg c_{M(sp)}\cdot K'_{MY}\geqslant 6 \text{ 或 } \lg K'_{MY}\geqslant 8 \tag{13-13}$$

4. 缓冲溶液的作用 由于配位滴定过程中有下列反应发生：

$$M^{2+}+H_2Y^{2-}=\!=\!=MY^{2-}+2H^+$$

Note

随着反应进行，滴定过程中会不断释放 H^+ 使溶液酸性增强，酸效应增强，K'_{MY}减小，影响反应的完全程度。同时，金属指示剂的 K'_{MY}也随之减小，颜色变化受到影响。因此，配位滴定中常加入缓冲溶液以维持滴定体系的酸度。

在 pH 5～6 的弱酸性溶液中滴定，常使用醋酸-醋酸盐缓冲溶液；在 pH 9～10 的弱碱性溶液中滴定，常使用氨性缓冲溶液。缓冲溶液的选择不仅要考虑缓冲剂所能缓冲的 pH 范围，还要考虑缓冲剂是否会引起金属离子的副反应而影响反应的完全程度。例如在 pH 为 5 的溶液中滴定 Pb^{2+}，通常不会选择醋酸-醋酸盐缓冲溶液，因为 Ac^- 会与 Pb^{2+} 配位发生副反应。计算 K'_{MY}时，必须考虑金属离子与缓冲剂(如 NH_3)发生副反应的可能性及相应的副反应系数。

二、配位滴定应用实例

(一) 水的硬度测定

硬度是指溶解于水中的钙盐和镁盐的总含量，是水质的重要指标。其含量越高，硬度越大。含 Ca^{2+}、Mg^{2+} 较多的水称为硬水。硬度可用每升水中含 $CaCO_3$ 的质量(mg)表示，即 1 mg $CaCO_3$/L，也可写作 1 ppm。在测定时，可准确吸取一定的水样，用 NH_3-NH_4Cl 缓冲溶液调节 pH 到 10，以 EBT 为指示剂，用 EDTA 标准溶液滴定至终点，根据消耗的 EDTA 标准溶液的体积和浓度计算 $CaCO_3$ 含量即得。

(二) 铝盐的测定

在滴定 Al^{3+} 时，Al^{3+} 与 EDTA 的反应速率较小，且对二甲酚橙等指示剂有封闭作用，而且 Al^{3+} 易水解生成多核羟基配合物。为此可先加入定量过量的 EDTA 标准溶液，在 pH≈3.5(防止 Al^{3+} 的水解)时，煮沸 10 min 使 Al^{3+} 与 EDTA 配位完全。然后调节溶液 pH 至 5～6，以二甲酚橙为指示剂，用 Zn^{2+} 或 Cu^{2+} 标准溶液返滴定过量的 EDTA 以测得铝的含量。

第六节　沉淀滴定法

以沉淀反应为基础的滴定分析方法称为沉淀滴定法(precipitation titration)。能形成沉淀的反应很多，但用于滴定分析的沉淀反应必须符合下列几点要求：①沉淀的组成应恒定；②沉淀的溶解度要小；③沉淀反应必须快速完成；④有适当的方法指示滴定终点。

目前沉淀滴定法中应用较多的沉淀反应是生成难溶性银盐的反应。如：

$$Ag^+ + X^- = AgX\downarrow \text{(}X^- \text{可为 } Cl^-\text{、}Br^-\text{、}I^-\text{、}SCN^- \text{等)}$$

以上述反应为基础的滴定分析方法称为银量法(argentimetry)，该法可测定含 Cl^-、Br^-、I^-、SCN^- 和 Ag^+ 等离子的化合物，也可测定经处理后能定量转化为这些离子的有机物。本节主要讨论银量法的基本原理及应用。

一、基本原理

(一) 滴定曲线

在沉淀滴定中，随着滴定剂的加入，溶液中离子浓度(或其负对数)的变化可用滴定曲线来表示。下面以 $AgNO_3$ 标准溶液(0.1000 mol·L^{-1})滴定 20.00 mL NaCl 溶液(0.1000 mol·L^{-1})为例来讨论。

Note

沉淀反应式如下：

$$Ag^+ + Cl^- = AgCl\downarrow$$

$$K_{sp}^{\ominus}=1.8\times10^{-10}(pK_{sp}^{\ominus}=9.74)$$

滴定开始前，溶液中$[Cl^-]=0.1000\ mol\cdot L^{-1}$，$pCl=1.00$。

滴定开始至到达化学计量点前，根据溶液中剩余的$[Cl^-]$计算 pCl。当加入 $AgNO_3$ 溶液的体积为 V(mL)时，溶液中$[Cl^-]$为

$$[Cl^-]=\frac{(20.00-V)\times0.1000}{20.00+V}$$

例如，当加入 $AgNO_3$ 溶液 19.98 mL 时，即滴定到化学计量点前 0.1%，溶液中剩余的$[Cl^-]$为

$$[Cl^-]=\frac{(20.00-19.98)\times0.1000}{20.00+19.98}=5.0\times10^{-5}(mol\cdot L^{-1})$$

$$pCl=4.30\quad pAg=9.74-4.30=5.44$$

滴定到化学计量点时，溶液为 AgCl 的饱和溶液，则有

$$[Cl^-]=[Ag^+]=\sqrt{K_{sp}^{\ominus}}=\sqrt{1.8\times10^{-10}}=1.34\times10^{-5}(mol\cdot L^{-1})$$

$$pCl=pAg=4.87$$

到达化学计量点后，当 Ag^+ 过量时，pCl 由过量的$[Ag^+]$决定。例如，当滴入 $AgNO_3$ 溶液 20.02 mL 时，即滴定到化学计量点后 0.1%，则有

$$[Ag^+]=\frac{(20.02-20.00)\times0.1000}{20.02+20.00}=5.0\times10^{-5}(mol\cdot L^{-1})$$

$$pAg=4.30$$

$$pCl=5.44$$

采用相同的方法可计算出滴定过程中各阶段溶液的 pCl，也可计算用 $AgNO_3$ 标准溶液滴定 Br^- 或 I^- 溶液时的 pBr 或 pI，见表 13-9。根据表中数据可绘制滴定曲线，见图 13-7。

表 13-9 $AgNO_3$ 标准溶液($0.1000\ mol\cdot L^{-1}$)滴定 Cl^-、Br^-、I^- 溶液($0.1000\ mol\cdot L^{-1}$)时 pCl、pBr、pI 的变化

加入 $AgNO_3$ 标准溶液的体积/mL	滴定百分数/(%)	pCl	pBr	pI
0.00	0.0	1.00	1.00	1.00
18.00	90.0	2.28	2.28	2.28
19.80	99.0	3.30	3.30	3.30
19.98	99.9	4.30	4.30	4.30
20.00	100.0	4.87	6.15	8.04
20.02	100.1	5.44	8.00	11.78
20.20	101.0	6.44	9.00	12.78
22.00	110.0	7.42	10.00	13.78
40.00	200.0	8.26	10.82	14.60

由图 13-7 可看出：

(1) 沉淀滴定的滴定曲线与酸碱滴定相似。滴定刚开始时，随着 Ag^+ 的加入，X^- 的浓度改变不大，曲线比较平坦；临近化学计量点时，加入很少量的 Ag^+，X^- 的浓度就会发生很大的变化，从而形成滴定突跃。

(2) 滴定突跃范围的大小取决于被滴定离子的浓度和生成沉淀的 $K_{sp}^{\ominus}$。反应物的浓度越大，沉淀的 $K_{sp}^{\ominus}$ 越小，则沉淀滴定的突跃范围越大。如图 13-7 所示，在浓度相同的 Cl^-、Br^-、I^- 与 Ag^+ 的滴定曲线上，由于 AgI 的 $K_{sp}^{\ominus}$ 最小，Ag^+ 滴定 I^- 时的突跃范围最大。若滴定同种离子，其浓度越小，则其滴定突跃范围也越小。

Note

扫码看答案

问题与思考 13-4

前三种滴定分析方法的滴定突跃范围大小的影响因素有哪些?

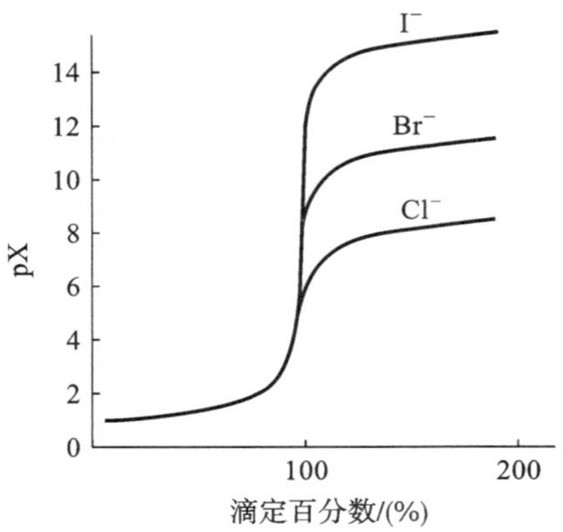

图 13-7　$AgNO_3$ 标准溶液滴定 Cl^-、Br^-、I^- 溶液的滴定曲线

(二) 分步滴定

由图 13-7 可知,浓度相同的 Cl^-、Br^-、I^- 共存时,用 $AgNO_3$ 标准溶液滴定可出现三个不同的滴定突跃。由于 AgI 的 $K_{sp}^{\ominus}$ 最小,I^- 最先被滴定,而 AgCl 的 $K_{sp}^{\ominus}$ 最大,Cl^- 最后被滴定,因此可利用分步滴定的原理,用 $AgNO_3$ 标准溶液连续滴定,分别测定 Cl^-、Br^-、I^- 各自的含量。但由于卤化银沉淀的吸附和生成混晶等因素的影响,测定结果误差较大,实际工作中很少应用。

(三) 银量法

银量法根据确定滴定终点的指示剂不同分为以下三种方法:铬酸钾指示剂法(Mohr method,莫尔法)、铁铵矾指示剂法(Volhard method,福尔哈德法)和吸附指示剂法(Fajans method,法扬斯法)。

1. 铬酸钾指示剂法　铬酸钾指示剂法(莫尔法)是以 K_2CrO_4 为指示剂的银量法。

(1) 滴定原理:在中性或弱碱性溶液中以 K_2CrO_4 作指示剂,用 $AgNO_3$ 标准溶液直接滴定 Cl^-(或 Br^-),其反应为

$$\text{滴定反应:} Ag^+ + Cl^- = AgCl\downarrow \text{(白色沉淀)}\ K_{sp}^{\ominus}=1.8\times10^{-10}$$

$$\text{终点反应:} 2Ag^+ + CrO_4^{2-} = Ag_2CrO_4\downarrow \text{(砖红色沉淀)}\ K_{sp}^{\ominus}=1.2\times10^{-12}$$

由于 AgCl 的溶解度比 Ag_2CrO_4 的溶解度小,因此在用 $AgNO_3$ 标准溶液滴定时,白色的 AgCl 沉淀先析出,当 Ag^+ 与 Cl^- 的反应到达化学计量点时,稍过量的 Ag^+ 与 CrO_4^{2-} 反应析出砖红色的 Ag_2CrO_4 沉淀,指示滴定终点的到达。

(2) 滴定条件。

①指示剂的用量:指示剂 K_2CrO_4 的用量直接影响铬酸钾指示剂法的准确度。CrO_4^{2-} 浓度过高,不仅终点提前,而且 CrO_4^{2-} 本身的黄色也会影响终点的观察;CrO_4^{2-} 浓度过低,终点滞后。因此要求 Ag_2CrO_4 沉淀应该恰好在滴定反应的化学计量点时出现。

实际滴定中,常在总体积为 50～100 mL 的溶液中加入 5%铬酸钾指示剂 1～2 mL,此时 CrO_4^{2-} 浓度为 2.6×10^{-3}～5.2×10^{-3} $mol\cdot L^{-1}$。在滴定氯化物时,当 Ag^+ 浓度达到 2.0×10^{-5} $mol\cdot L^{-1}$时,约有 40%的 Ag^+ 来自 AgCl 沉淀的溶解,故实际滴定剂的过量要比计算量少一些,即终点与化学计量点更接近。

②溶液的酸度:通常铬酸钾指示剂法应在 pH 6.5～10.5 的中性或弱碱性介质中进行。若在酸性溶液中进行,H^+ 与 CrO_4^{2-} 结合,使 CrO_4^{2-} 浓度降低,导致 Ag_2CrO_4 沉淀出现过迟,甚至不会出现沉淀。

$$2H^+ + 2CrO_4^{2-} \rightleftharpoons 2HCrO_4^- \rightleftharpoons Cr_2O_7^{2-} + H_2O$$

若溶液碱性太强,则析出 Ag_2O 黑色沉淀。

$$2Ag^+ + 2OH^- \rightleftharpoons 2AgOH \rightleftharpoons Ag_2O\downarrow + H_2O$$

Note

若试样溶液中有铵盐或其他能与 Ag^+ 生成配合物的物质存在,要求溶液的 pH 控制在 6.5～7.2 范围内。

③滴定时应剧烈振摇，剧烈振摇溶液可将 AgCl 和 AgBr 沉淀吸附的 Cl^- 或 Br^- 释放出来，防止终点提前。

④预先分离干扰离子：凡能与 CrO_4^{2-} 反应生成沉淀的阳离子如 Ba^{2+}、Pb^{2+} 等，与 Ag^+ 反应生成沉淀的阴离子如 PO_4^{3-}、SO_3^{2-}、CrO_4^{2-}、AsO_4^{3-}、CO_3^{2-} 等，大量的有色离子如 Cu^{2+}、Co^{2+}、Ni^{2+} 等，以及在中性或微碱性溶液中易发生水解的离子如 Fe^{3+}、Bi^{3+} 等均干扰滴定，应预先分离。

(3) 应用范围：本法主要用于 Cl^-、Br^- 和 CN^- 含量的测定，不适用于测定 I^- 和 SCN^- 含量。因为 AgI 和 AgSCN 沉淀分别对 I^- 和 SCN^- 有较强烈的吸附作用，使终点提前，误差较大。此法也不适用于以 NaCl 标准溶液直接滴定 Ag^+，因为在含 Ag^+ 的试液中加入指示剂 K_2CrO_4 后，会立即析出 Ag_2CrO_4 沉淀，而在滴定过程中，Ag_2CrO_4 转化为 AgCl 的速度很慢，使终点推迟。因此若用铬酸钾指示剂法测定 Ag^+ 含量，则需采用返滴定法，即在试液中加入一定量过量的 NaCl 标准溶液，再加入指示剂，用 $AgNO_3$ 标准溶液返滴定剩余的 Cl^-。

2. 铁铵矾指示剂法 铁铵矾指示剂法（福尔哈德法）是以铁铵矾[$NH_4Fe(SO_4)_2 \cdot 12H_2O$]为指示剂的银量法。它分为直接滴定法和返滴定法。

1) 直接滴定法

(1) 滴定原理：在含有 Ag^+ 的酸性介质中，以铁铵矾为指示剂，用 NH_4SCN 或 KSCN 标准溶液测定 Ag^+ 的含量。

$$\text{滴定反应：} Ag^+ + SCN^- \rightleftharpoons AgSCN\downarrow \text{（白色）} \qquad K_{sp}^{\ominus} = 1.0\times10^{-12}$$

$$\text{终点反应：} SCN^- + Fe^{3+} \rightleftharpoons [Fe(SCN)]^{2+} \text{（红色）}$$

(2) 滴定条件。

①滴定宜在 0.1～1 $mol \cdot L^{-1}$ HNO_3 介质中进行。酸度过低，Fe^{3+} 发生水解，生成颜色较深的$[Fe(OH)]^{2+}$等一系列配合物，影响终点观察。

②若在终点恰能观察到明显的$[Fe(SCN)]^{2+}$的红色，所需$[Fe(SCN)]^{2+}$的最低浓度为 6.0×10^{-6} $mol \cdot L^{-1}$。为了维持$[Fe(SCN)]^{2+}$的配位平衡，且 Fe^{3+} 的颜色不影响终点的观察，需使终点时 Fe^{3+} 的浓度控制在 0.015 $mol \cdot L^{-1}$。

③滴定中，由于生成的 AgSCN 沉淀具有强烈吸附 Ag^+ 的作用，使终点过早出现，结果偏低。因此，滴定时须充分振摇溶液，使沉淀吸附降到最低。

(3) 应用范围：直接滴定法可用于测定 Ag^+ 含量等。

2) 返滴定法

(1) 滴定原理：在含有卤离子的 HNO_3 介质中，加入已知过量的 $AgNO_3$ 标准溶液，再以铁铵矾作指示剂，用 NH_4SCN 标准溶液返滴定过量的 $AgNO_3$。反应如下：

$$\text{滴定反应：} Ag^+\text{（一定量，过量）} + X^- = AgX\downarrow$$

$$Ag^+\text{（剩余量）} + SCN^- = AgSCN\downarrow\text{（白色）}$$

$$\text{终点反应：} SCN^- + Fe^{3+} = [Fe(SCN)]^{2+}\text{（红色）}$$

(2) 滴定条件。

①应在 0.1～1 $mol \cdot L^{-1}$ HNO_3 介质中进行滴定。

②强的氧化剂、氮的氧化物及铜盐、汞盐均可与 SCN^- 作用而干扰测定，必须事先除去。

③采用返滴定法测定 I^- 含量时，指示剂必须在加入过量 $AgNO_3$ 溶液之后才能加入，以免发生反应 $2I^- + 2Fe^{3+} = I_2 + 2Fe^{2+}$，影响分析结果的准确性。

④采用返滴定法测定 Cl^- 含量时，由于 AgCl 的溶解度比 AgSCN 大，当剩余的 Ag^+ 被完全滴定后，过量的 SCN^- 会争夺 AgCl 中的 Ag^+，导致 AgCl 沉淀溶解，发生下述沉淀转化反应：

$$AgCl + SCN^- = AgSCN\downarrow + Cl^-$$

Note

上述沉淀转化反应使得本该产生的$[Fe(SCN)]^{2+}$红色不能及时出现，或已经出现的红色随着溶液的振摇而消失，无法观察到正确的终点。若想得到持久的红色，必须继续滴入 NH_4SCN 标准溶液直至 SCN^- 与 Cl^- 之间建立以下平衡为止：

$$\frac{[Cl^-]}{[SCN^-]}=\frac{K^{\ominus}_{sp}(AgCl)}{K^{\ominus}_{sp}(AgSCN)}=\frac{1.8\times10^{-10}}{1.0\times10^{-12}}=180$$

这样将会引入很大的误差，为了避免上述沉淀转化反应的发生，通常采用下列措施之一：a.将已生成的 AgCl 沉淀滤去，滤液中的 Ag^+ 再用 NH_4SCN 标准溶液滴定。此法步骤烦琐、费时。b.试液中加入一定量过量的 $AgNO_3$ 标准溶液后，加入硝基苯或 1,2-二氯乙烷 1～2 mL，用力振摇，使沉淀表面覆盖一层有机溶剂，有效阻止 NH_4SCN 与 AgCl 沉淀发生转化反应。此法较为简便，但毒性较大。c.提高指示剂 Fe^{3+} 的浓度，以减小终点时所需 SCN^- 的浓度，从而减小误差。实验证明，当溶液中 Fe^{3+} 的浓度为 0.2 $mol\cdot L^{-1}$时，终点误差将小于 0.1%。

用返滴定法测定 Br^- 和 I^- 含量时，由于 AgBr 和 AgI 的溶解度均比 AgSCN 的溶解度小，故不会发生上述沉淀转化反应。

(3) 应用范围：返滴定法可用于测定 Cl^-、Br^-、I^-、SCN^-、CN^-等离子的含量。

3. 吸附指示剂法 吸附指示剂法(法扬斯法)是以吸附指示剂为指示剂的银量法。

(1) 滴定原理：吸附指示剂是一类有机染料，在溶液中会发生解离而呈现某种颜色，当它被吸附在胶状沉淀表面后，指示剂结构发生变化从而引起颜色的变化，以此指示滴定终点。吸附指示剂可分为两类：一类是酸性染料，如荧光黄及其衍生物等有机弱酸，解离出指示剂阴离子；另一类是碱性染料，如甲基紫等有机弱碱，解离出指示剂阳离子。吸附指示剂的种类很多，常用的吸附指示剂列于表 13-10 中。例如以 $AgNO_3$ 标准溶液滴定 Cl^-时，用荧光黄(HFIn)来指示终点。反应如下：

$$HFIn = H^+ + FIn^-(黄绿色)$$

到达终点前 Cl^- 过量，则溶液中存在 $AgCl\cdot Cl^- + FIn^-$(黄绿色)。

到达终点后 Ag^+ 过量，则溶液中存在 $AgCl\cdot Ag^+ + FIn^- = AgCl\cdot Ag^+\cdot FIn^-$(淡红色)。

表 13-10 常用的吸附指示剂

名　称	待测离子	滴定剂	适用 pH 范围
荧光黄	Cl^-	Ag^+	7～10(常用 7～8)
二氯荧光黄	Cl^-	Ag^+	4～10(常用 4～6)
曙红	Br^-、I^-、SCN^-	Ag^+	2～10(常用 3～9)
甲基紫	SO_4^{2-}、Ag^+	Ba^{2+}、Cl^-	1.5～3.5
溴甲酚绿	SCN^-	Ag^+	4～5
氨基苯磺酸	Cl^-、I^-混合液	Ag^+	微酸性
溴酚蓝	Hg_2^{2-}	Cl^-	1
二甲基二碘荧光黄	I^-	Ag^+	中性

(2) 滴定条件。

①沉淀的比表面积要尽可能大。由于颜色变化发生在沉淀表面，沉淀的比表面积越大，终点变色越明显。故滴定前常加入保护胶体试剂如糊精、淀粉等防止卤化银沉淀凝聚。

②溶液的 pH 应有利于吸附指示剂显色型体的存在。常用的吸附指示剂的适用 pH 范围见表 13-10。

③滴定时应避免强光照射。

Note

④溶液的浓度不能太小。溶液太稀，则沉淀很少，终点观察困难。

⑤沉淀对吸附指示剂离子的吸附能力应略小于对被测离子的吸附能力。沉淀对吸附指示剂

离子吸附能力太强，终点提前；沉淀对吸附指示剂离子吸附能力太弱，终点推迟。

例如，卤化银对卤离子和几种常用吸附指示剂离子的吸附能力大小次序为 I^- > 二甲基二碘荧光黄 > Br^- > 曙红 > Cl^- > 荧光黄。因此滴定 Cl^- 时应选荧光黄作指示剂，滴定 Br^- 时则应选曙红作指示剂。

(3) 应用范围：吸附指示剂法可用于 Cl^-、Br^-、I^-、SCN^- 和 Ag^+ 等离子含量的测定。

二、应用实例

氯化钠注射液中氯化物的含量测定（吸附指示剂法）：精密量取本品 10.00 mL，加水 40 mL、2%糊精溶液 5 mL、2.5%硼砂溶液 2 mL 与荧光黄指示剂 5～8 滴，用 0.1000 mol·L^{-1} $AgNO_3$ 标准溶液滴定至粉红色出现为滴定终点。（氯化钠的含量以 g/100 mL 表示）（M_{NaCl} = 58.44 g·mol^{-1}）

$$\omega=\frac{c_{AgNO_3}\times V_{AgNO_3}\times M_{NaCl}}{V_{NaCl}\times 1000}\times 100\%$$

《中华人民共和国药典》(2020 年版)规定用该法测定的氯化钠注射液含量应为 0.850%～0.950%(g·mL^{-1})。

思政课堂：精益求精

本章小结

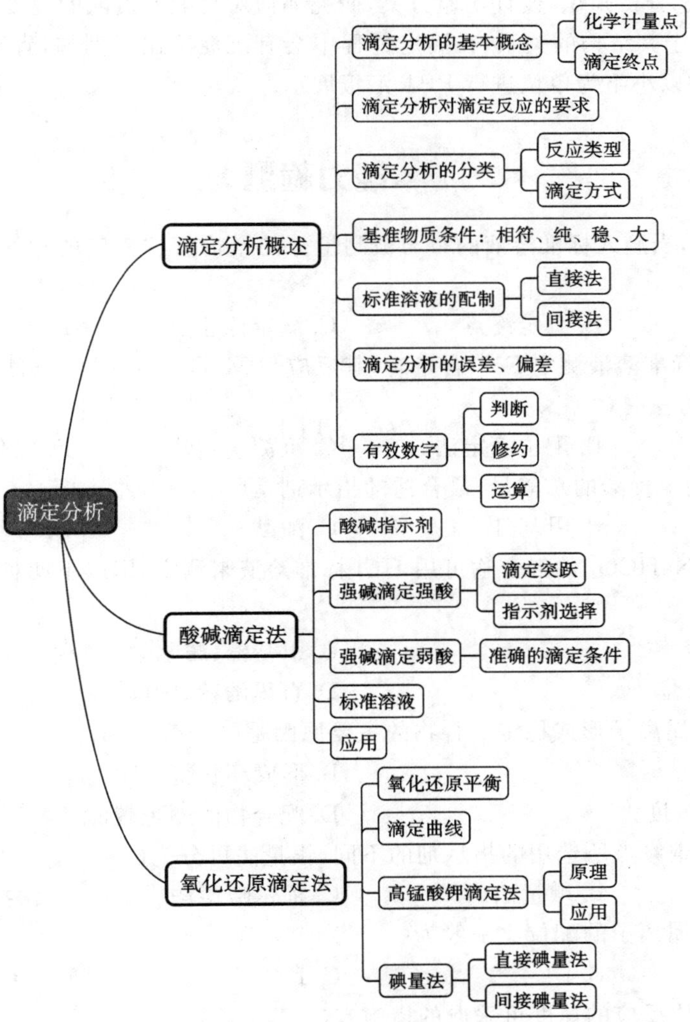

Note

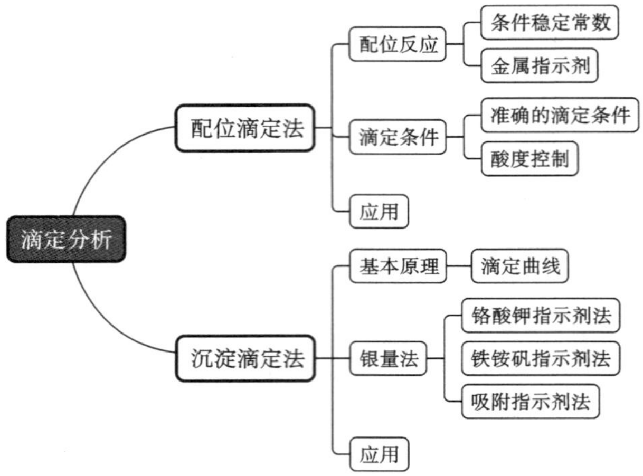

学科发展与医学应用综述题

1. 药物活性成分的纯度分析:滴定分析主要用于药物活性成分的含量测定,如阿司匹林中的乙酰水杨酸或复合维生素片剂中的维生素 C,以及用于药物合成时药物添加剂的含量测定和纯度控制。根据所学滴定分析知识,设计实验方案,研究如何对盐酸麻黄碱的纯度进行控制。

2. 某些药品由于其结构的关系,在滴定过程中会有沉淀析出。例如,青霉素钠含量的测定,分小组搜集资料,并以小组为单位进行 PPT 汇报展示。

能力检测

扫码看答案

1. 滴定分析中,当滴入标准溶液的量与被测组分的量恰好按一定的化学反应关系作用完全时,称为(　　)。

A. 化学计量点　　B. 滴定终点　　C. 滴定停止点　　D. 指示剂变色点

2. 用 $KMnO_4$ 标准溶液测定 Fe^{2+} 含量时,其反应为 $MnO_4^- + 5Fe^{2+} + 8H^+ \rightleftharpoons Mn^{2+} + 5Fe^{3+} + 4H_2O$,这种滴定方法是(　　)。

A. 酸碱滴定法　　B. 配位滴定法　　C. 沉淀滴定法　　D. 氧化还原滴定法

3. 用 NaOH 测定食醋的总酸量,最合适的指示剂是(　　)。

A. 中性红　　B. 甲基红　　C. 酚酞　　D. 甲基橙

4. Na_2CO_3 和 $NaHCO_3$ 的混合物可用 HCl 标准溶液来测定,则以下两种指示剂的滴加顺序为(　　)。

A. 酚酞、甲基橙　　B. 甲基橙、酚酞

C. 酚酞、百里酚蓝　　D. 百里酚蓝、酚酞

5. EDTA 与金属离子形成稳定配合物的主要原因是(　　)。

A. 配位比简单　　B. 形成环状螯合物

C. 配合物的溶解度大　　D. 配合物的颜色较深

6. 根据确定滴定终点所选用的指示剂的不同,银量法可分为(　　)。

A. 莫尔法　　B. 碘量法　　C. 福尔哈德法　　D. 法扬斯法

Note

7. EDTA 与金属离子的配位比一般为(　　)。

A. 1∶5　　B. 1∶4　　C. 1∶2　　D. 1∶1

8. 提高氧化还原反应的速度可采取的措施有(　　)。

A. 升高温度　　B. 加入络合剂
C. 加入指示剂　　D. 减小反应物浓度

9. 测定铝盐的含量时，加入一定量过量的 EDTA 标准溶液与其完全反应，剩余的 EDTA 用硫酸锌溶液滴定，此滴定方式为(　　)。

A. 直接滴定方式　B. 返滴定方式　C. 置换滴定方式　D. 间接滴定方式

10. 某指示剂的 $K_{HIn}=1.0\times10^{-5}$，从理论上推算其变色 pH 范围是(　　)。

A. 4～5　B. 5～6　C. 4～6　D. 5～7

11. 有一含有 Na_2CO_3 的 NaOH 药品 0.6000 g，用 0.3000 $mol \cdot L^{-1}$ 的 HCl 标准溶液滴定，以酚酞为指示剂时，滴定至终点消耗 HCl 标准溶液 24.08 mL，继续滴定至甲基橙终点，又消耗 HCl 标准溶液 12.04 mL，试计算 Na_2CO_3 和 NaOH 的质量分数。

（高先娟）

Note

第十四章　紫外-可见分光光度法

学习目标

扫码看 PPT

素质目标：能利用紫外-可见分光光度法基础知识对样品进行质量控制，激发学生的社会责任感和道德意识，培养学生严谨的科学态度和实事求是的作风。

能力目标：熟练运用紫外-可见吸收光谱的原理、朗伯-比尔定律和紫外-可见分光光度计，进行样品的定性、定量分析。

知识目标：掌握紫外-可见吸收光谱产生的原理及特征，朗伯-比尔定律的使用条件、影响因素及有关计算；紫外-可见分光光度法的定性和定量分析方法及其应用。熟悉紫外-可见分光光度计的主要部件、工作原理。

光学分析法(optical analysis)是根据物质发射的电磁辐射(electromagnetic radiation)或电磁辐射与物质相互作用后产生的辐射信号或发生的信号变化来测定物质的性质、含量及结构的一类仪器分析方法。随着光学、电子学、数学和计算机技术等的发展，光学分析法越来越多地应用于化学、生命科学和物理学等领域，特别是在研究物质组成、结构表征、表面分析等方面具有其他方法不可替代的地位。光学分析法是仪器分析方法的重要组成部分，为了更好地认识光学分析法的本质，以下将对电磁辐射及其与物质的相互作用、光学分析法的分类及其原理、常用的分析方法等加以介绍。

第一节　概　　述

一、电磁辐射与电磁波谱

光是一种电磁辐射，是以极快的速度通过空间不需要任何物质作为传播媒介的一种能量。近代研究和实验结果表明，电磁辐射具有波动性和粒子性。

(一) 波动性

电磁辐射的波动性表现为它的波长(λ)、频率(ν)与光速 c 之间有如下关系：

$$\nu = \frac{c}{\lambda} \tag{14-1}$$

光的传播如光的折射、衍射、偏振和干扰等现象可以用光的波动性来解释。描述电磁辐射常用的波参数如下。

1. 周期 T(period)　两个相邻矢量极大(或极小)通过空间某固定点所需的时间间隔，单位为秒(s)。

Note

2. 频率 ν(frequency)　空间某点的电场每秒达到正极大值的次数，$\nu=\dfrac{1}{T}$，单位为 s^{-1} 或者

Hz，即 1 Hz=1 s^{-1}。

3. 波长 λ(wave length) 波在一个振动周期内传播的距离，也就是沿着波的传播方向，相邻两个振动位相相差 2π 的点之间的距离。波长 λ 等于波速 c 和周期 T 的乘积，即 $\lambda=cT$。

4. 波数 σ(wave number) 波传播的方向上单位长度内波的数目，它等于以厘米(cm)为单位的真空中波长的倒数，即 $\sigma=\frac{1}{\lambda}$，单位为 cm^{-1}。

5. 传播速度 c(propagation velocity) 波在 1 s 内通过的距离，$c=\lambda\nu$。所有的电磁辐射在真空中传播速度相同，其数值为 2.9979×10^{10} cm·s^{-1}。

（二）粒子性

有一些光学现象，如光电效应、光的发射和吸收等，只有用光的粒子性才能满意地解释。光是由带有能量的微粒组成的，这种微粒称为光子或光量子。电磁辐射的粒子性表现为每个光子的能量与它的频率成正比，与波长成反比，而与光的强度无关。

$$E=h\nu=\frac{hc}{\lambda}=hc\sigma \tag{14-2}$$

式中，h 为普朗克常数(Plank constant)，其数值为 6.6262×10^{-34} J·s；能量的单位常用电子伏特(eV)、焦耳(J)表示。eV 常用作高能量光子的能量单位，其定义为一个电子在真空中通过 1 V 电压降所获得的能量，1 eV=1.602×10^{-19} J。

光是电磁辐射，它既具有波动性又具有粒子性，所以光具有波粒二象性。

【例 14-1】 试计算波长为 200 nm 的电磁辐射的能量，分别用焦耳(J)和电子伏特(eV)表示。

解：

$$\lambda=200\ \text{nm}=2.00\times10^{-7}\ \text{m}$$

$$E_J=\frac{hc}{\lambda}=\frac{6.6262\times10^{-34}\times2.9979\times10^{8}}{2.00\times10^{-7}}=9.93\times10^{-19}(\text{J})$$

$$E_{ev}=\frac{9.93\times10^{-19}}{1.602\times10^{-19}}=6.199(\text{eV})$$

（三）电磁波谱

实验证明，不仅无线电波是电磁波，X 射线、γ 射线也都是电磁波。它们的区别仅在于频率或波长有很大差别。γ 射线的频率最高，波长最短。人们根据波长或频率将这些电磁波按顺序排列起来，就形成了电磁波谱(表 14-1)。

表 14-1 电磁波谱

区域	波谱区名称	波长范围	频率范围/Hz	光子能量/eV	量子跃迁类型
高能辐射	γ 射线	0.005～0.1 nm	$6\times10^{14}\sim2\times10^{12}$	$2.5\times10^{6}\sim8.3\times10^{3}$	核能级
	X 射线	$10^{-3}\sim10$ nm	$3\times10^{14}\sim3\times10^{10}$	$1.2\times10^{6}\sim1.2\times10^{2}$	内层电子能级
光学光谱	远紫外光	10～200 nm	$3\times10^{10}\sim1.5\times10^{9}$	$1.2\times10^{2}\sim6$	内层电子能级
	近紫外光	200～400 nm	$1.5\times10^{9}\sim7.5\times10^{8}$	6～3.1	价电子或成键电子能级
	可见光	400～760 nm	$7.5\times10^{8}\sim3.9\times10^{8}$	3.1～1.7	价电子或成键电子能级
	近红外光	0.76～2.5 μm	$3.9\times10^{8}\sim1.2\times10^{8}$	1.7～0.5	分子振动能级
	中红外光	2.5～25 μm	$1.2\times10^{8}\sim1.2\times10^{7}$	0.5～0.04	分子振动能级
	远红外光	25～1000 μm	$1.2\times10^{7}\sim10^{5}$	$4\times10^{-2}\sim4\times10^{-4}$	分子转动能级
波谱	微波	0.1～100 cm	$10^{5}\sim10^{2}$	$4\times10^{-4}\sim4\times10^{-7}$	分子转动能级
	射频	1～1000 m	$10^{2}\sim0.1$	$4\times10^{-7}\sim4\times10^{-10}$	电子自旋或核自旋

扫码看答案

Note

问题与思考 14-1

根据表 14-1，请回答医院消毒为什么常用紫外光而不用可见光。

二、物质对光的选择性吸收

电磁辐射与物质能发生多种作用，如发射、吸收、反射、折射、散射等。在发生吸收、反射、荧光、磷光、拉曼散射等过程中，光子与物质之间会产生能量的传递；但是在光的反射、折射和旋光过程中，光只改变了其传播方向，光子与物质之间没有能量的传递。

1. 吸收(absorption) 电磁辐射通过物质时，其中某些频率的电磁辐射被组成物质的粒子（原子、离子或分子等）选择性吸收从而使电磁辐射强度减弱的现象。吸收的实质在于电磁辐射使物质的粒子发生由低能级（一般为基态）向高能级（激发态）的能级跃迁，被选择性吸收的电磁辐射光子能量应为跃迁后与跃迁前两个能级间的能量差。

2. 发射(emission) 物质吸收能量后产生电磁辐射的现象。发射的实质在于电磁辐射跃迁，即当物质的粒子吸收能量被激发至高能态(E_2)后，瞬间返回基态或低能态(E_1)，多余的能量以电磁辐射的形式释放出来。

3. 散射(scattering) 电磁辐射（与物质发生相互作用）部分偏离原入射方向而分散传播的现象。其中瑞利(Rayleigh)散射是指入射线光子与分子发生弹性碰撞作用，仅光子运动方向改变而没有能量变化的散射，瑞利散射线与入射线波长相同。拉曼(Raman)散射是指入射线（单色光）光子与分子发生非弹性碰撞作用，在光子运动方向改变的同时有能量增加或损失的散射，拉曼散射线与入射线波长稍有不同，波长短于入射线者称为反斯托克斯线，反之则称为斯托克斯线。

4. 反射(reflection) 光从一种介质射向另一种介质的交界面时，一部分光返回原来的介质中，使光的传播方向发生了改变，这种现象称为光的反射。光的反射定律：反射光线与入射光线、法线在同一平面上，反射光线和入射光线分居在法线的两侧，反射角等于入射角，可归纳为“三线共面，两线分居，两角相等”。

5. 折射(refraction) 当光由一种介质斜射到另一种介质时，其传播方向发生改变的现象称为光的折射。光发生折射后，其频率不变，但波长和波速发生改变。光发生折射时，折射光线、入射光线、法线在同一平面内，折射光线和入射光线分别位于法线的两侧；折射角随入射角的改变而改变，但两者不相等。

6. 干涉(interference)和衍射(diffraction) 在一定条件下，光波会发生相互作用，当其叠加时，将产生一个强度随各波的相位而加强或减弱的合成波，这种现象称为干涉；当光波绕过障碍物或通过狭缝时，以约 180°的角度向外辐射，波前进的方向发生弯曲，这种现象称为衍射。

三、光谱分析法的分类

光学分析法可分为光谱分析法和非光谱分析法两大类。如果物质与电磁辐射相互作用时没有发生能级之间的跃迁，电磁辐射只改变了传播方向、速度或某些物理性质，这些方法属于非光谱分析法(non-spectroscopic analysis)。非光谱分析法不以光的波长为特征信号，它是通过测量辐射线照射物质时产生的电磁辐射在传播方向、物理性质上的变化进行分析的，如利用其折射、反射、散射、衍射、偏振等现象建立起来的折射法、偏振法、散射法、干涉法、衍射法、旋光法等光学分析法。

光谱分析法(spectroscopic analysis)是基于电磁辐射与物质相互作用时，通过测量由物质内部发生量子化的能级跃迁而产生的发射、吸收或散射辐射的波长和强度的变化而建立起来的分析方法。下面介绍光谱分析法的分类。

（一）原子光谱法和分子光谱法

根据被辐射作用物质对象的微粒不同，光谱分析法可分为原子光谱法与分子光谱法。

Note

1. 原子光谱法(atomic spectroscopy) 以测量气态原子（或离子）外层电子或内层电子能级跃迁所产生的原子光谱为基础的分析方法。处于稀薄气体状态的原子，因它们相互间的作用力小，故它们处于一些由量子力学所描述的不连续的能级。当它们的外层电子在这些能级之间跃迁时无振动能级跃迁和转动能级跃迁，能发射或吸收一些波长不连续的辐射，这些辐射经过狭缝进入光谱仪，经过色散和聚焦后，形成一条条分开的谱线，因而原子光谱只包含若干尖锐的吸收线，所以原子光谱是线状的。原子光谱是由一条条明锐分明的彼此分离的谱线组成的线状光谱，每一条谱线对应于一定的波长。这种线状光谱只与原子或离子的性质有关，而与原子或离子来源的分子状态无关，因此利用原子光谱可以确定被测样品中物质的元素组成及含量，而不能提供物质分子的结构信息。原子光谱法包括原子发射光谱法(atomic emission spectroscopy，AES)、原子吸收光谱法(atomic absorption spectroscopy，AAS)、原子荧光光谱法(atomic fluorescence spectroscopy，AFS)以及 X 射线荧光光谱法(X-ray fluorescence spectroscopy，XFS)等。

2. 分子光谱法(molecular spectroscopy) 以测量分子转动能级、分子中原子的振动能级(包括分子转动能级)和分子电子能级(包括振-转能级)跃迁所产生的分子光谱为基础的定性、定量和物质结构分析方法。处于气态的分子，当它们的外层电子发生能级跃迁时，总是伴随着振动能级跃迁和转动能级跃迁，因而许多谱线密集在一起而形成分子光谱，因此分子光谱是带状的。一般在气态或者非极性溶剂(如正己烷)中，用高分辨率仪器能观察到其光谱的振动与转动能级跃迁的精细结构。但是改为极性溶剂后，由于溶剂与溶质分子的相互作用增强，谱带的精细结构变得模糊，以至于完全消失而成为平滑的吸收谱带，这一现象称为溶剂效应。例如，苯酚在正庚烷溶液中可显示振动与转动能级跃迁的精细结构，而在乙醇溶液中，苯酚的吸收带几乎变成平滑的曲线。常见的分子光谱法有紫外-可见分光光度法(ultraviolet-visible spectrophotometry，UV-Vis)、红外吸收光谱法(infrared absorption spectrometry，IR)、分子荧光光谱法(molecular fluorescence spectroscopy，MFS)和分子磷光光谱法(molecular phosphorescence spectroscopy，MPS)等。

问题与思考 14-2

为什么原子光谱是线状的，而分子光谱是带状的？

扫码看答案

(二) 吸收光谱法和发射光谱法

根据物质与辐射能的能级跃迁方向，光谱分析法可分为吸收光谱法(absorption spectroscopy)和发射光谱法(emission spectroscopy)两大类。

1. 吸收光谱法 吸收光谱是物质吸收相应的辐射能而产生的光谱。吸收光谱产生的必要条件是所提供的辐射能恰好能满足该物质两能级间跃迁所需的能量，即 $\Delta E = h\nu$，物质吸收能量后就变为激发态。

$$M + h\nu \longrightarrow M^*$$

根据吸收光谱进行定性、定量及结构分析的方法，称为吸收光谱法。根据电磁辐射区域与作用对象，吸收光谱法包括以下几种分析方法。

(1) 紫外-可见分光光度法(UV-Vis)：该法利用溶液中分子或基团对紫外光或可见光的吸收，产生分子外层电子能级跃迁所形成的吸收光谱，可用于定性分析、定量分析及部分官能团的判断。

(2) 红外吸收光谱法(IR)：该法利用分子或基团对红外光的吸收，产生基团中化学键的振动能级跃迁或分子的转动能级跃迁所形成的吸收光谱，可用于物质的定性鉴别、纯度检查、结构分析和反应进程判断等。

(3) 原子吸收光谱法(AAS)：该法利用待测元素气态基态原子对共振线的吸收，产生原子外层电子能级跃迁所形成的吸收光谱，主要用于定量分析，可用于药物中微量及大量元素的含量测定。

Note

(4) 核磁共振(nuclear magnetic resonance,NMR)波谱法:在外磁场作用下,自旋核的核磁矩与外磁场相互作用分裂为能量不同的核磁能级,产生自旋能级差。在无线电波的照射下,其吸收能量发生核自旋能级跃迁所形成的吸收光谱,称为NMR波谱。利用该吸收光谱可以对有机物的结构进行鉴定,可用于中药化学成分、新药研发、分子的动态效应、氢键形成及互变异构反应等方面的研究。

2. 发射光谱法 物质通过电致激发、热致激发或光致激发等过程获取能量,成为激发态的原子或分子 M^*。激发态的原子或分子极不稳定,它们可能以不同形式释放出能量,从激发态回到基态或低能态,如果这种跃迁以电磁辐射形式释放多余的能量,就产生了发射光谱。

$$M^* \longrightarrow M + h\nu$$

通过测量物质发射光谱的波长和强度来进行定性分析、定量分析的方法称为发射光谱法。

根据发射光谱法所在的光谱区和激发方法不同,其可分为原子发射光谱法(AES)、原子荧光光谱法(AFS)、分子荧光光谱法(MFS)、X射线荧光光谱法(XFS)和分子磷光光谱法(MPS)等。

光谱分析法的应用范围十分广泛,紫外-可见分光光度法和荧光光谱法可用于金属、非金属和有机物的测定;红外吸收光谱法常用于有机物官能团的检出及结构分析;原子发射光谱法或原子吸收光谱法常用于痕量金属的测定。各类光谱分析法的应用范围见表14-2。

表14-2 各类光谱分析法的应用范围

方法名称	检出限		相对标准偏差/(%)	主要用途
	绝对检出限/g	相对检出限/($\mu g \cdot g^{-1}$)		
原子发射光谱法		$10^{-4}\sim10^{2}$	1~20	多元素连续或同时测定
原子吸收光谱法	$10^{-15}\sim10^{-9}$(非火焰)	$10^{-3}\sim10$(火焰)	0.5~10	单元素分析等
原子荧光光谱法	$10^{-15}\sim10^{-9}$	$10^{-3}\sim10$	0.5~10	单元素分析等
紫外-可见分光光度法		$10^{-3}\sim10^{2}$	1~10	有机物定性、定量分析
分子荧光光谱法		$10^{-3}\sim10^{4}$	1~50	有机物定性、定量分析
红外吸收光谱法		$10^{3}\sim10^{6}$	5~20	结构分析及有机物定性、定量分析
拉曼光谱法		$10^{3}\sim10^{6}$	5~20	结构分析及有机物定性、定量分析
核磁共振波谱法		$10\sim10^{5}$	1~10	结构分析
顺磁共振波谱法	$10^{-9}\sim10^{-6}$		半定量	结构分析
X射线荧光光谱法		$10^{-1}\sim10^{2}$	0.1~10	多元素同时测定

第二节 基本原理

紫外光是指波长为10~400 nm的电磁辐射,分为远紫外光(10~200 nm)和近紫外光(200~400 nm),由于空气中的二氧化碳及水蒸气等都吸收远紫外光,要研究物质分子对远紫外光的吸收必须在真空条件下进行,所以远紫外区又称为真空紫外区。鉴于远紫外光需要昂贵的真空紫外光谱仪器,其应用受到限制。因此,通常所说的紫外光一般为近紫外光。可见光是指波长为400~760 nm的电磁辐射。

Note

紫外-可见分光光度法(UV-Vis)是根据物质分子对紫外-可见光的吸收特性所建立起来的一

种定性、定量和结构分析方法，它是一种分子吸收光谱法。进行物质分子测定时所选用光源波长为 200～400 nm 的称为紫外分光光度法，波长为 400～760 nm 的称为可见分光光度法。通常所说的紫外-可见吸收光谱，实际上是指近紫外-可见吸收光谱(200～760 nm)。

紫外-可见分光光度法作为常用的检测手段，其主要特点如下：①应用范围广，绝大多数无机离子或有机物，都可以直接或间接地用紫外-可见分光光度法进行测定。该法可作为红外光谱法、核磁共振波谱法、质谱法等方法的辅助手段，广泛应用于药物分析、医学检验、生物化学、环境保护、食品分析和工农业生产等领域。②灵敏度高，对待测物质的检出限一般可达 10^{-6}～10^{-4} $g \cdot mL^{-1}$，部分可达 10^{-7} $g \cdot mL^{-1}$，非常适用于微量或痕量组分的分析。③准确度高，采用普通分光光度计测量时浓度的相对误差一般可小于 0.5%，采用性能较好的分光光度计测量时浓度的相对误差可小于 0.2%。④仪器设备简单，价格低廉，操作简便，测定快速，易于普及。⑤适用浓度范围广，可用于常量(1%～50%)到微量(ppm)分析。

近年来，随着光学、电学、计算机科学的发展，性能优良的分光光度计不断问世，与数学、统计学的结合使其操作更加简便、更易于掌握和普及。在定性分析方面，紫外-可见分光光度法不仅可以鉴别官能团和化学结构不同的化合物，而且可以鉴别结构相似的不同化合物；在定量分析方面，其可以进行单一组分分析，也可以对多组分不经分离同时测定。此外，还可以根据吸收光谱的特性，与其他分析方法配合，用以推断有机物的分子结构。

分子内部电子能级的变化所产生的光谱在紫外-可见光区，属于电子光谱。由于发生振动、转动能级跃迁所需能量远小于发生电子能级跃迁所需能量，故当发生电子能级跃迁时，不可避免地会引起振动和转动能级跃迁，并由于这些谱线的重叠而成为连续的吸收带，这就是为什么分子的紫外-可见吸收光谱不是线状光谱，而是带状光谱。

同一波长的光称为单色光，两种或两种以上波长的光称为复合光。若把两种适当颜色的光按一定比例混合，可以得到白光，人们称这两种颜色的光为互补色光。图 14-1 所示为互补色光示意图，图中处于直线关系的两种颜色的光是互补色光，它们彼此按一定比例混合即成为白光。溶液所呈现的颜色取决于溶液中的粒子对白光的选择性吸收。当溶液对白光无吸收且全部透过时，则溶液无色透明；如果吸收了某种波长的光，则溶液呈现的颜色是它吸收的光的互补色；如果溶液对白光全部吸收无透过，则溶液呈黑色。因此在白光下，硫酸铜溶液吸收了白光中的黄色光，呈现出互补色蓝色；高锰酸钾溶液吸收了白光中的绿色光，呈现出互补色紫色。由此可见物质的颜色是基于物质对光的选择性吸收的结果，物质呈现的颜色则是被物质吸收的光的互补色。

图 14-1 光的互补色示意图

问题与思考 14-3

许多物质都有颜色，在白光下，为什么硫酸铜溶液呈现蓝色？

扫码看答案

紫外-可见吸收光谱的常用概念如下。

紫外-可见吸收光谱可用紫外-可见分光光度计进行测定。将不同波长的紫外-可见光依次通过一定浓度的被测物质，并分别测定每个波长下物质的吸光度，以波长 λ 为横坐标、吸光度 A 为纵坐标，所得的曲线即为紫外-可见吸收光谱(或紫外-可见吸收曲线)，如图 14-2 所示。

吸收峰(absorption peak)：吸收曲线上的波峰，对应的波长称最大吸收波长(λ_{max})。

Note

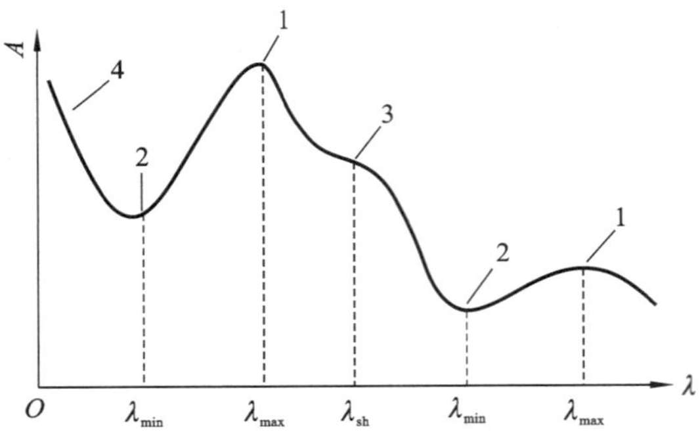

图 14-2　紫外-可见吸收光谱图

1—吸收峰;2—波谷;3—肩峰;4—末端吸收

波谷(valley):相邻两峰之间吸光度最小的部分,对应的波长称最小吸收波长(λ_{min})。

肩峰(shoulder peak):在一个吸收峰旁边产生的一个小的曲折。

末端吸收(end absorption):在吸收曲线短波处,吸收较强但未形成峰形的部分。

生色团(chromophore):有机物分子结构中含有 $\pi \rightarrow \pi^*$ 或 $n \rightarrow \pi^*$ 跃迁的基团,即能在紫外-可见光范围内产生吸收的原子基团。如乙烯基 $>C=C<$ 、乙炔基—C≡C—、偶氮基—N═N—、亚硝基—N═O 等。

助色团(auxochrome):含有非键电子的杂原子饱和基团,如—OH、—NH_2、—OR、—SR、—Cl、—I 等,它们本身并不吸收波长大于 200 nm 的光,但是当它们与生色团或饱和烃相连时,能使该生色团或饱和烃的吸收峰向长波方向移动,同时使吸收强度增加。

红移(red shift):亦称长移,是由于化合物的结构改变(如发生共轭作用、引入助色团)以及溶剂改变等,而使吸收峰向长波方向移动的现象。

蓝移(blue shift):亦称短移,是由于化合物的结构改变或受溶剂影响而使吸收峰向短波方向移动的现象。

增色效应(hyperchromic effect)和减色效应(hypochromic effect):由于化合物结构改变或其他原因,吸收强度增加,称增色效应或浓色效应;若吸收强度减弱,则称减色效应或淡色效应。

强带(strong band)和弱带(weak band):化合物的紫外-可见吸收光谱中,凡摩尔吸光系数(ε_{max})大于 10^4 的吸收峰称为强带;凡 ε_{max} 小于 100 的吸收峰称为弱带。

一、朗伯-比尔(Lambert-Beer)定律

当一束平行的单色光通过含有均匀的吸光物质的吸收池(或气体、固体)时,光的一部分被溶液吸收,一部分透过溶液,一部分被吸收池表面反射。设入射光强度为 I_0,透射光强度为 I_t,吸收光强度为 I_a,反射光强度为 I_r,则它们之间的关系应为

$$I_0 = I_t + I_a + I_r$$

在进行吸收光谱分析时,被测溶液和参比溶液被分别放在同样材料及厚度的两个吸收池中,让强度同为 I_0 的单色光分别通过两个吸收池,用参比池调节仪器的零吸收点,再测量被测溶液的透射光强度,所以反射光的影响可以从参比溶液中消除,则上式可简写为

$$I_0 = I_a + I_t$$

因测量过程中,入射光强度可以固定,投射光强度可以测量,故常用两者之比来间接表示溶液吸收光的程度。透射光强度 I_t 与入射光强度 I_0 之比称为透光率(transmittance),用 T 表示。

$$T = \frac{I_t}{I_0} \tag{14-3}$$

溶液的透光率越大,表示溶液对光的吸收程度越小;透光率越小,溶液对光的吸收程度越大。为了更直观地表示物质对光的吸收程度,常采用吸光度(absorbance)这一概念,其定义式为

$$A = -\lg T = \lg \frac{I_0}{I_t} \tag{14-4}$$

A 值越大,表明物质对光的吸收程度越大。透光率 T 和吸光度 A 都是表示物质对光的吸收程度的量度,透光率以百分数表示,两者可由 $A = -\lg T$ 相互换算。

Note

溶液对光的吸收除与溶液本性有关外，还与入射光波长、溶液浓度、液层厚度及温度等因素有关。

在一定波长单色光的照射下，溶液的吸光度 A 与溶液的浓度 c 和透光液层厚度 l 的乘积成正比，此称为朗伯-比尔（Lambert-Beer）定律，数学关系式为

$$A = Kcl \tag{14-5}$$

朗伯-比尔定律是吸收光谱法的基本定律，又称光吸收定律，其表明了吸光度与溶液浓度或厚度的关系，其中 K 为比例系数，又称吸光系数。吸光系数的物理意义：吸光物质在单位浓度、单位液层厚度时的吸光度。在给定单色光、溶剂和温度等条件下，吸光系数是物质的特征常数，表明物质对某一特定波长光的吸收能力。不同物质对同一波长的单色光有不同的吸光系数，吸光系数越大，表明该物质的吸光能力越强，灵敏度越高，所以吸光系数是定性和定量的依据。

吸光系数通常有两种表达方式。

1. 摩尔吸光系数（molar absorptivity） 在一定波长下，溶液浓度为 1 $mol \cdot L^{-1}$、厚度为 1 cm 时的吸光度，用 ε 表示，ε 的单位为 $L \cdot mol^{-1} \cdot cm^{-1}$。

2. 百分吸光系数（percentage absorptivity）或比吸光系数（specific absorptivity） 在一定波长下，溶液浓度为 1%（g/100 mL）、厚度为 1 cm 时的吸光度，用 $E_{1\,cm}^{1\%}$ 表示。

3. 两种吸光系数之间的关系 同一物质在同一波长下，摩尔吸光系数（ε）与百分吸光系数（$E_{1\,cm}^{1\%}$）可以按下式进行换算。

$$E_{1\,cm}^{1\%} = \frac{\varepsilon \times 10}{M} \tag{14-6}$$

式中，M 为吸光物质的摩尔质量。

ε 一般不超过 10^5 数量级，通常 ε 在 $10^4 \sim 10^5$ 之间为强吸收，小于 10^2 为弱吸收，介于两者之间称中强吸收。吸光系数 ε 或 $E_{1\,cm}^{1\%}$ 不能直接测得，需用已知准确浓度的稀溶液测得吸光度换算得到。

【例 14-2】 氯霉素吸光系数的测定：将精制的纯品氯霉素（M 为 323.15 $g \cdot mol^{-1}$）配制为 100 mL含有 2.00 mg 的溶液，用 1 cm 厚的吸收池，在 λ_{max} 为 278 nm 处测得溶液的透光率为 24.3%，求氯霉素的 ε 和 $E_{1\,cm}^{1\%}$。

解：

$$E_{1\,cm}^{1\%} = \frac{A}{cl} = \frac{-\lg T}{cl} = \frac{-\lg 0.243}{0.002 \times 1} = 307$$

$$\varepsilon = \frac{M}{10} \cdot E_{1\,cm}^{1\%} = \frac{323.15 \times 307}{10} = 9921$$

如果溶液中同时存在两种或两种以上吸光物质，只要各组分之间无相互作用（不因共存而改变本身的吸光特征），则总吸光度是各共存物吸光度的和，即有

$$A = E_1 c_1 l_1 + E_2 c_2 l_2 + \cdots + E_n c_n l_n = A_1 + A_2 + \cdots + A_n \tag{14-7}$$

这就是吸光度的加和性，利用此性质可进行多组分的含量测定。

二、偏离朗伯-比尔定律的主要因素

根据朗伯-比尔定律，当吸收池厚度一定时，吸光度 A 与浓度 c 之间的关系应该是一条通过原点的直线，在实际测定过程中，吸光度与浓度间的线性关系常常发生偏离直线的现象，从而影响测定的准确度。导致偏离朗伯-比尔定律的因素主要有化学因素和光学因素。

（一）化学因素

通常只有在稀溶液中，朗伯-比尔定律才能成立。随着溶液浓度的改变，溶液中的吸光物质可发生解离、缔合、溶剂化以及生成配合物等变化，使吸光物质的存在形式发生变化，影响物质对光的吸收能力，从而偏离朗伯-比尔定律。例如，重铬酸钾的水溶液中有以下平衡：

$$Cr_2O_7^{2-} + H_2O \rightleftharpoons 2H^+ + 2CrO_4^{2-}$$

Note

如将溶液严格地稀释 1 倍，则 $Cr_2O_7^{2-}$ 的浓度不是减少 1/2，而是受稀释平衡向右移动的影响，$Cr_2O_7^{2-}$ 浓度的减少多于 1/2，结果偏离朗伯-比尔定律而产生误差。不过若在强酸溶液中测定 $Cr_2O_7^{2-}$ 或在强碱溶液中测定 CrO_4^{2-}，则可避免偏离现象。可见由化学因素引起的偏离，一般可通过控制条件在一定程度上加以控制或消除。

（二）光学因素

1. 非单色光 朗伯-比尔定律仅适用于单色光，但由于单色器色散能力的限制和出口狭缝需要保持一定的宽度，所以目前各种分光光度计得到的入射光实际上都是具有某一波段的复合光，即具有一定波长范围的光，这一宽度称为谱带宽度(band width)。由于物质对不同波长光的吸收程度不同，因而导致偏离朗伯-比尔定律。

为方便讨论，假设入射光仅由两种波长 λ_1 和 λ_2 的光组成，吸光系数分别为 E_1 和 E_2。测定时，两种光分别以强度 I_0^1 与 I_0^2 同时入射试样。因 $I=I_0\times10^{-Ecl}$，此混合光的透光率为

$$T=\frac{I_1+I_2}{I_0^1+I_0^2}=\frac{I_0^1\times10^{-E_1d}+I_0^2\times10^{-E_2d}}{I_0^1+I_0^2}=10^{-E_1d}\cdot\frac{I_0^1+I_0^2\cdot10^{(E_1-E_2)d}}{I_0^1+I_0^2}$$

$$A=-\lg T=E_1cl-\lg\frac{I_0^1+I_0^2\cdot10^{(E_1-E_2)d}}{I_0^1+I_0^2}\tag{14-8}$$

从上式可以看出，只有当 $E_1=E_2$ 时，$A=Ecl$，A 与 c 呈直线关系。如果 $E_1\neq E_2$，A 与 c 则不呈直线关系，即与朗伯-比尔定律不相符合。假若 λ_1 是所需光的波长，则 λ_2 的光所产生的影响如下：$E_1<E_2$ 时，使吸光度增大，产生正偏离；$E_1>E_2$ 时，使吸光度降低，产生负偏离；E_1 与 E_2 的差值越大，偏离越显著。

通常选择吸光物质的最大吸收波长（即吸收峰所对应的波长）作为分析的测定波长，这样不仅可以保证有较高的测量灵敏度，而且此处的吸收曲线往往较为平坦，吸光系数变化较小，对朗伯-比尔定律的偏离也较小。对于比较尖锐的吸收带，在满足一定的灵敏度要求下，尽量避免用吸收峰所对应的波长作为测量波长；照射被测溶液的光束单色性（即波长范围）越差，引起的对朗伯-比尔定律的偏离也越大，所以在保证足够的光强前提下，采用窄的入射光狭缝，以减小谱带宽度，降低对朗伯-比尔定律的偏离程度。

2. 杂散光 与所需波长相隔较远的光称为杂散光，可使光谱变形变质。它是由仪器制造工艺、使用和保养不善，光路系统的不洁、损伤和霉变等造成的。现代仪器中杂散光的影响可以减小到忽略不计。但在接近末端吸收处，有时因杂散光影响而出现假峰。

3. 散射光和反射光 吸光质点对入射光有散射作用，入射光在吸收池内外界面之间通过时又有反射作用。散射光和反射光都是入射光谱带宽度内的光，对透射光强度有直接影响。光的散射和反射均可使透射光强度减弱，使测得的吸光度偏高。

4. 非平行光 通过吸收池的光一般不是真正的平行光，倾斜光通过吸收池的实际光程比平行光的光程长，使实际厚度 l 增大而影响测量值。这种测量时实际厚度的变异也是同一物质用不同仪器测定吸光系数时，产生差异的主要原因之一。

此外，温度等环境的变化会影响波长的准确度和重复性，应定期或在测定前对仪器进行校正和检定。

三、测量误差与分析条件的选择

（一）测定波长的选择

为了使测定结果有较高的灵敏度，应选择被测物质的最大吸收波长的光作为入射光，这称为“最大吸收原则”。选用这种波长的光进行分析，不仅灵敏度较高，而且测定时可减小或消除由非单色光引起的对朗伯-比尔定律的偏离。

Note

但是如果在最大吸收波长处，共存的其他吸光组分（显色剂、共存离子等）也有吸收，就会产生干扰。此时，应根据“吸收最大、干扰最小”的原则来选择测定波长。

（二）吸光度读数范围的选择

任何分光光度计都有一定的测量误差，这是由测量过程中光源不稳定、读数不准确或实验条件的偶然变动等因素造成的。

测定结果的浓度相对误差与透光率测量误差间的关系可由朗伯-比尔定律导出：

$$c = \frac{A}{El} = \lg \frac{1}{T} \cdot \frac{1}{El} \tag{14-9}$$

式(14-9)微分后再除以式(14-9)即可得浓度相对误差$\left(\frac{\Delta c}{c}\right)$为

$$\frac{\Delta c}{c} = \frac{0.434\Delta T}{T\lg T} \tag{14-10}$$

式(14-10)表明测定结果的浓度相对误差取决于透光率 T 和透光率测量误差 ΔT 的大小。

大多数分光光度计的 ΔT 在±0.2%～±1%之间。设 ΔT＝0.5%，可求得不同 T 时的浓度相对误差$\frac{\Delta c}{c}$，以此绘制$\frac{\Delta c}{c}$-T 关系曲线（图 14-3）。可以看出，浓度相对误差的大小与透光率（或吸光度）读数范围有关。当 T＝36.8%（或 A＝0.4343）时，$\frac{\Delta c}{c}$＝1.36%，浓度相对误差最小。因此，为了减小浓度相对误差、提高测量准确度，一般应控制待测溶液的吸光度 A 为 0.2～0.7（或 T 为 20%～65%）。在实际工作中，可通过调节待测溶液的浓度或选用适当厚度的吸收池的方法，使测得的吸光度落在所要求的范围内。

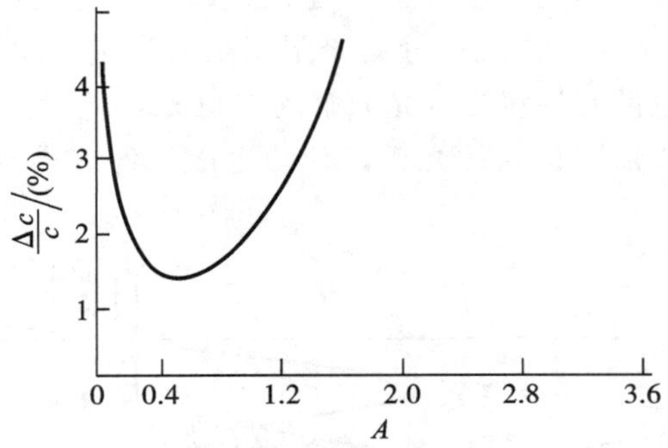

图 14-3 浓度相对误差与透光率（或吸光度）的关系

第三节 紫外-可见分光光度计

紫外-可见分光光度计（ultraviolet-visible spectrophotometer），简称分光光度计，是在紫外-可见光区可任意选择不同波长的光测定吸光度的仪器。目前，仪器的类型很多，性能差别很大，但它们的基本构造和工作原理相似，其基本结构由五个部分组成：光源、单色器、吸收池、检测器和信号处理显示系统。其工作原理如下：光源发出的光，经单色器分光后获得一定波长的单色光照射到样品溶液，被样品溶液吸收后，未被吸收的单色光由检测器将光强度变为电信号，并经信号处理显示系统调制放大后，以透光率（T）或吸光度（A）的形式输出。

化学史话：朗伯、比尔

Note

一、分光光度计的主要部件

(一) 光源

光源(light source)是提供入射光的装置,分光光度计对光源的基本要求是光源应在所需的光谱区域内能够发射连续辐射;应有足够的辐射强度和良好的稳定性,辐射强度随波长的变化应尽可能小;光源的使用寿命长,操作方便。

分光光度计中常用的可见光源有钨灯或卤钨灯(热辐射光源),紫外光源有氢灯或氘灯(气体放电光源)。

1. 钨灯或卤钨灯 钨灯是固体炽热发光的光源,又称白炽灯。其发射光的波长覆盖范围较宽(340～2500 nm),但在紫外区的光很弱。通常取其波长大于350 nm的光,为可见光区的光源。因钨灯的发光强度与供电电压的3～4次方成正比,所以,常用稳压器来稳定光源的电压以保证发光强度的稳定。为了延长钨灯的使用寿命,在制作中常向灯泡内充入碘或溴的低压蒸气,该灯称为卤钨灯,卤钨灯具有更高的发光强度和使用寿命。

2. 氢灯或氘灯 氢灯和氘灯均是气体放电发光的光源,发射150～400 nm的连续光谱。由于玻璃吸收紫外光,故光源必须由石英窗或石英灯管制成。氢灯是最初的光源,目前已被氘灯替代,因为氘灯的发光强度和使用寿命比氢灯增加2～3倍。气体放电发光需先激发,同时应控制稳定的电流,所以都配有专用的电源装置。

(二) 单色器

单色器(monochromator)是将来自光源的复合光分解为单色光,并分离出所需波段光束的装置,是分光光度计的关键部件。单色器主要由狭缝、色散元件和准直镜(聚光镜或透镜)组成,其光路及工作原理示意图见图14-4。进光狭缝用于限制杂散光进入单色器,准直镜将入射光束变为平行光束进入色散元件,色散元件将复合光分解为单色光,再经另一准直镜将色散后的平行光聚焦于出光狭缝,形成按波长依序排列的光谱。转动色散元件或准直镜方位即可任意选择所需波长的光从出光狭缝分出。

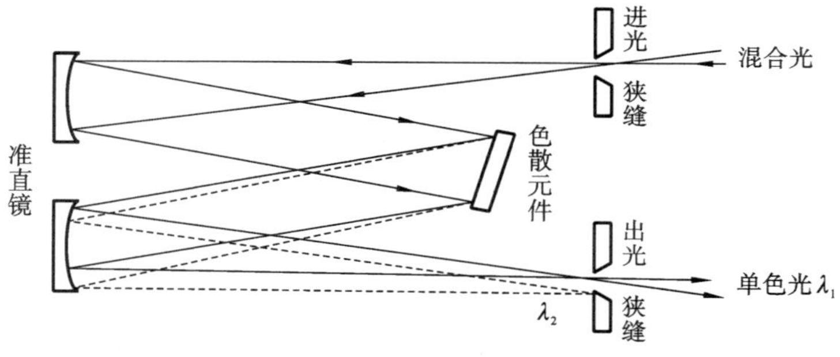

图14-4 单色器光路及工作原理示意图

1. 色散元件 单色器的核心部件是起分光作用的色散元件。色散元件有棱镜和光栅两种,早期生产的仪器多用棱镜。

棱镜具有色散作用是由于棱镜材料对不同的光有不同的折射率,因此可将复合光从长波到短波色散成为一个连续光谱。折射率差别越大,色散作用(色散率)越大。棱镜分光得到的光谱按波长排列时疏密不均,长波长区密、短波长区疏。棱镜材料有玻璃和石英,因玻璃吸收紫外光,故紫外光波段用石英材料的棱镜。

光栅是利用光的衍射与干涉作用制成的,在整个波长区具有良好的、几乎均匀一致的分辨能力。光栅具有色散波长范围宽、分辨率高、成本低的优点,所以是目前用得最多的色散元件。其

Note

缺点是各级光谱会重叠而产生干扰。实用的光栅是一种称为闪耀光栅(blazed grating)的反射光栅，其刻痕是有一定角度的斜面，刻痕的间距 d 称为光栅常数，d 越小则色散率越大，但 d 不能小于辐射的波长。这种闪耀光栅可使特定波长的有效光集中于一级的衍射光谱上。用于紫外区的光栅用铝作反射面，在平滑玻璃表面，每毫米的刻槽一般为 600～1200 条。

2. 准直镜 以狭缝为焦点的聚光镜，可将进入单色器的发散光变成平行光，又可将色散后的平行单色光聚焦于出光狭缝。

3. 狭缝 狭缝宽度直接影响单色光的纯度。狭缝过宽，单色光不纯；狭缝太窄，光通量过小，灵敏度降低。所以狭缝宽度要适当，通常用于定量分析时，主要考虑光通量，宜采用较大的狭缝宽度，但以误差小为前提；用于定性分析时，更多地考虑光的单色性，宜采用较小的狭缝宽度。

（三）吸收池

吸收池亦称为比色皿、比色杯，是用于盛放试液并提供一定吸光厚度的器皿，由无色透明、厚薄均匀、能耐腐蚀的光学玻璃或石英制成。吸收池一般为长方体，其底及两侧面为毛玻璃，另两侧面为光学透光面。用光学玻璃制成的吸收池，只能用于可见光区。用熔融石英(氧化硅)制成的吸收池，适用于紫外区和可见光区。盛空白溶液的吸收池与盛试样溶液的吸收池应互相匹配，即有相同的厚度与相同的透光性。在测定吸光系数或利用吸光系数进行定量测定时，还要求吸收池有准确的厚度(光程)或用同一只吸收池。指纹、油腻及池壁上的沉积物都会影响吸收池的透光性能，因此在使用前后必须清洁干净。

（四）检测器

检测器又称探测器，是对透过吸收池的光做出响应，并将检测到的光信号转变为电信号的元件。检测器应在测量的光谱范围内具有高灵敏度；对辐射响应快、线性关系好、线性范围宽；对不同波长的辐射响应性能相同且可靠；有好的稳定性和低的噪声水平等。常用的检测器有光电池、光电管、光电倍增管和光电二极管阵列检测器。

1. 光电池 光电池有硒光电池和硅光电池。硒光电池只能用于可见光区，硅光电池能同时适用于紫外区和可见光区。光电池是一种光敏半导体，有光照时就产生光电流，在一定范围内光电流大小与照射光强成正比，可直接用微电流计测量。光电池内阻小，电流不易放大，当光强度弱时，不能测量。光电池只能用于谱带宽度较大的低级仪器，且强光长时间照射时易产生“疲劳”现象，目前使用较少。

2. 光电管 光电管在紫外-可见分光光度计中的应用很广泛。它是由一个阳极和一个光敏阴极组成的真空(或充少量惰性气体)二极管，阴极表面镀有碱金属或碱金属氧化物等光敏材料，当它被有足够能量的光照射时，能够发射出电子。当在两极间有电位差时，发射出的电子就向阳极移动而产生电流，电流大小取决于照射光的强度。

随阴极光敏材料不同，其灵敏的波长范围也不同，可分为蓝敏和红敏两种光电管，前者为阴极表面上沉积锑和铯，适用于 210～625 nm 波长的光；后者是阴极表面上沉积银和氧化铯，适用于 625～1000 nm 波长的光。与光电池比较，光电管具有灵敏度高、光敏范围宽、不易疲劳等优点。

3. 光电倍增管 光电倍增管的原理和光电管相似，结构上的差别是在光敏金属的阴极和阳极之间还有几个倍增极(一般是九个)。阴极遇光发射电子，此电子被高于阴极 90 V 的第一倍增极加速吸引，当电子打击此倍增极时，每个电子使倍增极发射出几个额外电子。然后电子再被电压高于第一倍增极 90 V 的第二倍增极加速吸引，每个电子又使倍增极发射出多个新的电子。这个过程一直重复到第九倍增极。从第九倍增极发射出的电子比第一倍增极发射出的电子数大大增加，然后被阳极收集，产生较强的电流，再经放大，由指示器显示或记录器记录下来。光电倍增管灵敏度高，是检测微弱光最常见的光电元件，使用其时可以用较窄的单色器狭缝，从而对光谱

Note

的精细结构有较好的分辨能力。

4. 光电二极管阵列检测器 光电二极管阵列检测器(photodiode array detector)是紫外-可见分光光度计检测器的一个重要进展,这类检测器用光电二极管阵列作检测元件。通过单色器的光含有全部的吸收信息,在阵列上同时被检测,并用电子学方法及计算机技术对二极管阵列快速扫描采集数据,由于扫描速度非常快,可以得到三维(A,λ,t)光谱图。

(五) 信号处理显示系统

光电管输出的信号很弱,需经过放大才能以某种方式将测量结果显示出来,信号处理过程也包含一些数学运算,如对数函数、浓度因素等运算乃至微分、积分等处理。显示器可有电表表示、数字显示、荧光屏显示、结果打印及曲线扫描等。显示方式一般有透光率与吸光度,有的还可转换成浓度、吸光系数等显示。现代分光光度计一般配有计算机或相关数字接口,以便操作控制和信息处理。

扫码看答案

问题与思考 14-4

请说出紫外-可见分光光度计的主要部件及各部件的主要作用。

二、分光光度计的类型

随着现代科学技术的发展,根据仪器内部的设计和换代技术,紫外-可见分光光度计的型号有很多,但根据其适用性可归纳为三种类型,即单光束紫外-可见分光光度计、双光束紫外-可见分光光度计和双波长分光光度计。

(一) 单光束紫外-可见分光光度计

在单光束光学系统中,采用一个单色器获得可以任意调节的一束单色光,通过改变参比池和样品池位置,使其置于光路,在参比溶液进入光路时,将吸光度调零,然后移动吸收池架的拉杆,使样品溶液置于光路,即可在信号处理显示系统上读出样品溶液的吸光度。这类仪器的特点是结构简单、价格低,主要适用于定量分析。其不足之处是测定结果受光源强度波动的影响较大,因而给定量分析结果带来较大误差。常用的单光束紫外-可见分光光度计有 751G 型、752 型、754 型等。常用的单光束可见分光光度计有 721 型、722 型、723 型、724 型等。

(二) 双光束紫外-可见分光光度计

双光束紫外-可见分光光度计是指从单色器出来的单色光被一个旋转的扇形反射镜(即切光器或斩光器)分为强度相等的两束光,分别通过参比溶液和样品溶液。利用另一个与前一个切光器同步的切光器,使两束光在不同时间交替地照在同一个检测器上,通过一个同步信号发生器对来自两个光束的信号加以比较,并将两信号的比值经对数变换后转换为相应的吸光度。

这类仪器的特点是能连续改变波长、自动比较样品及参比溶液的透光强度,测量中不需要移动吸收池,自动消除光源强度的变化所引起的误差,特别适合在较宽的波长范围内获得复杂的吸收曲线的分析。常用的双光束紫外-可见分光光度计有 730 型、760MC 型、760CRT 型、日本岛津 UV-2450 型等。

(三) 双波长分光光度计

双波长分光光度计与单波长分光光度计的主要区别在于使用了两个单色器。同一光源发出的光分为两束,分别经过两个单色器后得到两束强度相同、波长分别为 λ_1 和 λ_2 的单色光。利用切光器使两束光束以一定的频率交替照射装有样品溶液的吸收池,不需要使用参比溶液,然后检测其透过光强度,得到的信号经系统处理后显示出两个波长下的吸光度差(ΔA)。

Note

$$A_{\lambda_1} = \lg \frac{I_0}{I_{\lambda_1}} = \varepsilon_{\lambda_1} cl + \Delta A_{B_1}$$

$$A_{\lambda_2} = \lg \frac{I_0}{I_{\lambda_2}} = \varepsilon_{\lambda_2} cl + \Delta A_{B_2}$$

ΔA_{B_1} 和 ΔA_{B_2} 分别为在 λ_1 和 λ_2 处的背景吸收，当 λ_1 和 λ_2 相近时，背景吸收近似相等。上二式相减，得

$$\Delta A = \lg \frac{I_{\lambda_1}}{I_{\lambda_2}} = A_{\lambda_2} - A_{\lambda_1} = (\varepsilon_{\lambda_2} - \varepsilon_{\lambda_1})cl \tag{14-11}$$

式(14-11)表明，样品溶液浓度与两个波长处的吸光度差成正比，可根据 $\Delta A = (\varepsilon_{\lambda_1} - \varepsilon_{\lambda_2})cl$ 进行定量分析。

这类仪器的特点是可测多组分试样、浑浊试样，而且可绘制导数光谱、不需要参比溶液（消除了由于参比池的不同和制备参比溶液等产生的误差）、减小了电源不稳而产生的误差、灵敏度高。其不足之处是价格昂贵。常用的双波长分光光度计有日本岛津 UV-300 型、UV-365 型等。

问题与思考 14-5

紫外-可见分光光度计可归纳为几种类型？

扫码看答案

第四节　定性和定量分析方法

目前，紫外-可见分光光度法使用比较普遍，操作简单。紫外-可见分光光度法是一种广泛应用的定量分析方法，也是对物质进行定性分析和结构分析的一种手段，同时还可以测定某些化合物的物理化学参数。

一、纯度检查

（一）杂质检查

可以根据药物与杂质紫外-可见吸收光谱的差异来检查杂质。如果杂质有吸收而药物无吸收，或杂质吸收峰与药物吸收峰互不干扰，可在杂质吸收峰处检出杂质。例如，乙醇和环己烷中若含有少量杂质苯，苯在波长 256 nm 处有吸收峰，而乙醇与环己烷在此波长处无吸收，即使乙醇中含苯量低达万分之一，也能从光谱中检出。

若药物在某波长处有较强的吸收峰，而所含杂质在此波长处无吸收或吸收很弱，杂质的存在将使药物的吸光系数降低；若杂质在此吸收峰处有比药物更强的吸收，则将使吸光系数增大；杂质有吸收时也可能使药物的吸收光谱变形，这些都可用作检查杂质是否存在的方法。

（二）杂质的限量测定

药物中的杂质，常允许其存在一定的限量。若杂质在某一波长处有最大吸收，而药物在此波长处无吸收，可以通过控制供试品溶液中杂质在特征吸收波长处的吸光度来控制杂质的量。例如，肾上腺素合成过程中可能引入杂质肾上腺酮而影响疗效。因此，肾上腺酮的量必须规定在某一限量之下。在 HCl 溶液中肾上腺素与肾上腺酮的紫外吸收光谱有显著不同，在波长 310 nm 处，肾上腺酮有吸收峰，而肾上腺素没有吸收。可利用此检测肾上腺酮的混入量。该法是将肾上腺素试样用 0.05 mol·L^{-1} HCl 溶液制成每 1 mL 含 2 mg 肾上腺素的溶液，在 1 cm 吸收池中，于波长 310 nm 处测定吸收度 A，规定 A 不得超过 0.05，则以肾上腺酮的 $E_{1\,cm}^{1\%}$(435)计算，相当于含肾上腺酮不超过 0.06%。

Note

有时可用峰谷吸光度之比控制杂质的限量。例如碘解磷定有很多杂质,包括顺式异构体、中间体等,在碘解磷定的最大吸收波长 294 nm 处,这些杂质几乎没有吸收,但它们在碘解磷定的波谷 262 nm 处有吸收,因此可利用碘解磷定的峰谷吸光度之比作为杂质的限量检查指标。已知纯品碘解磷定的$\frac{A_{294\ \mathrm{nm}}}{A_{262\ \mathrm{nm}}}=3.39$,如果含有杂质,则在波长 262 nm 处吸光度增加,使峰谷吸光度之比小于 3.39。为了限制杂质的含量,可规定一个峰谷吸光度之比的最小允许值。

二、定性分析方法

利用紫外-可见分光光度法进行定性分析时,其主要依据是化合物的吸收光谱特征。一般采用比较光谱法,即在相同测量条件(仪器、试剂、pH 等)下,比较试样与标准化合物的吸收曲线,如果吸收光谱的形状,吸收峰数目,各吸收峰的波长位置、强度及相应的吸光系数等完全一致,则可能是同一种化合物,如两者有明显差别,则肯定不是同一种化合物。也可借助文献或标准图谱库进行核对。

(一) 对比吸收光谱特征数据

可以对比吸收光谱的 λ_{max}、λ_{min}、ε 或 $E_{1\ \mathrm{cm}}^{1\%}$ 以及吸收峰的数目、形状等。最常用于鉴别的光谱特征数据是 λ_{max}。具有不同或相同吸光基团的不同化合物,可有相同的 λ_{max},但它们的摩尔质量一般是不同的,因此它们的 ε 或 $E_{1\ \mathrm{cm}}^{1\%}$ 常有明显差异,所以吸光系数也常用于化合物的鉴别。

【例 14-3】 地西泮的鉴别:取本品,精密称定,加 0.5%硫酸的甲醇溶液溶解并定量稀释成 10 $\mu g \cdot mL^{-1}$的溶液,在 284 nm 波长处测定吸光度,吸光系数 $E_{1\ \mathrm{cm}}^{1\%}$应为 440～468。

(二) 对比吸光度(或吸光系数)的比值

当物质的吸收光谱不止一个吸收峰时,可根据不同吸收峰处(或峰与谷)的吸光度比值进行鉴别。因为用的是同一浓度的溶液和同一厚度的吸收池,取吸光度比值也就是吸光系数比值,可消去浓度与厚度的影响,有时可将光谱特征数据和吸光度比值相结合以提高可靠性。

【例 14-4】 维生素 B_{12} 的鉴别:《中华人民共和国药典》(2020 年版)规定其在 361 nm 与 278 nm 波长处的吸光度之比应为 1.70～1.88;361 nm 与 550 nm 波长处的吸光度之比应为 3.15～3.45。

(三) 对比吸收光谱的一致性

若通过上述光谱数据不能发现吸收光谱曲线中其他部分的差异,必要时,需将试样与已知标准品配制成相同浓度的溶液,在同一条件下测定,比较试样与已知标准品的吸收光谱,如果两者的光谱完全一致,则可以初步认为它们是同一化合物。为了使分析结果更准确可靠,需注意测定时尽量保持光谱的精细结构。

也可利用文献所载的标准图谱进行核对,只有在光谱曲线完全一致的情况下才有可能是同一物质,若光谱曲线有差异,则可认为试样与已知标准品并非同一物质。

用紫外吸收光谱数据或曲线进行定性鉴定有一定的局限性,主要是因为紫外吸收光谱较为简单、信息少、特征性不强,不相同的化合物可以有很类似甚至雷同的吸收光谱。所以在得到相同的吸收光谱时,应考虑到并非同一物质的可能性。而在两种纯化合物的吸收光谱有明显差别时,则可以肯定两者不是同一物质。

【例 14-5】 布洛芬的鉴别:取本品,加 0.4%氢氧化钠溶液制成每 1 mL 中约含 0.25 mg 的溶液,照紫外-可见分光光度法(通则 0401)测定,在 265 nm 和 273 nm 的波长处有最大吸收,在 245 nm 和 271 nm 的波长处有最小吸收,在 259 nm 的波长处有一肩峰。

Note

三、定量分析方法

（一）单组分的定量分析方法

紫外-可见分光光度法定量分析的依据是朗伯-比尔定律，即物质在一定波长处的吸光度与它的浓度成正比。因此，通过测定溶液对一定波长入射光的吸光度，即可求出溶液的浓度和含量。通常应选被测物质吸收光谱中的吸收峰处测定，以提高灵敏度并减小测定误差。被测物质如有几个吸收峰，可选不易被其他物质干扰的、较高的吸收峰。一般不选光谱中靠短波长末端的吸收峰。

单组分试样可采用吸光系数法、工作曲线法和对照法进行定量测定。

1. 吸光系数法 吸光系数法是利用被测物质的吸光系数（$E_{1\,\mathrm{cm}}^{1\%}$或 ε）计算浓度的方法，也称为绝对法。通常 $E_{1\,\mathrm{cm}}^{1\%}$和 ε 可从手册或文献中查到。吸光系数法简便，但受仪器精度、操作及环境等的影响较对照法显著，故不用于原料药的含量测定。当用吸光系数法时，应对所用的仪器进行检定和校正。根据朗伯-比尔定律：$A=E_{1\,\mathrm{cm}}^{1\%}cl$，若 l 和吸光系数 ε 或 $E_{1\,\mathrm{cm}}^{1\%}$已知，即可根据测得的 A 求出被测物质的浓度。

$$c=\frac{A}{E_{1\,\mathrm{cm}}^{1\%}l}$$

应注意应用 $E_{1\,\mathrm{cm}}^{1\%}$时，计算结果是 100 mL 溶液中所含溶质的质量(g)，这是 $E_{1\,\mathrm{cm}}^{1\%}$的定义所决定的。若用 ε，则是每升溶液中所含溶质的物质的量。也可将被测溶液的吸光度换算成样品的 $E_{1\,\mathrm{cm}}^{1\%}$，并计算其与标准物质 $E_{1\,\mathrm{cm}}^{1\%}$的比值来求被测物质的浓度。

【例 14-6】 维生素 B_{12}的水溶液在 361 nm 波长处的 $E_{1\,\mathrm{cm}}^{1\%}$是 207，盛于 1 cm 吸收池中，测得溶液的吸光度为 0.414，则溶液浓度是多少？

解：

$$c=\frac{A}{E_{1\,\mathrm{cm}}^{1\%}l}=\frac{0.414}{207\times 1}=0.00200(\mathrm{g}/100\ \mathrm{mL})$$

【例 14-7】 已知标准维生素 B_{12} 在 361 nm 波长处的 $E_{1\,\mathrm{cm}}^{1\%}$为 207，取维生素 B_{12}样品 26.0 mg，用水溶解并稀释至 1000 mL，以 1 cm 厚度的吸收池，在波长 361 nm 处测得溶液的吸光度为 0.524，计算该样品中维生素 B_{12}的质量分数。

解：

$$E_{1\,\mathrm{cm}样}^{1\%}=\frac{A}{cl}=\frac{0.524}{0.0026\times 1}=201.5$$

$$\omega=\frac{E_{1\,\mathrm{cm}样}^{1\%}}{E_{1\,\mathrm{cm}标}^{1\%}}\times 100\%=\frac{201.5}{207}\times 100\%=97.34\%$$

2. 工作曲线法 工作曲线法又称校正曲线法或标准曲线法。本法在药物分析中广泛使用，简单易行，而且对仪器的精密度要求不高，但不适合组分复杂的样品分析。

测定方法：先配制一系列浓度不同的标准溶液，在测定条件相同的情况下，分别测定吸光度，然后以标准溶液的浓度为横坐标、以相应的吸光度为纵坐标，绘制 A-c 标准曲线（图 14-5）。如果符合朗伯-比尔定律，可获得一条通过原点的直线。在相同条件下测出样品溶液的吸光度，就可以从标准曲线上查出样品溶液的浓度，也可用回归直线方程计算样品溶液的浓度。

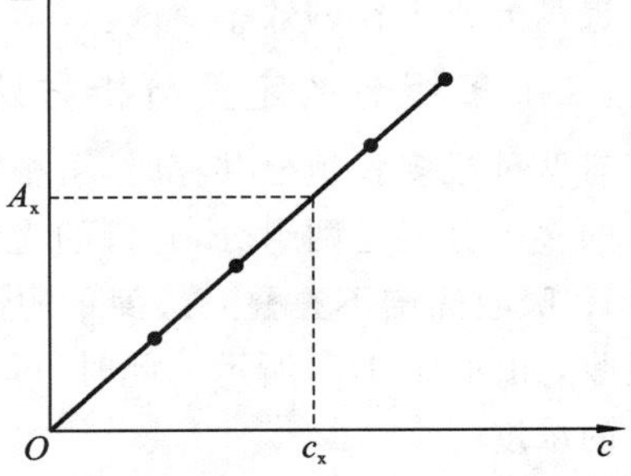

图 14-5 A-c 标准曲线

采用工作曲线法时应注意以下几点：①建立标准曲线时，首先要确定符合朗伯-比尔定律的浓度线性范围，只有在线性范围内进行的定量测量才准确可靠。②建立一条标准曲线需要 5～7 个点，《中华人民共和国药典》要求至少应做 6 个点，不得随意延长。③待测溶液和对照品溶液的测定必须在相同条件下进行。

Note

根据朗伯-比尔定律,理想的标准曲线应该是一条通过原点的直线。实际上常有标准曲线不通过原点的现象。其原因主要有空白溶液的选择不当、显色反应的灵敏度不够、吸收池的光学性能不一致等,应采取适当措施加以改善。

3. 对照法 对照法又称比较法或外标一点法,即在同样条件下配制对照品溶液和样品溶液,在选定波长处分别测定吸光度,根据朗伯-比尔定律:

$$A_{标}=Ec_{标}l \qquad A_{样}=Ec_{样}l$$

因是同种物质、同一台仪器及在同一波长下的测定,故 l 和 E 相等,所以有

$$\frac{A_{标}}{A_{样}}=\frac{c_{标}}{c_{样}}$$

$$c_{样}=\frac{A_{样}\times c_{标}}{A_{标}} \tag{14-12}$$

式中,$A_{标}$为对照品溶液吸光度;$A_{样}$为样品溶液吸光度;$c_{标}$为对照品溶液浓度;$c_{样}$为样品溶液浓度。因 $A_{标}$、$A_{样}$可测得,$c_{标}$可准确配制而已知,根据上式可求出样品溶液浓度,再根据称样量及稀释情况可计算出样品的百分含量。

【例 14-8】 精密吸取维生素 B_{12}注射液 2.50 mL,加水稀释至 10.00 mL;另配制对照液,即精密称定对照品 25.00 mg,加水稀释至 1000 mL。在 361 nm 波长处,用 1 cm 吸收池,分别测定样品溶液和对照液的吸光度为 0.508 和 0.518,求维生素 B_{12}注射液的浓度以及标示量的百分含量(该维生素 B_{12}注射液的标示量为 100 $\mu g\cdot mL^{-1}$)。

解:由对照法可知维生素 B_{12}注射液的浓度为

$$c_i\times\frac{2.5}{10}=\frac{25.00\times1000}{1000}\times\frac{0.508}{0.518}\Rightarrow c_i=98.1\ \mu g\cdot mL^{-1}$$

$$维生素\ B_{12}标示量的百分含量=\frac{c_i}{标示量}\times100\%=98.1\%$$

该法采用对照品平行操作,可以消除或降低不同仪器、不同环境下测定的变异性,提高检测的可信度,在测定方法中应用较多。为了减小误差,配制的对照品溶液或标准品溶液浓度应和试样溶液浓度接近。《中华人民共和国药典》(2020 年版)中规定,对照品溶液中所含被测成分的量应为供试品溶液中被测成分标示量的 100%±10%,所用溶剂也应完全一致。此外,应注意该法要求校正曲线通过原点,否则误差较大。

以上三种定量方法中,吸光系数法最简单、省时,但这种方法的使用要求仪器和测量体系所获得的吸光度(A)与吸光物质浓度(c)的关系完全符合朗伯-比尔定律,否则会产生较大的测量误差。标准曲线法操作相对麻烦,但对于不适合使用吸光系数法的物质,可以获得较为准确的测量结果。如果标准曲线通过原点,则对于常规检测,不必每次都绘制标准曲线,可使用对照法测量,以此提高分析工作的效率。

(二) 多组分的定量分析方法

有两种或多种组分共存时,可根据各组分吸收光谱相互重叠的程度分别考虑测定方法。最简单的多组分就是两组分,它们的光谱可有以下三种情况。

1. 吸收光谱不重叠 最简单的情况是两组分的其中一组分吸收峰所在波长处,另一组分没有吸收,如图 14-6(a)所示。此时,可按单组分的测定方法分别在 λ_1 处测定 a 组分、在 λ_2 处测定 b 组分的浓度。

2. 吸收光谱部分重叠 如果 a、b 两组分的吸收光谱有部分重叠,如图 14-6(a)所示,在 a 组分的吸收峰 λ_1 处 b 组分没有吸收,而在 b 组分的吸收峰 λ_2 处 a 组分有吸收,此时,可先在 λ_1 处按单组分测定法测得混合物溶液中 a 组分的浓度 c_a,再在 λ_2 处测得混合物溶液的吸光度 $A_{\lambda_2}^{a+b}$,即可根据吸光度的加和性计算出 b 组分的浓度 c_b。

Note

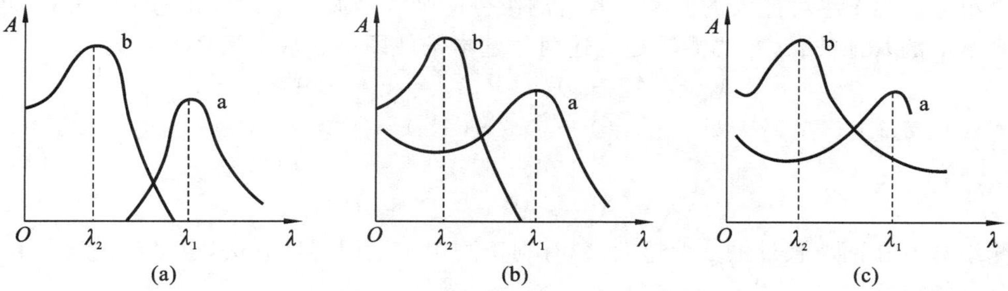

图 14-6 多组分吸收光谱的三种相干情况示意图

因为

$$A_{\lambda_2}^{a+b}=A_{\lambda_2}^{a}+A_{\lambda_2}^{b}=E_{\lambda_2}^{a}c_a l+E_{\lambda_2}^{b}c_b l$$

所以

$$c_b=\frac{1}{E_{\lambda_2}^{b}l}(A_{\lambda_2}^{a+b}-E_{\lambda_2}^{a}c_a l) \tag{14-13}$$

式中，$E_{\lambda_2}^{a}$、$E_{\lambda_2}^{b}$ 可由各自的标准曲线求得，然后即可求出组分 b 的浓度。

3. 吸收光谱相互重叠 在混合物测定中，经常遇到各组分的吸收光谱相互干扰的情况，如图 14-6(c)所示。此时，可采用的方法有线性方程组法、双波长法和导数光谱法等。

1）线性方程组法 分别在 λ_1 和 λ_2 处测定总吸光度 $A_{\lambda_1}^{a+b}$、$A_{\lambda_2}^{a+b}$。根据吸光度的加和性可得

$$A_{\lambda_1}^{a+b}=A_{\lambda_1}^{a}+A_{\lambda_1}^{b}=E_{\lambda_1}^{a}c_a l+E_{\lambda_1}^{b}c_b l$$
$$A_{\lambda_2}^{a+b}=A_{\lambda_2}^{a}+A_{\lambda_2}^{b}=E_{\lambda_2}^{a}c_a l+E_{\lambda_2}^{b}c_b l$$

解方程组可得

$$c_a=\frac{A_{\lambda_1}^{a+b}E_{\lambda_2}^{b}-A_{\lambda_2}^{a+b}E_{\lambda_1}^{b}}{E_{\lambda_1}^{a}E_{\lambda_2}^{b}l-E_{\lambda_2}^{a}E_{\lambda_1}^{b}l} \tag{14-14}$$

$$c_b=\frac{A_{\lambda_1}^{a+b}E_{\lambda_2}^{a}-A_{\lambda_2}^{a+b}E_{\lambda_1}^{a}}{E_{\lambda_1}^{b}E_{\lambda_2}^{a}l-E_{\lambda_1}^{a}E_{\lambda_2}^{b}l} \tag{14-15}$$

式中，$E_{\lambda_1}^{a}$、$E_{\lambda_1}^{b}$、$E_{\lambda_2}^{a}$、$E_{\lambda_2}^{b}$ 可由各自的标准曲线求得，通过解此线性方程组，可求出两组分的浓度。

2）双波长法 双波长法的原理是基于两束不同波长的单色光 λ_1 和 λ_2，以 λ_2 为参比波长、λ_1 为测定波长，在单位时间内交替照射同一溶液，然后由检测器测出这两波长之间的吸光度差值 ΔA，即有

$$A_{\lambda_1}=E_{\lambda_1}cl \qquad A_{\lambda_2}=E_{\lambda_2}cl$$

$$\Delta A=A_{\lambda_1}-A_{\lambda_2}=(E_{\lambda_1}-E_{\lambda_2})cl \tag{14-16}$$

因为在相同条件下测定，E_{λ_1}、E_{λ_2} 和 l 均为常数，所以 ΔA 与试样组分的浓度成正比，利用此关系可计算出试样组分的浓度。根据混合物中两组分光谱重叠程度和形状不同，双波长法又分为等吸收双波长法和系数倍率法。

(1) 等吸收双波长法：适用于干扰组分的吸收光谱中至少有一个吸收峰或吸收谷的混合物的测定。如图 14-7 所示，若要消除组分 a 对组分 b 测定的干扰，可从组分 a 的吸收光谱上选择两个吸光度相同的波长点 λ_1 和 λ_2，测定混合物溶液的吸光度差值 ΔA，然后根据 ΔA 来计算组分 b 的浓度。选择的波长必须符合两个基本条件：①在选定的两个波长处干扰组分 a 应当具有相同的吸光度；②在选定的两个波长处，待测组分 b 的吸光度差值 ΔA 应足够大。现用作图法说明等吸收双波长法波长的选择方法，如图 14-7 所示，设 b 为待测组分，可以选择组分 b 的最大吸收波长 λ_1 作为测定波长，在这一波长位置作 λ 轴的垂线，此直线与干扰组分 a 的吸收光谱相交于 S 点，再从 S 点作一条平行于 λ 轴的直线，此直线又与干扰组分 a 的吸收光谱相交于一点（如图中 G 点）或数点，则选择与交点相对应的波长 λ_2 作为参比波长，当 λ_2 有几个波长可供选择时，应当选

Note

择使待测组分的 ΔA 尽可能大的波长。若待测组分的吸收峰波长不适合作为测定波长,也可以选择吸收光谱上的其他波长,只要能满足上述两个基本条件即可。数学运算关系为

$$A_{\lambda_1} = A_{\lambda_1}^{a} + A_{\lambda_1}^{b} \qquad A_{\lambda_2} = A_{\lambda_2}^{a} + A_{\lambda_2}^{b}$$

$$\Delta A = A_{\lambda_1} - A_{\lambda_2} = (A_{\lambda_1}^{a} + A_{\lambda_1}^{b}) - (A_{\lambda_2}^{a} + A_{\lambda_2}^{b}) = (A_{\lambda_1}^{a} - A_{\lambda_2}^{a}) + (A_{\lambda_1}^{b} - A_{\lambda_2}^{b})$$

$$\because A_{\lambda_1}^{a} = A_{\lambda_2}^{a}$$

$$\therefore \Delta A = A_{\lambda_1}^{b} - A_{\lambda_2}^{b} = (E_{\lambda_1} - E_{\lambda_2}) c_b l \qquad (14\text{-}17)$$

待测组分 b 在两波长处的 ΔA 越大,越有利于测定。采用同样方法,也可消去组分 b 的干扰,测定组分 a 的浓度。

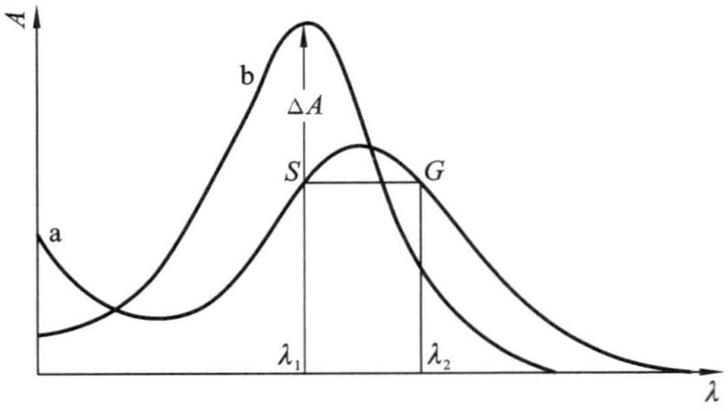

图 14-7 等吸收双波长法示意图

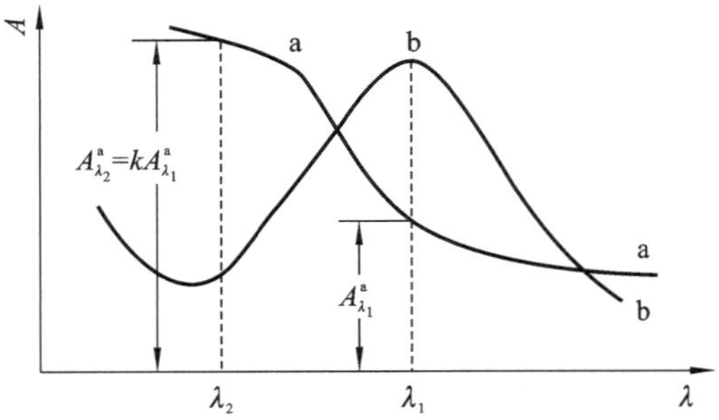

图 14-8 系数倍率法示意图

(2) 系数倍率法:适用于干扰组分的吸收光谱中找不到等吸收波长点的混合物的测定。如图 14-8 所示,若干扰组分 a 在选定两波长 λ_1 和 λ_2 处的吸光度的比值为 k,即 $\dfrac{A_{\lambda_2}^{a}}{A_{\lambda_1}^{a}} = k$,将组分 a 在 λ_1 处测得的吸光度乘以 k,则组分 a 在两波长处的 $\Delta A^{a} = kA_{\lambda_1}^{a} - A_{\lambda_2}^{a} = 0$;将混合物在 λ_1 处测得的吸光度 A_{λ_1} 乘以 k 后与在 λ_2 处测得的吸光度 A_{λ_2} 相减,即有

$$\begin{aligned}\Delta A &= kA_{\lambda_1} - A_{\lambda_2} = k(A_{\lambda_1}^{a} + A_{\lambda_2}^{b}) - (A_{\lambda_2}^{a} + A_{\lambda_2}^{b}) = (kA_{\lambda_1}^{a} - A_{\lambda_2}^{a}) + (kA_{\lambda_1}^{b} - A_{\lambda_2}^{b}) \\ &= kE_{\lambda_1} c_b l - E_{\lambda_2} c_b l = (kE_{\lambda_1} l - E_{\lambda_2} l) c_b \qquad (14\text{-}18)\end{aligned}$$

因 k、E_{λ_1}、E_{λ_2}、l 在一定条件下都是常数,所以 ΔA 与待测组分 b 的 c_b 成正比,依据此关系可以求得待测组分的浓度。

3) 导数光谱法 导数光谱法是解决干扰组分与待测组分的吸收光谱重叠问题,消除胶体和悬浮物散射影响和背景吸收,提高光谱分辨率的一种技术。根据朗伯-比尔定律 $A = E_\lambda cl$,可得吸光度与波长的多阶导数为

一阶导数 $$\frac{dA}{d\lambda} = \frac{dE}{d\lambda} \cdot cl \qquad (14\text{-}19)$$

二阶导数 $$\frac{d^2 A}{d\lambda^2} = \frac{d^2 E}{d\lambda^2} \cdot cl \qquad (14\text{-}20)$$

三阶导数 $$\frac{d^3 A}{d\lambda^3} = \frac{d^3 E}{d\lambda^3} \cdot cl \qquad (14\text{-}21)$$

n 阶导数 $$\frac{d^n A}{d\lambda^n} = \frac{d^n E}{d\lambda^n} \cdot cl \qquad (14\text{-}22)$$

经 n 次求导后,吸光度 A 的导数值仍与吸收物质的浓度 c 成正比,借此可进行定量分析。

在用导数光谱法进行定量分析时,需要对扫描出的导数光谱进行测量以获得导数值。常用的测量方法有以下三种。

(1) 基线法(正切法):画一条直线正切于两个相邻的极大值或极小值,然后测量中间极值至切线的距离 d。这种方法可用于线性背景干扰的试样测定。

Note

(2) 峰谷法:如果基线平坦,可通过测量两个极值之间的距离 p 来进行定量分析。

(3) 峰零法:极值到零点之间的垂直距离 z 也可以作为导数值。这种方法适用于信号对称于

横坐标的较高阶导数的求值。

导数光谱法的最大优点是分辨率得到了很大的提高。因为吸收曲线经过求导之后，其中各种微小变化能更好地显示出来。它能分辨两个或两个以上完全重叠或以很小波长差相重叠的吸收峰，能够分辨吸光度随波长急剧上升时所掩盖的弱吸收峰，能确认宽吸收带的最大吸收波长。导数光谱法可以消除胶体和悬浮物散射的影响和背景吸收，因此可以提高检测灵敏度。

在导数光谱法中，随着导数阶数的增加，极值数目增多，能给出分子结构的更多信息，提高了化合物分辨能力，导数光谱上任何波长处的数值都与浓度成正比，且可通过选择适宜的波长和求导条件消除背景、杂质或共存物吸收的干扰，提高了紫外-可见分光光度法测定的灵敏度和专属性，是在无需分离情况下即能测定多组分的好方法。

思政课堂：三聚氰胺

本章小结

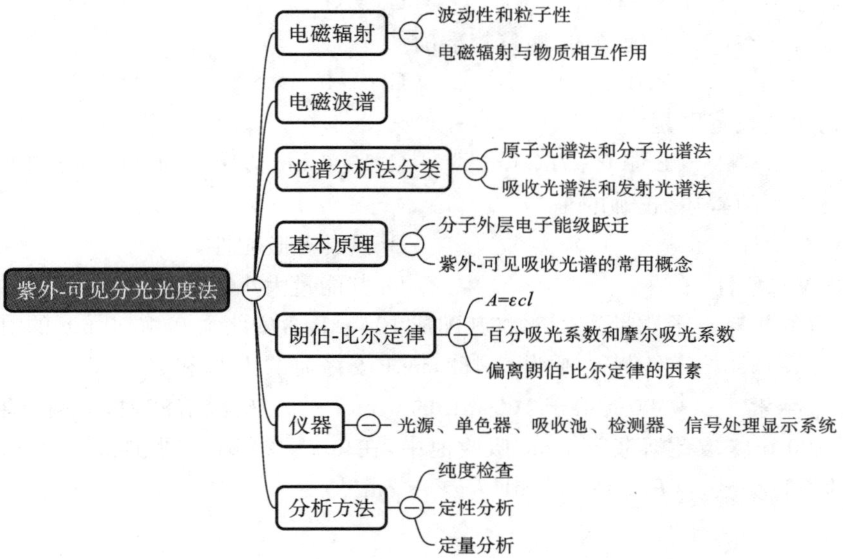

学科发展与医学应用综述题

1. 维生素 A 和维生素 E 起抗氧化剂作用，维生素 A 为水溶性维生素，维生素 E 为脂溶性维生素，两者都溶于乙醇，根据所学紫外-可见分光光度法相关知识，设计实验方案，研究如何对维生素 A 和维生素 E 同时进行测定。

2. 人体无法自身合成芦丁，必须从食物中摄取。它主要来源于杏、枣、樱桃、橙皮、柑橘类食物，槐花米和荞麦花内含量尤其丰富。我国药用的芦丁主要是从槐花米中提取获得的。芦丁具有保护血管、抗氧化、防晒等功效。设计实验方案测定芦丁的含量，分小组搜集资料，并以小组为单位进行 PPT 汇报展示。

能力检测

1. 紫外-可见分光光度法属于（　　）。

A. 原子发射光谱法　B. 原子吸收光谱法　C. 分子发射光谱法　D. 分子吸收光谱法

2. 紫外-可见吸收光谱产生的机制是（　　）。

Note

扫码看答案

A. 2分子外层电子能级跃迁产生　　B. 2原子的振动产生

C. 2分子的转动产生　　D. 2原子外层电子能级跃迁产生

3. 在符合朗伯-比尔定律的范围内，溶液的浓度、最大吸收波长、吸光度三者的关系是(　　)。

A. 增加、增加、增加　　B. 减小、不变、减小　　C. 减小、增加、减小　　D. 增加、不变、减小

4. 紫外-可见分光光度法定量分析的理论依据是(　　)。

A. 吸收曲线　　B. 吸光系数　　C. 朗伯-比尔定律　　D. 能特斯方程

5. 在用分光光度法测定一浓度为 c 的有色溶液时，当吸收池的厚度为 1 cm 时，测得透光率为 T，假若吸收池的厚度为 2 cm，则其透光率为(　　)。

A. $\frac{T}{2}$　　B. $2T$　　C. T^2　　D. $T^{\frac{1}{2}}$

6. 可见分光光度计中的光源是(　　)。

A. 低压汞灯　　B. 氙灯　　C. 氦灯　　D. 钨丝灯

7. 吸光度读数在(　　)范围内，测量较准确。

A. 0～1　　B. 0.2～0.7　　C. 0～0.7　　D. 0.15～1.5

8. 可见光的波长范围是(　　)。

A. 200～800 nm　　B. 400～760 nm　　C. 1000 nm 以上　　D. 200～400 nm

9. 下列关于光的叙述，正确的是(　　)。

A. 只具有波动性　　B. 只具有微粒性

C. 具有波粒二象性　　D. 其能量大小与波长成正比

10. 安络血的相对分子质量为236，将其配成100 mL含安络血0.4300 mg的溶液，盛于1 cm吸收池中，在 λ_{max}=355 nm处测得 A 为0.483，试求安络血的 $E_{1\,cm}^{1\%}$ 和 ε。

11. 称取维生素C 0.0500 g溶于100 mL的5 mol·L^{-1}硫酸溶液中，准确量取此溶液2.00 mL并稀释至100 mL，取此溶液于1 cm吸收池中，在 λ_{max}=245 nm处测得 A 为0.498。求样品中维生素C的质量分数。($E_{1\,cm}^{1\%}$=560 mL·g^{-1}·cm^{-1})

(高先娟)

Note

第十五章　核化学及其应用简介

扫码看 PPT

学习目标

素质目标：引入诺贝尔奖获得者居里夫人对科学的贡献，引导学生树立远大理想。讲述我国核技术的发展，引导学生认识到“两弹一星”，教育广大学子要努力学习科学文化知识，报效祖国，积极投身建设祖国的最前线。

能力目标：培养学生具备理论与实践相结合的能力，培养学生观察问题、分析问题和解决问题的能力。

知识目标：掌握核化学的基本概念、放射性衰变，及核化学方程式。

核化学(nuclear chemistry)是用化学方法或化学与物理相结合的方法研究原子核及核反应的学科。核化学主要研究核性质、核结构、核反应及核转变的规律，其研究成果广泛应用于各个领域。除了我们熟知的制造原子弹、氢弹的军事应用以外，在医学相关领域，放射性同位素及核辐射可以用于诊断、治疗疾病，研究药物作用原理，药物活性的测定，药物分析和药物的辐射消毒等方面。20 世纪 70 年代以来由于单光子发射计算机断层和正电子发射计算机断层技术的发展，以及放射性药物的创新和开发，核医学显像技术取得突破性进展，它和 CT、核磁共振、超声技术等相互配合，极大地提高了对疾病的诊断和研究水平。

第一节　核化学的基本概念

一、发展过程及应用

化学史话：居里夫人

核化学起源于 19 世纪末和 20 世纪初，当时科学家开始研究原子核的基本性质和结构。早期的核化学研究主要集中在放射性衰变、核反应和核能产生等方面。1896 年 Röntgen W C 发现了 X 射线；同年法国物理学家 Becquerel A H 发现了铀元素的天然放射性现象，由此为核化学的诞生和发展奠定了实验基础。1898 年 Curie I J 夫妇完成了对钋和镭的分离和鉴定；1903 年 Rutherford E 和 Soddy F 确定了物质指数衰变定律；1910 年 Soddy F 和 Fajans K 提出同位素的概念；1919 年 Rutherford E 等发现由天然放射性核素发射的 α 粒子引起的原子核反应，1934 年 Joliot-Curie 夫妇制备出第一个人工放射性核素——磷 30。由于中子的发现和粒子加速器的发展，通过核反应产生的人工放射性核素的数目逐年增加，而 1938 年 Hahn O 等发现原子核裂变更加速了这种趋势，并且为后来的核能利用开辟了道路。

Note

目前核化学研究成果已广泛应用于各个领域。一些放射性标记化合物广泛应用于医学。例如放射免疫分析是一种体外检查超微量成分的分析方法，它具有免疫学中高度的特异性，以及示踪原子探测的高度灵敏性,从而全面革新了临床检验技术。

二、核子、核素和同质异能素

原子核由质子和中子组成,核内质子的数目与原子序数 Z 相等,质子和中子都被称为核子(nucleon)。具有一定数目质子和一定数目中子的一类原子称为核素(nuclide)。例如,氢有^{1}H、^{2}H、^{3}H 三种原子,就是3种核素,它们的原子核中分别有0、1、2个中子,这3种核素互称为同位素。同位素的核外电子数相同,物理化学性质相近,但其核性质的差别可能很大,具有多种核素的元素称多核素元素。自然界中仅有1种核素存在的元素称为单核素元素。同质异能素是指电荷数和质量数相同而处于不同能量状态的核素,例如$^{60}_{27}Co$ 和$^{60m}_{27}Co$ 为同质异能素,其中$^{60m}_{27}Co$ 处于较高的激发态,它的能量比$^{60}_{27}Co$ 高59 keV,半衰期为10.5 min。

三、放射性元素和放射系

原子核自发地放射出射线,这种性质称为放射性。元素周期表中在钋(Po)之后的元素均具有放射性。有放射性的天然同位素称为天然放射性元素,如钋(Po)、氡(Rn)、钫(Fr)、镭(Ra)等。人工合成(如用反应堆生产)的有放射性的同位素,称为人工放射性元素。在一千多种放射性元素中,绝大部分属于人工放射性元素。自然界存在的放射性元素大多具有多代母子体衰变过程,它们经过多代子体放射性元素最后衰变生成稳定核素,这一过程中发生的一系列核反应被称为放射系(radioactive series)。自然界中有铀放射系、锕放射系和钍放射系三大天然放射性元素系。

四、质量亏损与核的结合能

当原子核的质量小于它所含有的各核子独立存在时的总质量时,原子核的质量与组成原子核的所有单个质子与单个中子的质量之和的差值称为质量亏损(mass defect),通常用 Δm 表示。质量亏损主要是由反应前后体系的能量变化导致的,其对应结合能 E_B,亏损越大,结合能越大。根据爱因斯坦的质能关系式($\Delta E = mc^2$),一定的质量 m 对应一定的能量 E,二者的定量关系由比例系数光速的平方 c^2 联系起来。例如,质子和中子的静止质量分别为1.007276u和1.008665u,^{2}H 核的质量为2.013553u,此时,质量亏损为0.002388u。

第二节　放射性衰变和核化学方程式

一、放射性衰变

绝大多数放射性核素是不稳定的,它们会自发蜕变而转变成另一种核素,同时放射出 α 粒子(即氦核)或 β 粒子(即电子)或 γ 光子,这种现象称为放射性衰变(radioactive decay)。衰变前的放射性核素称为母核,衰变过程中产生的新核素称为子核。

1. α 衰变　α 衰变是原子核放射 α 粒子($^{4}_{2}He$)变为另一种原子核的过程,如:

$$^{226}_{88}Ra \longrightarrow ^{222}_{86}Rn + ^{4}_{2}He$$

可用通式表示为

$$^{A}_{Z}X \longrightarrow ^{A-4}_{Z-2}Y + ^{4}_{2}He$$

α 粒子就是氦原子核,因此母核X经 α 衰变后,子核Y的质量数比母核X的质量数小4、核电荷小2,即子核在元素周期表中的位置左移2格,这就是 α 衰变的位移定则。

Note

2. β 衰变 β 衰变是原子核自发地放射出 β 粒子（β^- 衰变）或俘获一个轨道电子（β^+ 衰变）而发生的转变。如：

$$^{210}_{83}\text{Bi} \longrightarrow ^{210}_{84}\text{Po} + ^{0}_{-1}\text{e}$$

可用通式表示为

$$^{A}_{Z}\text{X} \longrightarrow ^{A}_{Z+1}\text{Y} + ^{0}_{-1}\text{e}$$

β^- 衰变过程中，母核放射出一个电子，子核的质量数与母核相同但核电荷数增加 1，即在元素周期表中，子核相比母核向右移动了一格，这是 β^- 衰变的位移定则。此外，常见的 β 衰变还包括电子俘获衰变。

3. γ 衰变 γ 衰变是原子核从不稳定的高能态跃迁到稳定或较稳定的低能态，并且不改变其组成成分的过程。原子核从高能态向低能态跃迁放出 γ 光子，如：

$$^{60}_{27}\text{Co}^* \longrightarrow ^{60}_{27}\text{Co} + \gamma$$

可用通式表示为

$$\text{X} \longrightarrow \text{Y}^{\text{m}} \longrightarrow \text{Y} + \gamma$$

式中，X 为母核；Y^{m} 为子核激发态；Y 为子核基态。

γ 衰变亦可称为同质异能跃迁。

以上任何一种衰变，并不是所有放射性原子核在某一瞬间同时衰变完，而是有先有后、相互独立的，但总的趋势是放射性原子核的数目随时间推移逐渐减少。放射性核素的衰变不依赖外界条件而恒定地进行着。核衰变是一个随机过程，在某一时刻哪些原子核发生衰变是不确定的，但由于放射性原子核的数目很大，故可以从统计意义上确定其整个原子数量是如何随时间而发生变化的。

二、核化学方程式

核反应与普通化学反应不同，普通化学反应只是原子或离子的重新组合，没有发生原子核的变化，而在核反应中往往发生了原子核间质点的转移，因此核化学方程式的书写方法也有别于化学反应方程式。核化学方程式需要描述核反应过程中粒子的生成和湮灭，以及由此产生的能量变化。事实上，我们必须在方程式中显示每个物质中存在的质子和中子的数量。

例如：质子$^{1}_{1}\text{H}$、中子$^{1}_{0}\text{n}$、电子$^{0}_{-1}\text{e}$、α 粒子$^{4}_{2}\text{He}$（或$^{4}_{2}\alpha$）。

其中，上标表示质量数，下标表示原子序数（质子数）。质子的原子序数为 1，由于没有中子，它的质量数等于质子数，也为 1；中子的质量数为 1，但是它的质子数为 0；对于电子来说，其质量数为 0，由于带一个负电荷，它的原子序数为 −1；α 粒子有两个质子、两个中子，因此它的原子序数为 2，质量数为 4。

此外，书写时还必须遵守以下准则：①产物与反应物的质子数与中子数之和（质量数）必须相等。②产物与反应物的核电荷数（原子序数）必须相等。

三、半衰期和放射性活度

1. 半衰期(half-life) 在放射性衰变过程中，放射性核素的原子数衰减到原有数目的一半所需要的时间称为半衰期，符号为 $t_{1/2}$。放射性核素衰变的快慢是由原子核内部自身决定的，与外界的物理和化学状态无关。放射性核素的半衰期长短差别很大，短的远小于 1 秒，长的可达数百亿年。通常，半衰期越短，其射线的能量越大，造成的伤害越严重。

2. 放射性活度(radioactivity) 一定量的放射性核素在一个很短的时间间隔内，发生衰变的核数除以该时间间隔，通常也称为衰变率(decay rate)。

放射性活度的单位，过去一直沿用居里(Curie)，符号为 Ci，现行的 SI 单位为 Bq（贝可），1 Bq 相当于每秒发生 1 次衰变。

Note

$$1\ \mathrm{Ci}=3.7\times10^{10}\ \mathrm{Bq}$$

在实际工作中还经常用到比放射活度或比活度的概念，比活度是指样品中某放射性核素的放射性活度与样品总质量之比，单位为 $\mathrm{Bq\cdot g^{-1}}$ 或 $\mathrm{mCi\cdot g^{-1}}$ 等。

第三节　放射性核素示踪技术

放射性核素示踪技术(radionuclide tracer technique)是以放射性核素或其标记的化学分子为示踪剂，应用核射线探测仪器通过探测放射性核素在发生衰变过程中放射出来的射线，来显示被标记的化学分子的踪迹，达到示踪目的，用于研究被标记的化学分子在生物体或外界环境中的客观存在及其变化规律的一类核医学技术。放射性核素示踪技术是核医学诊断与实验研究的方法学基础。PET-CT 技术是目前在临床诊断中应用最广的放射性核素示踪技术。

一、放射性核素示踪技术——PET-CT 技术

PET-CT 即为正电子发射计算机断层成像，是英文 positron emission tomography 和 computed tomography 的缩写。PET-CT 技术是当前唯一使用解剖形态方式进行功能、代谢和受体显像的技术，可显示生物物质相应生物活动的空间分布、数量及其随时间的变化，故又称为生化显像或分子显像。PET 与 CT 两种不同成像原理的设备同机组合，并不是其功能的简单相加，而是在此基础上进行图像融合，融合后的图像既有精细的解剖结构又有丰富的生理、生化功能信息，能为确定和查找肿瘤及其他病灶的精确定量、定性诊断提供依据。

放射性核素示踪技术的基本依据如下。

(1) 可测性：放射性核素自发放射各种射线，可被核射线探测仪器测定或被感光材料所记录，这样就能够随时追踪同位素存在的位置、数量及变化。

(2) 同一性：常见的示踪原子有 $^{3}\mathrm{H}$、$^{14}\mathrm{C}$、$^{18}\mathrm{O}$、$^{15}\mathrm{N}$、$^{32}\mathrm{P}$、$^{35}\mathrm{S}$ 等，它们与自然界中存在的普通元素及其化合物之间的化学性质和生物学性质相同，仅仅是物理性质不同，生物体对此不能区分，可以无差别参与生物代谢。

二、PET-CT 的成像过程及特点

(一) PET-CT 的成像过程

PET-CT 临床成像过程如下：将放射正电子的放射性核素如 $^{3}\mathrm{H}$、$^{14}\mathrm{C}$、$^{18}\mathrm{O}$、$^{15}\mathrm{N}$、$^{32}\mathrm{P}$、$^{35}\mathrm{S}$ 等标记到能够参与人体组织血流或代谢过程的糖、氨基酸、核酸等化合物中，再将标记有放射性核素的化合物注射到受检者体内，让受检者在 PET 的有效视野范围内进行 PET 显像。放射性核素放射出的正电子在体内移动大约 1 mm 后与组织中的负电子结合而发生湮灭辐射，产生两个能量相等、方向相反的 γ 光子。由于两个光子在体内的路径不同，到达两个探测器的时间也有一定差别。如果在规定的时间窗(0～15 μs)内，探头系统探测到两个互成 180°角的光子，即为一个符合事件，探测器便分别送出一个时间脉冲，脉冲处理器将脉冲变为方波，符合电路对其进行数据分类后进行图像重建，从而得到人体各部位横断面、冠状断面和矢状断面的影像。

(二) PET-CT 的特点

1. 灵敏度高　PET-CT 可在生理状态下动态地定量观察体内分子水平的生化变化。该技术能在疾病得到解剖学证据前检测出早期发病征兆，甚至能探测到直径小于 2 mm 的亚临床型肿瘤。其灵敏度可达到 10^{-18}～10^{-14} g 水平。

Note

2. 准确性好 PET-CT 一次显像能同时获得 PET 与 CT 两者的全身各方向的断层图像，将 PET 图像和 CT 图像融合，可以同时显示病灶的病理生理变化和形态结构，明显提高诊断的准确性。

3. 操作简便 PET-CT 只需测定放射性核素放射的射线数量即可确定核素的量，不受反应体系中其他非放射性杂质的干扰，不需要化学分析方法中的分离、提纯等繁杂步骤。

4. 干扰因素少 示踪剂中放射性核素的衰变有其自身固有的衰变规律，不受物理和化学等因素影响，示踪实验条件的改变不会影响其衰变。

5. 合乎生理条件与安全 目前临床常用的 PET-CT 诊疗显像剂为^{18}F-氟代脱氧葡萄糖（^{18}F-FDG），这种药物类似于葡萄糖，且辐射剂量非常小，半衰期也非常短，很快就会代谢，并随尿液排出体外。因此，其辐射剂量完全在人体的承受范围之内，不会对人体造成伤害。

三、PET-CT 的应用

PET-CT 主要应用于恶性肿瘤的诊断、治疗方案决策和疗效监测等领域。^{18}F-FDG 可用于评估心脏、肺以及脑部的葡萄糖代谢状况，在肿瘤学方面可以用作肿瘤代谢显像剂。由于肿瘤组织是机体内一种异常的新生物，其细胞的代谢、增生异常活跃，加上肿瘤细胞中葡萄糖转运蛋白和细胞内酶水平及基因表达水平均较正常细胞明显增高，肿瘤细胞中无氧糖酵解过程明显增强。^{18}F-FDG注入患者体内并被细胞摄取之后，会在肿瘤病灶处显现出一些基本特征，即在病灶处出现异常摄取增高，增高程度与肿瘤的病理类型、大小和所处肿瘤增殖周期的不同阶段密切相关。因此，运用^{18}F-FDG 的 PET-CT 可用于诊断癌症、探测恶性肿瘤转移灶、进行术前分期和再分期和鉴别等。除此之外，PET-CT 也可用于神经系统和心血管系统成像。

第四节 核反应和核辐射

一、核反应

核反应是指原子核与原子核或原子核与其他粒子（中子、光子、质子或高能电子）间的相互作用引起的各种变化。核反应前后的能量、动量、角动量、质量、电荷与宇称都必须守恒。在核反应的过程中，会产生不同于入射弹核和靶核的新的原子核。因此，核反应是生成各种不稳定原子核的根本途径。

核反应通常分为四类：衰变、粒子轰击、裂变和聚变。其中衰变是自发发生的核转变，而后三类是由人工方法进行的非自发核反应。

二、核裂变和核聚变

核裂变，又称核分裂，是指由重的原子核（主要是指铀核或钚核）分裂成两个或多个质量较小的原子核的一种核反应形式。这个变化过程会放出巨大的能量，称为原子核能，俗称原子能。核原子弹或核能发电厂的能量来源就是核裂变。

核聚变又称核融合、融合反应、聚变反应或热核反应，是指两个较轻的原子核结合而形成一个较重的原子核和一个极轻的原子核（或粒子）时产生质量亏损而释放出巨大能量的一种核反应形式。其主要是指氘在一定条件（如超高温和高压）下，能让核外电子摆脱原子核的束缚，两个原子核能够互相吸引而碰撞到一起，发生原子核相互聚合作用，生成新的质量更重的原子核（如氦），中子虽然质量比较大，但是由于不带电，因此也能够在这个碰撞过程中逃离原子核的束缚而

Note

释放出来，大量电子和中子的释放所表现出来的就是巨大的能量释放。核聚变是与核裂变相反的核反应形式。因为化学是在分子、原子层次上研究物质性质、组成、结构与变化规律的，而核聚变是发生在原子核层面的，所以一般认为核聚变不属于化学变化。太阳可以释放出巨大的能量就是发生核聚变的结果。

三、核反应的特点

1. 连锁反应 如^{235}U和中子的核反应：只要有 1 个中子轰击^{235}U，就会放出 3 个中子，3 个中子再去轰击其他^{235}U发生核裂变，此过程可持续进行下去，称为连锁反应。原子弹的爆炸能够如此剧烈，就是由于发生了连锁反应。

2. 伴随核辐射 在^{235}U与中子的核反应中，如果反应不密封，产生的中子会以光速射向周围环境，形成辐射。少量的辐射对人体不产生影响，而且人类还可利用辐射，例如医院用 X 线给患者做检查、利用辐射来杀死癌细胞。但是过量的辐射会对人体产生伤害，诱发白血病（血癌）、皮肤癌等疾病。

3. 高效、清洁 核聚变利用的燃料是氘和氚，具备高效、清洁的优点，被认为是人类理想的洁净能源之一。

四、核辐射和辐射防护

（一）核辐射

核辐射通常也称为放射线，是原子核从一种结构或一种能量状态转变为另一种结构或另一种能量状态过程中所释放出来的微观粒子流。核辐射可以使物质发生电离或激发，故称为电离辐射。核辐射主要是 α、β、γ 三种放射线。

α 射线是氦核流，外照射穿透力较弱，只要用一张纸就能挡住，对人体伤害不大，但吸入体内会对人体产生巨大危害；β 射线是电子流，照射皮肤后烧伤明显。这两种射线由于穿透力小，影响距离比较近，只要辐射源不进入体内，影响不会太大。γ 射线的穿透力很强，是一种波长很短的电磁波。γ 射线和 X 射线相似，能穿透人体和建筑物，危害距离远。如果按照频率从低到高排列，电磁波可以分为无线电波（分为长波、中波、短波、微波）、红外光、可见光、紫外光、X 射线及 γ 射线。频率高于可见光的射线会对人体产生危害，如过强紫外光会灼伤皮肤，还有可能诱发皮肤癌。X 射线、γ 射线属于高能电磁辐射，能够直接破坏人体内分子包括蛋白质、DNA 等的结构，从而引起人体发生病变。

我们在日常生活中会接触到各种各样的放射线。它存在于所有的物质中，是正常现象。例如，宇宙射线、生活环境中的放射性污染、医疗照射的放射线等。少量的辐射对人体不产生影响，无需特殊防护。但是过量的辐射就会对人体产生伤害，必须加以防护。

（二）辐射防护

1. 外照射的防护 体外辐射源对人体的照射称外照射。外照射的防护方法主要如下。

（1）缩短受照射的时间：在辐射场内的人员所受照射的累积剂量与时间成正比，所以应尽可能缩短工作人员受照射的时间，可以采用数人轮换操作等。

（2）增大与辐射源间的距离：增大辐射源与人体之间的距离可以减小剂量率或照射量，如使用长柄工具、机械手以及远距离自动控制装置等可增大人体与辐射源间的距离。

（3）采用屏蔽物屏蔽：放射线穿透物质时强度会减弱，通过在人体与辐射源之间适当设置相关屏蔽材料（如铅）制成的屏障，可以起到良好的防护作用。

Note

2. 内照射的防护 进入人体内的放射性核素作为辐射源对人体的照射称内照射。内照射能够持续地对人体进行辐射，相比外照射，其危害性更大。控制内照射主要依据以下原则。

（1）对于辐射源尽可能实行容器密闭，防止或减少放射性核素进入体内。

（2）放射性核素主要通过呼吸、饮食和皮肤进入体内，对于放射性核素可能进入体内的途径要予以防范；如操作放射性核素时，应当佩戴防护设备，穿防护服，将工作人员围封起来，以防止放射性核素进入体内。

（3）通过药物或其他手段使已经进入人体的放射性核素排出体外。

思政课堂：我国第一颗原子弹爆炸成功

本章小结

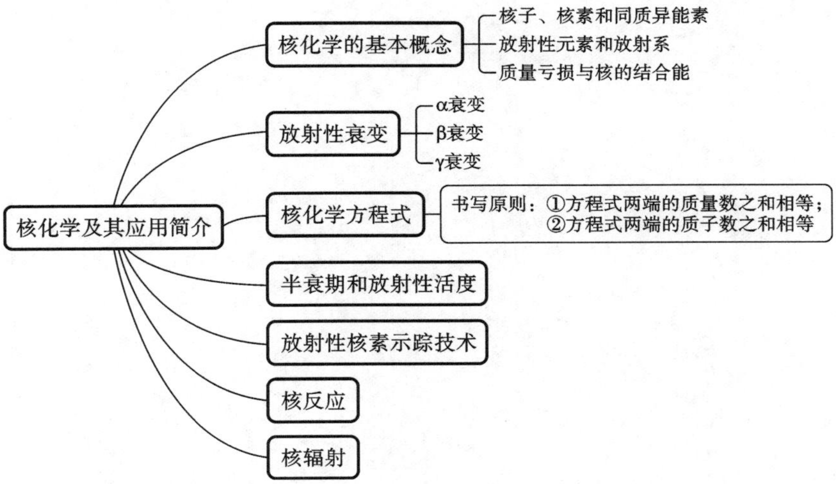

学科发展与医学应用综述题

目前，有 200 种以上的放射性核素应用于社会生活的各个方面。医用放射性核素是可用于医学显像、功能测定和治疗的放射性核素。请分小组搜集资料说明核医学诊断常用的放射性核素有哪些。它们具有什么特点？

能力检测

扫码看答案

1. 下列元素中具有放射性的是（　　）。

A. ^{266}Ra　　B. ^{85}Rb　　C. ^{103}Rh　　D. ^{100}Ru

2. 放射性物质能使照相底片感光，这是因为放射性物质能放出（　　）。

A. α 射线　　B. β 射线

C. γ 射线　　D. 以上三种都有

3. 核反应 $^{3}_{1}H+^{2}_{1}H \longrightarrow ^{4}_{2}He+^{1}_{0}n$ 的反应类型是（　　）。

A. 核聚变　　B. 核裂变　　C. 化合反应　　D. 核衰变

4. 下列元素中属于人造元素的是（　　）。

A. Ac　　B. Th　　C. U　　D. Fm

5. 放射性活度 SI 单位的符号是（　　）。

A. Gy　　B. Bq　　C. R　　D. Sv

6. 放射性核素的核数或活度因衰变减少到原来的一半所需要的时间称为（　　）。

A. 衰变常数　　B. 物理半衰期　　C. 生物半衰期

Note

D. 有效半衰期　　　　　　　E. 衰变

7. 什么是同位素、同质异能素、核素？

8. 放射性衰变的类型主要有哪几种？

（彭玉龙）

Note

附录 A　我国的法定计量单位

1. SI 基本单位　共 7 个(表 A-1),其是 SI 单位的基础。

表 A-1　SI 基本单位

量的名称	单位名称	单位符号
长度	米	m
质量	千克(公斤)	kg
时间	秒	s
电流	安[培]	A
热力学温度	开[尔文]	K
物质的量	摩[尔]	mol
发光强度	坎[德拉]	cd

注:1. 圆括号中的名称,是它前面的名称的同义词,下同。

2. 无方括号的量的名称与单位名称均为全称。方括号中的字在不致引起混淆的情况下,可以省略。去掉方括号中的字即为其名称的简称,下同。

3. 表中所称的符号,除特殊指明外,均指我国法定计量单位中所规定的符号以及国际符号,下同。

2. 具有专门名称的 SI 导出单位　SI 导出单位是借助乘、除符号,通过代数式运算用基本单位表示的单位,如力的单位 $kg \cdot m/s^2$ 或 $kg \cdot m \cdot s^{-2}$。为了使用上的方便和习惯,也为了纪念杰出的科学家,在 SI 单位中对 22 个导出单位给出了专门名称(表 A-2)。

表 A-2　具有专门名称的 SI 导出单位

量的名称	SI 导出单位		
	名称	符号	用 SI 基本单位表示
频率	赫[兹]	Hz	s^{-1}
力	牛[顿]	N	$kg \cdot m \cdot s^{-2}$
压力,压强,应力	帕[斯卡]	Pa	$N \cdot m^{-2}$
能[量],功,热量	焦[耳]	J	$N \cdot m$
功率,辐[射能]通量	瓦[特]	W	$J \cdot s^{-1}$
电荷[量]	库[仑]	C	$A \cdot s$
电压,电动势,电位,(电势)	伏[特]	V	$W \cdot A^{-1}$
电容	法[拉]	F	$C \cdot V^{-1}$
电阻	欧[姆]	Ω	$V \cdot A^{-1}$
电导	西[门子]	S	$A \cdot V^{-1}$
磁通[量]	韦[伯]	Wb	$W \cdot s$
磁通[量]密度,磁感应强度	特[斯拉]	T	$Wb \cdot m^{-2}$

Note

续表

量的名称	SI 导出单位		
	名称	符号	用 SI 基本单位表示
电感	亨[利]	H	$Wb \cdot A^{-1}$
摄氏温度	摄氏度	℃	K
[放射性]活度	贝可[勒尔]	Bq	s^{-1}
吸收剂量	戈[瑞]	Gy	$J \cdot kg^{-1}$
剂量当量	希[沃特]	Sv	$J \cdot kg^{-1}$
光通量	流[明]	lm	$cd \cdot sr$
[光]照度	勒[克斯]	lx	$1\ m \cdot m^{-2}$
[平面]角	弧度	rad	$1\ m \cdot m^{-1}=1$
立体角	球面度	sr	$1\ m^2 \cdot m^{-2}=1$
催化活性	卡塔(未标准化)	kat	$mol \cdot s^{-1}$

3. 由 SI 词头与以上单位构成的倍数单位 SI 词头是加在计量单位前面构成十进倍数或分数单位的因数符号，每个词头都代表 1 个因数，具有特定的名称和符号(表 A-3)。

表 A-3 SI 词头

因数	词头名称		符号
	英文	中文	
10^{24}	yotta	尧[它]	Y
10^{21}	zetta	泽[它]	Z
10^{18}	eza	艾[可萨]	E
10^{15}	peta	拍[它]	P
10^{12}	tera	太[拉]	T
10^{9}	giga	吉[伽]	G
10^{6}	mega	兆	M
10^{3}	kilo	千	k
10^{2}	hecto	百	h
10^{1}	deca	十	da
10^{-1}	deci	分	d
10^{-2}	centi	厘	c
10^{-3}	milli	毫	m
10^{-6}	micro	微	μ
10^{-9}	nano	纳[诺]	n
10^{-12}	pico	皮[可]	p
10^{-15}	femto	飞[母托]	f
10^{-18}	atto	阿[托]	a
10^{-21}	zepto	仄[普托]	z
10^{-24}	yocto	幺[科托]	y

Note

4. 可与国际单位制单位并用的我国法定计量单位 见表 A-4。

表 A-4 可与国际单位制单位并用的我国法定计量单位

量的名称	单位名称	单位符号	与SI单位的换算关系
时间	分	min	1 min=60 s
	[小]时	h	1 h=60 min=3600 s
	天(日)	d	1 d=24 h=86400 s
[平面]角	[角]秒	″	1″=(1/60)′=(π/648000) rad
	[角]分	′	1′=(1/60)°=(π/10800) rad
	度	°	1°=(π/180) rad
质量	吨	t	1 t=1000 kg
	原子质量单位	u	1 u≈1.660540×10^{-27} kg
体积	升	L,(l)	1 L=1 dm^3
能	电子伏	eV	1 eV≈1.602177×10^{-19} J
级差	分贝	dB	
长度	海里	n mile	1 n mile=1852 m(只用于航行)
速度	节	kn	1 kn=1 n mile·h^{-1}=(1852/3600)m·s^{-1}(只用于航行)
面积	公顷	hm^2	1 hm^2=10^4 m^2
旋转速度	转每分	r·min^{-1}	1 r·min^{-1}=(1/60)s
线密度	特[克斯]	tex	1 tex=10^{-6} kg·m^{-1}

注:1. 升的符号原先为 l,因其易与阿拉伯数字 1 混淆,1979 年第 16 届国际计量大会通过了用 L 作升的符号。在国际标准中升的符号为 l、L;科技界倾向于用 L,我国和美国等国都推荐采用 L。加词头后不宜改为小写,如 mL 不宜为 ml。

2. 公顷的国际通用符号为 ha,我国的法定计量单位中,其法定符号为 hm^2。

Note

附录B 平衡常数表

表 B-1 水的离子积常数

温度 t /℃	离子积常数 K_w	pK_w	温度 t /℃	离子积常数 K_w	pK_w
0	0.11×10^{-14}	14.947	40	2.95×10^{-14}	13.535
5	0.17×10^{-14}	14.734	50	5.5×10^{-14}	13.265
10	0.30×10^{-14}	14.534	60	9.55×10^{-14}	13.020
15	0.46×10^{-14}	14.344	70	15.8×10^{-14}	12.799
20	0.69×10^{-14}	14.165	80	25.1×10^{-14}	12.598
25	1.00×10^{-14}	13.995	90	38.0×10^{-14}	12.417
30	1.48×10^{-14}	13.833	100	55.0×10^{-14}	12.252
35	2.09×10^{-14}	13.680			

资料来源：Haynes W M. CRC handbook of chemistry and physics[M]. 97th ed. New York：CRC Press，2016.

注：水的离子积常数 $K_w=\alpha_{H^+}\cdot\alpha_{OH^-}$，且 $\alpha_{H^+}=\alpha_{OH^-}$

表 B-2 弱电解质在水中的解离常数

（近似浓度 0.003～0.01 mol·L^{-1}，温度 298.15 K）

名称	化学式	解离常数 K	pK
醋酸	HAc	1.76×10^{-5}	4.75
碳酸	H_2CO_3	$K_1=4.30\times10^{-7}$	6.37
		$K_2=5.61\times10^{-11}$	10.25
草酸	$H_2C_2O_4$	$K_1=5.90\times10^{-2}$	1.23
		$K_2=6.40\times10^{-5}$	4.19
亚硝酸	HNO_2	4.6×10^{-4}(285.5 K)	3.37
磷酸	H_3PO_4	$K_1=7.52\times10^{-3}$	2.12
		$K_2=6.23\times10^{-8}$	7.21
		$K_3=2.2\times10^{-13}$(291 K)	12.67
亚硫酸	H_2SO_3	$K_1=1.54\times10^{-2}$(291 K)	1.81
		$K_2=1.02\times10^{-7}$	6.91
硫酸	H_2SO_4	$K_2=1.20\times10^{-2}$	1.92
硫化氢	H_2S	$K_1=9.1\times10^{-8}$(291 K)	7.04
氢氰酸	HCN	4.93×10^{-10}	9.31
铬酸	H_2CrO_4	$K_1=1.8\times10^{-1}$	0.74
		$K_2=3.20\times10^{-7}$	6.49

Note

续表

名称	化学式	解离常数 K	pK
硼酸	H_3BO_3	5.8×10^{-10}	9.24
氢氟酸	HF	3.53×10^{-4}	3.45
过氧化氢	H_2O_2	2.4×10^{-12}	11.62
次氯酸	$HClO$	2.95×10^{-5}(291 K)	4.53
次溴酸	$HBrO$	2.06×10^{-9}	8.69
次碘酸	HIO	2.3×10^{-11}	10.64
碘酸	HIO_3	1.69×10^{-1}	0.77
砷酸	H_3AsO_4	$K_1=5.62\times10^{-3}$(291 K)	2.25
亚砷酸	$HAsO_2$	6×10^{-10}	9.22
铵离子	NH_4^+	5.56×10^{-10}	9.25
氨水	$NH_3\cdot H_2O$	1.79×10^{-5}	4.75
联胺	N_2H_4	8.91×10^{-7}	6.05
羟氨	NH_2OH	9.12×10^{-9}	8.04
氢氧化铅	$Pb(OH)_2$	9.6×10^{-4}	3.02
氢氧化锂	$LiOH$	6.31×10^{-1}	0.2
氢氧化铍	$Be(OH)_2$	1.78×10^{-6}	5.75
	$BeOH^+$	2.51×10^{-9}	8.6
氢氧化铝	$Al(OH)_3$	5.01×10^{-9}	8.3
	$Al(OH)_2^+$	1.99×10^{-10}	9.7
氢氧化锌	$Zn(OH)_2$	7.94×10^{-7}	6.1
氢氧化镉	$Cd(OH)_2$	5.01×10^{-11}	10.3
乙二胺	$H_2NC_2H_4NH_2$	$K_1=8.5\times10^{-5}$	4.07
		$K_2=7.1\times10^{-8}$	7.15
六亚甲基四胺	$(CH_2)_6N_4$	1.35×10^{-9}	8.87
尿素	$CO(NH_2)_2$	1.3×10^{-14}	13.89
质子化六亚甲基四胺	$(CH_2)_6N_4H^+$	7.1×10^{-6}	5.15
甲酸	$HCOOH$	1.77×10^{-4}(293 K)	3.75
氯乙酸	$ClCH_2COOH$	1.40×10^{-3}	2.85
氨基乙酸	NH_2CH_2COOH	1.67×10^{-10}	9.78
邻苯二甲酸	$C_6H_4(COOH)_2$	$K_1=1.12\times10^{-3}$	2.95
柠檬酸	$(HOOCCH_2)_2C(OH)COOH$	$K_1=7.1\times10^{-4}$	3.14
		$K_2=1.68\times10^{-5}$(293 K)	4.77
		$K_3=4.1\times10^{-7}$	6.39
酒石酸	$(CH(OH)COOH)_2$	$K_1=1.04\times10^{-3}$	2.98
		$K_2=4.55\times10^{-5}$	4.34
8-羟基喹啉	C_9H_6NOH	$K_1=8\times10^{-6}$	5.1
		$K_2=1\times10^{-9}$	9.0

Note

续表

名　称	化 学 式	解离常数 K	pK
苯酚	C_6H_5OH	1.28×10^{-10}(293 K)	9.89
对氨基苯磺酸	$H_2NC_6H_4SO_3H$	$K_1=2.6\times10^{-1}$	0.58
		$K_2=7.6\times10^{-4}$	3.12
乙二胺四乙酸(EDTA)	$(CH_2COOH)_2NH^+$	$K_5=5.4\times10^{-7}$	6.27
	$CH_2CH_2NH^+(CH_2COOH)_2$	$K_6=1.12\times10^{-11}$	10.95

资料来源:Haynes W M. CRC handbook of chemistry and physics[M]. 97th ed. New York:CRC Press,2016.

表 B-3　一些难溶化合物的标准溶度积常数 $K_{sp}^{\ominus}$(25 ℃)

化合物	$K_{sp}^{\ominus}$	p$K_{sp}^{\ominus}$	化合物	$K_{sp}^{\ominus}$	p$K_{sp}^{\ominus}$	化合物	$K_{sp}^{\ominus}$	p$K_{sp}^{\ominus}$
Ag_3AsO_4	1.0×10^{-22}	22.0	Ag_2SeO_4	5.7×10^{-8}	7.25	$Bi_2(C_2O_4)_3$	3.98×10^{-36}	35.4
AgBr	5.0×10^{-13}	12.3	$AgVO_3$	5.0×10^{-7}	6.3	$Bi(OH)_3$	4.0×10^{-31}	30.4
$AgBrO_3$	5.5×10^{-5}	4.26	Ag_2WO_4	5.5×10^{-12}	11.26	$BiPO_4$	1.26×10^{-23}	22.9
AgCl	1.8×10^{-10}	9.74	$Al(OH)_3$	4.57×10^{-33}	32.34	$CaCO_3$	2.8×10^{-9}	8.54
AgCN	1.2×10^{-16}	15.92	$AlPO_4$	6.3×10^{-19}	18.24	$CaC_2O_4\cdot H_2O$	4.0×10^{-9}	8.4
Ag_2CO_3	8.1×10^{-12}	11.09	Al_2S_3	2.0×10^{-7}	6.7	CaF_2	2.7×10^{-11}	10.57
$Ag_2C_2O_4$	3.5×10^{-11}	10.46	$Au(OH)_3$	5.5×10^{-46}	45.26	$CaMoO_4$	4.17×10^{-8}	7.38
Ag_2CrO_4	1.2×10^{-12}	11.92	$AuCl_3$	3.2×10^{-25}	24.5	$Ca(OH)_2$	5.5×10^{-6}	5.26
$Ag_2Cr_2O_7$	2.0×10^{-7}	6.70	AuI_3	1.0×10^{-46}	46.0	$Ca_3(PO_4)_2$	2.0×10^{-29}	28.70
AgI	8.3×10^{-17}	16.08	$Ba_3(AsO_4)_2$	8.0×10^{-51}	50.1	$CaSO_4$	3.16×10^{-7}	5.04
$AgIO_3$	3.1×10^{-8}	7.51	$BaCO_3$	5.1×10^{-9}	8.29	$CaSiO_3$	2.5×10^{-8}	7.60
AgOH	2.0×10^{-8}	7.71	BaC_2O_4	1.6×10^{-7}	6.79	$CaWO_4$	8.7×10^{-9}	8.06
Ag_2MoO_4	2.8×10^{-12}	11.55	$BaCrO_4$	1.2×10^{-10}	9.93	$CdCO_3$	5.2×10^{-12}	11.28
Ag_3PO_4	1.4×10^{-16}	15.84	$Ba_3(PO_4)_2$	3.4×10^{-23}	22.44	$CdC_2O_4\cdot 3H_2O$	9.1×10^{-8}	7.04
Ag_2S	6.3×10^{-50}	49.2	$BaSO_4$	1.1×10^{-10}	9.96	$Cd_3(PO_4)_2$	2.5×10^{-33}	32.6
AgSCN	1.0×10^{-12}	12.00	BaS_2O_3	1.6×10^{-5}	4.79	CdS	8.0×10^{-27}	26.1
Ag_2SO_3	1.5×10^{-14}	13.82	$BaSeO_3$	2.7×10^{-7}	6.57	CdSe	6.31×10^{-36}	35.2
Ag_2SO_4	1.4×10^{-5}	4.84	$BaSeO_4$	3.5×10^{-8}	7.46	$CdSeO_3$	1.3×10^{-9}	8.89
Ag_2Se	2.0×10^{-64}	63.7	$Be(OH)_2$	1.6×10^{-22}	21.8	CeF_3	8.0×10^{-16}	15.1
Ag_2SeO_3	1.0×10^{-15}	15.00	$BiAsO_4$	4.4×10^{-10}	9.36	$CePO_4$	1.0×10^{-23}	23.0
$Dy(OH)_3$	1.4×10^{-22}	21.85	$In(OH)_3$	1.3×10^{-37}	36.9	$PbCO_3$	7.4×10^{-14}	13.13
$Er(OH)_3$	4.1×10^{-24}	23.39	$InPO_4$	2.3×10^{-22}	21.63	$PbCrO_4$	2.8×10^{-13}	12.55
$Eu(OH)_3$	8.9×10^{-24}	23.05	In_2S_3	5.7×10^{-74}	73.24	PbF_2	2.7×10^{-8}	7.57
$FeAsO_4$	5.7×10^{-21}	20.24	$La_2(CO_3)_3$	3.98×10^{-34}	33.4	$PbMoO_4$	1.0×10^{-13}	13.0
$FeCO_3$	3.2×10^{-11}	10.50	$LaPO_4$	3.98×10^{-23}	22.43	$Pb(OH)_2$	1.2×10^{-15}	14.93
$Fe(OH)_2$	8.0×10^{-16}	15.1	$Lu(OH)_3$	1.9×10^{-24}	23.72	$Pb(OH)_4$	3.2×10^{-66}	65.49
$Fe(OH)_3$	4.0×10^{-38}	37.4	$Mg_3(AsO_4)_2$	2.1×10^{-20}	19.68	$Pb_3(PO_4)_3$	8.0×10^{-43}	42.10
$FePO_4$	1.3×10^{-22}	21.89	$MgCO_3$	3.5×10^{-8}	7.46	PbS	1.0×10^{-28}	28.00
FeS	6.3×10^{-18}	17.2	$MgCO_3\cdot 3H_2O$	2.14×10^{-5}	4.67	$PbSO_4$	1.6×10^{-8}	7.79

Note

续表

化合物	$K_{sp}^{\ominus}$	$pK_{sp}^{\ominus}$	化合物	$K_{sp}^{\ominus}$	$pK_{sp}^{\ominus}$	化合物	$K_{sp}^{\ominus}$	$pK_{sp}^{\ominus}$
$Ga(OH)_3$	7.0×10^{-36}	35.15	$Mg(OH)_2$	1.8×10^{-11}	10.74	PbSe	7.94×10^{-43}	42.1
$GaPO_4$	1.0×10^{-21}	21.0	$Mg_3(PO_4)_2\cdot8H_2O$	6.31×10^{-26}	25.2	$PbSeO_4$	1.4×10^{-7}	6.84
$Gd(OH)_3$	1.8×10^{-23}	22.74	$Mn_3(AsO_4)_2$	1.9×10^{-29}	28.72	$Pd(OH)_2$	1.0×10^{-31}	31.0
$Hf(OH)_4$	4.0×10^{-26}	25.4	$MnCO_3$	1.8×10^{-11}	10.74	$Pd(OH)_4$	6.3×10^{-71}	70.2
Hg_2Br_2	5.6×10^{-23}	22.24	$Mn(IO_3)_2$	4.37×10^{-7}	6.36	PdS	2.03×10^{-58}	57.69
Hg_2Cl_2	1.3×10^{-18}	17.88	$Mn(OH)_4$	1.9×10^{-13}	12.72	$Pm(OH)_3$	1.0×10^{-21}	21.0
HgC_2O_4	1.0×10^{-7}	7.0	MnS(粉红)	2.5×10^{-10}	9.6	$Pr(OH)_3$	6.8×10^{-22}	21.17
Hg_2CO_3	8.9×10^{-17}	16.05	MnS(绿)	2.5×10^{-13}	12.6	$Pt(OH)_2$	1.0×10^{-35}	35.0
$Hg_2(CN)_2$	5.0×10^{-40}	39.3	$Ni_3(AsO_4)_2$	3.1×10^{-26}	25.51	$Pu(OH)_3$	2.0×10^{-20}	19.7
Hg_2CrO_4	2.0×10^{-9}	8.70	$NiCO_3$	6.6×10^{-9}	8.18	$Pu(OH)_4$	1.0×10^{-55}	55.0
Hg_2I_2	4.5×10^{-29}	28.35	NiC_2O_4	4.0×10^{-10}	9.4	$RaSO_4$	4.2×10^{-11}	10.37
HgI_2	2.82×10^{-29}	28.55	$Ni(OH)_2$(新)	2.0×10^{-15}	14.7	$Rh(OH)_3$	1.0×10^{-23}	23.0
$Hg_2(IO_3)_2$	2.0×10^{-14}	13.71	$Ni_3(PO_4)_2$	5.0×10^{-31}	30.3	$Ru(OH)_3$	1.0×10^{-36}	36.0
$Hg_2(OH)_2$	2.0×10^{-24}	23.7	α-NiS	3.2×10^{-19}	18.5	Sb_2S_3	1.5×10^{-93}	92.8
HgSe	1.0×10^{-59}	59.0	β-NiS	1.0×10^{-24}	24.0	ScF_3	4.2×10^{-18}	17.37
HgS(红)	4.0×10^{-53}	52.4	γ-NiS	2.0×10^{-26}	25.7	$Sc(OH)_3$	8.0×10^{-31}	30.1
HgS(黑)	1.6×10^{-52}	51.8	$Pb_3(AsO_4)_2$	4.0×10^{-36}	35.39	$Sm(OH)_3$	8.2×10^{-23}	22.08
Hg_2WO_4	1.1×10^{-17}	16.96	$PbBr_2$	4.0×10^{-5}	4.41	$Sn(OH)_2$	1.4×10^{-28}	27.85
$Ho(OH)_3$	5.0×10^{-23}	22.30	$PbCl_2$	1.6×10^{-5}	4.79	$Sn(OH)_4$	1.0×10^{-56}	56.0
$Sr_3(AsO_4)_2$	8.1×10^{-19}	18.09	$Tb(OH)_3$	2.0×10^{-22}	21.7	SnO_2	3.98×10^{-65}	64.4
$SrCO_3$	1.1×10^{-10}	9.96	$Te(OH)_4$	3.0×10^{-54}	53.52	SnS	1.0×10^{-25}	25.0
$SrC_2O_4\cdot H_2O$	1.6×10^{-7}	6.80	$Th(C_2O_4)_2$	1.0×10^{-22}	22.0	SnSe	3.98×10^{-39}	38.4
SrF_2	2.5×10^{-9}	8.61	$Th(IO_3)_4$	2.5×10^{-15}	14.6	$ZrO(OH)_2$	6.3×10^{-49}	48.2
$Sr_3(PO_4)_2$	4.0×10^{-28}	27.39	$Th(OH)_4$	4.0×10^{-45}	44.4	$ZnCO_3$	1.4×10^{-11}	10.84
$SrSO_4$	3.2×10^{-7}	6.49	$UO_2(OH)_2$	1.1×10^{-22}	21.95	$Zn(OH)_2$	2.09×10^{-16}	15.68
$SrWO_4$	1.7×10^{-10}	9.77	$VO(OH)_2$	5.9×10^{-23}	22.13	$Zn_3(PO_4)_2$	9.0×10^{-33}	32.04
$Ti(OH)_3$	1.0×10^{-40}	40.0	$Y(OH)_3$	8.0×10^{-23}	22.1	α-ZnS	1.6×10^{-24}	23.8
TlBr	3.4×10^{-6}	5.47	$Yb(OH)_3$	3.0×10^{-24}	23.52	β-ZnS	2.5×10^{-22}	21.6
TlCl	1.7×10^{-4}	3.76	$Zn_3(AsO_4)_2$	1.3×10^{-28}	27.89	$TlSeO_3$	2.0×10^{-39}	38.7
Tl_2CrO_4	9.77×10^{-13}	12.01	Tl_2S	5.0×10^{-21}	20.3	TlN_3	2.2×10^{-4}	3.66

资料来源：Haynes W M. CRC handbook of chemistry and physics[M]. 97th ed. New York：CRC Press，2016.

注：硫化物的 $K_{sp}^{\ominus}$ 录自 Speight J G. Lange's handbook of chemistry[M]. 16th ed. New York：McGraw-Hill，2005.

Note

表 B-4　金属配合物的稳定常数

配　位　体	金属离子	配位体数目 n	$\lg K_s$
乙二胺四乙酸(EDTA) $[(HOOCCH_2)_2NCH_2]_2$	Ag^+	1	7.32
	Al^{3+}	1	16.11
	Ba^{2+}	1	7.78
	Be^{2+}	1	9.3
	Bi^{3+}	1	22.8
	Ca^{2+}	1	11
	Cd^{2+}	1	16.4
	Co^{2+}	1	16.31
	Co^{3+}	1	36
	Cr^{3+}	1	23
	Cu^{2+}	1	18.7
	Fe^{2+}	1	14.83
	Fe^{3+}	1	24.23
	Ga^{3+}	1	20.25
	Hg^{2+}	1	21.8
	In^{3+}	1	24.95
	Li^+	1	2.79
	Mg^{2+}	1	8.64
	Mn^{2+}	1	13.8
	Mo(Ⅴ)	1	6.36
	Na^+	1	1.66
	Ni^{2+}	1	18.56
	Pb^{2+}	1	18.3
	Pd^{2+}	1	18.5
	Sc^{2+}	1	23.1
	Sn^{2+}	1	22.1
	Sr^{2+}	1	8.8
	Th^{4+}	1	23.2
	TiO^{2+}	1	17.3
	Tl^{3+}	1	22.5
	U^{4+}	1	17.5
	VO^{2+}	1	18
	Y^{3+}	1	18.32
	Zn^{2+}	1	16.4
	Zr^{4+}	1	19.4

Note

续表

配位体	金属离子	配位体数目 n	$\lg K_s$
乙二胺 (ethylenediamine) $H_2NCH_2CH_2NH_2$	Ag^+	1,2	4.70,7.70
	Cd^{2+}(20 ℃)	1,2,3	5.47,10.09,12.09
	Co^{2+}	1,2,3	5.91,10.64,13.94
	Co^{3+}	1,2,3	18.7,34.9,48.69
	Cr^{2+}	1,2	5.15,9.19
	Cu^+	2	10.8
	Cu^{2+}	1,2,3	10.67,20.0,21.0
	Fe^{2+}	1,2,3	4.34,7.65,9.70
	Hg^{2+}	1,2	14.3,23.3
	Mg^{2+}	1	0.37
	Mn^{2+}	1,2,3	2.73,4.79,5.67
	Ni^{2+}	1,2,3	7.52,13.84,18.33
	Pd^{2+}	2	26.90
	V^{2+}	1,2	4.6,7.5
	Zn^{2+}	1,2,3	5.77,10.83,14.11
草酸 (oxalic acid) HOOCCOOH	Ag^+	1	2.41
	Al^{3+}	1,2,3	7.26,13.0,16.3
	Ba^{2+}	1	2.31
	Ca^{2+}	1	3.0
	Cd^{2+}	1,2	3.52,5.77
	Co^{2+}	1,2,3	4.79,6.7,9.7
	Cu^{2+}	1,2	6.23,10.27
	Fe^{2+}	1,2,3	2.9,4.52,5.22
	Fe^{3+}	1,2,3	9.4,16.2,20.2
	Hg^{2+}	1	9.66
	Hg_2^{2+}	2	6.98
	Mg^{2+}	1,2	3.43,4.38
	Mn^{2+}	1,2	3.97,5.80
	Mn^{3+}	1,2,3	9.98,16.57,19.42
	Ni^{2+}	1,2,3	5.3,7.64,～8.5
	Pb^{2+}	1,2	4.91,6.76
	Sc^{3+}	1,2,3,4	6.86,11.31,14.32,16.70
	Th^{4+}	4	24.48
	Zn^{2+}	1,2,3	4.89,7.60,8.15
	Zr^{4+}	1,2,3,4	9.80,17.14,20.86,21.15

Note

续表

配位体	金属离子	配位体数目 n	$\lg K_s$
NH_3	Ag^{+}	1,2	3.24,7.05
	Au^{3+}	4	10.3
	Cd^{2+}	1,2,3,4,5,6	2.65,4.75,6.19,7.12,6.80,5.14
	Co^{2+}	1,2,3,4,5,6	2.11,3.74,4.79,5.55,5.73,5.11
	Co^{3+}	1,2,3,4,5,6	6.7,14.0,20.1,25.7,30.8,35.2
	Cu^{+}	1,2	5.93,10.86
	Cu^{2+}	1,2,3,4,5	4.31,7.98,11.02,13.32,12.86
	Fe^{2+}	1,2	1.4,2.2
	Hg^{2+}	1,2,3,4	8.8,17.5,18.5,19.28
	Mn^{2+}	1,2	0.8,1.3
	Ni^{2+}	1,2,3,4,5,6	2.80,5.04,6.77,7.96,8.71,8.74
	Pd^{2+}	1,2,3,4	9.6,18.5,26.0,32.8
	Pt^{2+}	6	35.3
	Zn^{2+}	1,2,3,4	2.37,4.81,7.31,9.46
Cl^{-}	Ag^{+}	1,2,4	3.04,5.04,5.30
	Bi^{3+}	1,2,3,4	2.44,4.7,5.0,5.6
	Cd^{2+}	1,2,3,4	1.95,2.50,2.60,2.80
	Co^{3+}	1	1.42
	Cu^{+}	2,3	5.5,5.7
	Cu^{2+}	1,2	0.1,−0.6
	Fe^{2+}	1	1.17
	Fe^{3+}	2	9.8
	Hg^{2+}	1,2,3,4	6.74,13.22,14.07,15.07
	In^{3+}	1,2,3,4	1.62,2.44,1.70,1.60
	Pb^{2+}	1,2,3	1.42,2.23,3.23
	Pd^{2+}	1,2,3,4	6.1,10.7,13.1,15.7
	Pt^{2+}	2,3,4	11.5,14.5,16.0
	Sb^{3+}	1,2,3,4	2.26,3.49,4.18,4.72
	Sn^{2+}	1,2,3,4	1.51,2.24,2.03,1.48
	Tl^{3+}	1,2,3,4	8.14,13.60,15.78,18.00
	Th^{4+}	1,2	1.38,0.38
	Zn^{2+}	1,2,3,4	0.43,0.61,0.53,0.20
	Zr^{4+}	1,2,3,4	0.9,1.3,1.5,1.2
CN^{-}	Ag^{+}	2,3,4	21.1,21.7,20.6
	Au^{+}	2	38.3
	Cd^{2+}	1,2,3,4	5.48,10.60,15.23,18.78
	Cu^{+}	2,3,4	24.0,28.59,30.30

Note

续表

配位体	金属离子	配位体数目 n	$\lg K_s$
CN^-	Fe^{2+}	6	35.0
	Fe^{3+}	6	42.0
	Hg^{2+}	4	41.4
	Ni^{2+}	4	31.3
	Zn^{2+}	1,2,3,4	5.3,11.70,16.70,21.60
F^-	Al^{3+}	1,2,3,4,5,6	6.11,11.12,15.00,18.00,19.40,19.80
	Fe^{2+}	1	0.8
	Fe^{3+}	1,2,3,5	5.28,9.30,12.06,15.77
	Zn^{2+}	1	0.78
OH^-	Ag^+	1,2	2.0,3.99
	Al^{3+}	1,4	9.27,33.03
	As^{3+}	1,2,3,4	14.33,18.73,20.60,21.20
	Be^{2+}	1,2,3	9.7,14.0,15.2
	Bi^{3+}	1,2,4	12.7,15.8,35.2
	Ca^{2+}	1	1.3
	Cd^{2+}	1,2,3,4	4.17,8.33,9.02,8.62
	Ce^{3+}	1	4.6
	Ce^{4+}	1,2	13.28,26.46
	Co^{2+}	1,2,3,4	4.3,8.4,9.7,10.2
	Cr^{3+}	1,2,4	10.1,17.8,29.9
	Cu^{2+}	1,2,3,4	7.0,13.68,17.00,18.5
	Fe^{2+}	1,2,3,4	5.56,9.77,9.67,8.58
	Fe^{3+}	1,2,3	11.87,21.17,29.67
	Hg^{2+}	1,2,3	10.6,21.8,20.9
	In^{3+}	1,2,3,4	10.0,20.2,29.6,38.9
	Mg^{2+}	1	2.58
	Mn^{2+}	1,3	3.9,8.3
	Ni^{2+}	1,2,3	4.97,8.55,11.33
	Pa^{4+}	1,2,3,4	14.04,27.84,40.7,51.4
	Pb^{2+}	1,2,3	7.82,10.85,14.58
	Pd^{2+}	1,2	13.0,25.8
	Sb^{3+}	2,3,4	24.3,36.7,38.3
	Sc^{3+}	1	8.9
	Sn^{2+}	1	10.4
	Th^{3+}	1,2	12.86,25.37
	Ti^{3+}	1	12.71
	Zn^{2+}	1,2,3,4	4.40,11.30,14.14,17.66
	Zr^{4+}	1,2,3,4	14.3,28.3,41.9,55.3

Note

附录C　一些物质的基本热力学数据

表 C-1　298.15 K 时一些物质的标准摩尔生成焓、标准摩尔生成自由能和标准摩尔熵

物　质	$\Delta_f H_m^\ominus/(kJ \cdot mol^{-1})$	$\Delta_f G_m^\ominus/(kJ \cdot mol^{-1})$	$S_m^\ominus/(J \cdot K^{-1} \cdot mol^{-1})$
Ag(s)	0	0	42.712
Ag_2CO_3(s)	−506.14	−437.09	167.36
Ag_2O(s)	−30.56	−10.82	121.71
Al(s)	0	0	28.315
Al(g)	313.80	273.2	164.553
Al_2O_3-α	−1669.8	−2213.16	0.986
$Al_2(SO_4)_3$(s)	−3434.98	−3728.53	239.3
Br_2(g)	30.71	3.109	245.455
Br_2(l)	0	0	152.3
C(g)	718.384	672.942	158.101
C(金刚石)	1.896	2.866	2.439
C(石墨)	0	0	5.694
CO(g)	−110.525	−137.285	198.016
CO_2(g)	−393.511	−394.38	213.76
Ca(s)	0	0	41.63
CaC_2(s)	−62.8	−67.8	70.2
$CaCO_3$(方解石)	−1206.87	−1128.70	92.8
$CaCl_2$(s)	−795.0	−750.2	113.8
CaO(s)	−635.6	−604.2	39.7
$Ca(OH)_2$(s)	−986.5	−896.89	76.1
$CaSO_4$(硬石膏)	−1432.68	−1320.24	106.7
Cl^-(aq)	−167.456	−131.168	55.10
Cl_2(g)	0	0	222.948
Cu(s)	0	0	33.32
CuO(s)	−155.2	−127.1	43.51
Cu_2O-α	−166.69	−146.33	100.8
F_2(g)	0	0	203.5
Fe-α	0	0	27.15
$FeCO_3$(s)	−747.68	−673.84	92.8
FeO(s)	−266.52	−244.3	54.0

Note

续表

物质	$\Delta_f H_m^\ominus$/(kJ·mol^{-1})	$\Delta_f G_m^\ominus$/(kJ·mol^{-1})	$S_m^\ominus$/(J·K^{-1}·mol^{-1})
Fe_2O_3(s)	−822.1	−741.0	90.0
Fe_3O_4(s)	−117.1	−1014.1	146.4
H(g)	217.94	203.122	114.724
H_2(g)	0	0	130.695
D_2(g)	0	0	144.884
HBr(g)	−36.24	−53.22	198.60
HBr(aq)	−120.92	−102.80	80.71
HCl(g)	−92.311	−95.265	186.786
HCl(aq)	−167.44	−131.17	55.10
H_2CO_3(aq)	−698.7	−623.37	191.2
Hl(g)	−25.94	−1.32	206.42
H_2O(g)	−241.825	−228.577	188.823
H_2O(l)	−285.838	−237.142	69.940
H_2O_2(l)	−187.61	−118.04	102.26
H_2S(g)	−20.146	−33.040	205.75
H_2SO_4(aq)	−811.32		
HSO_4^-(aq)	−885.75	−752.99	126.86
I_2(s)	0	0	116.7
I_2(g)	62.242	19.34	260.60
N_2(g)	0	0	191.598
NH_3(g)	−46.19	−16.603	192.61
NO(g)	89.860	90.37	210.309
NO_2(g)	33.85	51.86	240.57
N_2O(g)	81.55	103.62	220.10
N_2O_4(g)	9.660	98.39	304.42
N_2O_5(g)	2.51	110.5	342.4
O(g)	247.521	230.095	161.063
O_2(g)	0	0	205.138
O_3(g)	142.3	163.45	237.7
OH^-(aq)	−229.940	−157.297	−10.539
S(单斜)	0.29	0.096	32.55
S(斜方)	0	0	31.9
S(g)	222.80	182.27	167.825
SO_2(g)	−296.90	−300.37	248.64
SO_3(g)	−395.18	−370.40	256.34
SO_4^{2-}(aq)	−907.51	−741.90	17.2
CH_4(g),甲烷	−74.847	50.827	186.30

Note

续表

物　质	$\Delta_f H_m^\ominus/(kJ \cdot mol^{-1})$	$\Delta_f G_m^\ominus/(kJ \cdot mol^{-1})$	$S_m^\ominus/(J \cdot K^{-1} \cdot mol^{-1})$
$C_2H_2(g)$,乙炔	226.748	209.200	200.928
$C_2H_4(g)$,乙烯	52.283	68.157	219.56
$C_2H_6(g)$,乙烷	−84.667	−32.821	229.60
$C_3H_6(g)$,丙烯	20.414	62.783	267.05
$C_3H_8(g)$,丙烷	−103.847	−23.391	270.02
$C_4H_8(g)$,1-丁烯	−0.13	71.60	305.71
$C_4H_8(g)$,2-甲基乙烯	−16.90	58.17	293.70
$C_4H_{10}(g)$,正丁烷	−126.15	−17.02	310.23
$C_4H_{10}(g)$,异丁烷	−134.52	−20.79	294.75
$C_6H_6(g)$,苯	82.927	129.723	269.31
$C_6H_6(l)$,苯	49.028	124.597	172.35
$C_6H_{12}(g)$,环己烷	−123.14	31.92	298.51
$C_6H_{14}(g)$,正己烷	−167.19	−0.09	388.85
$C_6H_{14}(l)$,正己烷	−198.82	−4.08	295.89
$C_6H_5CH_3(g)$,甲苯	49.999	122.388	319.86
$C_6H_5CH_3(l)$,甲苯	11.995	114.299	219.58
$HCOH(g)$,甲醛	−115.90	−110.0	220.2
$HCOOH(g)$,甲酸	−362.63	−335.69	251.1
$HCOOH(l)$,甲酸	−409.20	−345.9	128.95
$CH_3OH(g)$,甲醇	−201.17	−161.83	237.8
$CH_3OH(l)$,甲醇	−238.57	−166.15	126.8
$CH_2COH(g)$,乙醛	−166.36	−133.67	265.8
$CH_3COOH(l)$,乙酸	−487.0	−392.4	159.8
$CH_3COOH(g)$,乙酸	−436.4	−381.5	293.4
$C_2H_5OH(l)$,乙醇	−277.63	−174.36	160.7
$C_2H_5OH(g)$,乙醇	−235.31	−168.54	282.1
$CH_3COCH_3(l)$,丙酮	−248.283	−155.33	200.0
$CH_3COCH_3(g)$,丙酮	−216.69	−152.2	296.00
$C_2H_5OC_2H_5(l)$,乙醚	−273.2	−116.47	253.1
$C_6H_5COOH(s)$,苯甲酸	−384.55	−245.5	170.7
$CH_3Cl(g)$,一氯甲烷	−82.0	−58.6	234.29
$CH_2Cl_2(g)$,二氯甲烷	−88	−59	270.62
$CHCl_3(l)$,氯仿	−131.8	−71.4	202.9
$CHCl_3(g)$,氯仿	−100	−67	296.48
$CCl_4(l)$,四氯化碳	−139.3	−68.5	214.43
$CCl_4(g)$,四氯化碳	−106.7	−64.0	309.41
$C_6H_5Cl(l)$,氯苯	116.3	−198.2	197.5

Note

续表

物质	$\Delta_f H_m^\ominus/(kJ \cdot mol^{-1})$	$\Delta_f G_m^\ominus/(kJ \cdot mol^{-1})$	$S_m^\ominus/(J \cdot K^{-1} \cdot mol^{-1})$
$NH(CH_3)_2(g)$，二甲胺	−27.6	59.1	273.2
$C_5H_5N(l)$，吡啶	78.87	159.9	179.1
$C_6H_5NH_2(l)$，苯胺	35.31	153.35	191.6
$C_6H_5NO_2(l)$，硝基苯	15.90	146.36	244.3

资料来源：Haynes W M. CRC handbook of chemistry and physics[M]. 97th ed. New York：CRC Press，2016.

表 C-2 一些有机物的标准摩尔燃烧热

化合物	$\Delta_c H_m^\ominus/(kJ \cdot mol^{-1})$	化合物	$\Delta_c H_m^\ominus/(kJ \cdot mol^{-1})$
甲烷(CH_4)	−890.3	甲醇(CH_3OH)	−726.6
乙烷(C_2H_6)	−1557.3	乙醇(C_2H_5OH)	−1366.0
丙烷(C_3H_8)	−2219.9	丙醇(C_3H_7OH)	−1875.0
丁烷(C_4H_{10})	−2878.0	丁醇(C_4H_9OH)	−2490.0
戊烷(C_5H_{12})	−3538.0	戊醇($C_5H_{11}OH$)	3105.0
乙炔(C_2H_2)	−272.0	乙醚($C_2H_5OC_2H_5$)	−1457.0
苯(C_6H_6)	−3037.0	丙酮(CH_3COCH_3)	−1294.0

资料来源：Haynes W M. CRC handbook of chemistry and physics[M]. 97th ed. New York：CRC Press，2016.

Note

附录 D　一些氧化还原半反应的标准电极电势 $\varphi^{\ominus}$(298.15 K)

表 D-1　一些氧化还原半反应的标准电极电势 $\varphi^{\ominus}$(298.15 K)

半　反　应	$\varphi^{\ominus}$/V	半　反　应	$\varphi^{\ominus}$/V
$Ag^{+}(aq)+e^{-}\rightleftharpoons Ag(s)$	0.7996	$NO_3^{-}(aq)+4H^{+}(aq)+3e^{-}\rightleftharpoons NO(g)+2H_2O(l)$	0.956
$Ag^{2+}(aq)+e^{-}\rightleftharpoons Ag^{+}(aq)$	1.98	$NO_3^{-}(aq)+3H^{+}(aq)+2e^{-}\rightleftharpoons HNO_2(aq)+H_2O(l)$	0.934
$AgBr(s)+e^{-}\rightleftharpoons Ag(s)+Br^{-}(aq)$	0.071	$2NO_3^{-}(aq)+4H^{+}(aq)+2e^{-}\rightleftharpoons N_2O_4(aq)+2H_2O(l)$	0.803
$AgCl(s)+e^{-}\rightleftharpoons Ag(s)+Cl^{-}(aq)$	0.2227	$Ni^{2+}(aq)+2e^{-}\rightleftharpoons Ni(s)$	−0.257
$AgI(s)+e^{-}\rightleftharpoons Ag(s)+I^{-}(aq)$	−0.152	$O_2(g)+2H^{+}(aq)+2e^{-}\rightleftharpoons H_2O_2(aq)$	0.695
$Ag_2CrO_4(aq)+2e^{-}\rightleftharpoons 2Ag(s)+CrO_4^{2-}(aq)$	0.447	$O_2(g)+4H^{+}(aq)+4e^{-}\rightleftharpoons 2H_2O(l)$	1.229
$Al^{3+}(aq)+3e^{-}\rightleftharpoons Al(s)$	−1.676	$O_3(g)+2H^{+}(aq)+2e^{-}\rightleftharpoons O_2(g)+H_2O(l)$	2.075
$HAsO_2(aq)+3H^{+}(aq)+3e^{-}\rightleftharpoons As(s)+2H_2O(l)$	0.240	$H_2O_2(aq)+2H^{+}(aq)+2e^{-}\rightleftharpoons 2H_2O(l)$	1.763
$H_3AsO_4(aq)+2H^{+}(aq)+2e^{-}\rightleftharpoons HAsO_2(aq)+2H_2O(l)$	0.560	$H_3PO_4(aq)+2H^{+}(aq)+2e^{-}\rightleftharpoons H_3PO_3(aq)+H_2O(l)$	−0.276
$Au^{3+}(aq)+3e^{-}\rightleftharpoons Au(s)$	1.52	$Pb^{2+}(aq)+2e^{-}\rightleftharpoons Pb(s)$	−0.1262
$Au^{3+}(aq)+2e^{-}\rightleftharpoons Au^{+}(aq)$	1.36	$PbO_2(s)+SO_4^{2-}(aq)+4H^{+}(aq)+2e^{-}\rightleftharpoons PbSO_4(s)+2H_2O(l)$	1.69
$AuCl_4^{-}(aq)+3e^{-}\rightleftharpoons Au(s)+4Cl^{-}(aq)$	1.002	$PbO_2(s)+4H^{+}(aq)+2e^{-}\rightleftharpoons Pb^{2+}(aq)+2H_2O(l)$	1.455
$Ba^{2+}(aq)+2e^{-}\rightleftharpoons Ba(s)$	−2.92	$PbSO_4(s)+2e^{-}\rightleftharpoons Pb(s)+SO_4^{2-}(aq)$	−0.356
$Br_2(l)+2e^{-}\rightleftharpoons 2Br^{-}(aq)$	1.065	$Rb^{+}(aq)+e^{-}\rightleftharpoons Rb(s)$	−2.924
$2BrO_3^{-}(aq)+12H^{+}(aq)+10e^{-}\rightleftharpoons Br_2(l)+6H_2O(l)$	1.478	$S(s)+2H^{+}(aq)+2e^{-}\rightleftharpoons H_2S(g)$	0.144
$2CO_2(g)+2H^{+}(aq)+2e^{-}\rightleftharpoons H_2C_2O_4(aq)$	−0.49	$Sr^{2+}(aq)+2e^{-}\rightleftharpoons Sr(s)$	−2.89
$Ca^{2+}(aq)+2e^{-}\rightleftharpoons Ca(s)$	−2.84	$Ti^{2+}(aq)+2e^{-}\rightleftharpoons Ti(s)$	−1.630
$Cd^{2+}(aq)+2e^{-}\rightleftharpoons Cd(s)$	−0.403	$U^{3+}(aq)+3e^{-}\rightleftharpoons U(s)$	−1.66

Note

续表

半反应	$\varphi^{\ominus}$/V	半反应	$\varphi^{\ominus}$/V
$\mathrm{Cl_2(g)+2e^- \rightleftharpoons 2Cl^-(aq)}$	1.35827	$\mathrm{VO_2^+(aq)+2H^+(aq)+e^- \rightleftharpoons VO^{2+}(aq)+H_2O(l)}$	1.00
$\mathrm{ClO_3^-(aq)+6H^+(aq)+6e^- \rightleftharpoons Cl^-(aq)+3H_2O}$	1.450	$\mathrm{VO^{2+}(aq)+2H^+(aq)+e^- \rightleftharpoons V^{3+}(aq)+H_2O(l)}$	0.337
$\mathrm{2ClO_3^-(aq)+12H^+(aq)+10e^- \rightleftharpoons Cl_2(g)+6H_2O}$	1.47	$\mathrm{Zn^{2+}(aq)+2e^- \rightleftharpoons Zn(s)}$	−0.7618
$\mathrm{ClO_4^-(aq)+2H^+(aq)+2e^- \rightleftharpoons ClO_3^-(aq)+H_2O}$	1.189	$\mathrm{2AgO(s)+H_2O(l)+2e^- \rightleftharpoons Ag_2O(s)+2OH^-(aq)}$	0.604
$\mathrm{2HClO(aq)+2H^+(aq)+2e^- \rightleftharpoons Cl_2(g)+2H_2O}$	1.611	$\mathrm{Ag_2O(s)+H_2O(l)+2e^- \rightleftharpoons 2Ag(s)+2OH^-(aq)}$	0.342
$\mathrm{SO_4^{2-}(aq)+4H^+(aq)+2e^- \rightleftharpoons SO_2(g)+2H_2O}$	0.17	$\mathrm{H_2AlO_3^-(aq)+H_2O(l)+3e^- \rightleftharpoons Al(s)+4OH^-}$	−2.33
$\mathrm{SO_4^{2-}(aq)+4H^+(aq)+2e^- \rightleftharpoons H_2SO_3(aq)+H_2O(l)}$	0.172	$\mathrm{As(s)+3H_2O(l)+3e^- \rightleftharpoons AsH_3(g)+3OH^-(aq)}$	−1.21
$\mathrm{S_2O_8^{2-}(aq)+2e^- \rightleftharpoons 2SO_4^{2-}(aq)}$	2.01	$\mathrm{AsO_2^-(aq)+2H_2O(l)+3e^- \rightleftharpoons As(s)+4OH^-(aq)}$	−0.68
$\mathrm{S_2O_8^{2-}(aq)+2H^+(aq)+2e^- \rightleftharpoons 2HSO_4^-(aq)}$	2.123	$\mathrm{Ca(OH)_2(s)+2e^- \rightleftharpoons Ca(s)+2OH^-(aq)}$	−3.02
$\mathrm{Sn^{2+}(aq)+2e^- \rightleftharpoons Sn(s)}$	−0.137	$\mathrm{BrO^-(aq)+H_2O(l)+2e^- \rightleftharpoons Br^-(aq)+2OH^-(aq)}$	0.766
$\mathrm{Sn^{4+}(aq)+2e^- \rightleftharpoons Sn^{2+}(aq)}$	0.154	$\mathrm{BrO_3^-(aq)+3H_2O(l)+6e^- \rightleftharpoons Br^-(aq)+6OH^-}$	0.584
$\mathrm{Co^{2+}(aq)+2e^- \rightleftharpoons Co(s)}$	−0.277	$\mathrm{AsO_4^{3-}(aq)+2H_2O(l)+2e^- = AsO_2^-(aq)+4OH^-}$	−0.67
$\mathrm{Co^{3+}(aq)+e^- \rightleftharpoons Co^{2+}(aq)}$	1.92	$\mathrm{ClO^-(aq)+H_2O(l)+2e^- \rightleftharpoons Cl^-(aq)+2OH^-(aq)}$	0.890
$\mathrm{Cr^{2+}(aq)+2e^- \rightleftharpoons Cr(s)}$	−0.90	$\mathrm{ClO_3^-(aq)+3H_2O(l)+6e^- \rightleftharpoons Cl^-(aq)+6OH^-}$	0.622
$\mathrm{Cr^{3+}(aq)+e^- \rightleftharpoons Cr^{2+}(aq)}$	−0.424	$\mathrm{ClO_3^-(aq)+H_2O(l)+2e^- \rightleftharpoons ClO_2^-(aq)+2OH^-}$	0.33
$\mathrm{Cr_2O_7^{2-}(aq)+14H^+(aq)+6e^- \rightleftharpoons 2Cr^{3+}(aq)+7H_2O}$	1.33	$\mathrm{ClO_4^-(aq)+H_2O(l)+2e^- \rightleftharpoons ClO_3^-(aq)+2OH^-}$	0.36
$\mathrm{Cs^+(aq)+e^- \rightleftharpoons Cs(s)}$	−2.923	$\mathrm{Cr(OH)_3(s)+3e^- \rightleftharpoons Cr(s)+3OH^-(aq)}$	−1.48
$\mathrm{Cu^+(aq)+e^- \rightleftharpoons Cu(s)}$	0.52	$\mathrm{CrO_4^{2-}(aq)+4H_2O(l)+3e^- \rightleftharpoons Cr(OH)_3+5OH^-}$	−0.13

Note

续表

半反应	$\varphi^{\ominus}$/V	半反应	$\varphi^{\ominus}$/V
$Cu^{2+}(aq)+e^- \rightleftharpoons Cu^+(aq)$	0.159	$Cu_2O(s)+H_2O(l)+2e^- \rightleftharpoons 2Cu(s)+2OH^-(aq)$	−0.360
$Cu^{2+}(aq)+2e^- \rightleftharpoons Cu(s)$	0.3419	$Fe(OH)_2(s)+2e^- \rightleftharpoons Fe(s)+2OH^-(aq)$	−0.8914
$Cu^{2+}(aq)+I^-(aq)+e^- \rightleftharpoons CuI(s)$	0.86	$Fe(OH)_3(s)+e^- \rightleftharpoons Fe(OH)_2(s)+OH^-(aq)$	−0.56
$F_2(g)+2e^- \rightleftharpoons 2F^-(aq)$	2.866	$2H_2O(l)+2e^- \rightleftharpoons H_2(g)+2OH^-(aq)$	−0.8277
$OF_2(g)+2H^+(aq)+4e^- \rightleftharpoons H_2O(l)+2F^-(aq)$	2.1	$HgO(s)+H_2O(l)+2e^- \rightleftharpoons Hg(s)+2OH^-(aq)$	0.0977
$Fe^{2+}(aq)+2e^- \rightleftharpoons Fe(s)$	−0.447	$IO^-(aq)+H_2O(l)+2e^- \rightleftharpoons I^-(aq)+2OH^-(aq)$	0.485
$Fe^{3+}(aq)+e^- \rightleftharpoons Fe^{2+}(aq)$	0.771	$2IO^-(aq)+2H_2O(l)+2e^- \rightleftharpoons I_2(s)+4OH^-(aq)$	0.42
$Fe(CN)_6^{3-}(aq)+e^- \rightleftharpoons Fe(CN)_6^{4-}(aq)$	0.361	$IO_3^-(aq)+3H_2O(l)+6e^- \rightleftharpoons I^-(aq)+6OH^-(aq)$	0.26
$2H^+(aq)+2e^- \rightleftharpoons H_2(g)$	0.0000	$Mg(OH)_2(s)+2e^- \rightleftharpoons Mg(s)+2OH^-(aq)$	−2.69
$Hg^{2+}(aq)+2e^- \rightleftharpoons Hg(l)$	0.854	$Mn(OH)_2(s)+2e^- \rightleftharpoons Mn(s)+2OH^-(aq)$	−1.56
$Hg_2^{2+}(aq)+2e^- \rightleftharpoons 2Hg(l)$	0.7973	$MnO_4^-(aq)+2H_2O(l)+3e^- \rightleftharpoons MnO_2(s)+4OH^-$	0.595
$2Hg^{2+}(aq)+2e^- \rightleftharpoons Hg_2^{2+}(aq)$	0.920	$MnO_4^{2-}(aq)+2H_2O+2e^- \rightleftharpoons MnO_2(s)+4OH^-$	0.60
$2HgCl_2(aq)+2e^- \rightleftharpoons Hg_2Cl_2(s)+2Cl^-(aq)$	0.63	$NO_3^-(aq)+H_2O+2e^- \rightleftharpoons NO_2^-(aq)+2OH^-(aq)$	0.01
$Hg_2Cl_2(s)+2e^- \rightleftharpoons 2Hg(l)+2Cl^-(aq)$	0.2676	$O_2(g)+2H_2O(l)+4e^- \rightleftharpoons 4OH^-(aq)$	0.401
$I_2(s)+2e^- \rightleftharpoons 2I^-(aq)$	0.5355	$O_3(g)+H_2O(l)+2e^- \rightleftharpoons O_2(g)+2OH^-(aq)$	1.246
$I_3^-(aq)+2e^- \rightleftharpoons 3I^-(aq)$	0.536	$HPbO_2^-(aq)+H_2O(l)+2e^- \rightleftharpoons Pb(s)+3OH^-(aq)$	−0.54
$2IO_3^-(aq)+12H^+(aq)+10e^- \rightleftharpoons I_2(s)+6H_2O$	1.20	$S(s)+2e^- \rightleftharpoons S^{2-}(aq)$	−0.455
$In^{3+}(aq)+3e^- \rightleftharpoons In(s)$	−0.338	$SO_4^{2-}(aq)+H_2O(l)+2e^- \rightleftharpoons SO_3^{2-}(aq)+2OH^-$	−0.93
$K^+(aq)+e^- \rightleftharpoons K(s)$	−2.924	$2SO_3^{2-}(aq)+3H_2O(l)+4e^- \rightleftharpoons S_2O_3^{2-}(aq)+6OH^-$	−0.571

Note

续表

半反应	$\varphi^{\ominus}$/V	半反应	$\varphi^{\ominus}$/V
$La^{3+}(aq)+3e^- \rightleftharpoons La(s)$	−2.38	$SbO_2^-(aq)+2H_2O(l)+3e^- \rightleftharpoons Sb(s)+4OH^-(aq)$	−0.66
$Li^+(aq)+e^- \rightleftharpoons Li(s)$	−3.04	$Zn(OH)_2(s)+2e^- \rightleftharpoons Zn(s)+2OH^-(aq)$	−1.246
$Mg^{2+}(aq)+2e^- \rightleftharpoons Mg(s)$	−2.356	$MnO_4^-(aq)+8H^+(aq)+5e^- \rightleftharpoons Mn^{2+}(aq)+4H_2O$	1.51
$Mn^{2+}(aq)+2e^- \rightleftharpoons Mn(s)$	−1.18	$MnO_4^-(aq)+4H^+(aq)+3e^- \rightleftharpoons MnO_2(s)+2H_2O$	1.70
$MnO_2(s)+4H^+(aq)+2e^- \rightleftharpoons Mn^{2+}(aq)+2H_2O$	1.23	$MnO_4^-(aq)+e^- \rightleftharpoons MnO_4^{2-}(aq)$	0.56
$H_2SO_3(aq)+4H^+(aq)+4e^- \rightleftharpoons S(s)+3H_2O(l)$	0.449	$Al(OH)_4^-(aq)+3e^- \rightleftharpoons Al(s)+4OH^-(aq)$	−2.31
$Na^+(aq)+e^- \rightleftharpoons Na(s)$	−2.713		

资料来源：Haynes W M. CRC handbook of chemistry and physics[M]. 97th ed. New York: CRC Press, 2016.

Note

附录 E　希腊字母表

表 E-1　希腊字母表

大写	小写	名称	读　音	大写	小写	名称	读　音
Α	α	alpha	[ˈælfə]	Ν	ν	nu	[njuː]
Β	β	beta	[ˈbiːtə; ˈbeitə]	Ξ	ξ	xi	[ksaɪ; zaɪ; gzaɪ]
Γ	γ	gamma	[ˈgæmə]	Ο	ο	omicron	[oʊˈmaikrɒn]
Δ	δ	delta	[ˈdeltə]	Π	π	pi	[paɪ]
Ε	ε	epsilon	[epˈsaɪlnən; ˈepsɪlnən]	Ρ	ρ	rho	[roʊ]
Ζ	ζ	zeta	[ˈziːtə]	Σ	σ	sigma	[ˈsɪgmə]
Η	η	eta	[ˈiːtə; ˈeitə]	Τ	τ	tau	[tɔː]
Θ	θ	theta	[ˈθiːtə]	Υ	υ	upsilon	[ʌpˈsaɪlən; ˈʊpsɪlɒn]
Ι	ι	iota	[aɪˈəʊtə]	Φ	φ	phi	[faɪ]
Κ	κ	kappa	[ˈkæpə]	Χ	χ	chi	[kaɪ]
Λ	λ	lambda	[ˈlæmdə]	Ψ	ψ	psi	[psaɪ]
Μ	μ	mu	[mjuː]	Ω	ω	omega	[ˈəʊmɪgə]

Note

参 考 文 献

[1] 李雪华，陈朝军．基础化学[M]．9版，北京：人民卫生出版社，2018.
[2] 魏祖期．基础化学[M]．6版，北京：人民卫生出版社，2006.
[3] 王一凡，刘绍乾．基础化学[M]．2版．北京：人民卫生出版社，2019.
[4] 侯纯明．化学史话[M]．北京：中国石化出版社，2012.
[5] 杨晓达，王美玲．基础化学[M]．北京：北京大学医学出版社，2013.
[6] 高金波，吴红．分析化学[M]．北京：中国医药科技出版社，2015.
[7] 张欣荣，阎芳．基础化学[M]．4版．北京：高等教育出版社，2021.
[8] 华彤文，杨骏英，陈景祖，等．普通化学原理[M]．2版．北京：北京大学出版社，1993.
[9] 黄锁义，冯宁川．基础化学[M]．武汉：华中科技大学出版社，2018.
[10] 王彦广，吕萍．化学与人类文明[M]．杭州：浙江大学出版社，2010.
[11] 李文志，姚尚龙．麻醉学[M]．4版．北京：人民卫生出版社，2018.
[12] 席晓岚．基础化学：案例版[M]．2版．北京：科学出版社，2011.
[13] 张乐华．医学化学[M]．4版．北京：高等教育出版社，2023.
[14] 高琳，熊衍才，王亮．基础化学[M]．北京：化学工业出版社，2019.
[15] 李铁福，张乐华．基础化学[M]．2版．北京：人民卫生出版社，2014.
[16] 张德生，徐汪华．化学史简明教程[M]．2版．合肥：中国科学技术大学出版社，2017.
[17] 苏淑芬，杨发福．手持技术探究离子浓度对沉淀溶解平衡的影响——同离子效应和盐效应[J]．化学教育(中英文)，2023，44(1)：107-112.
[18] 金建敏，孙永昌．亨德森与血气分析[J]．中华结核和呼吸杂志，2010，33(6)：451.
[19] 王蓓丽，郭玮，潘柏申．电泳技术在检验医学中的应用与发展[J]．中华检验医学杂志，2024，47(1)：4-6.
[20] Jappie D, Rodgers A, Webber D, et al. Seeking consistency for the role of urinary macromolecules and glycosaminoglycans in calcium oxalate crystallization processes pertaining to the risk of renal stone formation using a multi-faceted basic science approach[J]. Clin Chim Acta，2021，521：76-84.
[21] Overton M C 3rd，Sheffel D D. Recurrent cystic formation in craniopharyngioma treated with radioactive chromic phosphate[J]. J Neurosurg，1963，20(8)：707-710.
[22] 孙红，孙立平，董建，等．临床专业基础化学课程思政教学设计——以配合物基本概念为例[J]．中国高等医学教育，2023(12)：100-101.
[23] Brown T L，LeMay H E，Bursten B E，et al. Chemistry：the central science[M]. 15th ed. London：Pearson，2022.